FLORA
GRÆCA
Sibthorpiana.
CENTURIA OCTAVA.
1833.
MONS ATHOS AB OCCIDENTE.

FLORA GRÆCA:

SIVE

PLANTARUM RARIORUM HISTORIA

QUAS

IN PROVINCIIS AUT INSULIS GRÆCIÆ

LEGIT, INVESTIGAVIT, ET DEPINGI CURAVIT,

JOHANNES SIBTHORP, M.D.

S. S. REG. ET LINN. LOND. SOCIUS,

BOT. PROF. REGIUS IN ACADEMIA OXONIENSI.

HIC ILLIC ETIAM INSERTÆ SUNT

PAUCULÆ SPECIES QUAS VIR IDEM CLARISSIMUS, GRÆCIAM VERSUS NAVIGANS, IN ITINERE, PRÆSERTIM APUD ITALIAM ET SICILIAM, INVENERIT.

CHARACTERES OMNIUM,

DESCRIPTIONES ET SYNONYMA,

ELABORAVIT

JOHANNES LINDLEY, PH. D.

ACAD. CÆS. NAT. CUR. S. S. REG. LINN. GEOL. LOND. REG. BOT. RATISB. REG. HORT. BEROLIN. ET PHYSIOGR. LUND. ALIARUMQUE SOCIUS; LYCEI HIST. NAT. NOVEBOR. SOC. HON.

BOT. PROF. IN UNIVERSITATE LONDINENSI.

VOL. VIII.

LONDINI:

TYPIS RICHARDI TAYLOR.

MDCCCXXXIII.

Vicia melanops.

DIADELPHIA DECANDRIA.

VICIA.

** *Floribus axillaribus subsessilibus.*

TABULA 701.

VICIA MELANOPS.

Vicia caulibus subsimplicibus, foliis cirrhosis, foliolis numerosis subcuneatis retusis mucronulatis pubescentibus, stipulis sphacelatis subsagittatis acutis, floribus subternis cernuis, calycis campanulati obliqui dentibus lateralibus recurvis, leguminibus linearibus glabris polyspermis.

V. melanops. *Prodr. v. 2. 72. DeCand. Prodr. v. 2. 365.*

V. tricolor. *Sebast. et Maur. Prodr. Fl. Roman. 245. t. 4. DeCand. Prodr. v. 2. 363.*

V. triflora. *Tenor. Prodr. 42. DeCand. Prodr. v. 2. 365.*

In Laconiâ. ♃ ? potiùs ☉.

Radix perpendicularis, subsimplex, parùm ramosa, verosimilitèr annua. *Caules* angulati, glabri. *Folia* multijuga, pilosa, cirrhosa; *foliolis* linearibus retusis v. cuneatis, cum mucronulo, inferioribus paulò majoribus. *Stipulæ* minutæ, sagittatæ, acutæ, medio maculâ rubrâ sphacelatæ. *Flores* solitarii, geminati, ternive, axillares, subsessiles, cernui. *Calyx* pubescens, campanulatus, limbo truncato obliquo; *dentibus* subulatis, tubo brevioribus, lateralibus superioribus falcato-recurvis, sinubus rotundatis. *Vexillum* sordidè luteum, subrotundum, emarginatum. *Alæ* rectæ, appressæ, atropurpureæ. *Carina* sordidè lutea, apice atropurpurea. *Legumen* lineare, acutum, glabrum, polyspermum; *seminibus* lenticularibus luteo-fuscis.

a. Calyx, cum alis et carinâ. *b.* Vexillum. *c.* Legumen. *d.* Semen.

E R V U M.

Linn. Gen. Pl. 376. *Juss.* 360. *Gærtn. t.* 151. *DeCand. Prodr. v.* 2. 366.

Calyx 5-partitus. *Stigma* capitatum, undique pilosum.

TABULA 702.

ERVUM ERVILIA.

Ervum glabrum, foliis polyphyllis: foliolis linearibus basi angustatis apice emarginatis mucronulatis, cirrhis obsoletis, floribus geminis pedunculatis, laciniis calycinis tubo longioribus, leguminibus subtetraspermis torulosis glabris reticulatis.

E. Ervilia. *Linn. Sp. Pl.* 1040. *DeCand. Prodr. v.* 2. 367.
Vicia Ervilia. *Willden. Sp. Pl. v.* 3. 1103.
Ervilia sativa. *Link. Enum. v.* 2. 240.
Ervum verum. *Tourn. Inst.* 398.
Ervum. *Rivin. Tetrap. Irr. t.* 61.
Orobus siliquis articulatis, semine majore. *Bauh. Pin.* 346.
Ορoβος *Dioscoridis.*
Ρόβι *hodiè.*

In arvis Græciæ, tàm sylvestris quàm culta, frequens. ⊙.

Caulis erectus, ramosus, striatus, minutissimè pubescens. *Folia* multijuga; *foliolis* angustè cuneatis, mucronulatis, levitèr pilosis, versus apicem petioli decrescentibus; *cirrhis* subulatis, simplicissimis, foliolis ultimis brevioribus. *Stipulæ* subulatæ, basi sagittatæ et dentatæ. *Pedunculi* 2—3-flori, erecti, foliis duplò breviores, apice ultra flores paulò producti. *Calyx* campanulatus, 5-dentatus, membranaceus; *dentibus* subulatis, tubo longioribus. *Vexillum* calycis dentibus paulò longius, ovatum, obtusum, emarginatum, lacteum, venis cœruleis subsanguineis pictum. *Alæ* parallelæ, conniventes, albæ. *Carina* lactea, apice sanguinea. *Stylus* basi sigmoideus, apice teres, paulò incrassatus, undique pubescens. *Stigma* simplex.

a. Calyx, cum alis et carinâ, vexillo dempto. *b.* Vexillum. *c.* Ala altera.
d. Carina. *e.* Adelphia, stylo incluso. *f.* Pistillum.
F. Idem, magnitudine auctum.

Ervum Ervilia.

Cicer arietinum.

CICER.

Linn. Gen. Pl. 377. *Juss.* 361. *Gærtn. t.* 151. *DeCand. Prodr. v.* 2. 354.

Calyx 5-partitus: laciniis 4 superioribus vexillo incumbentibus. *Legumen* turgidum, dispermum.

TABULA 703.

CICER ARIETINUM.

Cicer foliolis ovatis serratis æqualibus, cirrhis nullis.
C. arietinum. *Linn. Sp. Pl.* 1040. *Willden. Sp. Pl. v.* 3. 1113. *DeCand. Prodr. v.* 2. 354.
C. sativum, flore candido. *Tourn. Inst.* 389.
Ερεϐινθος *Dioscoridis.*
Ῥεϐίθι *hodiè.*

Inter segetes insulæ Cretæ. ⊙.

Caules erecti, ramosissimi, angulati, pilosi, flexuosi, pedales v. ultrà. *Folia* pinnata cum impari, multijuga; *petiolis* pilosis; *foliolis* alternis, ovatis, serratis, basi cuneatis integris, pubescentibus. *Stipulæ* subrotundæ, multidentatæ. *Pedunculi* solitarii, horizontales, flexuosi, medio articulati, foliis 4-plò breviores. *Calyx* 5-fidus, pubescens; *laciniis* subulatis, foliaceis, 4 superioribus vexillo incumbentibus. *Flores* lactei. *Vexillum* subrotundum, ungue brevissimo. *Alæ* parallelæ, adpressæ, obtusæ, vexillo breviores. *Carina* acuta, alis brevior. *Legumen* oblongum, inflatum, villosum, apice styli vestigio mucronatum, dispermum. *Semina* gibbosa, flavescentia, ovata, per faciem et dorsum corrugata, apice mucronata.

a. Calyx cum carinâ, demptis alis et vexillo. *b.* Vexillum. *c.* Ala altera.
d. Legumen maturum. *e, e* Semina.

CYTISUS.

Linn. Gen. Pl. 378. *Juss.* 354. *Willden. Sp. Pl. v.* 3. 1118.

Calyx 2-labiatus : $\frac{2}{3}$. *Legumen* basi attenuatum.

TABULA 704.

CYTISUS DIVARICATUS.

Cytisus caulibus racemisque densis terminalibus erectis villosis, calycibus glandulosis labio inferiore 3-dentato superiore longiore, vexillo subglabro, leguminibus ramentaceo-viscidis, foliolis ovalibus.

C. divaricatus. *Prodr. v.* 2. 75. *non L'Herit.*

C. complicatus. *Brot. Fl. Lus. v.* 2. 92. *nec aliorum.*

Adenocarpus intermedius. *DeCand. Prodr. v.* 2. 158.

Cytisus primus. *Clus. Hist. v.* 1. 94. *f.* 1.

In Eubœâ. ♄.

Caules erecti, ramosi, pallidi, villosi, subangulati. *Foliola* pubescentia, ovalia, sessilia, parùm complicata, petiolo villoso vix longiora. *Racemi* terminales, multiflori, floribus approximatis. *Pedicelli* villosi. *Calyx* minutus, campanulatus, rufescens, glandulosus et villosus, *labio* superiore 2-dentato, inferiore longiore 3-dentato; *dentibus* æqualibus. *Vexillum* oblongum, vitellinum, extùs levitèr pubescens. *Alæ* rectæ, oblongæ, obtusæ, ungue brevi. *Carina* paulò dilutior, obtusa. *Stamina* diadelpha. *Stylus* filiformis, subglaber. *Legumina* linearia, ramentaceo-glandulosa, fusco-purpurea, hinc virescentia, margine altero toruloso, polysperma. *Semina* lenticularia, atrofusca.

a. Calyx seorsìm. *b.* Vexillum, à fronte. *c.* Idem, à tergo.
d. Ala altera. *e.* Calyx, cum carinâ. *f.* Adelphia.
g. Pistillum *h.* Legumen maturum. *i.* Semen.

TABULA 705.

CYTISUS SESSILIFOLIUS.

Cytisus racemis erectis multifloris, calycibus bracteâ triplici, foliis superioribus sessilibus.

C. sessilifolius. *Linn. Sp. Pl.* 1041. *Willden. Sp. Pl. v.* 3. 1120. *DeCand. Prodr. v.* 2. 153.

Cytisus divaricatus.

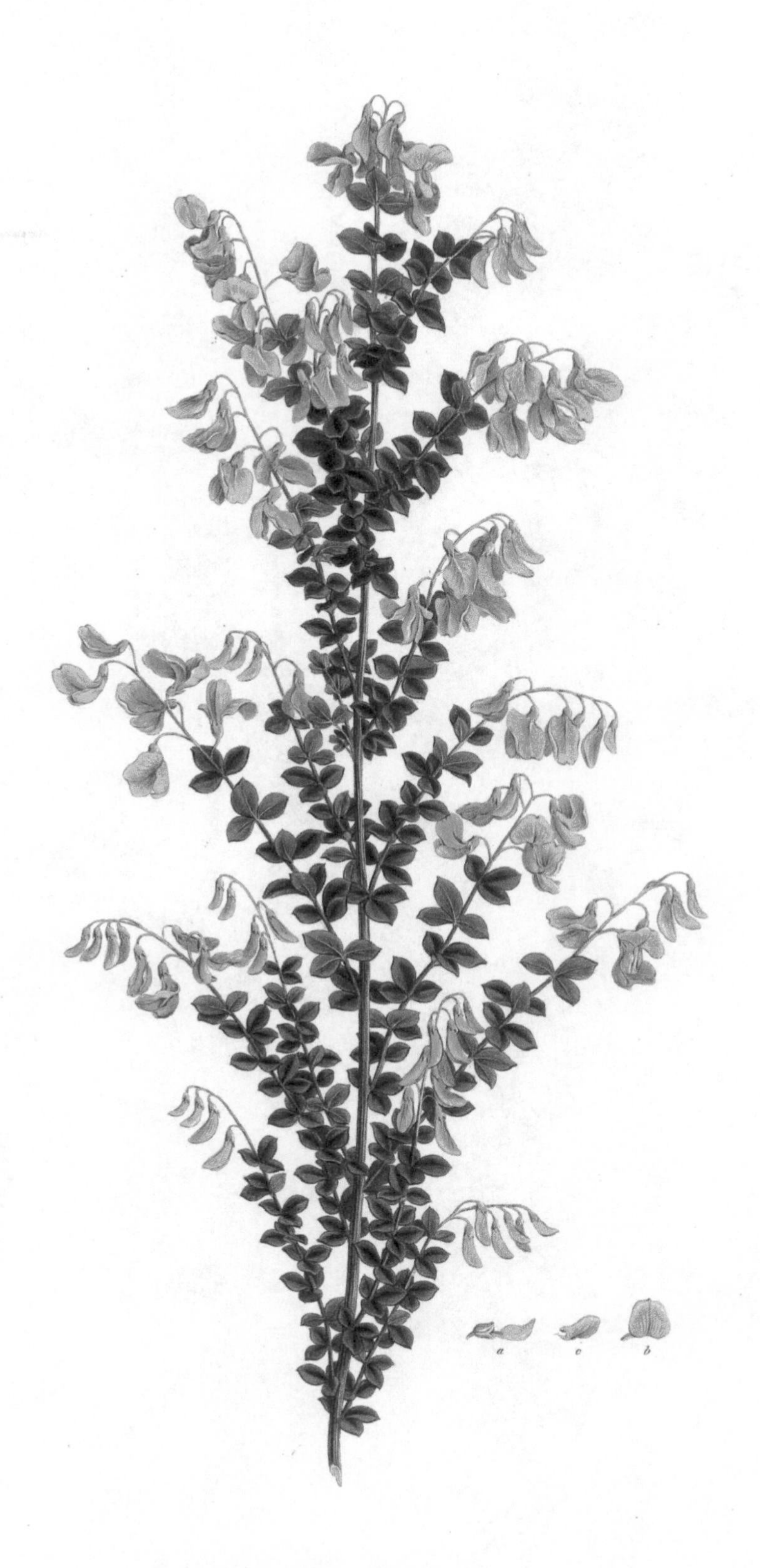

Cytisus sessilifolius.

Cytisus hirsutus.

Colutea arborescens.

Cytisus glabris foliis subrotundis, pediculis brevissimis. *Tourn. Inst.* 648.

In Laconiâ. ♄.

Deest in herbario Sibthorpiano.

a. Calyx, cum carinâ. *b.* Vexillum, à fronte. *c.* Ala altera.

TABULA 706.

CYTISUS HIRSUTUS.

CYTISUS ramis spinosis, foliolis pubescentibus obovatis obtusiusculis, floribus subsessilibus axillaribus solitariis, calycibus tubulosis pubescentibus.

C. hirsutus. *Prodr. v.* 2. 76, *haud aliorum.*

Συνεφὸ *hodiè.*

In Olympo Bithyno et Athô montibus. ♄.

Nulla adsunt exemplaria in herbario Sibthorpiano.

Ex icone videtur *C. elongati* varietas spinescens; certè non *C. hirsutus,* qui folia villosa, floresque aggregatos semper habet.

a. Calyx. *b.* Vexillum. *c.* Alæ. *d.* Carina, adelphiâ paulò sejunctâ.

COLUTEA.

Linn. Gen. Pl. 379. *Juss.* 359. *Gærtn. t.* 154. *DeCand. Prodr. v.* 2. 270.

Calyx 5-fidus. *Legumen* inflatum, basi superiori dehiscens.

TABULA 707.

COLUTEA ARBORESCENS.

COLUTEA foliolis subrotundo-ellipticis, racemis sub-6-floris, vexilli gibbis abbreviatis.

C. arborescens. *Linn. Sp. Pl.* 1045. *Willden. Sp. Pl. v.* 3. 1139. *DeCand. Prodr. v.* 2. 270.

C. hirsuta. *Roth, Fl. Germ. v.* 1. 305.
C. vesicaria. *Tourn. Inst.* 649.

In asperis et dumetis Græciæ ; nec non ad viam inter Smyrnam et Bursam. ♄.

Deest in herbario Sibthorpiano.

a. Calyx, cum carinâ. *b.* Vexillum, à fronte.
c. Ala altera, cum auriculo suo. *d.* Adelphia, calyce inclusa, cum stigmatis apice.
e. Pistillum, calyce adempto.

GLYCYRRHIZA.

Linn. Gen. Pl. 380. *Juss.* 359. *Gærtn. t.* 148. *DeCand. Prodr. v.* 2. 247.

Calyx bilabiatus : $\frac{3}{1}$. *Legumen* ovatum, compressum.

TABULA 708.

GLYCYRRHIZA ECHINATA.

Glycyrrhiza foliolis ovalibus mucronatis glabris : impari sessili, stipulis ovatis acuminatis, spicis capitatis brevissimè pedunculatis, leguminibus oblongis rostratis echinatis 2-spermis.

G. echinata. *Linn. Sp. Pl.* 1046. *Willden. Sp. Pl. v.* 3. 1143. *DeCand. Prodr. v.* 2. 248.
G. capite echinato. *Tourn. Inst.* 389.
Γλυκυῤῥιζα *Dioscoridis.*
Γλυκόριζα *hodiè.*

In arenosis maritimis Cretæ et Sami copiosè ; etiam in Asiâ minori prope Smyrnam. ♃.

Radix perennis, lignosa. *Caules* herbacei, prostrati, angulati, levitèr pubescentes. *Folia* pinnata ; *foliolis* ovalibus v. ovato-lanceolatis, mucronulatis, glabris : impari sessili ; *petiolo* tereti, pubescente. *Stipulæ* ovatæ, acuminatæ. *Flores* in capitulos subsessiles depressos dispositi, pedunculo bracteisque acuminatis pubescentibus. *Calyx* campanulatus 4-fidus ; *laciniâ* superiori emarginatâ latiori, lateralibus et inferiori subulatis. *Vexillum* erectum, oblongum, planum, acutum, album. *Alæ* ascendentes, acuminatæ, patentes, et *carina* acuminata purpureæ. *Stamina* diadelpha. *Stylus* filiformis. *Stigma* subcapitatum. *Legumina* castanea, oblonga, rostrata, compressa, echinata, disperma.

a. Flos, à fronte. A. Idem, auctus. B. Calyx, cum adelphiâ, auctus. *c.* Legumen.

Glycyrrhiza echinata?

709.
f f g E d c b a
Glycyrrhiza glabra.

Coronilla Emerus.

TABULA 709.

GLYCYRRHIZA GLABRA.

GLYCYRRHIZA foliolis ovatis obtusis glutinosis glabris: impari petiolato, stipulis obsoletis, spicis pedunculatis, foliis brevioribus, leguminibus 2—4-spermis glabris echinatisve.
G. glabra. *Linn. Sp. Pl.* 1046. *Willden. Sp. Pl. v.* 3. 1144. *DeCand. Prodr. v.* 2. 247.
Liquiritia officinalis. *Mœnch, Meth.* 132.
G. siliquosa v. germanica. *Tourn. Inst.* 389.
Γλυκόριζα, ἡ ῥεγολίτζα *hodiè.*

In agro Eliensi, et insulâ Cretâ. ♃.

Radix lignosa, perpendicularis, perennis, succo saccharato scatens. *Caules* herbacei, erecti, sesquipedales bipedalesve, angulati, scabriusculi. *Folia* pinnata, glutinosa, impubia, exstipulata; *foliolis* ovatis, obtusis, subundulatis, mucronulatis: impari petiolato. *Spicæ* axillares, elongatæ, pedunculatæ, foliis breviores, *pedunculis* scabriusculis. *Calyx* tubuloso-campanulatus, 4-dentatus; *dentibus* 3 ascendentibus, quarto recto. *Vexillum* lilacinum, oblongum, acutum, erectum, planum. *Alæ* acuminatæ, ascendentes, patentes, et *carina* purpureæ. *Stamina* diadelpha. *Legumina* castanea, oblonga, compressa, acuta, 1—4-spermia, inter semina constricta; nunc glabra, nunc scabra, aliquandò setis rigidis hispida.

a. Flos, à fronte visus. *b.* Vexillum. *c.* Ala altera. *d.* Calyx, cum carinâ.
E. Stamina, aucta. *f, f.* Legumina. *g.* Semen.

CORONILLA.

Linn. Gen. Pl. 380. *Juss.* 361. *Gærtn. t.* 155. *DeCand. Prodr. v.* 2. 309.

Calyx 2-labiatus: $\frac{2}{3}$; *dentibus* superioribus connatis. *Vexillum* vix alis longius. *Lomentum* teres, articulatum, rectum.

TABULA 710.

CORONILLA EMERUS.

CORONILLA fruticosa glabra, stipulis minimis, foliolis obovatis obtusis, unguibus petalorum calyce longioribus.

C. Emerus. *Linn. Sp. Pl.* 1046. *Willden. Sp. Pl. v.* 3. 1149. *DeCand. Prodr. v.* 2. 309.
Emerus. *Tourn. Inst.* 650. *t.* 418.
Αγριοπήγανος *hodiè.*

In Peloponneso frequens, nec non in Cretâ et Zacyntho ad montes. ♄.

Frutex ramosus, humilis, glaucescens. *Rami* angulati, flexuosi, glabri, brevinodes, adulti fusci, novelli alati glauci. *Folia* pinnata, glauca, sub-4-juga cum impari; *petiolo* levissimè pubescente; *foliolis* obovatis, retusis, apiculatis, demùm glabris. *Stipulæ* parvæ, scariosæ, fuscæ, petiolo brevitèr adnatæ, deciduæ. *Umbellæ* pedunculatæ, ex axillis summorum foliorum, 2—4-floræ, *bracteolis* pubescentibus involucrum minutum formantibus. *Pedicelli* breves, erecti, glabri. *Flores* lutei, nutantes. *Calyx* campanulatus, ore obliquo 5-dentato, petalorum unguibus multò brevior. *Vexillum* subrotundum, emarginatum, subreflexum, *alarum* oblongarum parallelarum longitudine. *Carina* ejusdem longitudinis, recta, glabra, rostrata. *Stamina* diadelpha. *Ovarium* lineare, polyspermum; *stylus* capillaris, ascendens, subrecurvus, glabriusculus; *stigma* capitatum. *Legumina* pendula, linearia, compressa, 2½ pollices longa, demùm in articulos lineares monospermos secedentia. *Semen* subcylindraceum, atrofuscum; *hilo* parvo, laterali.

a. Flos integer. *b.* Ejusdem carina et calyx, vexillo alisque semotis. *c.* Pistillum.

TABULA 711.

CORONILLA GLAUCA.

Coronilla fruticosa glabra, stipulis ovatis parvis foliaceis, foliolis 5—9 cuneatis apiculatis glaucis, umbellis 7—8-floris.
C. glauca. *Linn. Sp. Pl.* 1047. *Willden. Sp. Pl. v.* 3. 1150. *DeCand. Prodr. v.* 2. 309.
C. maritima glauco folio. *Tourn. Inst.* 650.

In Bœotiâ. ♄.

Frutex demissus, ramosissimus, densus. *Rami* fusci, subflexuosi, angulati, vetusti fuscovirides, novelli virides apteri. *Folia* pinnata, 4—5-juga cum impari, glauca; *foliolis* cuneatis, apiculatis, carnosis, aveniis, glabris. *Stipulæ* ovatæ, foliaceæ, deciduæ, caulem semiamplectentes. *Umbellæ* pedunculatæ, multifloræ, ex axillis foliorum supremorum. *Pedicelli* patentes, breves. *Flores* lutei. *Calyx* membranaceus, campanulatus, obliquus, 5-dentatus. *Vexillum* ovatum, obtusum, erectum, *alarum* longitudine. *Carina* rostrata, glabra. *Stamina* diadelpha. *Legumina* linearia, pendula, ferè *C. Emeri.*

a. Vexillum. *b.* Alæ et calyx, vexillo dempto. *c.* Calyx, cum carinâ. *d.* Legumen. *e.* Semen.

Coronilla glauca.

Coronilla Securidaca.

Coronilla parviflora.

TABULA 712.

CORONILLA SECURIDACA.

Coronilla annua glabra, stipulis ovatis acutis, foliolis 11—15 obovatis obtusis, leguminibus compressis erectis : replo incrassato.

C. Securidaca. *Linn. Sp. Pl.* 1048. *Willden. Sp. Pl. v.* 3. 1053.

Securigera Coronilla. *DeCand. Prodr. v.* 2. 313.

Securidaca legitima. *Gærtn. de Fruct. et Sem. v.* 2. *t.* 153.

Securidaca lutea major. *Tourn. Inst.* 399.

Ἡδύσαρον, *Dioscoridis.*

Πικρολάβι *hodiè.*

In Peloponnesi agris ; etiam in Asiâ minore. ⊙.

Radix annua, perpendicularis, ramosa. *Caules* numerosi, ascendentes, dichotomè ramosi, subpedales, pallidè virides, glabri, supra nodos subpubescentes. *Folia* patentia, 4 pollices longa, internodiis ferè duplò breviora, pinnata, glabra ; *foliolis* 11—15, obovatis, obtusis, apiculatis : inferioribus à caule remotis. *Stipulæ* minutæ, ovatæ, persistentes. *Umbellæ* subterminales, longè pedunculatæ, contractæ, sub-10-floræ. *Flores* lutei. *Calyx* campanulatus, obliquus, 5-dentatus, pilosiusculus, unguibus petalorum brevior ; *dentibus* aristatis. *Vexillum* erectum, ovatum, obtusum, *alarum* longitudine. *Carina* linearis, apice incurva, angustata. *Stamina* diadelpha. *Ovarium* lineare, acuminatum. *Stylus* ascendens, glaber. *Stigma* capitatum. *Legumina* erecta, linearia, acuminata, compressa, 2½ pollices longa ; *replo* lato, incrassato, continuo, non articulato. *Semina* oblonga, subcylindracea ; *hilo* parvo, laterali.

a. Flos integer, à fronte. *b.* Vexillum. *c.* Ala.
d. Carina, cum calyce. *e.* Calyx, cum staminibus. E. Idem, auctus.
f. Legumen. *g.* Semen. H. Idem, auctum.

TABULA 713.

CORONILLA PARVIFLORA.

Coronilla annua diffusa glabra, stipulis ovatis acutis, foliolis 11—13 cuneatis emarginatis à caule remotis, umbellis 6—8-floris, leguminibus retrorsùm arcuatis obtusis.

C. cretica. *Linn. Sp. Pl.* 1048. *Jacq. Hort. Vind. v.* 1. *t.* 25. *Willd. Sp. Pl. v.* 3. 1154. *DeCand. Prodr. v.* 2. 310.

C. cretica herbacea, flore parvo purpurascente. *Tourn. Cor.* 44.

In insulâ Rhodo. ⊙.

Radix annua, ramosa, perpendicularis. *Caules* glabri, supra nodos pubescentes, diffusi, dichotomè ramosi, subpedales, purpurascentes. *Folia* patentia, internodiis subæqualia, pinnata, 5—6-juga cum impari, glabra; *foliolis* cuneatis, emarginatis, infimis à caule remotis, terminali sessili. *Stipulæ* ovatæ, acutæ. *Umbellæ* pedunculatæ, axillares, sub-8-floræ, contractæ; *pedunculis* foliis duplò longioribus. *Calyx* tubuloso-campanulatus, unguibus petalorum brevior, bilabiatus; *labio* superiore 2-dentato, inferiore 3-dentato; dente intermedio productiore. *Vexillum* ovatum, obtusum, album, venis purpureis striatum. *Alæ* oblongæ, albæ. *Carina* linearis; *rostro* ascendente, purpureo. *Stamina* diadelpha. *Ovarium* lineare; *stylo* ascendente, glabro, continuo. *Legumina* linearia, glabra, articulata, retrorsùm arcuata, obtusa. *Semen* cylindraceum, subcurvum, castaneum, læve; *hilo* parvo laterali.

Certè vera est *C. cretica*, quæ *C. parviflorâ* differt floribus albis purpureo-venosis, nec luteis, et caule glabro, nec pilis rigidis scabro.

Exemplaria *C. creticæ* Prodromi, in herbario Sibthorpiano asservata, crispa et malè desiccata, verosimilitèr sunt ejusdem speciei in solo arido sterili provenientis.

a. Vexillum. *b*. Ala. *c*. Carina, cum calyce.
D. Stamina et calyx, aucta. E. Ovarium, auctum. *f*. Legumen maturum.
g. Semen. G. Idem, auctum.

ORNITHOPUS.

Linn. Gen. Pl. 381. *Juss.* 361. *Gærtn. t.* 155.

Calyx subæqualitèr 5-dentatus. *Carina* minima. *Lomentum* articulatum, teres, arcuatum.

TABULA 714.

ORNITHOPUS COMPRESSUS.

Ornithopus pubescens, pedunculis folio brevioribus, leguminibus pubescentibus sulcatis rostratis arcuatis: articulis oblongis.

O. compressus. *Linn. Sp. Pl.* 1049. *Willden. Sp. Pl. v.* 3. 1156. *DeCand. Prodr. v.* 2. 311.

Ornithopodium scorpioides, siliquâ compressâ. *Tourn. Inst.* 400.

In agro Argolico, Eliensi, et Messeniaco; etiam in litore Cariensi. ⊙.

Ornithopus compressus.

Ornithopus scorpioides.

Radix annua, perpendicularis, ramosa. *Caules* diffusi, pilosi, teretes, palmares ad pedales, ramosi. *Folia* pubescentia, pinnata, 11—13-juga cum impari, internodiis sæpiùs longiora; *foliolis* ovatis, inferioribus sæpè minoribus, cauli proximis. *Stipulæ* minutæ, squamiformes, deciduæ. *Flores* congesti, ternati, in axillis foliorum summorum subsessiles, lutei. *Calyx* tubulosus, subæqualis; *dentibus* 5 aristatis: supremis minoribus. *Vexillum* subquadratum, erectum, *alis* patentibus æquale. *Carina* minor, acuminata, assurgens. *Legumen* arcuatum, teres, compressum, arcuatum, rostratum, pubescens, in articulos breves marginibus parallelis secedens.

Variat staturâ secundum solum, situm, cœlum; exemplaria in herbario Sibthorpiano vix 4 pollices excedunt; icon autem bis major.

a. Flos, à fronte visus. A. Idem, auctus. B. Calyx, auctus.

TABULA 715.

ORNITHOPUS SCORPIOIDES.

Ornithopus pedunculis foliis longioribus, foliolis 3: infimis subrotundis intermedio triplò majore oblongo obtuso, leguminibus incurvis subnodosis.

O. scorpioides. *Linn. Sp. Pl.* 1049. *Willden. Sp. Pl. v.* 3. 1157.

O. trifoliatus. *Lam. Fl. Franç. v.* 2. 659.

Astrolobium scorpioides. *DeCand. Prodr. v.* 2. 311.

Ornithopodium portulacæ folio. *Tourn. Inst.* 400.

In agro Argolico, Messeniaco, et Laconico; nec non in insulæ Cypri arvis. ⊙.

Radix annua, perpendicularis, ramosa. *Caules* suberecti, subsimplices, glabri, spithamæi. *Folia* glauca, glabra, trifoliolata; *foliolis* lateralibus cordato-subrotundis cauli proximis, intermedio brevè petiolato, oblongo, obtusissimo, 3-plò majore. *Pedunculi* foliis longiores. *Flores* parvi, lutei, subsessiles. *Calyx* glaber, pallidè viridis, subæqualis, 5-dentatus. *Vexillum* ovatum, erectum, obtusum, *alis* subpatentibus æquale. *Carina* parva. *Legumina* curvata, teretia, articulata, nodis prominentibus; demùm in articulos truncatos secedentia. *Semina* straminea.

a. Flos à latere visus, auctus. *b.* Legumen (*O. compressi*). *c.* Semen. C. Idem, auctum.

HIPPOCREPIS.

Linn. Gen. Pl. 381. *Juss.* 361. *DeCand. Prodr. v.* 2. 312.

Lomentum compressum, alterâ suturâ pluriès emarginatum, curvum.

TABULA 716.
HIPPOCREPIS UNISILIQUOSA.

Hippocrepis floribus sessilibus solitariis, lomentis rectiusculis glabris.
H. unisiliquosa. *Linn. Sp. Pl.* 1049. *Willden. Sp. Pl. v.* 3. 1158. *DeCand. Prodr. v.* 2. 313.
H. biflora. *Spreng. Pugill. v.* 2. 73. *DeCand. l. c.*
Ferrum equinum, siliquâ singulari. *Tourn. Inst.* 400.

In Archipelagi insulis; nec non in Achaiæ et Cypri arvis. ⊙.

Radix annua, perpendicularis, subsimplex. *Caules* subpalmares, v. minores, diffusi, ramosi, glabriusculi, teretes. *Folia* sæpiùs internodiis longiora, pinnata, 4—5-juga cum impari, glaberrima; *foliolis* obovatis, retusis, infimis à caule remotis. *Stipulæ* parvæ, ovatæ, acuminatæ, membranaceæ. *Flores* solitarii, sessiles, axillares, lutei. *Calyx* tubuloso-campanulatus, subæqualis, 5-dentatus, glaber. *Vexillum* erectum, oblongum, obtusum, *alis* ascendentibus paulò longius. *Carina* alarum longitudine. *Stamina* diadelpha. *Lomentum* pollice paulò longius, axillare, subsessile, rectum v. levissimè falcatum, apice rotundatum, glabrum; *margine ventrali* crenato, tuberculis quibusdam raris minutissimis intersperso, *dorsali* sexiès v. septiès altè emarginato, sinubus rotundatis apertis. *Semina* cylindracea, hippocrepica; *hilo* lineari in curvaturæ exterioris medio posito.

Hippocrepis biflora Sprengelii est mera varietas marginibus leguminis tuberculis aliquot munitis, more *H. ciliatæ*. Horum rudimenta adsunt in *H. unisiliquosâ* ut suprà descripsi.

A. Flos integer à latere, auctus. *b.* Legumen. *c.* Semen.

TABULA 717.
HIPPOCREPIS MULTISILIQUOSA.

Hippocrepis pedunculis foliis subæqualibus plurifloris, lomentis glaberrimis cyclicis.

Hippocrepis unisiliquosa.

Hippocrepis multisiliquosa.

Scorpiurus lævigata?

H. multisiliquosa. *Linn. Sp. Pl.* 1050. *Willden. Sp. Pl. v.* 3. 1158. *DeCand. Prodr. v.* 2. 312.
Ferrum equinum, siliquâ multiplici. *Tourn. Inst.* 400.

In insulæ Cypri arvis. ⊙.

Radix annua, perpendicularis, subsimplex. *Caules* diffusi, pedales et ultrà, purpurascentes, teretes, glabri. *Folia* pinnata, internodiis subæqualia, 4—5-juga cum impari; *foliolis* lineari-ovalibus, retusis, apiculatis, glabris. *Stipulæ* minutæ, ovatæ, acuminatæ, membranaceæ. *Umbellæ* 2—6-floræ, contractæ, pedunculis foliis longioribus insidentes. *Flores* lutei. *Calyx* tubuloso-campanulatus; *dentibus* 2 superioribus abbreviatis, inferioribus longioribus aristatis. *Vexillum* subrotundum, apiculatum. *Carina* alis æqualis. *Lomentum* ut in *H. unisiliquosâ*, sed cyclicè arcuatum, et lobis pluribus magìsque securiformibus.

a. Flos integer, à fronte. B. Calyx, auctus. C. Vexillum,
D. Ala, E. Carina, F. Adelphia; omnes auctæ.
g. Lomentum. *h*. Semen. H. Idem, auctum.

SCORPIURUS.

Linn. Gen. Pl. 382. *Juss.* 361. *DeCand. Prodr. v.* 2. 308.

Lomentum isthmis interceptum, revolutum, teres.

TABULA 718.

SCORPIURUS LÆVIGATA.

Scorpiurus pedunculis subtrifloris quadriflorisve, leguminibus sulcatis undique inermibus. *Prodr. v.* 2. 81.
Scorpioides bupleuri folio, siliquis lævibus. *Tourn. Inst.* 402.

In arvis Archipelagi. ⊙.

Radix annua, perpendicularis, ramosa. *Caules* ascendentes, angulati, glabri. *Folia* lanceolata, in petiolum angustata, tricostata, pubescentia. *Stipulæ* petiolo adnatæ, acuminatissimæ. *Umbellæ* 2-pluriﬂoræ, in pedunculos longissimos ascendentes insidentes. *Flores* parvi, lutei. *Calyx* pilosus, subæqualis, 5-dentatus. *Vexillum* subrotundum, emarginatum, *alarum* obtusarum longitudine. *Carina* æquilonga.

Stamina diadelpha, alternis brevioribus. *Ovarium* falcatum, teres, pubescens. *Stylus* ascendens, glaber. *Stigma* simplex. *Lomentum* glaberrimum, sub-10-costatum, isthmis circitèr 6 interceptum, circinatum, curvaturâ interiori glabriusculâ.

Nullo modo, ne levissimâ tantùm notâ, differt à *Sc. muricato*, nisi lomentis lævibus ; mera videtur varietas.

a. Calyx, à latere.	*b.* Vexillum.	*c.* Ala.
d. Carina.	*e.* Adelphia.	E. Eadem, aucta.
F. Ovarium, auctum.	*g.* Lomentum.	*h.* Semen.

TABULA 719.

SCORPIURUS SULCATA.

Scorpiurus lomenti costis intimis lævibus: externis setas densissimas rigidas inæquales glochidatas gerentibus.

S. sulcata. *Prodr. v.* 2. 81. *nec Linnæi.*

S. acutifolia. *Vivian. Fl. Lyb.* 43. *t.* 19. *f.* 4. *DeCand. Prodr. v.* 2. 308.

Μαργωχορτον *Zacynthorum.*

In insulis Archipelagi ; tum in Cariæ et Zacynthi arvis. ⊙.

Præcedente differt, 1°, staturâ minore ; 2°, foliorum magìs acutorum pilis longioribus ; 3°, lomentis contortuplicatis : costis exterioribus setis glochidatis, pilisque rigidis confertissimis valdè inæqualibus echinatis.

S. sulcata vera differt lomentis majoribus, circinatis nec contortuplicatis, et setis costarum distantibus subæqualibus pilis nullis intermixtis.

a. Calyx, cum carinâ.	*b.* Vexillum.	*c.* Ala.
d. Calyx, cum adelphiâ.	*e.* Lomentum.	*f.* Semen.

Scorpiurus sulcata.

Hedysarum Alhagi.

HEDYSARUM.

Linn. Gen. Pl. 382. *Juss.* 362. *Gærtn. t.* 155. *DeCand. Prodr. v.* 3. 340.

Onobrychis. *Gærtn. t.* 148. *DeCand. l. c.* 344.
Alhagi. *Tourn. Cor. t.* 489. *DeCand. l. c.* 352.

Calyx 5-fidus. *Corollæ carina* transversè obtusa. *Lomentum* articulis monospermis compressis.

* *Foliis simplicibus.*

TABULA 720.

HEDYSARUM ALHAGI.

Hedysarum foliis simplicibus obovatis obtusis, calycibus 5-dentatis, ramis spinosis.
H. Alhagi. *Linn. Sp. Pl.* 1051. *Willden. Sp. Pl. v.* 3. 1171.
Alhagi Maurorum. *Tourn. Cor.* 54. *DeCand. Prodr. v.* 2. 352.
Alhagi mannifera. *Desv. Journ. Bot. v.* 3. 120.
Manna Hebraïca. *Don Fl. Nep.* 247. *in Adn.*

In arenosis maritimis insulæ Sami, et circa Athenas. ♄.

Rami rigidi, flexuosi, spinosi, levitèr pubescentes, pallidè virides, vetusti cinerei cortice fisso. *Folia* simplicia, obovata, obtusa, crassa, exstipulata, glaucescentia. *Flores* solitarii, axillares, pedicellati, roseo-purpurei. *Calyx* campanulatus, pubescens, æqualis, 5-dentatus. *Vexillum* erectum, cucullatum, obtusum, margine pallidum; *alæ* lineares, obtusæ, *carinâ* retusâ, apiculatâ paululùm longiores. *Stamina* diadelpha. *Lomentum* stipitatum, lineare, teres, glabrum, margine altèro isthmis inæqualibus in articulos mono-polyspermos inæqualitèr strangulato. *Semina* subquadrata, compressa, fusco-olivacea, nebulosa.

a. Vexillum. *b*. Ala. *c*. Carina, cum calyce.
d. Adelphia, cum calyce. D. Eadem, aucta. *e*. Lomentum.
f. Semen. F. Idem, auctum.

** *Foliis pinnatis.*

TABULA 721.

HEDYSARUM SPINOSISSIMUM.

Hedysarum foliis pinnatis 5—7-jugis pubescenti-canis: foliolis lineari-oblongis retusis, floribus subcapitatis, lomenti tomentosi 2—3-articulati setoso-echinati lobis subrotundis.

H. spinosissimum. *Linn. Sp. Pl.* 1058. *Willden. Sp. Pl. v.* 3. 1212. *DeCand. Prodr. v.* 2. 341.

In insulæ Cypri campestribus. ⊙.

Radix annua, perpendicularis, simplicissima. *Caules* diffusi, pubescentes, ramosi, spithamæi v. breviores. *Folia* pinnata, 5—7-juga, cum impari, pubescentia, imò incana; *foliolis* lineari-oblongis retusis. *Stipulæ* ovatæ, aristatæ. *Flores* capitati, 3—4, pallidè rosei, venosi, pedicellati. *Calyx* tubuloso-campanulatus, pubescens; *dentibus* 5 subulatis, quorum duo superiores breviores. *Vexillum* ovatum, obtusum, angustum; *alæ* lineares, *carinæ* obtusæ æquales. *Stamina* diadelpha. *Lomentum* compressum, tomentosum, setis rigidis glochidatis densissimè tectum, lobis subrotundis. *Semina* minuta, castanea, glabra.

a. Calyx, cum adelphiâ. *b.* Vexillum. *c.* Ala. *d.* Carina.
E. Calyx, cum pistillo, auctus. *f.* Lomentum. *g.* Semen.

TABULA 722.

HEDYSARUM VENOSUM.

Hedysarum foliis pinnatis pictis subtùs villosis: foliolo ultimo majore, pedunculis radicalibus foliis longioribus, leguminibus suborbiculatis dentatis villosis.

H. venosum. *Desfont. Atl. v.* 2. 179. *t.* 201. *Willden. Sp. Pl. v.* 3. 1213.

Onobrychis venosa. *DeCand. Prodr. v.* 2. 347.

In insulâ Cypro. ♃.

Acaulis. *Folia* pinnata, 2—3-juga cum impari, subtùs villosissima; *petiolis* sanguineis villosis; *foliolis* ovatis, obtusis, glauco-viridibus, venis sanguineis et atro-viridibus pictis; ultimo duplò majore. *Pedunculi* palmares, radicales, erecti, fusco-rubri, villosi, foliis longiores, racemosi. *Calyx* campanulatus, roseus, villosus; *dentibus* 5,

Hedysarum spinosissimum

Hedysarum venosum.

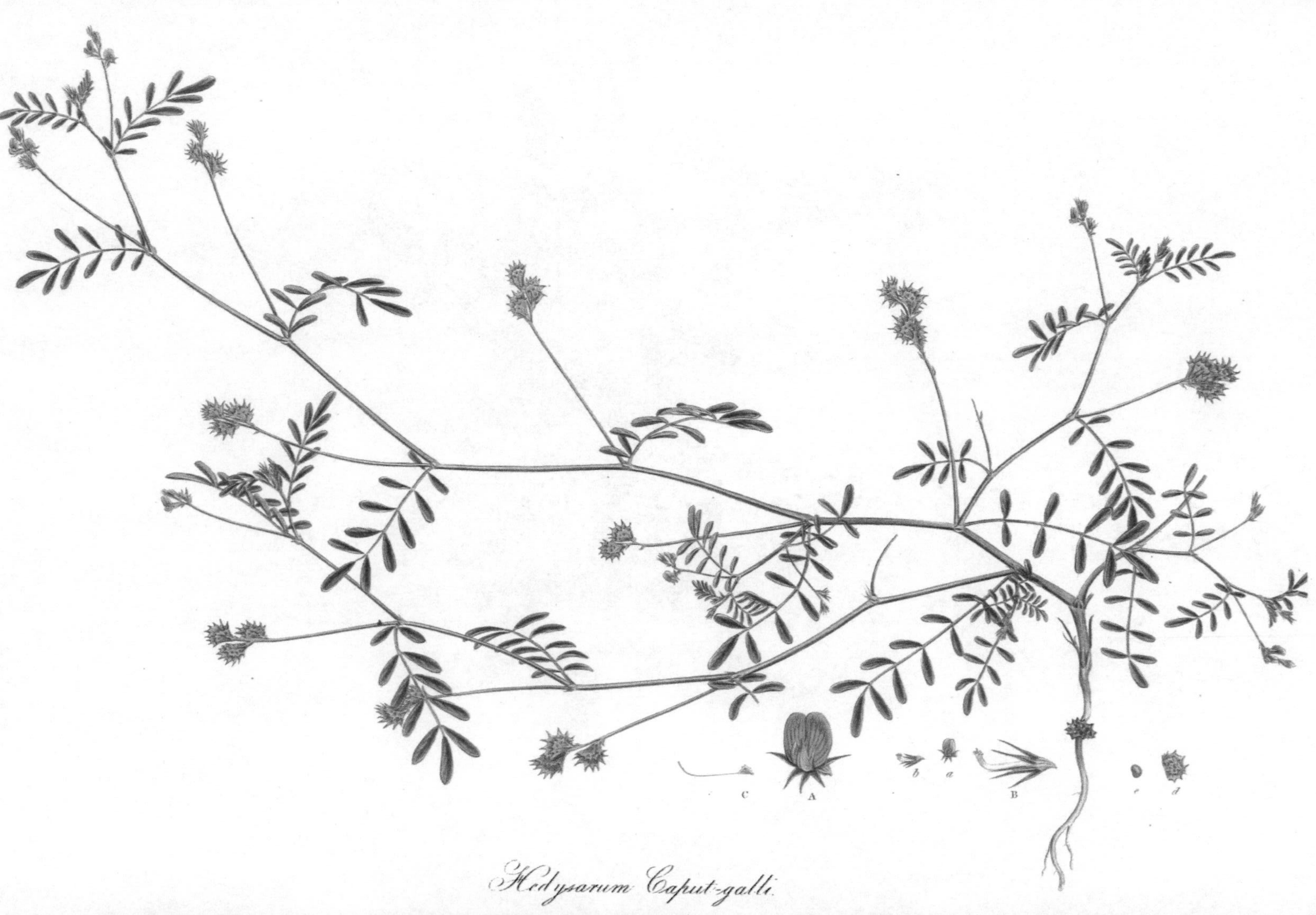

Hedysarum Caput-galli.

subæqualibus, aristatis. *Vexillum* subrotundum, flavum, venis rubris pictum; *alæ* albæ, parallelæ, apice conniventes; *carina* ejusdem longitudinis, venis quibusdam rubris. *Stamina* diadelpha. *Ovarium* ovatum, villosum; *stylo* longo, ascendente, capillari, glabro; *stigmate* simplici. *Legumen* reniforme, radiatum, dentatum, arachnoideo-tomentosum, venis et marginibus rubris.

a. Calyx, cum alis et carinâ. *b.* Vexillum. *c.* Carina.
d. Calyx, cum adelphiâ. D. Idem, auctus. E. Pistillum, auctum.
f. Legumen.

TABULA 723.

HEDYSARUM CAPUT GALLI.

Hedysarum caule diffuso v. erecto, foliis pinnatis: foliolis lineari-oblongis obtusis basi angustatis glabris, leguminibus subrotundis obliquis compressis undique aculeatissimis.

H. Caput Galli. *Linn. Sp. Pl.* 1059. *Willden. Sp. Pl. v.* 3. 1217.

Onobrychis Caput Galli. *DeCand. Prodr. v.* 2. 346.

Onobrychis fructu echinato minor. *Tourn. Inst.* 390.

In Cypro et Zacyntho insulis, ad campos; tum ad viam inter Smyrnam et Bursam. ⊙.

Radix annua, perpendicularis, simplex. *Caules* prostrati, glabri, ramosi, pedales, sulcati, pallidè virides. *Folia* pinnata, atro-viridia, glabra, 5—6-juga, cum impari; *foliolis* lineari-oblongis, acutis, basi angustatis, pilosiusculis. *Stipulæ* parvæ, membranaceæ, ovatæ, aristatæ. *Pedunculi* axillares, foliis paulò longiores. *Racemi* 3—4-flori. *Calyx* dentibus 5, subfoliaceis, aristatis, pilosis, alarum longitudine. *Vexillum* oblongum, erectum, emarginatum, rubrum, *alis* et *carinâ* concoloribus duplò majus. *Stamina* diadelpha. *Ovarium* dimidiatum, ovatum, tuberculatum; *stylo* capillari, rectiusculo; *stigmate* simplici. *Legumen* semi-orbiculatum, pubescens, aculeis rigidis, validis, subæqualibus, undique munitum.

a. Flos integer, à fronte. *b.* Calyx, à latere. B. Idem, auctus.
C. Pistillum, auctum. *d.* Legumen. *e.* Semen.

TABULA 724.

HEDYSARUM CRISTA GALLI.

Hedysarum foliis pinnatis: foliolis retusis emarginatis, leguminibus submonospermis glabris dorso cristatis, cristâ in lacinias planas oblongas dentatas partitâ, disco rugoso subaculeato.

H. Crista Galli. *Linn. Syst. Veget. ed.* 13. 563. *Willden. Sp. Pl. v.* 3. 1218.

Onobrychis Crista Galli. *DeCand. Prodr. v.* 2. 346.

Onobrychis seu caput gallinaceum, minus, fructu maximo insignitèr echinato. *Tourn. Inst.* 390.

Τριβέλι *Cypriorum, hodiè.*

In agro Argolico, Messeniaco et Eliensi, necnon in insulâ Cypro et circa Byzantium. ⊙.

Radix annua. *Caulis* diffusus, ramosus, pubescens, pedalis v. minor, levitèr striatus. *Folia* pinnata, pubescentia, 6—9-juga, cum impari; *foliolis* pedicellatis, cuneatis, emarginatis. *Stipulæ* ovatæ, membranaceæ, glabræ, aristatæ. *Pedunculi* pubescentes, foliis breviores. *Racemi* pauciflori. *Flores* parvi, pallidè purpurei. *Calyx* 5-partitus, laciniis foliaceis aristatis villosis, petalorum longitudine. *Vexillum* oblongum, obtusum, erectum; *alæ* et *carina* duplò breviores. *Stamina* diadelpha. *Legumen* subrotundum, bicameratum, compressum, glabrum, lateribus excavatum, aculeatum, dorso cristatum, cristæ laciniis foliaceis, inæqualibus, serratis. *Semina* minuta, subrotunda, castanea, nitida.

a. Calyx, cum adelphiâ. A. Idem, auctus. *b.* Vexillum.
c. Ala. *d.* Carina. E. Pistillum, auctum.
f. Legumen. *g.* Idem, verticalitèr sectum. *h.* Semen.

TABULA 725.

HEDYSARUM ÆQUIDENTATUM.

Hedysarum foliis pinnatis: foliolis elliptico-oblongis, leguminibus monospermis pubescentibus scrobiculatis subaculeatis, cristæ laciniis uniformibus integerrimis.

H. æquidentatum. *Prodr. v.* 2. 84.

Onobrychis æquidentata. *DeCand. Prodr. v.* 2. 346.

Onobrychis cretica foliis Viciæ, fructu magno cristato et aculeato. *Tourn. Cor.* 66.

In insulâ Cypro. ⊙.

Præcedenti simile. *Caules* erecti, nec diffusi. *Foliorum juga,* magìs distantia; *foliola*

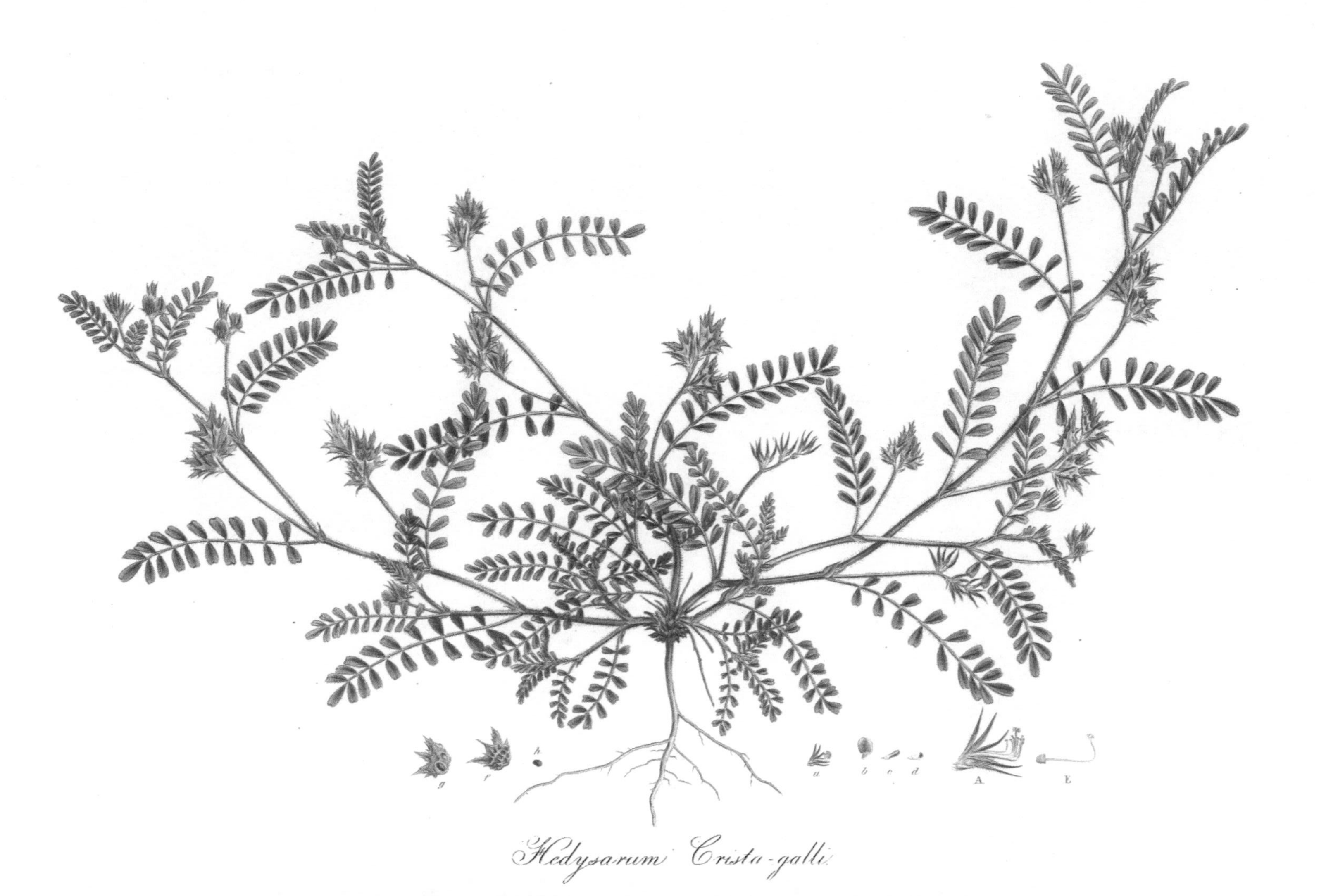

Hedysarum Crista-galli.

Hedysarum æquidentatum.

Galega officinalis.

acuta, nec retusa, v. cuneata. *Pedunculi* erecti, foliis multò longiores; *floribus* distantibus. *Flores* triplò majores, intensè rosei, venosi. *Legumen* minus, latere vix aculeatum, dentibus cristæ dorsalis æqualibus mucronatis.

Variat leguminibus pubescentibus et glabris, fortè ob diversam exemplarium ætatem. Nullum legumen completum adest in Herb. Sibth.; in Neapolitanis nostris, à cl. Tenorio sub nomine *H. cretici* receptis, latera leguminum subaculeata; in icone autem Baueri mutica depinguntur.

a. Calyx, cum adelphiâ. A. Idem, auctus. *b.* Vexillum.
c. Ala. *d.* Carina. *e.* Legumen.

GALEGA.

Linn. Gen. Pl. 384. *Juss.* 359. *DeCand. Prodr. v.* 2. 248.

Calyx dentibus subulatis, subæqualibus. *Legumen* striis oblongis, seminibus interjectis.

TABULA 726.

GALEGA OFFICINALIS.

Galega foliolis lanceolatis obtusissimis mucronatis glabris, pedunculis foliis longioribus.
G. officinalis. *Linn. Sp. Pl.* 1062. *Willden. Sp. Pl. v.* 3. 1241. *DeCand. Prodr. v.* 2. 248.
G. vulgaris, floribus cœruleis. *Tourn. Inst.* 398.

In Athô, et Olympo Bithyno montibus. ♃.

Caules erecti, 2—3-pedales, ramosi, glabri, striati. *Folia* pinnata, 7—9-juga, pubescentia, internodiis duplò longiora; *foliolis* ovato-lanceolatis, obtusissimis, sessilibus, mucronatis. *Stipulæ* foliaceæ, semisagittatæ, acuminatæ. *Racemi* axillares, erecti, multiflori, pedunculati, foliis longiores, pubescentes. *Flores* lactei. *Bracteæ* subulatæ, aristatæ. *Calyx* basi obtusus, campanulatus, 5-dentatus; *dentibus* brevibus aristatis inæqualibus. *Vexillum* erectum, obtusum, *alis* et *carinâ* longius. *Stamina* monadelpha. *Legumen* 1½ poll. longum, rectum, lineare, subtorulosum, glabrum, venis tenuibus, simplicibus, parallelis, contiguis, obliquis striatum; *stylo* arcuato, parvo, lævi, terminatum. *Semina* cylindracea, atra, glabra.

a. Vexillum. *b.* Ala, cum carinâ. *c.* Calyx, cum adelphiâ.
d. Legumen. *e.* Semen.

PHACA.

Linn. Gen. Pl. 384. *Juss.* 358. *Gærtn. t.* 154. *DeCand. Prodr. v.* 2. 273.

Calyx 5-dentatus, dentibus 2 superioribus remotioribus. *Legumen* semi-biloculare, inflatum.

TABULA 727.

PHACA BŒTICA.

Phaca caule erecto piloso, stipulis subulatis acuminatis, foliolis 7—11 oblongis mucronulatis pilosis, racemis foliis subæqualibus laxis, floribus albis pendulis, leguminibus oblongis cymbiformibus compressis.

P. bœtica. *Linn. Sp. Pl.* 1064. *Willden. Sp. Pl. v.* 3. 1251. *DeCand. Prodr. v.* 2. 273.
Astragaloides lusitanica. *Tourn. Inst.* 399.
Astragalus primus, sive bœticus. *Clus. Hist. v.* 2. 233, 234.
Ἀγριοκουκιὰ *Cypriorum.*
Ἀγριολούπινο *Laconicorum.*

In insulæ Cypri montibus copiosè: etiam in agro Laconico et Messeniaco. ♃.

Radix perennis. *Caules* stricti, sesquipedales, angulati, pilosi, testacei coloris; basi vestigiis petiolorum emarcidorum squamati. *Folia* pinnata, pilosa, 9-juga cum impari; *foliolis* oblongis, mucronulatis. *Stipulæ* distinctæ, subulatæ, longè acuminatæ, diù persistentes. *Racemi* axillares, stricti, pedunculati, multiflori, foliis subæquales, pubescentes. *Flores* candidi, penduli. *Calyx* pubescens, obliquus, campanulatus, 5-dentatus, sinubus rotundatis, dentibus subæqualibus subulatis. *Vexillum* oblongum, obtusum, undulatum, replicatum, *carinâ* majus; *alæ carinâ* minores.

a. Flos integer. *b.* Vexillum. *c.* Ala altera.
d. Carina. *e.* Calyx, cum adelphiâ. *f.* Pistillum.

b
c
d
e
f
a
Phaca boetica.

Astragalus hamosus.

Astragalus contortuplicatus.

ASTRAGALUS.

Linn. Gen. Pl. 385. *Juss.* 358. *Gærtn. t.* 154. *DeCand. Prodr. v.* 2. 281.

Legumen plerumque biloculare, gibbum. *Semina* biserialia.

** *Caulibus foliosis diffusis.*

TABULA 728.

ASTRAGALUS HAMOSUS.

Astragalus diffusus pubescens, foliolis oblongis emarginatis, capitulis sub-8-floris, pedunculis foliis brevioribus, leguminibus hamatis compresso-cylindraceis rigidis mucronatis: adultis glabris.

A. hamosus. *Linn. Sp. Pl.* 1067. *Willden. Sp. Pl. v.* 3. 1279. *DeCand. Prodr. v.* 2. 290.
A. luteus annuus monspeliacus procumbens. *Tourn. Inst.* 416.

In insulæ Cypri campestribus. ⊙.

Caules procumbentes, ramosi, pubescentes, subpedales. *Folia* pubescentia, 9—11-juga; *foliolis* cuneato-oblongis, emarginatis, inferioribus brevioribus. *Stipulæ* membranaceæ, ovatæ, acutæ, distinctæ. *Capitula* sub-8-flora, pedunculata, pubescentia, foliis breviora. *Flores* parvi, ochroleuci. *Calyces* albidi, limbo viridi, villosi; *dentibus* subulatis: inferioribus longioribus, bracteis subulatis æqualibus. *Legumina* matura pallidè brunnea, glabriuscula, avenia, compresso-cylindracea, falcata, rigida; suturâ seminiferâ inflexâ cavitatem leguminis in cameras duas ferè omninò separante. *Semina* castanea, subolivacea, subrotunda, compressa.

a. Flos integer. B. Vexillum, magnitudine auctum. C. Ala, aucta.
D. Carina, aucta. E. Calyx, cum bracteâ subtendente, auctus. *f.* Legumen maturum.
g. Semen.

TABULA 729.

ASTRAGALUS CONTORTUPLICATUS.

Astragalus diffusus pilosissimus, foliolis oblongis apice bilobis, capitulis sub-5-floris, pedunculis foliis quadruplò brevioribus, dentibus calycinis divaricatis, leguminibus teretibus contortuplicatis villosis.

A. contortuplicatus. *Linn. Sp. Pl.* 1068. *Willden. Sp. Pl. v.* 3. 1281. *DeCand. Prodr. v.* 2. 290.

A. repens, siliquis undulatis. *Buxb. Cent.* 3. 22. *t.* 39.

Ad campos in Asiâ minore, nec non in insulâ Cypro. ⊙.

Caules diffusi, palmares v. majores, pilosi, ramosi. *Folia* 10—13-juga, pubescentia; *foliolis* oblongis, apice bilobis, suprà depilatis, sæpè alternis. *Stipulæ* subulatæ, virescentes, distinctæ. *Flores* pallidè violacei, capitati; *pedunculis* foliis quadruplò brevioribus. *Calyces* pilosissimi, virides; *dentibus* subæqualibus, patentissimis, alis corollæ subæqualibus. *Legumina* desunt in herbario Sibthorpiano.

a. Flos integer, à fronte visus. A. Idem, auctus. B. Vexillum, C. Ala, D. Carina, E. Calyx; omnes aucti.

TABULA 730.
ASTRAGALUS BŒTICUS.

Astragalus procumbens pubescens, stipulis membranaceis ovatis acuminatis, foliolis cuneatis emarginatis 10—15-jugis, capitulis brevitèr pedunculatis, leguminibus erectis triangularibus pilosiusculis apice mucronato-uncinatis.

A. bœticus. *Linn. Sp. Pl.* 1068. *Willden. Sp. Pl. v.* 3. 1281. *DeCand. Prodr. v.* 2. 291.

A. annuus maritimus procumbens latifolius, floribus pediculo insidentibus. *Tourn. Inst.* 416.

Κυρατζικλημα *Zacynthorum.*

In Cypro et Zacyntho insulis, ad campos. ⊙.

Caules diffusi, angulati, pilosi, spithamæi ad pedales. *Foliola* sensim à basi ad apicem decrescentia, internodiis petioli subæqualia, facie superiori glabriuscula, apice sæpiùs emarginata, nunc truncata. *Flores* ochroleuci, parvi, capitati. *Bracteæ* minutæ, acuminatæ, calyce breviores. *Calyx* 5-dentatus, pilis brevibus, nigricantibus, patentibus vestitus. *Vexillum* ovatum, obtusum; *alæ* et *carina* multò minores, obtusæ, conniventes. *Stamina* subæqualia. *Legumen* vix unciam longum, suberectum, ferè triangulare, obsoletè venosum, biloculare, pergameneum; *dissepimento* teneriore à suturâ dorsali ortum ducente. *Semina* plura, oblonga, compressa, testacea, nitida, subreniformia.

a. Flos, à fronte visus. *b.* Vexillum. *c.* Ala. *d.* Calyx, à latere, cum carinâ. E. Calyx, cum adelphiâ, auctus. *f.* Legumen. *g.* Legumen, transversè scissum. *h.* Semen.

Astragalus boeticus.

Astragalus Epiglottis.

Astragalus incanus.

TABULA 731.

ASTRAGALUS EPIGLOTTIS.

Astragalus villoso-incanus, stipulis acuminatis, calycibus nigro-villosis, foliolis linearibus 5—7-jugis, spicis capitatis brevissimè pedunculatis: fructiferis elongatis, leguminibus compressis cordatis acuminatis retrorsùm imbricatis convexis pubescentibus.

A. Epiglottis. *Linn. Sp. Pl.* 1069. *Willden. Sp. Pl. v.* 3. 1284. *DeCand. Prodr. v.* 2. 290.

A. pumilus, siliquâ epiglottidis formâ. *Tourn. Inst.* 416.

Glaux minima. *Rivin. Tetrap. Irreg. t.* 109. *f.* 1.

In Cypri campestribus. ☉.

Radix annua, simplicissima. *Caules* erecti v. prostrati, 2—4-unciales, incani, parùm divisi. *Foliola* internodiis petioli longiora, linearia, acutiuscula, subæqualia. *Flores* minuti, dilutè purpurei, in spicas subsessiles capitatas congesti. *Calyx* pilis nigris rigidis barbatus. *Vexillum* subrotundum, emarginatum. *Alæ* et *carina* angustissimæ. *Legumina* in spicas paulò elongatas retrorsùm imbricata, circitèr 3 lineas longa, flavescentia, pilosa, subaspera, compressa, cordata, acuminata, convexa, 2-locularia; *loculis* monospermis.

a. Flos integer, à fronte. A. Idem, auctus. B. Idem, vexillo dempto.
C. Vexillum, auctum. D. Ala altera, aucta. *e.* Leguminorum spica.
f. Legumen, à latere visum. *g.* Idem, à tergo. *h.* Ejusdem loculus alter longitudinalitèr divisus.
i. Semen.

*** *Scapo nudo, (caule nullo, aut brevissimo.)*

TABULA 732.

ASTRAGALUS INCANUS.

Astragalus acaulis incanus, foliolis 13—19 ovatis planis scapis subæqualibus, spicis capitatis, dentibus calycinis brevibus subulatis, leguminibus subcylindraceis apice incurvis mucronatis polyspermis.

A. incanus. *Linn. Sp. Pl.* 1072. *Willden. Sp. Pl. v.* 3. 1316. *DeCand. Prodr. v.* 2. 304.

A. incanus, siliquâ incurvâ. *Tourn. Inst.* 416.

In agro Argolico; etiam in Rhodo et Cypro insulis. ♃.

Radices longissimæ, lignosæ, perennes, ramosæ. *Caules* brevissimi, basibus foliorum squamati, multicipites. *Folia,* ut et omnes partes virides, pube brevi incana; *foliolis* ovatis, planis, internodiis petioli longioribus, 6—9-jugis, patentissimis. *Stipulæ* ovatæ, acutæ. *Spicæ* capitatæ, paucifloræ; *pedunculo* erecto, foliis prostratis longiore. *Bracteæ* minimæ, subulatæ. *Calyx* tubulosus, testaceus, apice acutè 5-dentatus nigricans. *Flores* rosei. *Vexillum* ovatum, acutum, marginibus subrevolutis; *alæ* et *carina* longè unguiculatæ, lineares. *Legumina* unciam longa, recta, teretia, mucronata, pube deciduâ canescentia, calyce triplò longiora, bilocularia; *dissepimento* bilamellato, e suturâ dorsali exorto; sub-5-sperma in utroque loculo. *Semina* compressa, reniformia, atra.

a. Calyx, à latere visus. *b.* Vexillum. *c.* Ala altera.
d. Carina. *e.* Adelphia. E. Eadem, aucta.
F. Pistillum, auctum. *g.* Legumina. *h.* Semen.
H. Semen, auctum.

TABULA 733.

ASTRAGALUS DEPRESSUS.

Astragalus diffusus pubescens, foliolis 8—10-jugis obovatis, spicis capitatis subsessilibus folio longè brevioribus, leguminibus pendulis rectis glabris mucronatis.

A. depressus. *Linn. Sp. Pl.* 1073. *Willden. Sp. Pl. v.* 3. 1290. *DeCand. Prodr. v.* 2. 293.

In montibus Græciæ. ♃.

Radix perpendicularis, perennis, parùm ramosa. *Caules* brevissimi, multicipites. *Folia* humo prona, pubescentia, 8—10-juga; *foliolis* obovatis, internodiis petioli subæqualibus, nunc ferè semunciam longis, nunc sesquilineam vix excedentibus. *Capitula* multiflora, brevitèr pedunculata, in sinu foliorum. *Flores* parvi. *Calyx* tubulosus; *dentibus* rectis, nigro-pilosis, unguibus petalorum brevioribus. *Vexillum* pallidè purpurascens, ovatum, retusum; *ungue*, ut et *alæ*, albo. *Carina* alba, apice purpurea. *Legumina* teretia, glabra, recta, acuminata, semunciam longa, pendula, bilocularia, polysperma; *dissepimento* e suturâ dorsali exorto.

a. Flos, à fronte visus. B. Calyx, cum alis et columnâ, à latere visus, auctus.
C. Vexillum, auctum. *d.* Leguminorum spica.
e. Legumen seorsìm. *f.* Semen.

Astragalus depressus.

Astragalus angustifolius.

Astragalus aristatus.

**** *Caulis lignosus. Petioli spinescentes.*

TABULA 734.

ASTRAGALUS ANGUSTIFOLIUS.

Astragalus pedunculis corymbosis paucifloris folio subæqualibus, calycibus cylindraceis brevitèr 5-dentatis, foliolis 7—11-jugis ellipticis linearibusve semper incanis.

A. angustifolius. *Prodr. v.* 2. 90. *nec Willdenovii.*

A. massiliensis. *Lam. Dict. v.* 2. 320. *DeCand. Prodr. v.* 2. 298.

In montibus circa Athenas. ♄.

Frutex parvus, ramosus, undique petiolis spinosis persistentibus armatus, gummi nullum fundens. *Foliola* 7—9-juga, incana, linearia, utrinque acuta, citò decidua; ultimis petioli apice brevioribus. *Stipulæ* rigidæ, persistentes, pubescentes. *Spicæ* pauciforæ, pedunculatæ, corymbosæ, foliis breviores. *Bracteæ* subulatæ. *Calyx* 5-dentatus, pilosus; *dentibus* brevibus acutis. *Vexillum* album, lineare, apice retusum. *Alæ* albæ. *Carina* alba, apice violacea. *Legumen* oblongum, teres, acutum, pubescens, biloculare; *loculis* submonospermis.

Ab *A. massiliensi* vix differt nisi foliolis angustioribus. *A. angustifolius* omninò diversus videtur floribus flavis, foliorumque canitie deciduâ.

a. Florum corymbus. *b.* Calyx, à latere visus, vexillo dempto. *c.* Vexillum. *d.* Ala. *e.* Calyx, cum pistillo. *f.* Legumen. *g.* Legumen, verticalitèr sectum. *h.* Semen. H. Semen, auctum.

TABULA 735.

ASTRAGALUS ARISTATUS.

Astragalus pedunculis brevibus sub-6-floris, calycis dentibus tubo longioribus villosissimis, foliolis 6—9-jugis utrinque acutis pubescentibus, legumine vix semibiloculari.

A. aristatus. *Willden. Sp. Pl. v.* 3. 1328. *DeCand. Prodr. v.* 2. 298.

A. sempervirens. *Lam. Dict. v.* 1. 320.

A. n. 405. *Hall. Hist. v.* 1. 177; *descr. corollæ optima.*

Τραγακανθα *Dioscoridis.*

Τραγακάνθα *hodiè in Peloponneso.*

Κολλώστεπα *circa Parnassum.*

In Peloponnesi montibus copiosissimè, nec non in Parnasso; etiam in montosis Thessalonicæ et insulæ Cypri. ♄.

Frutex lignosus, undique petiolis spinescentibus persistentibus armatus; *ramis* vetustis nudis, sordidè fuscis, corrugatis, læsis gummi flavum, viscidum, mox induratum, fundentibus. *Foliola* pubescentia, atro-viridia, angusta, utrinque acuta. *Stipulæ* rigidæ, glabræ. *Flores* in corymbis densissimis, 4—5-floris, sessilibus aggregati, foliis multò breviores. *Bracteæ* cymbiformes, dorso glabriusculæ, calycis longitudine. *Calyx* turbinatus, lanâ densissimâ tectus; *dentibus* subulatis, tubo longioribus. *Petala* apice purpurea. *Vexillum* oblongum, angustum, obtusum; *alarum* et *carinæ* ungues laminis ferè triplò longiores.

Huic Dioscoridis descriptio *Tragacanthæ* suæ optimè respondet. Hodierni nomen antiquum conservant, et gummi quotannis e Patris in Italiam transportant.

a. Flos, à fronte visus. B. Calyx. C. Vexillum.
D. Ala. E. Carina. F. Adelphia; omnes à B. ad F. auctæ.

TABULA 736.

ASTRAGALUS CRETICUS.

Astragalus floribus sessilibus aggregatis lanâ densissimâ calycum involutis, calycis dentibus lanceolatis, foliolis 6—7-jugis oblongis acutis incanis.

A. creticus. *Lam. Dict. v.* 1. 321. *Willden. Sp. Pl. v.* 3. 1330. *DeCand. Prodr. v.* 2. 297.

Tragacantha cretica incana, flore parvo, lineis purpureis striato. *Tourn. Cor.* 29. *Iter, v.* 1. 22. *ic.* 21.

Ποτηριον *Dioscoridis.*

In collibus arenosis Ioniæ legit Sibthorp; nec non in Olympo Bithyno, et Sphacioticis Cretæ montibus. ♄.

Frutex humilis, ramosus, densus, undique petiolis rigidis spinescentibus armatus; *ramis* junioribus densissimè pubescentibus murinis, vetustis sordidè fuscis, gummi durum flavum fundentibus. *Folia* incana; *petiolis* demùm glabris; *foliolis* 6—7-jugis, ovatis v. linearibus, mucronatis. *Stipulæ* ovatæ, dorso tomentosæ. *Flores* densissimi, sessiles, lanâ calycum involuti. *Calyx* virescens, turbinatus; *dentibus* lineari-lanceolatis. *Vexillum* pallidè flavum, basi auriculatum, obovatum, apiculatum, venis roseis striatum. *Alæ* oblongæ, unicolores, ungue tenuissimo. *Carina* unicolor, ungue vix laminâ angustiore.

Hæc species etiam *Tragacanthum* fundit.

a. Flos integer, à fronte visus. B. Calyx, auctus, ut et omnes sequentes. C. Vexillum.
D. Ala. E. Carina. F. Adelphia.

Astragalus creticus.

Biserrula Pelecinus.

BISERRULA.

Linn. Gen. Pl. 385. *Juss.* 358. *DeCand. Prodr. v.* 2. 307.

Legumen biloculare, planum: dissepimento contrario, utrinque serratum.

TABULA 737.

BISERRULA PELECINUS.

BISERRULA Pelecinus. *Linn. Sp. Pl.* 1073. *Willden. Sp. Pl. v.* 3. 1335. *DeCand. Prodr. v.* 2. 307.
Pelecinus vulgaris. *Tourn. Inst.* 417.

In variis Peloponnesi locis. ⊙.

Herba annua, prostrata, ramosa, pubescens, viridis. *Folia* pinnata cum impari, internodiis longiora; *foliolis* 9—10-jugis, cuneatis, altè emarginatis, versus apicem sensìm decrescentibus. *Stipulæ* membranaceæ, ovatæ, acutæ. *Pedunculi* axillares, 2—4-flori, foliis breviores. *Calyx* tubulosus, basi obtusus; *dentibus* 5, aristatis. *Vexillum* roseum, erectum, ovatum, emarginatum. *Alæ* oblongæ, intensiores, *carinâ* pallidiori paulò longiores. *Legumina* purpureo-fusca, pubescentia, compressa, quasi bilocularia, polysperma; utroque margine sinuato-dentata. *Semina* minuta, reniformia.

A. Flos, à latere visus, auctus. *b.* Legumen. *c.* Semen.

PSORALEA.

Linn. Gen. Pl. 386. *Juss.* 355. *DeCand. Prodr. v.* 2. 216.

Calyx longitudine leguminis. *Stamina* diadelpha. *Legumen* monospermum, subrostratum, evalve.

TABULA 738.

PSORALEA BITUMINOSA.

Psoralea foliis ternatis, foliolis ovato-lanceolatis, petiolis pubescentibus esulcis, pedunculis foliis pluriès longioribus, spicis capitatis, calycibus pubescentibus.

P. bituminosa. *Linn. Sp. Pl.* 1075. *Willden. Sp. Pl. v.* 3. 1349. *DeCand. Prodr. v.* 2. 219.

Trifolium bitumen redolens. *Tourn. Inst.* 404.

Τριφυλλον *Dioscoridis.*

In petrosis Græciæ et Archipelagi frequens. ♄.

Suffrutex staturâ quam maximè variabilis, nunc 3—4 pedes altus, nunc vix palmaris. *Rami* erecti, striati, glabriusculi, parùm ramosi. *Folia* pilosa, internodiis longiora; *foliolis* sesquiunciam longis, ovato-lanceolatis, petiolulatis, petiolo æqualibus, utrinque foveolis crebris glandulosis exsculptis. *Stipulæ* subulatæ, liberæ, pilosæ, basi purpurascentes. *Pedunculi* erecti, sulcati, subpubescentes, foliis multò longiores, apice capitulum multiflorum depressum gerentes. *Bracteæ* pilosæ, tripartitæ, aristatæ, calycibus æquales. *Calyx* tubulosus, pilosus; *dentibus* 5 aristatis. *Flores* pallidè purpurei. *Vexillum* ovatum, retusum, erectum, basi limbi bidentatum. *Alæ* pallidiores; *unguibus* brevibus, vexillo multò brevioribus. *Carina* brevior, ferè decolor, salvo apice purpureo obtuso. *Stamina* diadelpha.

a. Bractea. *b.* Flos, à fronte visus. *c.* Calyx, à latere visus. *d.* Vexillum.
e. Alæ. *f.* Carina. *g.* Adelphia. H. Pistillum, auctum.

Psoralea bituminosa.

Ebenus cretica.

EBENUS.

Linn. Gen. Pl. 386. *DeCand. Prodr. v.* 2. 350.

Calyx plumosus, bilabiatus. *Alæ* minimæ. *Stamina* monadelpha. *Legumen* subrotundum, 1—2-spermum.

TABULA 739.

EBENUS CRETICA.

Ebenus fruticosa, foliis 3—5-foliolatis, spicis ovato-cylindraceis.
E. cretica. *Linn. Sp. Pl.* 1076. *DeCand. Prodr. v.* 2. 350.
Anthyllis cretica. *Willden. Sp. Pl. v.* 3. 1019.
Barba Jovis lagopoides cretica frutescens incana, flore spicato purpureo amplo. *Tourn. Inst.* 651.

In montibus Sphacioticis Cretæ. ♄.

Frutex 2—3-pedalis; *ramis* tortuosis: vetustis pallidè fuscis, cortice secedente scabris, junioribus pubescentibus basi vestigiis stipularum ramentaceis tectis. *Folia* sericea, aut ternata, aut pentaphylla pinnata; *foliolis* obovatis, acutis, impari sessili. *Stipulæ* membranaceæ, cinnamomeæ, à petiolo ferè liberæ, anticè connatæ; *apicibus* aristatis tantùm distinctis. *Pedunculi* sericei, erecti, foliis paulò breviores. *Spicæ* oblongæ, densissimæ, multifloræ. *Bracteæ* concavæ, ovatæ, acutæ, glabræ, ciliatæ. *Calyx* bilabiatus, pilosus; *tubo* dentibus ⅓, aristatis, plumosis multò breviore. *Corolla* rosea, venosa. *Vexillum* subrotundum, emarginatum; *alæ* minimæ, aduncæ, carinæ basi adnatæ; *carina* ventricosa, ascendens, vexillo brevior. *Stamina* submonadelpha. *Ovarium* subrotundum, villosum; *stylo* capillari, ascendente, apice subulato. *Legumen* minimum, subrotundum, uniloculare, monospermum. *Semina* sphærica, nitida.

a. Bractea. *b.* Flos integer. *c.* Idem, vexillo dempto.
d. Vexillum. *e.* Carina, cum alis minutis. *f.* Ala.
g. Adelphia. *h.* Pistillum. *i.* Legumen.
j. Semen.

TABULA 740.

EBENUS PINNATA.

Ebenus herbacea, foliis pinnatis 4—5-jugis cum impari, foliolis angustè ovalibus mucronatis, stipulis bifidis, caule adpressè pubescente, spicis sphæricis.

E. pinnata. *Prodr. v.* 2. 92. *nec Desfont.*

E. Sibthorpii. *DeCand. Prodr. v.* 2. 351.

Onobrychis orientalis argentea, fructu echinato minimo. *Tourn. Cor.* 26.

In Athô et Parnasso montibus. ♂.

Radix lignosa, ramosa, multiceps. *Caules* prostrati, sericeo-pubescentes, parùm ramosi, 1½—2-pedales. *Folia* internodiis breviora, sericea, pinnata; *foliolis* 3—4-jugis, angustè ovalibus, impari sessili. *Stipulæ* membranaceæ, testaceæ, à petiolo et invicem liberæ, apice bifidæ. *Pedunculi* terminales, foliis longiores. *Capitula* sphærica, densissima, multiflora. *Bracteæ* subrotundæ, concavæ, pubescentes, calycibus breviores; exterioribus vacuis involucri speciem formantibus. *Calyx* roseus; *tubo* turbinato, pubescente; *dentibus* aristatis, plumosis, inferioribus longissimis. *Flores* lætè rosei, minùs purpurascentes quàm in præcedente. *Vexillum* venosum, ovatum, obtusissimum; *alæ* minimæ, pallidæ, subcuneatæ; *carina* avenia, ventricosa, ascendens. *Stamina* submonadelpha.

Ebenus pinnata vera differt stipulis indivisis, caule mollitèr hispido, nec non corollâ calyce breviore.

a. Bracteæ exteriores vacuæ. *b.* Flos integer. C. Calyx.
D. Vexillum. E. Carina, cum alis. F. Ala.
G. Adelphia; omnes à C. ad G. auctæ.

Ebenus pinnata

Trifolium messanense

TRIFOLIUM.

Linn. Gen. Pl. 387. *Gærtn. t.* 153.

Flores subcapitati. *Legumen* vix calyce longius, non dehiscens, deciduum.

---

* *Leguminibus calyce longioribus.*

Melilotus. *Juss. Gen.* 356. *DeCand. Prodr. v.* 2. 186.

TABULA 741.

TRIFOLIUM MESSANENSE.

TRIFOLIUM caule erecto prostratoque, foliolis cuneatis dentatis, stipulis acuminatis basi auriculatis dentatis, leguminibus ovalibus acutis inæquilateris arcuatìm venosis.

T. messanense. *Linn. Mantiss.* 275. *Suppl.* 339. *Willden. Sp. Pl. v.* 3. 1353.

Melilotus messanensis. *Desfont. Fl. Atlant. v.* 2. 192. *DeCand. Prodr. v.* 2. 189.

Melilotus messanensis procumbens folliculis rugosis sublongis, spicis florum brevibus. *Tourn. Inst.* 407.

Λωτος ἥμερος *Dioscoridis.*

Τρίφυλλι *hodiè, nomen omnibus ferè hujusce generis speciebus commune.*

In cultis Græciæ ubique spontaneum. ☉.

Radix pallida, perpendicularis, ramosa, tuberculos quosdam pallidos hic illic gerens. *Caulis* erectus v. prostratus, atroviridis, glaber, hinc purpurascens. *Stipulæ* basi membranaceæ, dilatatæ, obtusè dentatæ, apice acuminatæ. *Foliola* cuneata, nunc retusa, dentata, basi integerrima. *Racemi* petiolis breviores, stricti. *Calyx* tubulosus, basi obtusus; *dentibus* 5, subæqualibus, acutis. *Petala* lutea; *unguibus* calyce vix longioribus. *Vexillum* ascendens, obtusum; *alæ* obtusæ, *carinâ* paulò breviores. *Legumina* 1—2-sperma, pendula, ovalia, utrinque acuta, hinc purpurascentia, inæquilatera; *venis* elevatis, arcuatis, nunc anastomosantibus, notata. *Semen* oblongum, atrum, minutè punctatum.

a. Flos. A. Idem, auctus. B. Vexillum, auctum. C. Pistillum, auctum.

TABULA 742.

TRIFOLIUM MAURITANICUM.

TRIFOLIUM caule erecto, foliolis lineari-oblongis denticulatis subtùs pubescentibus, stipulis dentatis aristatis, leguminibus obtusis arcuatìm venosis.

T. mauritanicum. *Willden. Sp. Pl. v.* 3. 1354.

Melilotus sulcata. *Desfont. Fl. Atlant. v.* 2. 193. *DeCand. Prodr. v.* 2. 189.

M. longifolia. *Tenore, Prodr. Suppl. v.* 1. 66.

In Siciliâ legit Sibthorp. Circa Messinam ubique copiosè invenitur; at prior species nunquam. *D. Arrosti.* ☉.

Radix ramosa, non tuberculata. *Caulis* erectus, ramosus, 2-pedalis, altè sulcatus, pubescens. *Foliola* lineari-oblonga, obtusa, denticulata, subtùs magìs minùsve pubescentia, basi integerrima. *Stipulæ* angustæ, acuminatissimæ; *dentibus* baseos aristatis. *Racemi* stricti, foliis pluriès longiores. *Flores* parvi, lutei, quàm præcedentis longè minores. *Calyx* dentibus brevibus, acutis, unguibus petalorum brevioribus. *Vexillum* acutum, vix ascendens; *alæ* obtusæ; *carina* acuta, apice incurva. *Legumina* pendula, curva, obtusissima; *venis* elevatis valdè arcuatis. *Semen* solitarium, compressum, pallidè brunneum.

a. Flos integer. A. Idem, auctus. *b.* Legumen.
B. Legumen, auctum. *c.* Semen. C. Idem, auctum.

TABULA 743.

TRIFOLIUM SPICATUM.

TRIFOLIUM leguminibus monospermis spicatis erectis nudis rugosis acutis, stipulis subulatis integerrimis, caule erecto. *Prodr. v.* 2. 93.

In insulâ Cypro. ☉.

Radix perpendicularis, ramosa, non tuberculata. *Caulis* erectus, ramosus, apice tantùm pubescens, subpedalis. *Foliola* cuneato-oblonga, versus apicem grossè dentata, basi integerrima. *Stipulæ* aristatæ, integerrimæ. *Racemi* stricti, foliis duplò longiores. *Flores* magnitudine *T. mauritanici*, lutei. *Calyx* brevidentatus, unguibus petalorum æqualis. *Vexillum* angustè cuneatum, acutiusculum, complicatum, in alas pronum; *alæ* et *carina* lineares, obtusæ. *Legumina* erecta, subsphærica v. subrotundo-

Trifolium mauritanicum.

Trifolium spicatum.

Trifolium globosum.

Trifolium Cherleri.

oblonga, mucronata, lacunosa, monosperma. *Semen* sphæricum, testaceum, oculo nudo læve, valdè armato punctis minutissimis elevatis scabrum.

a. Flos integer. A. Idem, auctus. B. Vexillum, auctum.
C. Alæ et carina, auctæ. *d.* Legumen. D. Idem, auctum.
e. Semen. E. Idem, auctum.

*** *Calycibus villosis.* Lagopoda.

TABULA 744.

TRIFOLIUM GLOBOSUM.

Trifolium villosum, caulibus ascendentibus subramosis, foliolis cuneatis emarginatis bilobisve denticulatis, stipulis ovatis membranaceis venosis, capitulis globosis arachnoideis pedunculatis, calycibus plumosis corollâ brevioribus.

T. globosum. *Linn. Sp. Pl.* 1081. *Willden. Sp. Pl. v.* 3. 1361. *DeCand. Prodr. v.* 2. 196.
T. orientale, capite lanuginoso. *Tourn. Cor.* 27.

Ad campos in insulâ Cypro, et inter Smyrnam et Bursam. ⊙.

Caules vix palmares, ascendentes, parùm ramosi, mollitèr villosi, rufo-fusci. *Foliola* cuneata, subtruncata, emarginata v. biloba, apice tantùm denticulata, maculâ pallidâ sagittatâ. *Stipulæ* ovatæ, acuminatæ, membranaceæ, venosæ. *Capitula* florifera parva; fructifera globuli sclopetarii magnitudine, arachnoideo-villosa, brevitèr pedunculata, erecta. *Calyx* laciniis subulatis, plumosis, corollâ brevioribus, primùm rectis, demùm contortis. *Corolla* rosea, calyce longior, monopetala; *vexillo* oblongo, obtuso; *alis* linearibus, patentibus, *carinâ* longioribus. *Legumen* calycis longitudine, dentibus conniventibus inclusum.

Flores corollâ præditi omninò steriles evadunt; adsunt autem alii, apetali, versus fastigium capituli dispositi, qui officio pistilli funguntur.

a. Calyx et corolla floris sterilis. A. Iidem, aucti. *b.* Calyx floris apetali.
c. Calyx, legumen includens. *d.* Legumen.

TABULA 745.

TRIFOLIUM CHERLERI.

Trifolium villosum, caule procumbente, foliolis obovatis obcordatisque parcè denticulatis, stipulis aristatis, capitulis sessilibus globosis bracteis tribus subrotundo-ovatis involucratis, calyce corollâ longiore.

T. Cherleri. *Linn. Sp. Pl.* 1081. *Willden. Sp. Pl. v.* 3. 1362. *DeCand. Prodr. v.* 2. 196.
T. globosum repens. *Tourn. Inst.* 405.

In Archipelagi, necnon in Peloponnesi et Bosphori, littoribus maritimis. ⊙.

Caules procumbentes v. erecti, pilis longis nitidis villosissimi, 2—3 uncias longi, vix majores. *Foliola* obovata, v. obcordata, sericea, apice parcè denticulata, maculâ atro-fuscâ triangulari notata. *Stipulæ* ovatæ, aristatæ, cum petiolo hispido-villosæ. *Capitula* parva, solitaria, in sinu folii ultimi sessilia, bracteis 2, 3, v. 4, subrotundis dilatatis villosis involucrata, villosissima. *Calyces* plumosi; *dentibus* 5, subulatis, corollâ longioribus. *Corolla* monopetala, rosea; *vexillo* lineari, acuto; *alis* parvis, linearibus, patentibus, carinâ longioribus.

In exemplaribus herbarii Sibthorpiani calyx invenitur corollâ longior, nec, ut in icone Baueri, brevior. Talem etiam notavi in plantulis exsiccatis e Siciliâ et Galliâ meridionali.

a. Calyx et corolla. A. Iidem, aucti. *b.* Bracteæ involucrantes

---

TABULA 746.

TRIFOLIUM LAPPACEUM.

Trifolium caulibus ascendentibus ramosis, foliolis obovatis subtilitèr denticulatis, stipulis angustissimis aristatis pilosis, spicis subglobosis terminalibus solitariis, calycis laciniis aristatis corollæ æqualibus demùm calvis rigescentibus, seminibus subrotundis spadiceis.

T. lappaceum. *Linn. Sp. Pl.* 1082. *Willden. Sp. Pl. v.* 3. 1364. *DeCand. Prodr. v.* 2. 191.
T. globosum, sive capitulo lagopi rotundiore. *Tourn. Inst.* 405.

In insulâ Cypro, ad campos. ⊙.

Radix annua, perpendicularis, parùm ramosa. *Caules* ascendentes, palmares ad pedales, glaberrimi, ramosi, filiformes. *Foliola* internodiis breviora, pubescentia; *petiolo* pilis patentissimis obsito; *foliolis* obovatis v. rariùs obcordatis, pubescentibus, subtilitèr denticulatis, immaculatis. *Stipulæ* angustissimæ, membranaceæ, glabræ, apice herbaceæ patentìm pilosæ. *Flores* parvi, in capitulis subglobosis, post anthesin lappaceis, pedunculatis v. subsessilibus congesti. *Calyx* sub anthesin pilosiusculus; *tubo* striato; *laciniis* stipularum more aristatis, herbaceis, corollâ longioribus. *Corolla* monopetala. *Vexillum* lineare, acutum, roseum; *alæ* albæ, subparallelæ, carinâ longiores. *Legumen* calyce indurato, glabro, lappaceo inclusum. *Semen* subrotundum, spadiceum, glabrum.

a. Flos integer. A. Idem, auctus. *b, b.* Calyx.
c. Legumen. *d.* Semen. D. Idem, auctum.

Trifolium lappaceum.

Trifolium rotundifolium?

Trifolium incarnatum.

Trifolium angustifolium

TABULA 747.

TRIFOLIUM ROTUNDIFOLIUM.

Trifolium capitulis villosis terminalibus solitariis bracteatis, caulibus simplicibus diffusis, foliolis suborbiculatis dentatis hirtis. *Smith in Prodromo, v.* 2. 96.

In Peloponneso. ⊙.

Herba spithamæa, multicaulis, pilosissima, incana. *Flores* dilutè purpurei, albo variati. *Calyx* tubulosus, paululùm ventricosus, undique hirtus; *dentibus* lanceolatis, corollâ duplò ferè brevioribus. *Prodr. l. c.*

Deest in herbario Sibthorpiano. *T. stellato* valdè accedit.

a. Flos integer. B. Calyx, cum bracteâ. C. Vexillum.
D. Carina. E. Alæ. F. Pistillum.
G. Adelphia; omnes à B. ad G. auctæ.

TABULA 748.

TRIFOLIUM INCARNATUM.

Trifolium caule erecto, foliolis subrotundo-obcordatis crenatis villosis, stipulis latis brevissimis apice obtuso sphacelato, spicis terminalibus solitariis longè pedunculatis, calycibus costatis pilosissimis: laciniis lanceolato-setaceis æqualibus substellatis corollam monopetalam æqualibus, seminibus ovoideis, radiculâ vix prominulâ. *De-Cand. Prodr. v.* 2. 190.

T. incarnatum. *Linn. Sp. Pl.* 1083. *Willden. Sp. Pl. v.* 3. 1371.

T. spicâ rotundâ rubrâ. *Tourn. Inst.* 405.

In monte Athô. ⊙.

Exemplar nullum adest in herbario Sibthorpiano.

a. Flos integer. B. Calyx, auctus. C. Corolla, aucta.

TABULA 749.

TRIFOLIUM ANGUSTIFOLIUM.

Trifolium caule erecto pubescente, foliolis linearibus acutissimis ciliatis, stipulis angustis aristatis petiolo æqualibus, spicis solitariis cylindraceis terminalibus, calycis laciniis plumosis corollâ brevioribus: inferiore magìs elongatâ, seminibus ovatis testaceis.

T. angustifolium. *Linn. Sp. Pl.* 1083. *Willden. Sp. Pl. v.* 3. 1372. *DeCand. Prodr. v.* 2. 190.
T. montanum angustissimum spicatum. *Tourn. Inst.* 405.
Κατζουκοκλάρι *hodiè.*
Γατουρα *Zacynthorum.*

In Græciâ, Archipelago et insulis circumjacentibus frequens. ⨀.

Caules erecti, pilosi, in solo sterili palmares, in pingui bipedales. *Folia* erecta, adpressè pilosa, internodiis longiora; *foliolis* linearibus, acutissimis, integerrimis, divaricatis, petiolo æqualibus. *Stipulæ* lineares, integerrimæ, parallelè venosæ; apicibus liberis, aristatis, petiolo æqualibus. *Spicæ* cylindraceæ, terminales, 3 uncias longæ, brevipedunculatæ. *Calyces* patentìm pilosi; *laciniis* herbaceis, plumosis, corollâ paulò brevioribus, infimâ longiore, in fructu rigidis, patentissimis. *Corolla* pallidè rosea, monopetala; *vexillo* lineari, emarginato; *alis* subparallelis, *carinâ* longioribus. *Legumen* minimum, oblongum, membranaceum, sub ore calycis incrassato et indurato absconditum. *Semen* ovatum, testaceum.

a. Flos integer. B. Calyx, auctus. C. Corolla, aucta. *d.* Calyx fructifer.
e. Calyx, apertus. *f.* Semen. F. Idem, auctum.

TABULA 750.

TRIFOLIUM STELLATUM.

Trifolium villosum, caule diffuso, foliolis latè cuneatis apice dentatis, stipulis latis serratis, spicis subglobosis terminalibus pedunculatis, laciniis calycinis foliaceis pungentibus corollæ æqualibus fructiferis stellatìm patentibus.
T. stellatum. *Linn. Sp. Pl.* 1083. *Engl. Bot. t.* 1545. *Willden. Sp. Pl. v.* 3. 1373. *DeCand. Prodr. v.* 2. 197.
Ἀλαφρὰ *Zacynthorum.*

In Cretâ, Cypro et Zacyntho insulis, nec non in Peloponneso et circa Byzantium. ⨀.

Caules villosi, diffusi, palmares v. minores, simplicissimi, ratione staturæ totius plantæ robusti. *Folia* villosa, internodiis breviora; *foliolis* subrotundo-cuneatis apice dentatis, superiorum sessilibus in apicem stipularum. *Stipulæ* latæ, subherbaceæ, serratæ, acutæ, venosæ. *Spicæ* ovatæ v. subrotundæ, terminales, pedunculatæ. *Calyces* villosissimi, corollæ subæquales; *laciniis* in flore aristatis, strictissimis, in fructu foliaceis, triplò latioribus, patentissimis; *fauce* in fructu clausâ, brevitèr barbatâ. *Corolla* pallidè flava monopetala; *tubo* roseo. *Vexillum* lineare acutum.

a. Flos integer. A. Idem, auctus. *b, b.* Calyces fructiferi. *c.* Legumen. *d.* Semen.

Trifolium stellatum.

Trifolium clypeatum.

Trifolium uniflorum.

TABULA 751.

TRIFOLIUM CLYPEATUM.

Trifolium caulibus villoso-pubescentibus ascendentibus, foliolis subrotundo-obovatis denticulatis, stipulis dilatatis venosis, capitulis oblongis in fructu squarrosis, laciniis calycinis inæqualibus alterâ foliaceâ lanceolatâ.

T. clypeatum. *Linn. Sp. Pl.* 1084. *Willden. Sp. Pl. v.* 3. 1374. *DeCand. Prodr. v.* 2. 197.

T. clypeatum argenteum. *Alpin. Exot.* 307. *t.* 306.

In insula Cypro; etiam in agro Argolico et Cariensi. ⊙.

Radix annua, tuberculis quibusdam inter fibras granulosa. *Caules* ramosi, ascendentes, pilis patentissimis villosi, subpedales. *Folia* trifoliolata, atroviridia; *foliolis* subrotundo-obovatis, denticulatis, pubescentibus, maculâ fuscâ utrinque versus basin notatis, quàm petioli ferè quadruplò longioribus. *Stipulæ* magnæ, foliaceæ, acutæ, petiolo adnatæ, venis viridibus rubrisque obscurè pictæ; supremæ majores. *Capitula* florum ovalia, brevipedunculata, ferè ebracteata. *Calyx* pilis patentibus hirsutus; *tubo* brevi, infundibulari, sulcato; *limbi* laciniâ anteriore lanceolatâ, foliaceâ, lateralibus herbaceis, acutis, nanis. *Corolla* elongata, pallidè purpurascens; *vexillo* lineari, emarginato, plano; *tubo* laciniâ foliosâ calycis longiore. *Capitula* fructuum viridia, calycibus foliaceis, patentibus, rigidis squarrosa. *Lomenta* parva, cuneata, calycis tubo indurato sulcato inclusa. *Semina* castanea, lævigata.

a. Calyx, cum corollâ. *b.* Vexillum. *c.* Carina, cum alis.
d. Carina seorsìm. *e.* Adelphia staminum. E. Eadem aucta.
f. f. Calyx fructûs. *g.* Lomentum. *h.* Semen.
H. Idem, auctum.

TABULA 752.

TRIFOLIUM UNIFLORUM.

Trifolium caule brevissimo, foliolis ovatis acutis striatis spinuloso-denticulatis, stipulis membranaceis vaginantibus truncatis aristatis, floribus solitariis, calycibus æqualibus.

T. uniflorum. *Linn. Sp. Pl.* 1085. *Willden. Sp. Pl. v.* 3. 1378. *DeCand. Prodr. v.* 2. 203.

Melilotus cretica humillima humifusa, flore albo magno. *Tourn. Cor.* 28.

Spica trifolia. *Alpin. Exot.* 169. *t.* 168.

In Cretæ montibus Sphacioticis elatioribus; nec non in agro Attico, Argolico, Cariensi et Byzantino; atque insulâ Lemno. ♃.

Caules perennantes, lignosi, tortuosi, brevissimi, cæspitosi; juniores reliquiis stipularum arctè vestiti. *Folia* trifoliolata, glaucescentia; *foliolis* ovatis, acutis, pilosiusculis, venis elevatis validis striatis, spinuloso-denticulatis; *petiolis* pilosis. *Stipulæ* membranaceæ, vaginantes, apice truncatæ, ad angulos longè aristatæ. *Flores* solitarii, axillares; *pedunculis* stipulis vix longioribus, sub anthesi rectis, in fructu sigmoideo-recurvis, pilosis. *Calyx* membranaceus, 10-striatus; *laciniis* aristatis, herbaceis, rectis, tubo brevioribus. *Corolla* alba, calyce plurìes longior, persistens; *vexillo* oblongo-lanceolato, emarginato, obtuso. *Lomenta* ovata, acuta, tomentosa, dorso incrassata, ventro membranacea, subdisperma. *Semina* oblonga, nec reniformia nec apiculata, rufo-testacea, punctis minutissimis scabriuscula.

a. Calyx. *b.* Corolla. *c.* Vexillum. *d.* Alæ, cum carinâ. *e.* Carina seorsìm.

**** *Calycibus inflatis, ventricosis.* Vesicaria.

TABULA 753.

TRIFOLIUM SPUMOSUM.

Trifolium glaberrimum, caulibus diffusis, foliolis subrotundo-cuneatis striatis denticulatis, stipulis acuminatis subherbaceis, calycibus fructûs ovatis inflatis costatis: laciniis setaceis divergentibus.

T. spumosum. *Linn. Sp. Pl.* 1085. *Willden. Sp. Pl. v.* 3. 1379. *DeCand. Prodr. v.* 2. 202.
T. capitulo spumoso aspero minus. *Bauh. Prodr.* 140. *Tourn. Inst.* 406?

In arvis insulæ Cypri. ⊙.

Caules diffusi, ramosi, glabri, spithamæi. *Folia* trifoliolata, glaberrima; *foliolis* subrotundo-cuneatis, aut raró obcordatis, venis elevatis striatis, denticulatis, atroviridibus, maculâ pallidâ triangulari notatis. *Stipulæ* ovatæ, acuminatæ, virescentes, nullo modo vaginantes. *Capitula* ovata, in fructu grandifacta, globosa, bracteis quibusdam lanceolatis, acuminatis, aristatis, basi obvallata. *Calyx* pallidus, membranaceus, glaberrimus; *laciniis* setaceis, æqualibus, patentibus; *tubo* in flore cylindraceo striato, in fructu inflato, ovato, rubro costato, venis transversis inter costas reticulato. *Corolla* rosea, parva, marcescens; *vexillo* lineari, acuto, calyce duplò breviore. *Lomentum* oblongum, membranaceum, glabrum, 3-spermum. *Semina* rubro-castanea, subrotunda, opaca, scabriuscula; *hilo* terminali.

a. Calyx, cum bracteâ suâ et corollâ, à latere visus.
b. Idem, à fronte. *c.* Idem, defloratus. *d.* Corolla.
E. Vexillum, auctum. F. Alæ et carina, auctæ. G. Adelphia staminum, aucta.
h. Bracteæ involucrantes capituli; calycibus delapsis. *i.* Calyx fructûs.

Trifolium spumosum.

Trifolium speciosum.

***** *Vexillis corollæ deflexis, demùm scariosis.* Lupulina.

TABULA 754.

TRIFOLIUM SPECIOSUM.

Trifolium caulibus suberectis, foliolis oblongis obtusis denticulatis, stipulis semilanceolatis acutis, calycibus inæqualibus herbaceis, vexillis dilatatis cordatis denticulatis persistentibus deflexis, lomentis stipitatis monospermis.

T. speciosum. *Willden. Sp. Pl. v.* 3. 1382. *DeCand. Prodr. v.* 2. 205.

T. comosum. *Labillard. Dec. Pl. Syr.* 5. *p.* 15. *t.* 10.

T. creticum elegantissimum, magno flore. *Tourn. Cor.* 27.

In Cretæ montibus Sphacioticis; atque in Cypro et Zacyntho insulis. ⊙.

Caules graciles, suberecti, pubescentes, purpurascentes, ramosi. *Folia* trifoliolata, pilosa; *foliolis* oblongis, obtusis, aut retusis, planis, denticulatis, glaucescentibus, petiolo duplò brevioribus. *Stipulæ* semilanceolatæ, acutæ, herbaceæ, pilosæ. *Capitula* globosa v. subhemisphærica, pedunculata, badia. *Calyx* herbaceus, pilosus, inæqualis; *tubo* perbrevi; *laciniis* linearibus, acutis, duabus posterioribus nanis. *Corolla* fusco-purpurea, persistens; *vexillo* cordato-dilatato, denticulato; demùm in fructu grandefacto, deflexo, castaneo, ungue lutescente; *alis* divergentibus lutescentibus, denticulatis. *Lomentum* membranaceum, 1-spermum, in stipitem calyci æqualem elevatum, ovatum, acuminatum. *Semen* læve, obscurè testaceum, ovatum, hilo apicilari.

Hujus speciei pro fœno apud Zacynthios hodiè maximus est usus *D. Hawkins.*

a. Flos integer, à fronte. A. Idem, auctus. B. Calyx, auctus.
c. Vexillum, à tergo, *d.* Idem, à latere visum. *e.* Alæ et carina, auctæ.
f. Adelphia staminum, aucta. *g.* Ovarium stipitatum, auctum.

LOTUS.

Linn. Gen. Pl. 388. *Juss. Gen. Pl.* 356. *Gærtn. t.* 153.

Tetragonolobus. *Scopol. Fl. Carniol. v.* 2. 87.
Dorycnium. *Tourn. Inst.* 391. *t.* 211. *f.* 3.
Krokeria. *Mœnch. Method.* 143.

Legumen cylindricum, strictum, polyspermum. *Filamenta* cuneiformia. *Alæ* sursùm longitudinaliter conniventes. *Calyx* tubulosus.

---

* *Leguminibus rarioribus, nec capitulum constituentibus.*

TABULA 755.

LOTUS TETRAGONOLOBUS.

Lotus leguminibus latè tetrapteris glabris, floribus solitariis geminisve, stipulis ovatis, bracteis calyce longioribus.

L. tetragonolobus. *Linn. Sp. Pl.* 1089. *Willden. Sp. Pl. v.* 3. 1386.
Tetragonolobus purpureus. *DeCand. Prodr. v.* 2. 215.
L. ruber, siliquâ angulosâ. *Tourn. Inst.* 403.
Μάνταλια *Zacynthiorum.*

In Peloponneso; nec non in Cypro et Zacyntho insulis. ⊙.

Radix annua, fibrosa, tuberculosa. *Caules* prostrati, villosi, ramosissimi, atrovirides. *Folia* atroviridia, subsucculenta, trifoliolata, hirsuta; *foliolis* obovatis, acutis, sessilibus, petiolo longioribus. *Stipulæ* ovatæ, foliaceæ, petiolis subæquales. *Flores* subsolitarii, folio solitario trifoliolato exstipulato bracteati. *Calyx* tubulosus, 5-fidus, herbaceus, villosus, æqualis, bracteæ longitudine; laciniis rectis, lineari-lanceolatis, acutis. *Corolla* atrosanguinea, calyce multò longior; *vexillo* subrotundo, cuspidulato, plano, erecto, *alis* oblongis, parallelis, obtusis longiore; *carinâ* acuminatâ alis breviore. *Staminum* adelphia lata, bipartibilis; *filamentis* cuneatis, ultra antherarum bases productis. *Ovarium* oblongum, prismaticum, deforme; *stylo* rigido, glabro; *stigmate* simplici, terminali. *Legumen* sesquiunciam longum, tetragonum, coriaceum, glabrum, stylo rigido pallido rostratum; *angulis* in alas 4, latas, crispas dilatatis. *Semina* esculenta, albida, globosa.

a. Calyx, cum carinâ, à latere visus.
b. Vexillum.
c. Ala altera.
d. Ovarium, cum reliquiis adelphiæ.
E. Filamentum cuneatum, auctum.
F. Ovarium, cum stylo et stigmate, auctum.

Lotus tetragonolobus.

Lotus edulis.

Lotus diffusus.

TABULA 756.

LOTUS EDULIS.

Lotus leguminibus apteris arcuatis turgidis coriaceis, foliolis obovatis villosis, floribus 1—3.

L. edulis. *Linn. Sp. Pl.* 1090. *Cavan. Ic. t.* 157. *Willden. Sp. Pl. v.* 3. 1388. *DeCand. Prodr. v.* 209.

Krokeria oligoceratos. *Mœnch. Method.* 143.

L. pentaphyllos, siliquâ cornutâ. *Tourn. Inst.* 403.

Γριζέλλια, ἢ καπισέρα *hodiè.*

Νεράνιζερα *Zacynthiorum.*

In agro Laconico et Cariensi; etiam in Zacyntho et Cypro insulis. ⊙.

Caules diffusi, parùm ramosi, pilosi. *Folia* lætè viridia, pilosa; *foliolis* obovatis, integerrimis, petiolo longioribus, internodiis brevioribus. *Stipulæ* ovatæ, foliaceæ, erectæ, petiolo æquales. *Flores* subsolitarii, ferè sessiles in axillâ folii bractealis exstipulati trifoliolati. *Calyx* villosus, pallidè viridis; *tubo* laciniis æqualibus lineari-lanceolatis multò breviore. *Corolla* lutea, calyce longior; *vexillo* subrotundo, apiculato, erecto, *alis* obtusis parallelis et *carinâ* acuminatâ longiore. *Staminum filamenta* filiformia, alterna breviora; *antheris* longiorum linearibus, breviorum minoribus et brevioribus. *Ovarium* glabrum, lineare; *stylo* glabro, ascendente; *stigmate* simplici. *Legumen* sesquiunciam longum, glabrum, falcatum, turgidum, coriaceum, dorso altè sulcatum, acutum, non stylo persistente rostratum. *Semina* oblonga, scabra, rubrobrunnea; *hilo* laterali.

a. Calyx, cum carinâ, à latere visus. *b.* Vexillum. *c.* Ala.

TABULA 757.

LOTUS DIFFUSUS.

Lotus pubescens, caulibus diffusis, foliolis obovato-rhombeis, stipulis ovatis, capitulis sessilibus 3—5-floris, leguminibus subcompressis glabris linearibus, seminibus lævigatis.

L. ornithopodioides. *Linn. Sp. Pl.* 1091. *Cavan. Ic. t.* 163. *Willden. Sp. Pl. v.* 3. 1391. *DeCand. Prodr. v.* 2. 209.

L. diffusus. *Prodr. v.* 2. 104. *nec aliorum.*

L. siliquis ornithopodii. *Tourn. Inst.* 403.

Κορωνοπες *Dioscoridis.*

In ruderatis et ad vias per totam Græciam, vulgaris. ⊙.

Caules diffusi, pubescentes, ramosissimi, foliis densè vestiti. *Folia* atro-viridia, pubescentia, trifoliolata; *foliolis* obovatis, acutis obtusisve, sessilibus, petiolo longioribus. *Stipulæ* ovatæ, acutæ, petiolo subæquales. *Flores* in capitulis sessilibus aggregati, 3—5, magnitudine *L. corniculati,* folio bracteali trifoliolato exstipulato suffulti. *Calyx* tubulosus; *limbo* æquali 5-partito, laciniis setaceis villosis. *Corolla* lutea; *vexillo* subrotundo retuso, *alis* et *carinâ* obtusis longiore. *Filamenta* filiformia. *Legumen* glabrum, subcompressum, lineare, punctulatum, polyspermum. *Semina* subrotunda, compressa, glaberrima, viridi-fusca.

Errore quodam deceptus, cel. Smithius hunc cum *L. ornithopodioide* commiscuit. In *Prodromo* equidem et Herbario, ambo cum synonymis suis rectè ordinantur; sed inter icones nomen *L. diffusi, L. ornithopodioidis* iconi manu propriâ Smithii adscribitur.

a. Flos integer. *b.* Calyx. *c.* Vexillum. *d.* Carina.

TABULA 758.

LOTUS CRETICUS.

Lotus toto sericeus, caulibus suffruticosis suberectis, foliolis obovatis, stipulis ovatis pedunculo fructifero triplò brevioribus, bracteis lanceolato-linearibus calyce minoribus, capitulis sub-4-floris, laciniis calycinis longitudine tubi corollâque multò brevioribus, stylo exserto, leguminibus subtorulosis nutantibus.

L. creticus. *Linn. Sp. Pl.* 1091. *Willden. Sp. Pl. v.* 3. 1392. *DeCand. Prodr. v.* 2. 211.

L. πολυκεgατος fruticosa cretica argentea, siliquis longissimis propendentibus rectis. *Tourn. Inst.* 403.

In Cretæ et Cypri scopulis maritimis; atque in littore Argolico. ♃.

Deest in Herbario Sibthorpiano; in ejus loco servantur exemplaria *L. cytisoidis* manu propriâ cel. Smithii notata. Verosimiliter verus *L. creticus* semper in herbario defuit, et doctissimus redactor Floræ Sibthorpianæ *L. cytisoidem* ad *L. creticum* diversissimum, infaustè retulit.

a. Flos, à latere. *b.* Calyx. *c.* Vexillum. *d.* Carina.

Lotus creticus

Lotus hirsutus.

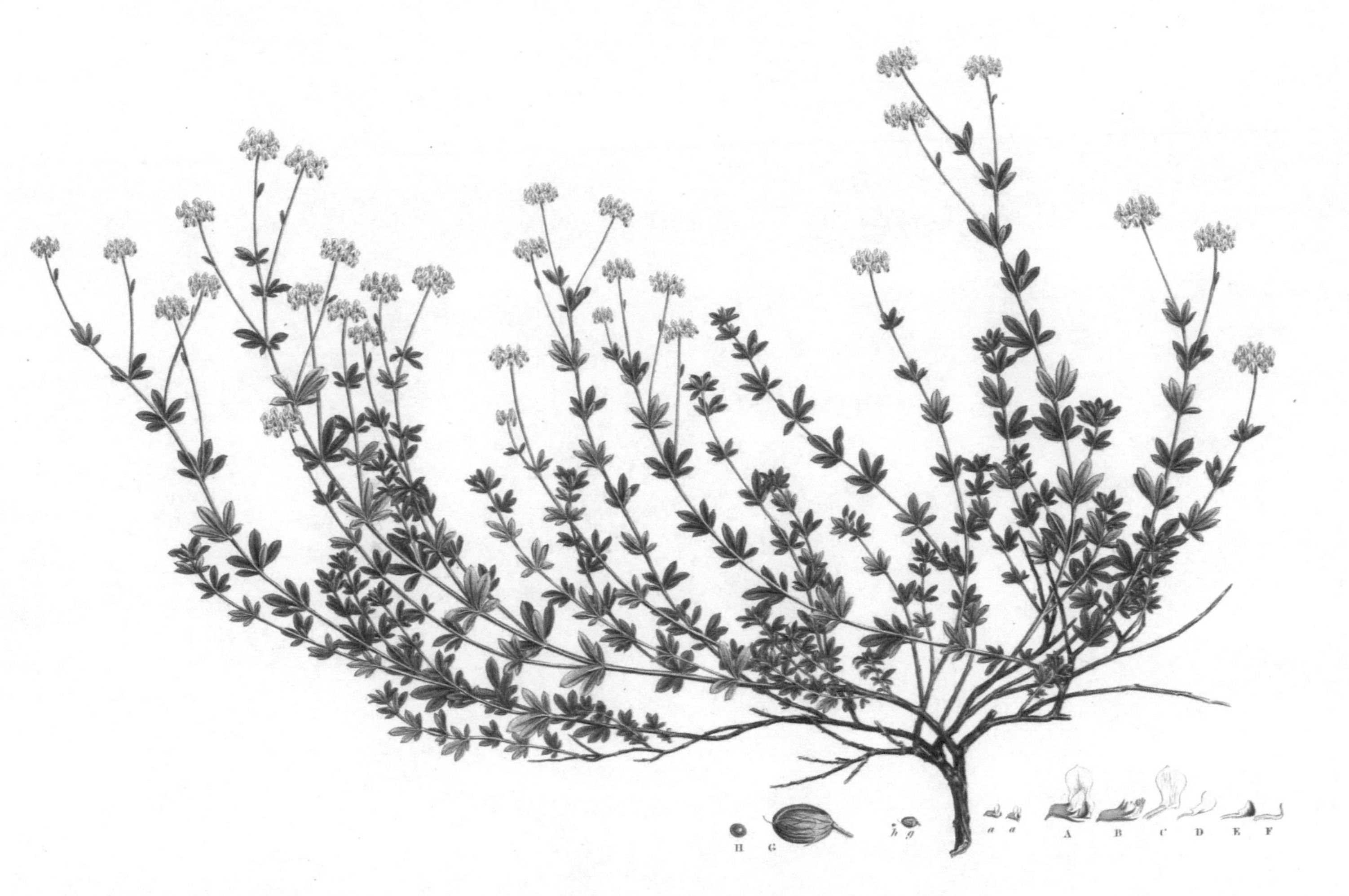

Lotus Dorycnium.

** *Pedunculis multifloris, capitulum constituentibus.*

TABULA 759.

LOTUS HIRSUTUS.

Lotus hirsuto-incanus, caulibus erectis villosis, foliis subsessilibus, foliolis obovatis acutis, capitulis multifloris villosis, stigmatibus capitatis, legumine oblongo calycis longitudine.

L. hirsutus. *Linn. Sp. Pl.* 1091. *Willden. Sp. Pl. v.* 3. 1392.

Dorycnium hirsutum. *DeCand. Prodr. v.* 2. 208.

L. pentaphyllos siliquosus villosus. *Tourn. Inst.* 403.

In Cretâ et Cypro insulis; nec non in agro Argolico et Messeniaco. ♃.

Caules erecti, villosi, ramosi. *Folia* incana, trifoliolata, subsessilia; *foliolis* obovatis, acutis, breviùs pedicellatis. *Stipulæ* foliis conformes, sed magìs ovatæ. *Capitula* 5—8-flora, subsessilia in axilla folii parvi trifoliolati exstipulati bractealis. *Calyx* tubulosus, basi obtusus, rubro tinctus, villosus; *laciniis* setaceis, inæqualibus, tubo subæqualibus. *Corolla* alba, roseo lineata; *vexillo* oblongo, retuso, *carinâ alis*que obtusis conniventibus duplò longiore. *Stigma* capitatum. *Legumen* ovatum, purpureo-viride, calycis longitudine, polyspermum, intùs phragmatibus pluribus membranaceis laceris interceptum. *Semina* compressa, reniformia, badia, lævia.

a. Flos integer, à latere visus. *b.* Vexillum. *c.* Ala. *d.* Carina.
e. Legumen, calyce induviatum. *f.* Legumen nudum. *g.* Semen.

TABULA 760.

LOTUS DORYCNIUM.

Lotus fruticosus, canescens, ramulis herbaceis ascendentibus, foliolis sessilibus angustis obovatis acutis stipulis majoribus, dentibus calycis ovatis acutis, leguminibus subrotundis acutis calyce longioribus submonospermis.

L. Dorycnium. *Linn. Sp. Pl.* 1093.

Dorycnium monspeliense. *Willden. Sp. Pl. v.* 3. 1396.

D. suffruticosum. *Vill. Delph. v.* 3. *p.* 416. *DeCand. Prodr. v.* 2. 209.

D. monspeliensium. *Tourn. Inst.* 391.

Μεληκάρι *Zacynthiorum.*

In nemorosis ad pagum Belgrad, et in Cyaneis insulis. ♄.

Caulis lignosus, tortuosus, procumbens, sæpè crassitie digiti minoris, *ramos* emittens graciles, ascendentes, pilosos, angulatos. *Folia* pubescentia, glaucescentia, sessilia, 3-foliolata; *foliolis* angustis, obovatis, acutis, medio caulis majoribus. *Stipulæ* foliolis conformes, sed multò minores. *Capitula* multiflora, densa, longipedunculata, tomentosa; *pedunculis* medio bracteolâ sæpiùs simplici, nunc trifoliolatâ auctis. *Flores* parvi. *Calyx* tubulosus, pubescens, basi obtusus; *limbi* obliqui laciniis ovatis acutis. *Corolla* alba; *vexillo* oblongo, rhomboideo, plano, erecto, *alis* obtusis, conniventibus, et *carinâ* purpureâ longiore. *Ovarium* ovatum, acutum; *stylo* subulato, ascendente; *stigmate* capitato. *Legumen* subglobosum, ventricosum, coriaceum, stylo cuspidatum, atro-fuscum, glabrum, monospermum; intùs phragmatibus nullis. *Semen* globosum, testaceum, lævigatum.

a. a. Flores, magnitudine naturali. A. Iidem, aucti. B. Calyx, auctus, cum adelphiâ staminum.
C. Vexillum, auctum. D. Ala, aucta. E. Carina, aucta.
F. Ovarium, auctum. *g.* Legumen. G. Idem, auctum.
h. Semen. H. Idem, auctum.

TRIGONELLA.

Linn. Gen. Pl. 388. *Juss. Gen.* 356. *Gærtn. t.* 152. *f.* 3. *DeCand. Prodr. v.* 2. 181.

Carina minima. *Alæ* et *vexillum* subpatentes corollam tripetalam mentientes. *Legumen* compressum v. cylindricum, acuminatum, polyspermum.

TABULA 761.

TRIGONELLA CORNICULATA.

Trigonella leguminibus compressis falcatis pendulis obtusiusculis transversè reticulatis, caule patulo, stipulis semicordatis laciniatis, foliolis cuneatis apice denticulatis.
T. corniculata. *Linn. Sp. Pl.* 1094. *Willden. Sp. Pl. v.* 3. 1401. *DeCand. Prodr. v.* 2. 184.
Fœnum-græcum sylvestre, meliloti facie. *Tourn. Cor.* 28.
Melilotus italica. *Fuchs. Hist.* 528.
M. major. *Trag. Hist.* 592.
Trifolium corniculatum alterum. *Dodon. Pempt.* 573.
Νικάρι *hodiè.*

In Peloponneso, et insulâ Rhodo, alibique. ⊙.

Trigonella corniculata.

Trigonella elatior

Caulis humilis, patens, glaber, ramosus, sæpè axi depressâ ramisque lateralibus tantùm elongatis. *Folia* pilosiuscula, trifoliolata; *foliolis* cuneatis, apice rotundatis, denticulatis; omnibus pedicellatis. *Stipulæ* semicordatæ, sæpiùs laciniatæ, aliquandò integræ, petiolo multò breviores. *Capitula* florum pedunculis foliorum longitudine insidentia. *Calyx* tubulosus, glaber, striatus; *dentibus* 5, brevibus, subæqualibus, acutis. *Corolla* parva, lutea, calyce triplò longior; *vexillo* subquadrato, emarginato, erecto, *alis* patulis longiore; *carinâ* minore, obtusâ, alis conformi. *Filamenta* filiformia, subæqualia. *Ovarium* lineare; *stylo* arcuato, glabro; *stigmate* inconspicuo. *Legumina* pendula, tenuia, compressa, falcata, obtusiuscula, glabra, semunciam longa, venis elevatis transversis reticulata, polysperma; *pericarpio* chartaceo, vix dehiscente. *Semina* oblonga, compressa, badia, scabra; *hilo* laterali.

a. Flos integer. B. Calyx, auctus. C. Vexillum, auctum.
D. Ala, aucta. E. Carina, aucta. F. Adelphia staminum, aucta.
G. Pistillum, auctum. *h.* Legumen. *i.* Semen.
I. Semen, auctum.

TABULA 762.

TRIGONELLA ELATIOR.

Trigonella leguminibus racemosis pendulis subfalcatis (compressis), pedunculis elongatis, caule erecto, stipulis lanceolatis dentatis. *Prodr. v.* 2. 108.

T. elatior. *DeCand. Prodr. v.* 2. 183.

Melilotus syriaca odora. *Lob. Ic. v.* 2. 42. *f.* 2.

Trifolium italicum, sive Melilotus italica, corniculis incurvis. *Bauh. Hist. v.* 2. 372. *f.* 2.

Λωτος αγριος *Dioscoridis.*

In Asiâ minore, et insulâ Cypro. ⊙.

Caules stricti, ramosi, glabri, *Meliloti* cujusdam facie, pedales et ultrà. *Folia* glabra, lætè viridia, trifoliolata, pedunculis breviora v. subæqualia; *foliolis* subrotundo-obovatis denticulatis; intermedio petiolato, lateralibus subsessilibus. *Stipulæ* semilanceolatæ, acuminatæ, laciniatæ. *Flores* in capitulum oblongum racemosum pedunculatum dispositi, deflexi. *Calyx* laciniis acuminatis, tubo longioribus; inferioribus abbreviatis. *Corolla* lutea, calyce duplò longior; *vexillo* subquadrato, emarginato, *alis* parallelis *carinâ* obtusâ longioribus subæquali. *Legumina* in herbario Sibthorpiano desunt; in exemplaribus nostris Smyrnæis, ad margines agrorum à Fleischero lectis, ferè ejusdem sunt indolis ac *T. corniculatæ,* sed majora, et latiora, et minùs acutata.

Hæc *Trifoliis Melilotis* quàm maximè affinis est. A priore differt: *caule* duplò altiore, minùs flexuoso; *foliis* majoribus; *floribus fructibus*que racemosis, longiùs pedunculatis; *leguminibus* lævioribus, minùsque falcatis; hæc verò haud vidi matura. *Smith.*

Locum quasi intermedium tenet inter *T. corniculatam* et *T. hybridam,* illi leguminibus et floribus densè capitatis, huic staturâ foliorumque formâ accedens ; ab utrâque tamen est diversissima. Nihil habet commune cum *T. monspeliacâ,* ut cel. Seringe existimavit.

a. Flos integer. *b* Vexillum. *c.* Calyx, cum alis et carinâ.
D. Adelphia staminum, aucta. E. Pistillum, auctum.
f. Legumina quædam juniora, corollâ stylisque nondum delapsis.

TABULA 763.

TRIGONELLA SPICATA.

Trigonella leguminibus capitatis vel racemosis ovatis pendulis pilosis stylo reflexo rostratis, caule gracili suberecto, stipulis subulatis integerrimis.

T. spicata. *Prodr. v.* 2. 108. (1813.) *DeCand. Prodr. v.* 2. 185.
Melilotus hamosa. *Bieb. Fl. Taur. v.* 2. 207. *Suppl.* 705.
M. uncinata. *Bess. Hort. Crem. Cat.* 1816. *n.* 155. *Poir. Suppl. v.* 3. 648.
M. hamosa. *Link. Enum. Hort. Berol. v.* 2. 260.
Trigonella uncinata. *Seringe in DeCand. Prodr. v.* 2. 181.

In insulâ Seripho, ni fallor, legit Sibthorp. ⊙.

Caules erecti, subsimplices, graciles, spithamæi ad pedales, parcè pilosi. *Folia* longè petiolata, pubescentia, trifoliolata ; *foliolis* cuneatis per totum ambitum denticulatis, inferioribus parvis, subrotundis, superioribus elongatis. *Stipulæ* subulatæ, aristatæ, integerrimæ. *Flores* parvi, deflexi, flavi, in racemis longipedunculatis, subrotundis, demùm elongatis dispositi. *Calyx* villosus, quinquedentatus, sulcatus ; *dentibus* subulatis, subpungentibus, inferioribus abbreviatis. *Legumina* pendula, ovata, pilosa, calyce duplò longiora, monosperma, reticulata, stylo persistente rigido refracto rostrata; nunc in capitulum, nunc, in plantis vegetioribus, in racemum elongatum ordinata. *Semen* ovale, olivaceum, lævissimè scabridum ; *hilo* subterminali.

a. Flos integer. B. Calyx, auctus. C. Vexillum, auctum.
D. Alæ, cum carinâ, auctæ. E. Pistillum, auctum. *f.* Legumen immaturum.
F. Legumen immaturum, auctum.

Trigonella spicata.

Trigonella hamosa.

Trigonella monspeliaca.

TABULA 764.

TRIGONELLA HAMOSA.

Trigonella leguminibus rigidis linearibus falcatis rostratis deflexis villosis, caule pubescente diffuso, stipulis subulatis integerrimis, pedunculo foliis breviore.

T. hamosa. *Linn. Sp. Pl.* 1094. *Willden. Sp. Pl. v.* 3. 1399. *DeCand. Prodr. v.* 2. 183.

In insulâ Cypro. ⊙.

Caules breves, rigidi, pubescentes, prostrati vel ascendentes, in centro breviores, sæpiùs rubescentes. *Folia* valdè pilosa, cinerea, trifoliolata; *foliolis* cuneatis, apice tantùm denticulatis. *Stipulæ* breves, subulatæ, villosæ. *Flores* parvi, lutei, decurvi, in pedunculis rigidis, foliis brevioribus, dispositi. *Calyx* villosus, corollâ duplò brevior, 5-dentatus; *dentibus* acutissimis, superioribus longioribus. *Corolla* calyce duplò longior. *Ovarium* villosissimum. *Legumina* circiter unciam longa, arcuata, decurva, villosissima, rigida, longè rostrata, vix reticulata; *endocarpio* cartilagineo, à sarcocarpio herbaceo separabili. *Semina* matura non vidi.

a. Flos integer. *b*. Idem, vexillo dempto. *c*. Vexillum.
d. Carina. E. Calyx, cum adelphiâ, auctus. F. Pistillum, auctùm.
g. Legumen. *h*. Semen.

TABULA 765.

TRIGONELLA MONSPELIACA.

Trigonella cinerea pubescens humifusa, leguminibus rigidis linearibus falcatis villosis decurvis erostribus, stipulis aristatis denticulatis, capitulis sessilibus.

T. monspeliaca. *Linn. Sp. Pl.* 1095. *Willden. Sp. Pl. v.* 3. 1401. *DeCand. Prodr. v.* 2. 183.

Fœnum-græcum sylvestre alterum polyceration. *Tourn. Inst.* 409.

Securidacæ genus triphyllon. *Bauh. Hist. v.* 2. 373.

In insulâ Cypro, nec non in agro Argolico et Cariensi. ⊙.

Caules tomentosi, humifusi, subcolorati, angulati, rigidi, nodiflori. *Folia* densè pubescentia, cinerea, duriuscula, trifoliolata; *foliolis* subrotundo-rhomboideis, nunc cuneatis, apice denticulatis, petiolo communi duplò brevioribus. *Flores* in capitulis sessilibus axillaribus aggregati, parvi, lutei. *Calyx* parvus, villosus; *laciniis* subulatis, inæqualibus, tubo longioribus. *Corolla* calyce vix duplò longior; *vexillo* ovato, obtuso, emarginato, erecto, *alis* planis obtusis *carinâ*que pallidiore duplò majore. *Legumina* linearia, compressa, pilosa, decurva, venis validis transversis reticulata, erostria, vix semipollicem longa. *Semina* testacea, glabra, rugosa; *hilo* sublaterali.

a. a. Flos integer. A. Idem, auctus. B. Calyx, auctus.
C. Vexillum, auctum. D. Ala altera, aucta. E. Carina, aucta.
F. Adelphia staminum, auctum. *g.* Legumen. G. Idem, auctum.
h. Semen. H. Idem, auctum.

TABULA 766.

TRIGONELLA FŒNUM-GRÆCUM.

Trigonella leguminibus 1—3 sessilibus strictis rigidis longissimè rostratis longitudinaliter venosis ascendentibus, caule suberecto, foliolis cuneatis apice denticulatis glabriusculis.

T. Fœnum-græcum. *Linn. Sp. Pl.* 1095. *Willden. Sp. Pl. v.* 3. 1402. *DeCand. Prodr. v.* 2. 109.

Fœnum-græcum sylvestre et sativum. *Tourn. Inst.* 409.

Τῆλις *Dioscoridis.*

Τῆλι *Cypriorum hodiè.*

In monte Hymetto prope Athenas rariùs. In littore Cariensi copiosè; ut etiam in Rhodo et Cypro insulis. ⊙.

Caules suberecti v. patentes, pubescentes, subangulati, colorati. *Folia* lætè viridia, glabriuscula, in genere maxima, trifoliolata; *foliolis* cuneatis, angulis rotundatis, apice denticulatis, petiolo suo longioribus. *Stipulæ* ovatæ, membranaceæ, integerrimæ, acutæ, petiolo duplò breviores. *Flores* 1—3, sessiles, foliis breviores, in genere maximi. *Calyx* membranaceus, villosus; *tubo* cylindraceo dentibus subulatis longiore. *Corolla* lactea; *vexillo* ovato-lineari, emarginato, recto, *alis* parvis ferè triplò longiore; *carinâ* purpureâ, brevi, apice incurvâ, ungue longissimo. *Ovarium* villosum, subulatum; *stylo* brevi, glabro, incurvo; *stigmate* obsoleto. *Legumen* 4 pollices et ultrà longum, sessile, rectum, rigidum, lineare, longissimè rostratum, ascendens, venis longitudinalibus, elevatis, anastomozantibus reticulatum, glabrum. *Semina* flavo-testacea, oblonga, angulata, lævia, altè sulcata in regione radiculæ lateralis.

a. Flos integer. *b.* Calyx. *c.* Vexillum.
d. Alæ, cum carinâ. *e.* Carina, seorsìm. *f.* Adelphia staminum.
g. Pistillum. *h.* Legumen immaturum. *i.* Semen.

Trigonella Foenum-graecum.

Medicago arborea

Medicago circinata.

MEDICAGO.

Linn. Gen. Pl. 389. *Juss. Gen. Pl.* 356. *Gærtn. t.* 155. *DeCand. Prodr. v.* 2. 171.

Legumen polyspermum, formâ varium, vel falcatum, vel in spirâ contortum.

TABULA 767.

MEDICAGO ARBOREA.

MEDICAGO villosa, caule fruticoso, foliolis obovatis obcordatisque subintegris, stipulis indivisis, leguminibus planis compressis lunatis subcochleatis transversè venosis.

M. arborea. *Linn. Sp. Pl.* 1096.

Medicago trifolia frutescens incana. *Tourn. Inst.* 412.

Κυτισσος *Dioscoridis.*

In rupibus circa Athenas, alibique; nec non in variis Archipelagi insulis minoribus. ♄.

Caulis arboreus; *trunco* griseo-cinereo, sublævi; *ramis* teretibus, validis, incanis *Folia* incano-tomentosa, præsertìm subtùs, trifoliolata; *foliolis* obovatis, obcordatisque, integerrimis, intermedio petiolulato petiolo æquali. *Stipulæ* subulatæ, villosæ, integerrimæ. *Flores* lutei, in genere maximi, umbellato-capitati, pedicellati, cernui, pedunculo communi folio breviore insidentes. *Calyx* villosus; *dentibus* quinque, æqualibus, setaceis, tubo subæqualibus. *Legumina* compressa, coriacea, venis elevatis transversis reticulata, sæpè lunata, vel in sese semiconvoluta, stylo persistente apiculata. *Semina* testacea, lævia, subangulata; *hilo* laterali.

a. Calyx. *b.* Vexillum. *c.* Alæ. *d.* Carina. *e.* Legumen. *f.* Semen.

TABULA 768.

MEDICAGO CIRCINATA.

MEDICAGO foliis pinnatis: foliolis lateralibus nanis intermedio maximo oblongo, leguminibus planis membranaceis alatis denticulatis circinatis.

M. circinata. *Linn. Sp. Pl.* 1096. *Willden. Sp. Pl. v.* 3. 1404. *DeCand. Prodr. v.* 2. 171.

Hymenocarpos circinata. *Savi Fl. Pisan. v.* 2. 205.
M. vulnerariæ facie, hispanica. *Tourn. Inst.* 412.
Falcata foliis anthyllidis. *Rivin. Tetrap. Irr. t.* 87.

In variis Peloponnesi locis; etiam in Cariâ, et insulâ Cypro, et in collibus circa Byzantium. ⊙.

Caules tomentosi, patentes, spithamæi usque ad pedales. *Folia radicalia* integerrima, spathulata, *caulina* impari-pinnata, 1—2-juga, tomentosa, atroviridia; *foliolis* lateralibus nanis, inæqualibus, intermedio maximo, ovali, basi paululùm angustato. *Stipulæ* foliolis minoribus omninò conformes. *Flores* 2—3, lutei, in apice pedunculi folio ultimo brevioris, ex axillâ bracteæ parvæ monophyllæ provenientes. *Calyx* villosus; *dentibus* setaceis, tubo duplò longioribus. *Corolla* calyce parùm longior; *vexillo* oblongo, acuto, alis obtusis parallelis longiore. *Legumen* membranaceum, planum, pubescens, alâ tenui denticulatâ circumdatum, venis tenuibus radiantibus anastomosantibus cis alam reticulatum.

a. Flos integer, à fronte visus, auctus. *b.* Legumen.

TABULA 769.

MEDICAGO SCUTELLATA.

Medicago leguminibus apteris integerrimis reticulatis septiès gyratis cochleatis pubescentibus, foliolis oblongis rhomboideis per totum ambitum denticulatis.
M. scutellata. *Willden. Sp. Pl. v.* 3. 1408. *DeCand. Prodr. v.* 2. 175.
M. polymorpha *β*, scutellata. *Linn. Sp. Pl.* 1097.
Medica scutellata. *Tourn. Inst.* 410.
Cochleata fructu scutellato. *Rivin. Tetrap. Irr. t.* 88. *f.* 2. *t.* 89. *f.* 1.

Prope Athenas; nec non in variis Peloponnesi locis, et insulâ Zacyntho. ⊙.

Caules sesquipedales et ultrà, pubescentes, patentes. *Folia* atroviridia, pilosiuscula; *foliolis* 3, subrhombeis, oblongis, per totum ambitum denticulatis, intermedio petiolulato. *Stipulæ* foliaceæ, semicordatæ, acuminatæ, denticulatæ. *Pedunculi* uniflori, solitarii, petiolis breviores, apice bracteolis subulatis aristati. *Calyx* obconicus; *dentibus* setaceis, patentibus, corollâ brevioribus. *Legumen* pubescens, venis validis elevatis approximatis reticulatum, haud raró parenchymate dilapso cancellatum, margine apterum, integerrimum, septiès in cochleæ formam gyratum, polyspermum. *Semen* oblongum, testaceum, compressum, hilo laterali.

A. Flos integer, auctus. B. Calyx, auctus. C. Adelphia staminum, aucta.
D. Pistillum, auctum. *e.* Legumen. *f.* Legumen, gyris vi disjunctis.
g. Semen.

Medicago scutellata

Medicago marina?

TABULA 770.

MEDICAGO MARINA.

Medicago incana, villosissima, leguminibus lanatis muricatis subteretibus cochleatis, stipulis foliolisque cuneiformibus integerrimis, pedunculis multifloris.

M. marina. *Linn. Sp. Pl.* 1097. *Willden. Sp. Pl. v.* 3. 1415.

Medica marina. *Tourn. Inst.* 410.

Cochleata incana. *Rivin. Tetrap. Irr. t.* 9. *f.* 2. *t.* 88. *f. ult.*

Ἀρμυρίθρα τȣ πέλαγȣ *Zacynthiorum.*

In Cariâ, Cypro, Zacyntho, Peloponneso, ad maris littora; nec non ad Bosphorum. ♃.

Speciei hujus notissimæ nulla adsunt exemplaria in herbario Sibthorpiano.

a. Flos integer. *b.* Calyx. *c.* Alæ, cum carinâ staminibusque. C. Alæ, auctæ. *dd.* Legumina.

POLYADELPHIA POLYANDRIA.

HYPERICUM.

Linn. Gen. Pl. 392. *Juss. Gen. Pl.* 255. *Gærtn. t.* 62. *DeCand. Prodr. v.* 1. 543.

Sepala inæqualia. *Petala* obliqua. *Styli* 3—5. *Capsula* membranacea, polysperma.

TABULA 771.

HYPERICUM CALYCINUM.

Hypericum caule tetragono humifuso, foliis oblongis coriaceis pellucido-punctatis obtusis, floribus maximis solitariis, calyce fructus nutante dilatato, stylis quinque.

H. calycinum. *Linn. Mant.* 106. *Engl. Bot. t.* 2017. *Ait. Hort. Kew. v.* 3. 103. *Jacq. Fragm.* 110. *t.* 6. *f.* 4. *Willden. Sp. Pl. v.* 3. 1443. *DeCand. Prodr. v.* 1. 546.

In nemorosis ad pagum Belgrad, prope Byzantium. ♄.

Caulis fruticosus, humifusus, subtetragonus, lævis. *Folia* subsessilia, tres pollices longa, oblonga v. ovato-oblonga, coriacea, sempervirentia, pellucido-punctata, suprà atro-viridia, infrà glaucescentia. *Flores* maximi, solitarii, erecti, pedunculati. *Sepala* parùm inæqualia, obliquè inserta, oblonga, obtusa, rubromarginata. *Petala* lutea, obovata, parùm obliqua, integerrima, eglandulosa. *Stamina* numerosa, cuique phalangi plurima, petalis breviora. *Ovarium* pallidè viride, ovatum; *stylis* quinque rectis, subulatis. *Capsula* ovata, calyce longior, nutans, quinquecornis, apice dehiscens, pergamenea, polysperma. *Semina* fusca, scobiformia, lineari-oblonga, striata, transversìm rugulosa.

a. Calyx, cum pistillo. *b.* Petalum. *c.* Phalanx staminum. *d.* Capsula.
e. Capsula, transversìm scissa. *f.* Semen. F. Semen, auctum.

Hypericum calycinum.

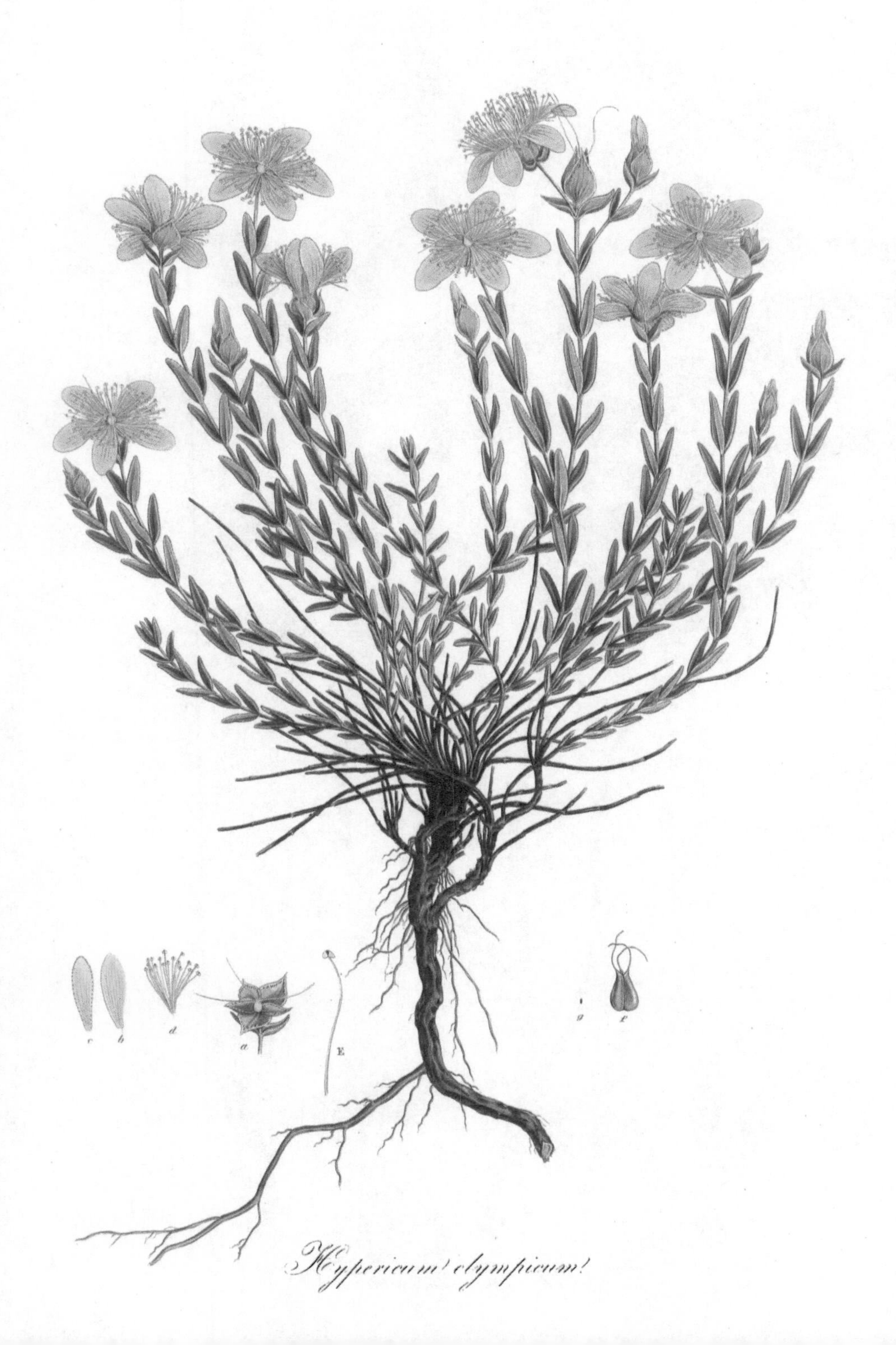

Hypericum olympicum.

Hypericum hircinum!

TABULA 772.

HYPERICUM OLYMPICUM.

Hypericum caulibus cæspitosis erectis simplicibus subunifloris, foliis petalisque lineari-oblongis obtusis margine nigro-punctatis, sepalis nigro-punctatis acuminatis exterioribus maximis, stylis tribus divaricatis.

H. olympicum. *Linn. Sp. Pl.* 1102. *Smith Exot. Bot. t.* 99. *Willden. Sp. Pl. v.* 3. 1446. *DeCand. Prodr. v.* 1. 544?

H. orientale, flore magno. *Tourn. Cor.* 19.

In Olympo Bithyno monte. ♃.

Radices perennes, ramosæ, lignosæ, multicipites. *Caules* suffruticosi, cæspitosi, purpurascentes, subtetragoni, simplicissimi, spithamæi, uniflori, rariùs corymbo trifloro. *Folia* sessilia, lineari-oblonga, obtusa, internodiis æqualia, pellucido-punctata; punctis marginis nigris. *Sepala* acuminata versus marginem nigro-maculata; *exteriora* ovata *interioribus* multò latiora. *Petala* angustè oblonga, parùm inæqualia, lutea, extùs punctis nigris marginata. *Stamina* petalis breviora; *connectivis* nigris. *Ovarium* ovatum; *stylis* tribus filiformibus divaricatis. *Capsula* ovata, tricornis, chartacea.

a. Calyx, vi expansus, cum pistillo. *b*. Petalum, intùs visum. *c*. Ejusdem tergum. *d*. Phalanx staminum. E. Stamen magnitudine auctum. *f*. Capsula. *g*. Semen.

TABULA 773.

HYPERICUM HIRCINUM.

Hypericum foliis ovato-oblongis obtusis sessilibus basi dilatatis pellucido-punctatis, cymis terminalibus, sepalis angustè ovatis acuminatis subæqualibus deciduis, staminibus petala superantibus, stylis tribus, punctis nigris nullis.

H. hircinum. *Linn. Sp. Pl.* 1103. *Willden. Sp. Pl. v.* 3. 1449. *DeCand. Prodr. v.* 1. 544.

H. fœtidum frutescens. *Tourn. Inst.* 255.

Ad fluvios circa Plataniam in insulâ Cretâ. ♄.

Suffrutex bipedalis, erectus, ramosus; *ramis* castaneis, subteretibus, in surculis tantùm subalatis, junioribus levitèr angulatis. *Folia* non coriacea, sessilia, ovato-oblonga, aliquandò basi dilatata, sæpiùs obtusa tantùm, pellucido-punctata, glandulis nullis nigris in margine. *Cymæ* terminales, paucifloræ, bracteis parvis ovatis oppositis ad ramificationes. *Sepala* angustè ovata, acuminata, subæqualia, sub anthesi erecta, mox patentia, demùm decidua; punctis nigris nullis. *Petala* obovata, concava, parùm obliqua, non punctata. *Stamina* cuique phalangi numerosa, petala superantia; *connectivo* luteo. *Ovarium* oblongum; *stylis* tribus, filiformibus, erectis.

a. Calyx apertus, cum pistillo. *b*. Petalum. *c*. Phalanx staminum.

TABULA 774.

HYPERICUM EMPETRIFOLIUM.

Hypericum caulibus suffruticosis procumbentibus nanis, foliis linearibus rigidis ternis bìs longioribus quàm latis margine revolutis, cymis paucifloris, sepalis minimis obtusis margine nigro-glandulosis, corollâ non glandulosâ, stylis tribus divaricatis.

H. empetrifolium. *Willden. Sp. Pl. v.* 3. 1452. *DeCand. Prodr. v.* 1. 553.

H. orientale, foliis *Coris* intortis, et plurimis ab eodem exortu. *Tourn. Cor.* 19.

In Olympo Bithyno et Sphacioticis Cretæ montibus, nec non in insulâ Cypro. ♄.

Caules suffruticosi, procumbentes, ramosi; *ramulis* ascendentibus, angulosis, 3—4 pollices altis. *Folia* ericoidea, verticillata, terna, margine revoluta, subtùs glauca; *inferiora* patentia, *suprema* erecta. *Cymæ* 3—multi-floræ, nunc ad unam reductæ. *Sepala* parva, oblonga, subæqualia, obtusa, glandulis quibusdam nigris margine verrucosa. *Petala* lutea, lineari-oblonga, planiuscula, petalis longiora, paululùm obliqua, eglandulosa. *Stamina* cuique phalangi circitèr sex. *Ovarium* ovatum; *stylis* tribus, divaricatis. *Capsula* parva, castanea, papyracea, triangularis, polysperma. *Semina* minutissima, transversè altè sulcata.

Species pulchella, ab *H. Coride* optimè distinguitur sepalis brevibus rigidis erectis foliisque bìs tantùm, nec pluriès, longioribus quàm latis.

a. Calyx, cum pistillo. *b*. Petalum. *c*. Phalanx staminum. *d*. Capsula.
e. Semen. E. Semen, auctum. *f*. Folia.

TABULA 775.

HYPERICUM REPENS.

Hypericum caulibus filiformibus humifusis ascendentibus, foliis oblongis parcè pellucido-punctatis glaucis, cymis subtrifloris, sepalis æqualibus obtusis petalisque glanduloso-marginatis, staminibus petalis brevioribus, stylis tribus.

Hypericum empetrifolium.

Hypericum repens.

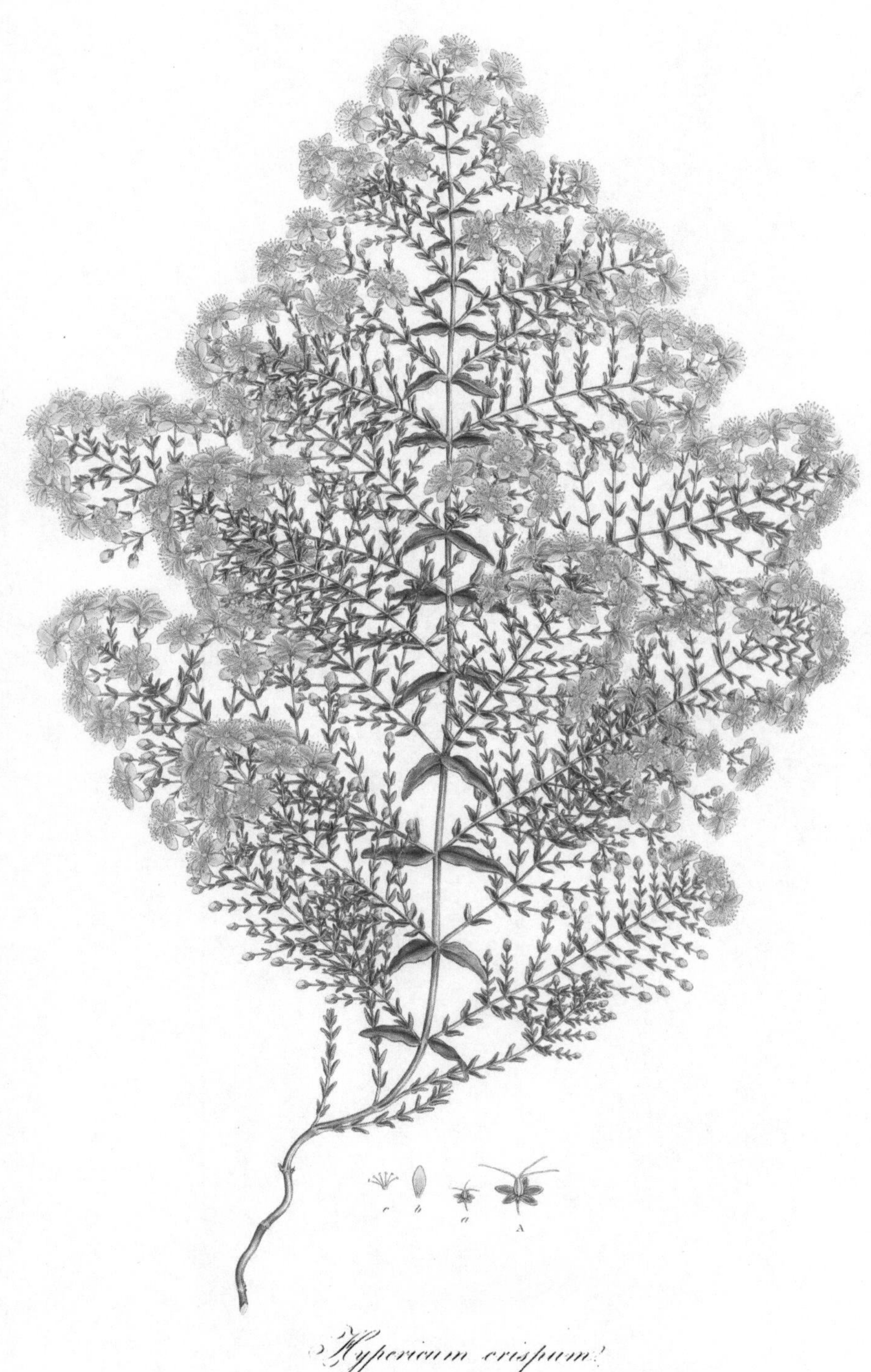

Hypericum crispum.

H. repens. *Linn. Sp. Pl.* 1103. *Willden. Sp. Pl. v.* 3. 1452. *DeCand. Prodr. v.* 1. 548.
H. orientale, polygoni folio. *Tourn. Cor.* 19.

In Cretæ montibus Sphacioticis. ♄.

Caules purpurascentes, filiformes, subsimplices, humifusi, apice ascendentes, 3—4 pollices longi; internodiis foliis duplò brevioribus. *Folia* parva, tenuia, ferè exactè oblonga, parùm ovata, parcè pellucido-punctata, haud glandulis marginata, glaucescentia. *Cymæ* subtrifloræ, rariùs abortu ramulorum lateralium unifloræ. *Sepala* æqualia, lineari-oblonga, concava, obtusa, glanduloso-marginata. *Petala* aurea, semunciam longa, angusta, obtusa, dorso venis intensioribus picta, margine glandulosa. *Stamina* petalis breviora; *phalangibus* hexandris v. heptandris. *Ovarium* ovatum, luteum; *stylis* tribus divaricatis.

a. Calyx apertus, cum pistillo. *b.* Petalum, à fronte visum. *c.* Idem, à tergo visum. *d.* Phalanx staminum.

TABULA 776.

HYPERICUM CRISPUM.

Hypericum caule tereti indeterminato ramosissimo apice cujusvis ramuli florido, foliis sessilibus glaucis basi undulatis glanduloso-marginatis, sepalis minimis obtusis eglandulosis, stylis tribus divaricatis.

H. crispum. *Linn. Mant.* 106. *Desfont. Fl. Atlant. v.* 2. 216. *Willden. Sp. Pl. v.* 3. 1462. *DeCand. Prodr. v.* 1. 549.

H. crispum, triquetro et cuspidato folio. *Tourn. Inst.* 255.

Ὑπερικον *Dioscoridis, ex Sibth.*

Ὑπέρικον, ἢ βάλσαμον, *hodiè.*

Σκυδρίτζα *Laconiorum.*

Ἀγυθερα *Lemniorum.*

In cultis Græciæ et Archipelagi, ubique vulgaris. ♃.

Suffrutex strictus, subbipedalis, ramosissimus; *caule* centrali, indeterminato, paniculato, tereti; *ramis ramulis*que divaricatis, angulum ferè rectum cum caule formantibus, pallidè viridibus. *Folia* parva, caulis centralis ovata, sessilia, obtusa, crispa v. valdè undulata, glauca, pellucido-punctata, margine glandulosa; ramorum minora; ramulorum squamiformia. *Flores* flavi, in apice ramulorum subsolitarii, undè ramus quisque racemi speciem efficit qui ab apice ad basin florescit, thyrsumque simulat. *Sepala* ratione petalorum parva, lineari-oblonga, obtusa, subæqualia, haud glanduloso-marginata. *Petala* oblonga, in basin angustata, glandulis marginis nullis.

Stamina petalis æqualia, cuique phalangi circitèr sex. *Ovarium* oblongum, luteum; *stylis* tribus divaricatis.

a. Calyx, cum pistillo. A. Calyx, auctus. *b*. Petalum. *e*. Phalanx staminum.

TABULA 777.

HYPERICUM CORIS.

Hypericum caule suffruticoso ascendente, ramis strictis, foliis linearibus ternatìm verticillatis margine revolutis quadruplò longioribus quàm latis, cymis terminalibus longè pedunculatis, sepalis linearibus costatis margine glanduloso-verrucosis, stylis tribus ovarii longitudine.

H. Coris. *Linn. Sp. Pl.* 1107. *Willden. Sp. Pl. v.* 3. 1471. *DeCand. Prodr. v.* 1. 553.
H. saxatile, tenuissimo et glauco folio. *Tourn. Inst.* 255.
Κορις *Dioscoridis*.
Φȣδερα, ἢ γȣθȣρα, *hodiè*.
Βάλσαμινο *Zacynthiorum*.

In Græciæ, et Archipelagi collibus siccis frequens. ♄.

Caulis suffruticosus, ascendens; ramis rectis, simplicibus, fuscescentibus. *Folia* linearia, margine revoluta, quadruplò longiora quàm lata, ternatìm verticillata, internodiis breviora, obsoletè pellucido-punctata, glandulis marginalibus nullis. *Cymæ* longè pedunculatæ, terminales, nunc simplices flore subsessili centrali, nunc axi primario elongato compositæ et inflorescentiam brevem pyramidatam efficientes. *Sepala* linearia, costata, patentia, glandulis verrucosis marginis quasi serrata, in icone nostrâ nimis concava. *Petala* flava, lineari-obovata, eglandulosa, staminibus æqualia. *Phalanges staminum* subhexandræ. *Ovarium* oblongum, acutè triquetrum, virescens; *stylis* tribus brevibus divaricatis. *Capsula* castanea, crustaceo-papyracea, triquetra, tricornis, obliquè rugosa; e folliculis tribus constans laxè cohærentibus, apice suturæ ventralis dehiscentibus, polyspermis. *Semina* minuta, oblonga, castanea, hispida, hilo basilari.

a. Calyx, cum pistillo. A. Idem, auctus. *b*. Petalum.
c. Phalanx staminum. *d*. Capsula. D. Capsula, aucta.
e. Semen. E. Semen, auctum.

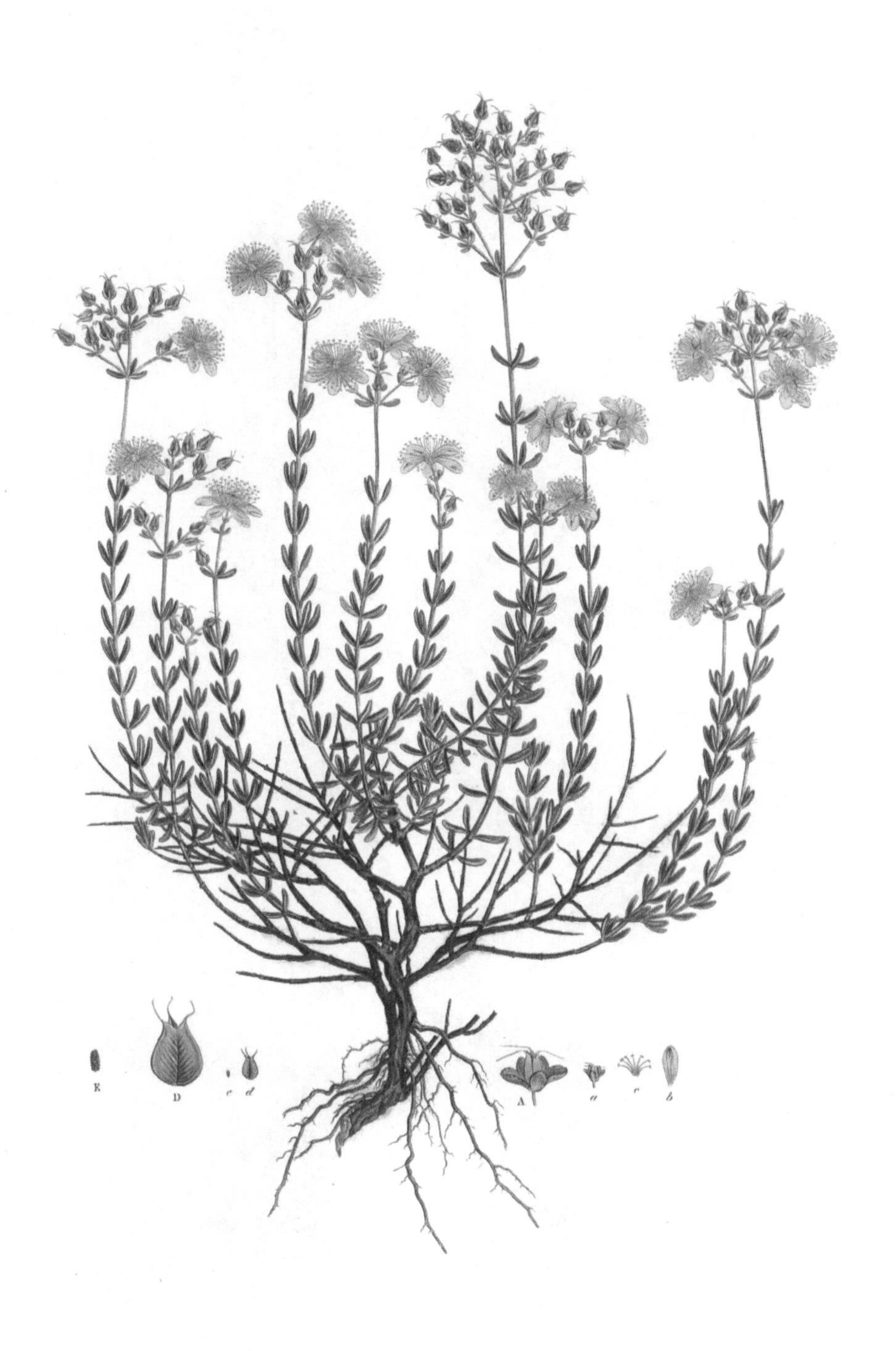

Hypericum Coris.

Geropogon hirsutus.

SYNGENESIA POLYGAMIA ÆQUALIS.

* *Semiflosculosi.*

GEROPOGON.

Linn. Gen. Pl. 398. *Juss. Gen. Pl.* 170. *Gærtn. t.* 160.

Receptaculum subsetoso-paleaceum. *Involucrum* polyphyllum, simplex v. calyculatum. *Achenia,* disci pappo plumoso; radii quinquearistato.

TABULA 778.

GEROPOGON HIRSUTUS.

Geropogon involucro simplici corollis longiore.
G. hirsutus. *Linn. Sp. Pl.* 1109. *Willden. Sp. Pl. v.* 3. 1491.
Tragopogon gramineo folio, suaverubente flore. *Tourn. Inst.* 477.

In insulâ Cypro. ⊙.

Radix annua, fusiformis, lignosa, pallidè fusca. *Caulis* determinatus, à basi ferè corymboso-ramosus, erectus; *ramis* teretibus, levitèr angulatis, subglaucis, glabris. *Folia* sessilia, lineari-ensiformia, canaliculata, acuminata, apice recurva, semiamplexicaulia, parallelè venosa, quinquecostata, glaucescentia; pilis quibusdam raris subtilissimis vestita, aut calva. *Pedunculi* clavati, fistulosi, recti. *Capitula* solitaria, perpendicularia. *Involucrum* basi hispidum; *bracteis* lineari-lanceolatis, acuminatis, serie simplici insertis, dimidia inferiore parallelis superiore patentissimis, corollis longioribus, circa fructus conniventibus. *Corollæ* ligula linearis, violacea, tubo subæqualis; disci triplò minores. *Achenia* involucro longiora: *radii* duas uncias longa, lævia, teretia; *ovario* arcuato, in rostro tenuissimo subulato continuo sensìm angustato; *pappo* fusco uniseriali, paleis quinque subulatis scabriusculis patulis, quarum una vel duo semper abortiunt: *disci* conformia, sed breviora; *pappo* pluriseriali, stellato, paleis longissimis subulatis, plumosis, basi ferè calvis.

Nescio quomodò *G. hirsutum* à *G. glabro* probè distinguas. Hirsuties foliorum ne minimi est; involucrum corollis brevius esse in *G. glabro* à cl. Candollio asseritur;

è contrario cl. Lessingius ambas species in unâ jungit. In herbario Sibthorpiano unica tantùm adest nomine *G. hirsuti* à Smithio insignita; *G. glaber* Prodromi deest, nec video quâ autoritate inter plantas Græcas, ut à *G. hirsuto* diversus, receptus est.

a. Corolla radii. *b.* Corolla disci. *c.* Involucrum, cum acheniis maturis.

TRAGOPOGON.

Linn. Gen. Pl. 398. *Juss. Gen. Pl.* 170. *Gærtn. t.* 159. T. pratense.

Receptaculum nudum. *Involucrum* simplex, polyphyllum. *Pappus* plumosus, stipitatus.

TABULA 779.

TRAGOPOGON CROCIFOLIUS.

Tragopogon involucro corollis longiore glabro, foliis basi lanatis, acheniis scabris: rostro tereti glaberrimo.

T. crocifolius. *Linn. Sp. Pl.* 1110. *Willden. Sp. Pl. v.* 3. 1494.

T. purpuro-cœruleum crocifolium. *Tourn. Inst.* 477.

In insulâ Cypro. ♂.

Radix fusiformis, biennis. *Caulis,* et totus habitus, omninò *Geropogonis hirsuti,* ita ut, lanâ foliorum demtâ, eundem diceres. *Folia* lineari-ensiformia, canaliculata, acuminata, glauca, apice recurva, basi dilatata, amplexicaulia, lanâ laxâ densissimâ in axillâ et circa margines vestita. *Capitula* solitaria, perpendicularia, pedunculo longo clavato fistuloso insidentia. *Involucrum* simplex, polyphyllum, basi hispidum; *bracteis* 8—10, lineari-lanceolatis, acuminatis, basi parallelis, apice patentissimis, corollis longioribus, in fructu erectis. *Corollæ* ligulatæ, purpureæ, apice quinquedentatæ; *tubo* longo, cylindraceo, apice collo pilorum circumdato; *radii* majores quàm disci. *Antheræ* purpureæ. *Achenia* omnia areolâ insertionis obliquè concavâ, conformia, plusquàm unciam longa, longè rostrata, subsessilia, flavescentia, basi teretia scabriuscula, subindè attenuata subangulata, verrucoso-scabra, sensìm in apice albido lævigato haud angulato desinentia. *Pappus* fuscescens, plumosus, biserialis; *paleis* subulatis, corneis, exterioribus crassioribus et longioribus; omnibus apice minùs plumosis.

Tragopogon crocifolius.

Arnopogon Dalechampii.

Arnopogon picroides.

Seriem pappi extimam minimam pilosam, qualis in icone delineatur, haud invenio.

a. Corolla unica. A. Eadem, aucta. *b. b.* Achenia, pappo in hoc expanso in illo clauso.

ARNOPOGON.

Willden. Sp. Pl. v. 3. 1496.

Urospermum. *Juss. Gen. Pl.* 170.

Receptaculum nudum. *Pappus* plumosus, stipitatus. *Involucrum* monophyllum, octopartitum, conicum.

TABULA 780.

ARNOPOGON DALECHAMPII.

Arnopogon involucris pubescentibus inermibus, foliis pubescentibus scabris inferioribus runcinatis dentatis superioribus oblongis sagittatis dentatis integrisque.

A. Dalechampii. *Willden. Sp. Pl. v.* 3. 1496.

Tragopogon Dalechampii. *Linn. Sp. Pl.* 1110. *Gærtn. t.* 159. *Desfont. Fl. Atlant. v.* 2. 219.

Hieracium magnum Dalechampii. *Tourn. Inst.* 470.

In Archipelagi insulis? ♃.

Deest in herbario Sibthorpiano.

a. Corolla, à fronte visa. *b.* Eadem, à tergo visa.

TABULA 781.

ARNOPOGON PICROIDES.

Arnopogon involucris hispidis, foliis subpinnatifidis dentatis sagittatis superioribus angustatis integerrimis, receptaculo piloso.

A. picroides. *Willden. Sp. Pl. v.* 3. 1496.

Tragopogon picroides. *Linn. Sp. Pl.* 1111. *Gærtn. t.* 159.

Sonchus asper laciniatus creticus. *Tourn. Inst.* 474.

A. capensis. *Willden. Sp. Pl. v.* 3. 1497. sec. Lessing.
Ἱερακιον το μεγα *Diosc.*? *Sibthorp.*

In ruderatis Græciæ et Archipelagi, præcipuè maritimis, frequens. ⊙.

Caulis erectus, ramosus, pallidè viridis, teres, magìs minùsve hispidus. *Folia* lætè viridia, succulenta, oblonga, sagittata, subpinnatifida, inæqualitèr dentata, scabra: lobis baseos acutissimis; suprema lineari-lanceolata, acuminata, sagittata, integerrima. *Capitula* solitaria, longè pedunculata, ascendentia. *Involucrum* conicum, ramentis subulatis, apice sæpiùs uncinatis, hispidum; *bracteis* constans octo, ovatis, acutis, dorso viridibus, margine membranaceis, basi connatis. *Corollæ* involucro longiores, luteæ, ligulatæ, denticulis quinque ad apicem. *Ovarium* medio constrictum, utrinquè angustatum, dimidio inferiore ovulifero. *Receptaculum* convexum, foveatum, pilosum. *Achenium* compressum, brunneum, seriebus tribus tuberculorum utrinquè, margine serrulatum, basi obliquè alatum, ferè triplò brevius quàm rostrum à basi inflatâ scabrâ in acumine tereti pubescente angustatum. *Pappus* albus, sericeus, uniserialis, plumosus; *paleis* subulatis æqualibus, conformibus.

a. Involucrum. *b.* Corolla, cum ovario. *c.* Corolla, aucta.
c. Achenium effœtum. *d.* Achenium perfectum.

TABULA 782.

ARNOPOGON ASPER.

Arnopogon involucris hispidissimis, foliis basi cordatis amplexicaulibus duplicato-dentatis inferioribus spathulatis caulinis oblongis subrepandis, receptaculo piloso.
A. asper. *Willden. Sp. Pl. v.* 3. 1497.
Urospermum picroides β. *Duby et DeCand. Bot. Gall.* 295.
Tragopogon asperum. *Linn. Sp. Pl.* 1111. *Gouan Illustr.* 52.
Sonchus asper, non laciniatus, dipsaci v. lactucæ foliis. *Tourn. Inst.* 474.

In littore Cariensi. ⊙.

Radix fusiformis, lignosus, fibrillosus. *Caulis* erectus, hispidissimus, subsimplex, teres, purpurascens, circitèr pedem altus. *Folia* atroviridia, subtùs glaucescentia, basi cordata amplexicaulia, duplicato-dentata, scabriuscula; *radicalia* spathulata; *caulina* oblonga, subrepanda; *summa* angustissima, ferè integra, sagittata. *Capitula* pauca, solitaria, pedunculo longo, pilis longis rigidis hispido, subclavato, insidentia. *Involucrum* conicum, crinis ramentaceis hispidum; è *bracteis* octo constans, ovatis, acuminatis, dorso viridibus, margine membranaceis, basi connatis. *Corollæ* involucro longiores, flavæ, ligulatæ, apice quinquedenticulatæ. *Achenium* testaceum, compressum,

Arnopogon asper.

Scorzonera pygmæa!

utrinquè verrucis longis obsitum, margine læve, basi obliquè alatum, duplò brevius quàm *rostrum* arcuatum, scabrum, basi inflatum, inane, apice subulatum. *Pappus* albus, sericeus, uniserialis, plumosus; *paleis* subulatis, æqualibus, conformibus.

Cl. Candollio hæc species mera est varietas *Arnopogonis picroidis*; sed achenia diversissima sunt.

a. Corolla, cum ovario. *b.* Achenium maturum.

SCORZONERA.

Linn. Gen. Pl. 399. *Juss. Gen. Pl.* 170. *Gærtn. t.* 159.

Receptaculum nudum. *Pappus* scaber v. plumosus. *Involucrum* imbricatum bracteis margine scariosis.

TABULA 783.

SCORZONERA PYGMÆA.

Scorzonera caule subnudo unifloro longitudine foliorum, foliis recurvis canaliculatis suprà lanatis. *Prodr. v.* 2. 122.

In Olympi Bithyni cacumine. ♃.

Hujus speciei nihil asservatur in herbario Sibthorpiano nisi fragmenta quædam, vermibus ferè destructa, de quibus vix judicandum est. Involucrum albo-tomentosum, folia linearia canaliculata recurva, collum radicis lanatum cum *Scorzonerâ callosâ* Morisii conveniunt, et fortè species est eadem; obstant statura hujus humilior, et capitula duplò majora. A *Sc. caricifoliâ, humili* similibusque involucrum albo-tomentosum nostram satìs distinguit.

a. Involucrum. *b.* Corolla, cum ovario.

TABULA 784.

SCORZONERA GRAMINIFOLIA.

Scorzonera glaberrima omni parte, caule ramoso, foliis linearibus v. lineari-lanceolatis canaliculatis apice acuminatissimis recurvis, involucris calyculatis.

S. graminifolia. *Hoffm. Fl. Germ.* 272. *Roth Fl. Germ. v.* 1. 334. *Prodr. v.* 2. 122. nec Linnæi, fide herbarii sui.

S. glastifolia. *Willden. Sp. Pl. v.* 3. 1499.

Σκορσονέρα *Zacynthiorum.*

Ad viam inter Smyrnam et Bursam; nec non in insulâ Zacyntho. ♃.

Planta glauca *Sc. hispanicæ* facie, sed omni parte calva, et foliis quadruplò angustioribus diversa. *Caulis* teres, ramosus, pallidè viridis, lævis, circitèr duos pedes altus. *Folia* lineari-lanceolata, acuminata, undulata, basi dilatata et semiamplexicaulia, margine scabra; *superiora* sensìm squamiformia. *Pedunculi* erecti, ferè semipedales, nudi v. foliis 2—3 squamiformibus distantibus obsiti. *Involucrum* cylindraceum, calvum; *bracteis* exterioribus brevibus, ovatis, acutis, quinque interioribus lanceolatis, margine purpurascentibus duplò longioribus. *Corollæ* luteæ, dorso purpurascentes, involucro duplò longiores; *ligulis* apice quinquedentatis; *tubo* apice (ex icone, exemplaria enim desunt,) glandulis luteis filiformibus torquato. *Receptaculum* foveatum, nudum. *Achenium* pallidè testaceum, lineare, basi truncatum, versus apicem attenuatum, teres, angulatum, vix scabrum, erostre. *Pappus* albus, sericeus, è setis constans plurimis pluriserialibus mollibus plumosis, quarum quinque sunt longiores, apice nudæ et scabræ.

S. graminifolia herbarii Linneani cum hac specie non congruit; folia enim habet recta rigida, caulem subsimplicem, et involucra lanata; certò certius est *S. glastifolia* Willdenovii.

a. Involucrum. *b.* Corolla, cum ovario, à fronte visa. B. Corolla, aucta.
c. Corolla, à tergo visa. *d.* Receptaculum. *e.* Achenium, cum pappo.

TABULA 785.

SCORZONERA ARANEOSA.

Scorzonera caulibus subunifloris foliosis, foliis linearibus recurvis involucroque villosissimis, bracteis omnibus erectis, radice tuberosâ maximâ.

S. araneosa. *Prodr. v.* 2. 123. *Smith in Rees. Cycl. in loc.*

Scorzonera graminifolia.

Scorzonera araneosa.

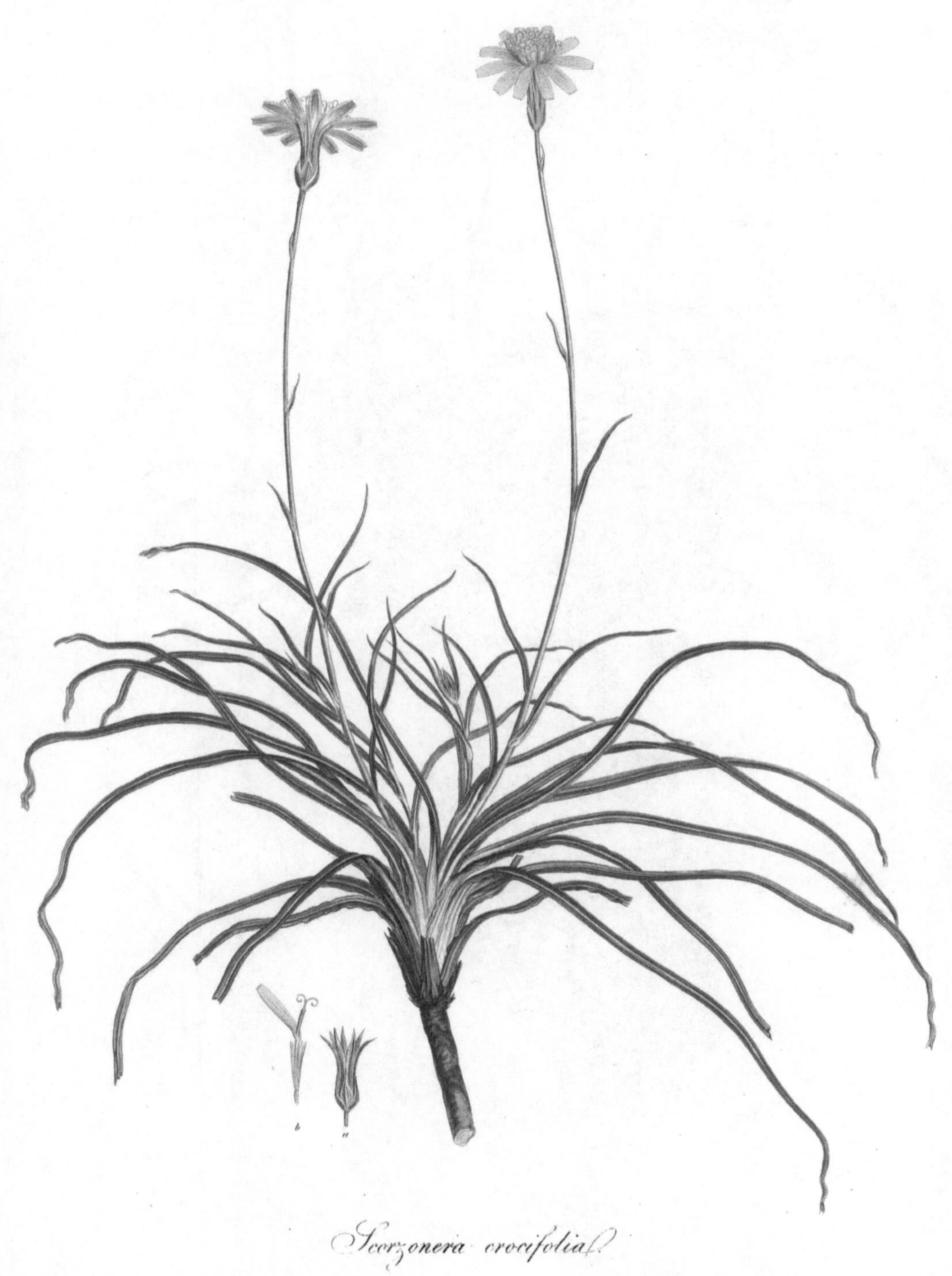

Scorzonera crocifolia.

In insulâ Cypro. ♃.

Radix maxima, oblonga, carnosa, zonis 2—3 impressis circumdata. *Caules* ascendentes, villosissimi, spithamæi ad pedales, sæpiùs uniflori, nunc biflori, foliosi. *Folia* pilis longis intricatis araneosa, linearia, acuminata, canaliculata, recurva, caulium abbreviata. *Capitula* brevè pedunculata, erecta. *Involucrum* villis intricatis fuscis lanatum; *bracteis* inferioribus ovatis acuminatis apice recurvis, superioribus lanceolatis, apice patulis, glabris. *Corollæ* luteæ, involucro longiores, utrinquè concolores; *ligulis* apice quinquedentatis. *Achenia* teretia, pilis densissimis fuscis mollibus vestiti. *Pappus* fuscus, è setis plurimis constans, pluriserialibus, scabris, vix plumosis, quarum extimæ tenerrimæ sunt et breves, interiores longiores et crassiores, intimæ longissimæ, corneæ, multò crassiores.

a. Involucri squama exterior; *b.* interior; *c.* intima.
d. Corolla radii. *e.* Corolla disci. *f.* Achenium.
G. Seta unica pappi, è serie interiori, aucta.

TABULA 786.

SCORZONERA CROCIFOLIA.

Scorzonera caulibus monocephalis foliosis, foliis radicalibus linearibus recurvis vix pluricostatis involucroque glaberrimis: costâ mediâ maximâ pallidâ.

S. crocifolia. *Prodr. v.* 2. 123. *Smith in Rees. Cycl. in loc.*

Σκορσονέρα Zacynthiorum.

In insulâ Zacyntho alibique. ♃.

Radix perennis, fusiformis, atrobrunneus, ramosus. *Caules* simplices, ascendentes, glabri, foliis quibusdam depauperatis vestiti. *Folia* radicalia linearia, graminea, succulenta, glabra, recurva; costâ centrali maximâ lateralibusque paucis obsoletis. *Capitula* longipedunculata, solitaria, erecta. *Involucrum* cylindraceum, calvum; *bracteis* inferioribus quinque vel sex, ovatis, acutis, appressis, subæqualibus, superioribus quinque, lineari-lanceolatis, albo-marginatis, æqualibus, pluriès longioribus. *Corollæ* flavæ, dorso purpureæ, involucro longiores; *ligulis* apice quinquedenticulatis; *tubo* apice nudo. *Antheræ* luteæ. *Ovarium* teres, pubescens. *Pappus* albus, è setis constans plurimis pluriserialibus plumosis tenuissimis, quarum quinque cæteris longiores sunt crassiores et scabræ, vix plumosæ.

a. Involucrum. *b.* Corolla, cum ovario.

TABULA 787.

SCORZONERA CALCITRAPIFOLIA.

SCORZONERA subacaulis, foliis subbipinnatifidis basi lanatis, laciniis linearibus acutis, pedunculis ascendentibus pubescentibus, involucris lanatis subæqualitèr imbricatis.

S. calcitrapifolia. *Willden. Sp. Pl. v.* 3. 1505.

S. orientalis, foliis calcitrapæ, flore flavescente. *Tourn. Cor.* 36.

In Olympi Bithyni cacumine. ♃.

Acaulis. *Radix* fusiformis, ramosus, atrofuscus, perennans. *Folia* subbipinnatifida, omnia radicalia, pubescentia, basi lanâ tenui involuta; *laciniis* linearibus, brevibus, acutis. *Pedunculi* ascendentes, purpurascentes, pubescentes, monocephali, 3—4 uncias longi. *Involucrum* breve, lanatum; *bracteis* exterioribus linearibus, sub apice brevitèr calcaratis, acutis, inæqualibus, in interioribus sensìm decrescentibus, nec calyculum efficientibus. *Corollæ* flavæ, dorso virescentes, apice purpuratæ et denticulatæ; *tubo* apice pube brevi torquato. *Achenia* pallida, pubescentia, apice teretia, levitèr striata; *stipite* brevi compresso inani. *Pappus* albus, mollis, è setis plurimis constans pluriserialibus plumosis, interioribus sensìm longioribus et crassioribus, omnibus apice nudis scabris.

a. Corolla, cum ovario, à fronte visa. *b.* Eadem, à tergo visa. *c.* Achenium.

TABULA 788.

SCORZONERA LACINIATA.

SCORZONERA subacaulis aut caulescens, foliis primordialibus lineari-spathulatis integerrimis cæteris pinnatifidis basi nudis: laciniis linearibus elongatis distantibus acuminatissimis, terminali longissimo, pedunculis glabriusculis, involucris pubescentibus subæqualitèr imbricatis.

S. laciniata. *Linn. Sp. Pl.* 1114. *Willden. Sp. Pl. v.* 3. 1506. *Jacq. Fl. Austr. t.* 356.

Podospermum laciniatum. *DeCand. et Duby Bot. Gall.* 308.

S. laciniatis foliis. *Tourn. Inst.* 477.

In agro Laconico, Messeniaco et Byzantino. ♃.

Planta sæpiùs subacaulis ut in icone nostrâ; sed haud raro caulescens, et etiam in solo pingui sesquipedalis ramosus. *Caules* angulati, parùm tomentosi, sæpiùs omninò calvi. *Folia* basi lanâ subtili involuta; *primordialia* linearia, acuminata, integerrima;

Scorzonera calcitrapifolia (?)

Scorzonera laciniata L.

Scorzonera elongata.

proxima pinnatifida; *laciniis* linearibus acuminatissimis elongatis, terminali semper aliis multotiès longiore. *Pedunculi* monocephali, levitèr pubescentes. *Involucrum* subcylindraceum, modò glabrum, modò densè tomentosum; *bracteis* sub apice brevitèr calcaratis, acuminatis, rectis, sensìm elongatis, nec exterioribus abruptè brevioribus calyculum efficientibus. *Corollæ* luteæ; *ligulâ* dorso rubrâ; *tubo* apice pube brevi torquato. *Achenia* omninò ejusdem fabricæ ut in *S. calcitrapifoliâ*.

Hæc species à præcedente difficillimè distinguenda est; nec ullum alium characterem detegi quem tutò sequeris quam formam laciniarum foliorum, et lanæ densitatem quâ eorum bases involvuntur. Involucrum nunc calvum nunc lanatum diagnosin nullam præbet; paritèr similia sunt achenia ambarum nisi quod in *S. calcitrapifoliâ* triplò majora sunt.

a. b. Bracteæ involucri. *c.* Corolla.
d. Corolla, à tergo visa. *e.* Achenium.

TABULA 789.

SCORZONERA ELONGATA.

Scorzonera foliis subbipinnatifidis mucronato-incisis subtùs tomentosis, caule erecto ramoso, involucro glabro, bracteis plurimis cartilagineis obtusis regularitèr imbricatis.

S. elongata. *Willden. Sp. Pl. v.* 3. 1508.

Catananche græca. *Linn. Sp. Pl.* 1142.

Hymenomena Tournefortii. *Cass. Dict. Sc. Nat. v.* 22. 31.

S. græca, saxatilis et maritima, foliis variè laciniatis. *Tourn. Cor.* 36. *It. v.* 1. 86. cum icone.

Ἱερακιον το μικρον *Diosc.*? *Sibthorp.*

In Milo, Amorgo, aliisque Græciæ insulis. ♃.

Radix fusiformis, lignosus. *Caulis* erectus, parùm ramosus, hispido-pubescens; *ramis* elongatis, nudis aut foliis quibusdam abortivis vestitis. *Folia* radicalia, hispido-pubescentia aut tomentosa, lyrata, bipinnatifida, mucronato-serrata; *laciniis* oblongis approximatis, terminali paulò majore. *Involucrum* ovatum, *Centaureæ* cujusdam facie, glaberrimum, cartilagineum; *bracteis* oblongis, obtusis, convexis, albo-marginatis, æqualitèr imbricatis. *Corollæ* luteæ, dorso concolores, glabræ, apice quinquedentatæ; *tubo* pubescente. *Antheræ* purpureo-fuscæ. *Receptaculum* convexum, in ambitu glabrum, in disco paleis brevibus duris obsitum. *Achenia* compressa, tomentosa. *Pappus* è paleis constat decem biserialibus, æqualibus, basi dilatatis membranaceis, apice fulvis corneis scabris.

Pappus in icone Dom. Baueri omninò erroneus est; et proculdubiò ad aliquam aliam speciem depictus fuit. Receptaculum etiam cum naturâ parùm congruit.

a. b. c. Bracteæ involucri. *d.* Corolla, cum ovario. *e.* Receptaculum ; verosimilitèr speciei cujusdam alienæ. *f.* Achenium certò speciei diversæ. F. Achenium, auctum.

SONCHUS.

Linn. Gen. Pl. 400. *Juss.* 169. *Gærtn. t.* 158.

Receptaculum nudum. *Involucrum* imbricatum, ventricosum. *Pappus* pilosus, sessilis.

TABULA 790.

SONCHUS TENERRIMUS.

Sonchus pedunculis subhispidis umbellatis ramosisque patentissimis, foliis pinnatifidis supremis basi sagittatis amplexicaulibus, laciniis inferiorum oblongis dentatis supremorum linearibus integerrimis acuminatis, radice annuâ.

S. tenerrimus. *Linn. Sp. Pl.* 1117. *Willden. Sp. Pl. v.* 3. 1515. *DeCand. et Duby Bot. Gall.* 296.

S. lævis, in plurimas et tenuissimas lacinias divisus. *Tourn. Inst.* 475.

In Cretâ et Cypro insulis. ⊙.

Radix annua. *Caulis* erectus, parùm ramosus, glaber. *Folia* tenera: *radicalia* pinnatifida; *petiolo* lineari, canaliculato, *laciniis* ovatis, grossè dentatis, subtùs glaucis, supremis confluentibus: *caulina* pinnatifida, nunc subbipinnatifida, sessilia, basi sagittata, amplexicaulia, *laciniis* oblongis linearibusque denticulatis: *suprema* integerrima, hispidula. *Pedunculi* terminales, piloso-hispidi aut glabri, umbellati, subramosi, patentissimi; *juniores* lanâ involuti, *adulti* glabri. *Involucrum* pilis quibusdam sparsis hispidum, ovatum, glabrum, nisi primâ juventute quandò lanatum est; *foliolis* linearibus, imbricatis, exterioribus minimis. *Flosculi* lutei, extùs fulvi, expansi capitulum ferè sesquiunciam latum efficientes. *Achenia* compressa, sulcata, transversìm striata; *pappo* denso, sessili, filiformi.

Sonchus tenerrimus.

Sonchus chondrilloides.

Sonchus tingitanus.

Notandum est pilos pedunculorum et denticulos foliorum in icone nostrâ densiores esse et numerosiores quàm in exemplaribus sive herbarii Sibthorpiani sive mei ab orâ Galliæ australis allatis.

A. Flosculus unicus, auctus.

TABULA 791.

SONCHUS CHONDRILLOIDES.

Sonchus foliis caulinis amplexicaulibus oblongis basi angustatis subintegerrimis pinnatifidis dentatisque, radicalibus sublyrato-runcinatis, pedunculis squamosis, involucri foliolis acuminatis appressis cordatis basi membranaceis.

Sonchus chondrilloides. *Prodr. v.* 2. 125. nec Fontainesii.

S. picroides. *Lam. Dict. v.* 3. 398. *Willden. Sp. Pl. v.* 3. 1517.

Scorzonera picroides. *Linn. Sp. Pl.* 1114.

Picridium vulgare. *Desfont. Fl. Atlant. v.* 2. 221.

Sonchus lævis angustifolius. *Tourn. Inst.* 475.

Λαγόψωμι *Zacynthiorum.*

In insulâ Zacyntho. ♃.

Exemplaria hujus speciei herbario Sibthorpiano absunt. Nullo modo *Soncho chondrilloidi* Fontainesii, qui verus *Sonchus* est, allegari debet, sed mera forma est vegetior *Picridii vulgaris* hodiernorum. Eandem speciem statu quidem depauperato, ad iconem 793 hujus operis videbis.

a. Unum è foliolis extimis involucri; *b.* Interius; *c.* Intimum. *d.* Receptaculum. *e.* Flosculus. *f.* Achenium maturum.

TABULA 792.

SONCHUS TINGITANUS.

Sonchus foliis amplexicaulibus oblongis pinnatifidis serratis glabris, pedunculis squamosis incrassatis, involucri foliolis laxis acutis cordatis margine membranaceis.

S. tingitanus. *Lam. Dict. v.* 3. 397. *Willden. Sp. Pl. v.* 3. 1516.

Scorzonera tingitana. *Linn. Sp. Pl.* 1114. *Curt. Bot. Mag. t.* 142.

Scorzonera orientalis. *Linn. Sp. Pl.* 1113. *Willden. Sp. Pl. v.* 3. 1507.

Picridium tingitanum. *Desfont. Fl. Atlant. v.* 2. 220.

Sonchus tingitanus papaveris folio. *Tourn. Inst.* 475.

In Cariæ et Cypri maritimis; etiam inter Smyrnam et Bursam ad vias. ⊙.

Radix annua. *Caulis* humilis, vix palmaris, sæpè humilior, ramosus, teres, glaber. *Folia* oblonga, amplexicaulia, omnia pinnatifida; *laciniis* erectis, acutè calloso-dentatis. *Pedunculi* glabri, squamis unâ vel duabus cordato-ovatis, membranaceo-marginatis vestiti, apice clavati, quodammodò tubicinis formam referentes, stricti. *Involucra* ovata, imbricata, subsquarrosa; *foliolis* exterioribus latè ovatis, cordatis, membranaceo-marginatis laxis, interioribus linearibus appressis. *Flosculi* lutei, basi purpureo-fusci, extùs fulvescentes. *Achenia* obcuneata, tetragona, angulis suberosis undulatis; *pappo* molli, sericeo, filiformi.

a. Unum è foliolis extimis involucri. *b. c.* Flosculi. B. Flosculus, auctus. *d.* Achenium. D. Achenium, auctum.

TABULA 793.

SONCHUS PICROIDES.

Sonchus foliis caulinis amplexicaulibus oblongis basi angustatis subintegerrimis pinnatifidis dentatisque, radicalibus sublyrato-runcinatis, pedunculis squamosis, involucri foliolis acuminatis appressis cordatis basi membranaceis.

S. picroides. *Lam. Dict. v.* 3. 398. *Willden. Sp. Pl. v.* 3. 1517.
Scorzonera picroides. *Linn. Sp. Pl.* 1114.
Picridium vulgare. *Desfont. Fl. Atlant. v.* 2. 221.
Sonchus lævis angustifolius. *Tourn. Inst.* 475.
Τȣ̃ λαγȣ̃ το ψωμὶ *hodiè in Achaiâ.*

In Laconiâ et Achaiâ; nec non in Cypro et Archipelagi insulis. ⊙.

Herbario Sibthorpiano abest. Proculdubiò eadem est species ac in icone 791 delineatur, sed macrior, et foliis radicalibus orbata. Quantùm variat species hæc per omnem Europam meridionalem vulgatissima, iconibus hisce collatis, satìs supèrque patebit.

a. Flosculus. *b.* Achenium.

Sonchus picroides.

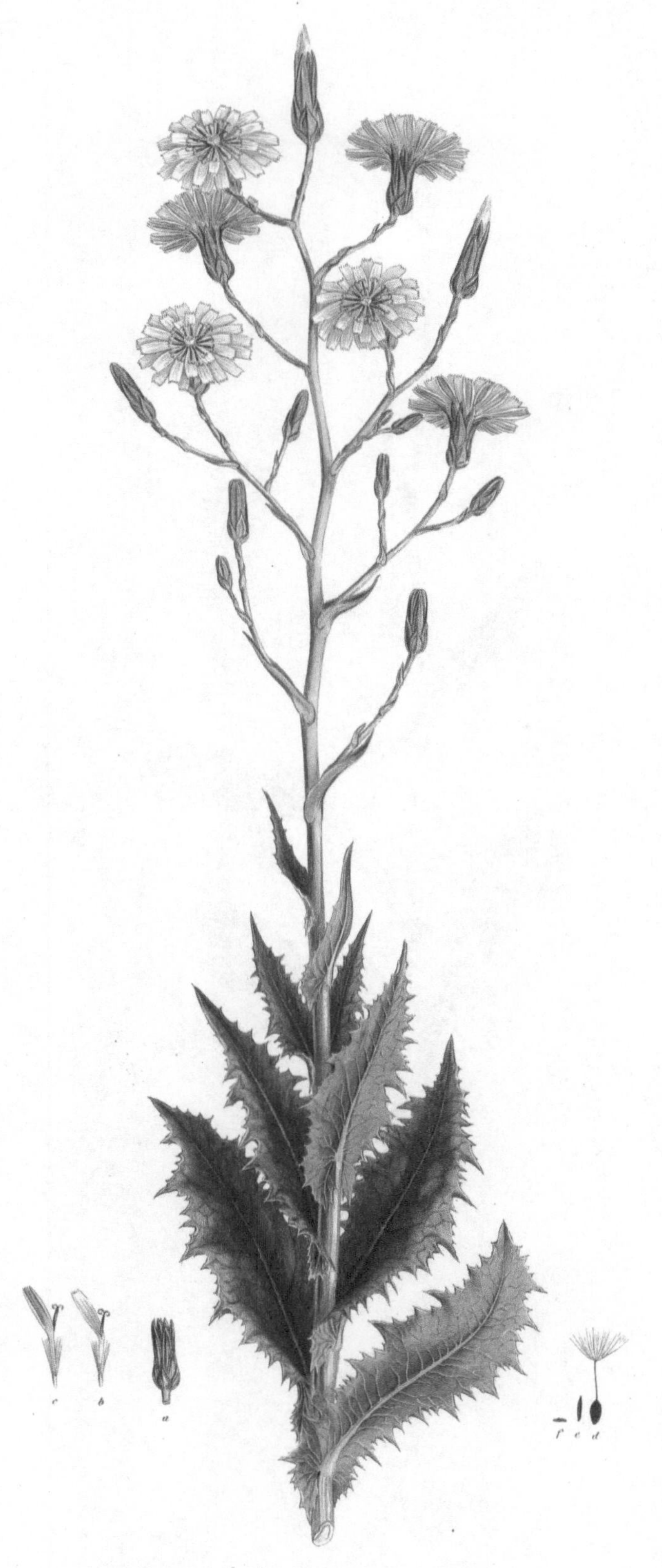

Lactuca leucophæa(.)

LACTUCA.

Linn. Gen. Pl. 400. *Juss.* 169. *Gærtn. t.* 158.

Receptaculum nudum. *Involucrum* imbricatum, cylindricum, margine membranaceo. *Pappus* simplex, stipitatus. *Achenia* lævia.

TABULA 794.

LACTUCA LEUCOPHÆA.

Lactuca foliis oblongis acuminatis amplexicaulibus duplicato-dentatis subruncinatis, racemo stricto composito.

L. leucophæa. *Prodr. v.* 2. 127.

L. orientalis altissima, sonchi folio, flore magno leucophæo. *Tourn. Cor.* 35; ex charactere.

In insulâ Cypro. ♂ ?

Caulis strictus, glaucus, densè foliatus, vix ramosus. *Folia* oblonga, glauca, sagittata, amplexicaulia, grossè duplicato-dentata, acuminata; *laciniis* paululùm deorsìm curvis. *Racemus* subpedalis, rigidus, glaucus; *bracteis* cucullatis, purpurascentibus, ultimis squamæformibus; *ramulis* subtrifloris, ascendentibus. *Involucrum floriferum* novem lineas longum, imbricatum, purpurascens, *foliolis exterioribus* ovatis, *interioribus* linearibus appressis; *fructiferum* ferè sesquiunciam longum, *foliolis* omnibus acuminatis, interioribus patentibus longissimis. *Flosculi* straminei, dorso rubescentes; *antheris* purpureis. *Achenia* spadicea, elliptica, tenuissima, transversìm subtilitèr acustriata; *rostello* capillaceo, virescente, ipsis duplò longiore, *pappum* biseriatum filiforme molle foliolorum intimorum involucri longitudine gerente.

Lactucæ sagittatæ proxima locanda est species in suo genere longè pulcherrima.

a. Involucrum.
b. c. Flosculi.
d. Achenium, cum pappo suo.
e. Achenii sectio longitudinalis.
f. Ejusdem sectio transversalis.

CHONDRILLA.

Linn. Gen. Pl. 401. *Juss.* 169. *Gærtn. t.* 158.

Receptaculum nudum. *Involucrum* calyculatum. *Pappus* simplex, stipitatus. *Flosculi* multiplici serie. *Achenia* muricata.

TABULA 795.

CHONDRILLA RAMOSISSIMA.

Chondrilla foliis omnibus dentatis, caule ramosissimo divaricato sulcato spinuloso. *Prodr. v.* 2. 128.

Χονδριλλη *Dioscoridis*? *Sibthorp.*

Prope Athenas. ♃.

Radix perennis. *Caulis* quasi aphyllus, crassus, rigidus, tomentosus, sesquipedalis, altè sulcatus, spinoso-hispidus; *ramis* arcuatis, divaricatis, subspinescentibus, intertextis. *Folia radicalia* spathulato-oblonga, obtusa, runcinato-dentata, glauca, glabra; *caulina* lineari-lanceolata, dentata, demùm ad apices ramulorum in squamas spinoso-ciliatas abeuntia. *Capitula* subgeminata, sessilia, axillaria, decemflora. *Involucrum* oblongum, basi tomentosum; *laciniis exterioribus* minimis squamæformibus, *interioribus* sex vel septem, linearibus serie simplici insertis, dorso spinulis quibusdam rigescentibus munitis. *Receptaculum* nudum. *Achenia* linearia, compressa, apice muricata, dentibus quibusdam inæqualibus coronata; *rostro* capillari seipsis duplò longiore, *pappum* mollem subtilitèr scabridum piliformem gerente.

a. Involucrum. *b.* Foliolum involucri. *c. d.* Flosculi.
C. Flosculus, auctus. *e.* Achenium. E. Achenium, auctum.
F. Unus è pilis pappi, auctus.

Chondrilla ramosiſsima.

Leontodon serotinus.

LEONTODON.

Linn. Gen. Pl. 402. *Gærtn. t.* 158.

Taraxacum. *Juss.* 169.

Receptaculum nudum. *Involucrum* duplex. *Pappus* stipitatus, pilosus.

TABULA 796.

LEONTODON SEROTINUS.

Leontodon involucri foliolis exterioribus ovatis acuminatis patentibus, foliis runcinatis dentatis: laciniis acutis, acheniis testaceis supernè brevè sparsìmque scabris.

L. serotinus. *Prodr. v.* 2. 129. non Willdenovii.

Taraxacum Scorzonera. *Reichenb. Fl. Excurs. v.* 2. 270. ?

Scorzonera acaulis. *Willden. Sp. Pl. v.* 3. 1508. ?

Prope Thessalonicam. ♃.

Radix perennis. *Caulis* nullus. *Folia* humifusa, oblonga, pinnatifida, hispido-scabra; *laciniis* omnibus acutis dentatis, summâ sagittatâ. *Pedunculi* graciles, ascendentes, piloso-scabri, vel tomentosi, rufo-fusci. *Involucra* lata, omninò *L. Taraxaci* facie, sed foliola exteriora magìs sunt squarrosa, interiora minùs acuminata, et totum capitulum angustius. *Flosculi* aurei, utrinquè concolores. *Achenia* testacea, compressa, fusiformia, striata, basi nuda, apice muricato-scabra.

Exemplaria hujus speciei, in herbario Sibthorpii asservata, cum icone non omninò quadrant; capitula sua enim majora sunt et involucra latiora. Vereor igitur nè error quidam irrepserit, ideòque dubius hæreo an synonyma suprà allata rectè citentur. Hoc tamen certissimum est, *L. serotinum* ab hac specie toto cœlo diversum esse tum foliorum lobis tum acheniorum formâ et superficie. Exemplaria genuina *Scorzoneræ acaulis* nusquàm inveni.

a. Involucrum. *b.* Flosculus.
c. Capitulum acheniorum, involucro sponte reflexo. *d.* Achenium.

APARGIA.

Schreb. Gen. Pl. 527. *Willden. Sp. Pl. v.* 3. 1547.

Leontodon. *Juss.* 170.

Virea. *Gærtn. t.* 159.

Receptaculum nudum. *Pappus* plumosus, sessilis. *Involucrum* imbricatum.

TABULA 797.

APARGIA TUBEROSA.

Apargia pedunculis nudis pilosis, involucro hirsuto, foliis runcinatis pubescentibus: laciniis simplicibus acutis vel oblongis sinuatis undulatis, radice fasciculatâ.

A. tuberosa. *Willden. Sp. Pl. v.* 3. 1549.

Leontodon tuberosum. *Linn. Sp. Pl.* 1123.

Dens leonis asphodeli bulbillis. *Tourn. Inst.* 468.

Χονδριλλη ἑτερα *Dioscoridis*? *Sibthorp.*

Ῥαδίκι *hodiè.*

Ἀγριοραδίκον *Zacynthiorum.*

In pratis arenosis Græciæ, Cypri et Zacynthi, frequens. ♃.

Radix perennis, fasciculata, è lobis pluribus carnosis fusiformibus constans, parùm fibrosis. *Caulis* nullus. *Folia* omnia radicalia, lyrato-pinnatifida, pilosa; *laciniis* undulatis, contortis, angulatis, sinuatis, ultimâ subhastatâ; *petiolo* purpureo. *Pedunculi* ascendentes, spithamæi, purpureo-virides, pilosi, nudi. *Involucrum* villosum; *foliolis extimis* minimis, appressis, *interioribus* linearibus, imbricatis, acutis. *Flosculi* lutei, dorso sanguinei. *Achenia* erostria; *pappo* sessili, uniseriali, setis plumosis basi planis.

a. Flosculus.

Apargia tuberosa.

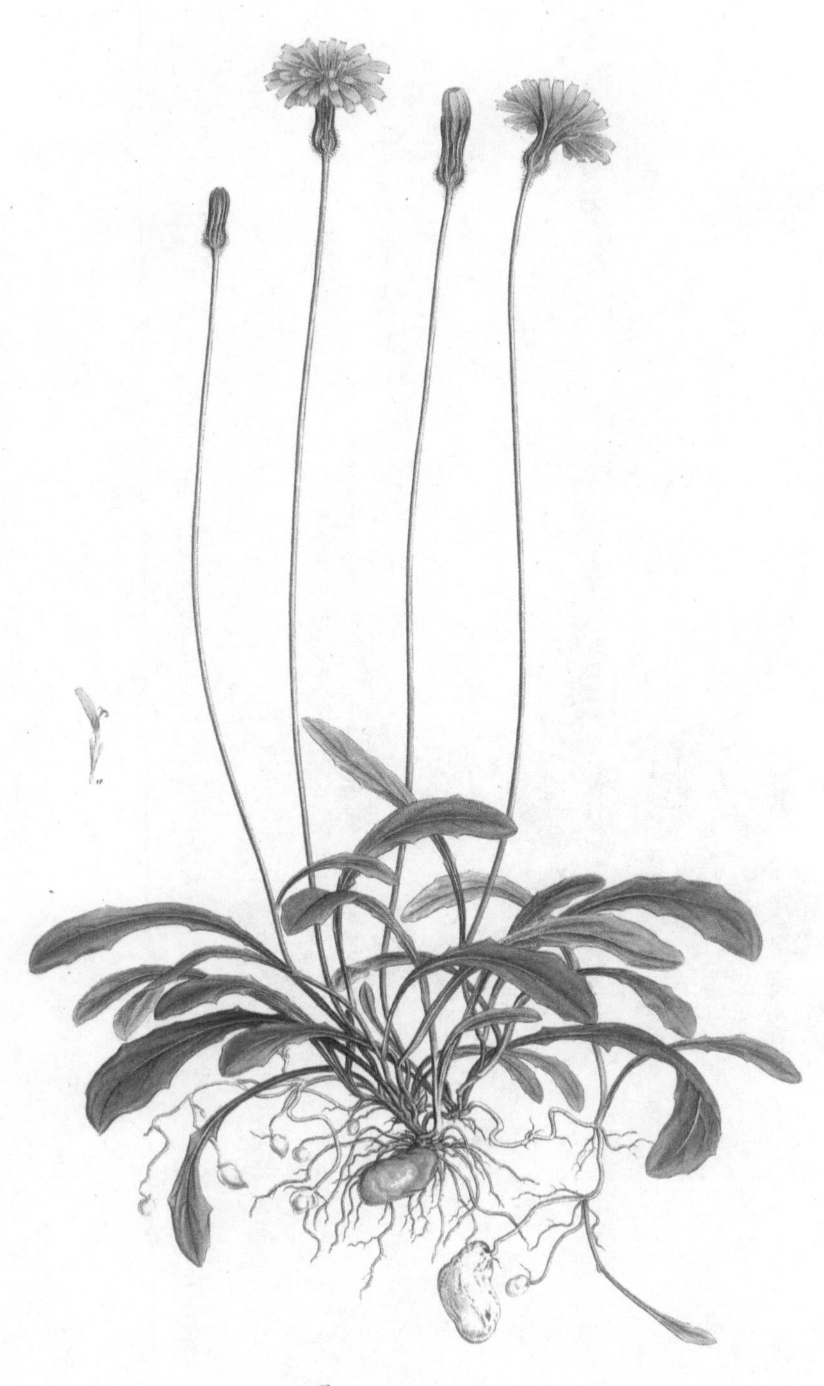

Hieracium bulbosum.

HIERACIUM.

Linn. Gen. Pl. 402. *Juss.* 169. *Gærtn. t.* 158.

Receptaculum nudum. *Involucrum* imbricatum, ovatum. *Pappus* simplex, sessilis.

TABULA 798.

HIERACIUM BULBOSUM.

Hieracium foliis spathulatis obovatis sinuato-dentatis glabris, scapo glabro unifloro, involucro basi hispido: foliolis lanceolatis glabris.

H. bulbosum. *Willden. Sp. Pl. v.* 3. 1562.

Leontodon bulbosum. *Linn. Sp. Pl.* 1122.

Taraxacum bulbosum. *Reichenb. Fl. Excurs. v.* 1. 270.

Prenanthes bulbosa. *DeCand. Fl. Fr. v.* 4. 7. *Duby, Bot. Gall.* 297.

Ætheorhiza bulbosa. *Cassini.*

Dens leonis, tuberosâ radice. *Tourn. Inst.* 468.

Χελωνόχορτον *Zacynthiorum.*

In Laconiâ, et insulâ Zacyntho. ♃.

Radix perennis. *Stolones* subterranei, filiformes, repentes, *tubercula* oblonga alba rosea aut testacea gerentes. *Herba* tota glabra. *Caules* brevissimi, flexuosi, foliosi, purpurei, apice scapigeri. *Folia* pallidè viridia, longè pedunculata, spathulata, obtusa, distantèr sinuato-dentata, patentia; raró runcinato-lyrata. *Scapi*, vel potiùs *pedunculi terminales*, recti, glabri, spithamæi, basi purpurascentes. *Involucrum* ovatum, basi pilis rigidis atris hispidum; *foliolis exterioribus* angustè ovatis sensìm in linearibus obtusis mutatis; *intimis* membranaceis. *Achenia* matura desunt. *Pappus* uniserialis, simplicissimus, sessilis; *setis* scabriusculis, apice tenuissimis.

a. Flosculus.

TABULA 799.

HIERACIUM FŒTIDUM.

Hieracium caule brevi ascendente ramoso paucifloro tomentoso, involucri tomentosi: foliolis exterioribus subulatis recurvis, foliis lyrato-runcinatis tomentosis.

H. fœtidum. *Willden. Sp. Pl. v.* 3. 1575.

H. orientale, dentis leonis folio, supinum, flore magno luteo, odore castorei. *Tourn. Cor.* 35.

In insulâ Cretâ. ♃.

Radix lignosa, perpendicularis, perennis. *Caulis* tomentosus, duos vel tres pollices altus, ramosus, flexuosus; *ramulis* brevibus rigidis unifloris. *Folia* tomento deciduo vestita; *radicalia* humifusa, duos vel tres pollices longa, coriacea, runcinata, lyrata, omninò *Taraxaci* cujusdam facie: *laciniis* acutis, undulatis, parùm dentatis; *caulina* minora, pectinata, demùm indivisa. *Involucra* quatuor lineas longa, tomentosa; *foliolis extimis* quinque subulatis rigidis recurvis subæqualibus, *intimis* æquilongis linearibus biserialibus. *Receptaculum* nudum. *Ovaria* subquadrata, striata; *pappo* sessili, scabriusculo, biseriali. *Flosculi* utrinquè aurei, expansi circulum diametro decemlineari efficientes.

a. Involucrum. *b. c.* Flosculi. *d.* Achenium.

CREPIS.

Linn. Gen. Pl. 403. *Juss.* 169. *Gærtn. t.* 158.

Receptaculum nudum. *Involucrum* calyculatum, squamis deciduis. *Pappus* pilosus, substipitatus.

TABULA 800.

CREPIS RADICATA.

Crepis foliis runcinato-lyratis scabris, scapis unifloris foliolosis, calycibus tomentosis: squamis exterioribus laxiusculis. *Prodr. v.* 2. 136.

In arenosis maritimis ad Pontum Euxinum, prope Fanar. ♃.

Hieracium foetidum.

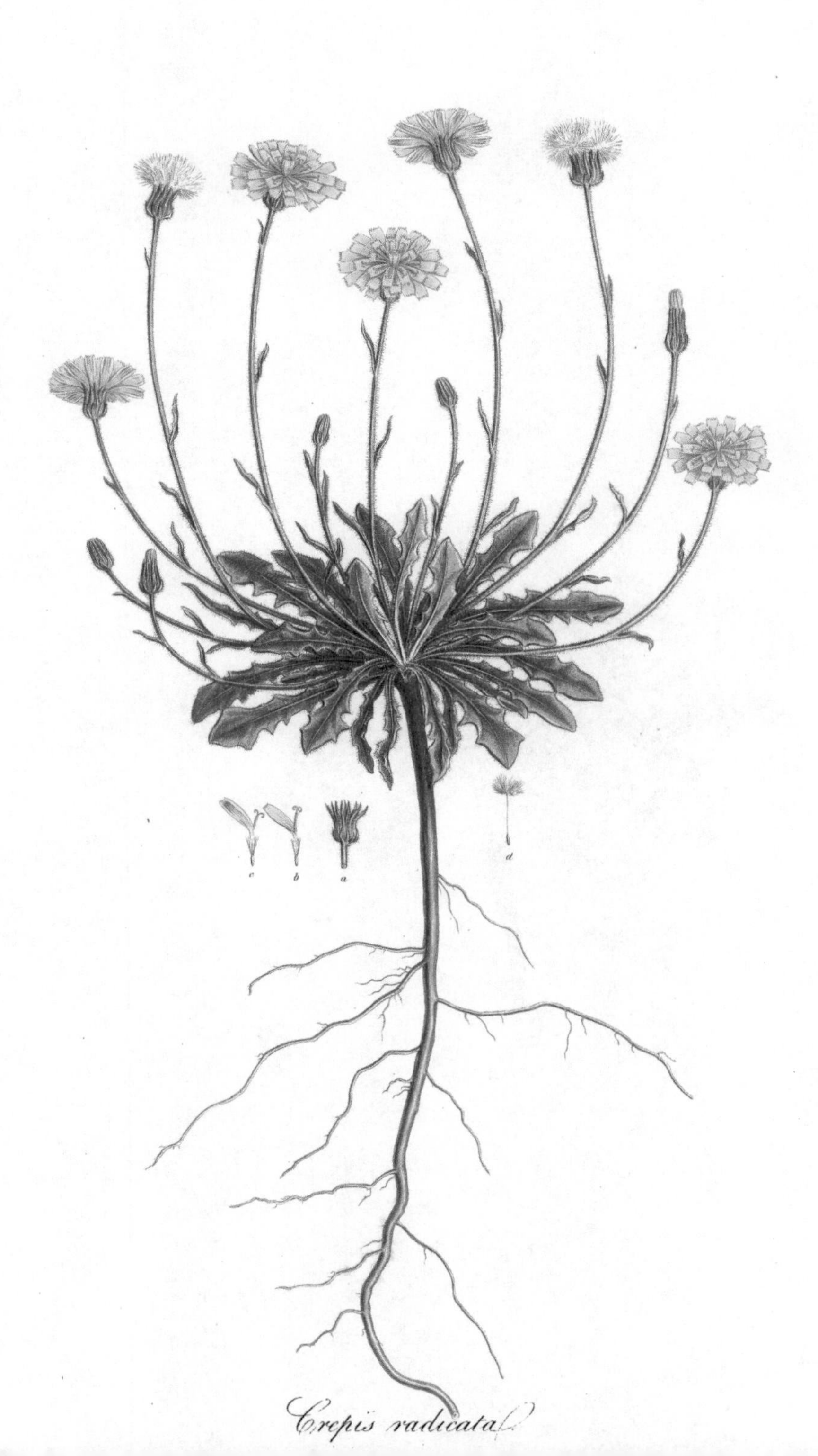

Crepis radicata

Radix lignosa, longissima, parùm ramosa. *Caulis* nullus. *Folia* humifusa, hirsuta, sinuata vel lyrata, subruncinata, lætè viridia; *lobis* acutis integerrimis. *Pedunculi* ascendentes, semipedales, pilosi, uniflori; *foliolis* quibusdam linearibus undulatis squamati. *Involucrum* oblongum, hispido-pilosum; *foliolis exterioribus* subulatis patulis, *interioribus* linearibus acuminatis in flore planis in fructu convexis. *Flosculi* lutei, extùs roseo-aurantiaci. *Receptaculum* nudum, convexum, levissimè pilosum. *Achenia* fulva, fusiformia, teretia, in rostrum setaceum attenuata, argutè striata, punctis elevatis acutis scabra; *pappo* simplici, molli, albo, setis scabriusculis.

Affinis est *C. hispidulæ* quâ differt pedunculis pilosis foliolosis, lobis foliorum indivisis, et radice perenni.

a. Involucrum. *b. c.* Flosculi. *d.* Achenium.

FINIS VOLUMINIS OCTAVI.

LONDINI
IN ÆDIBUS RICHARDI TAYLOR
M.DCCC.XXXV.

FLORA GRÆCA Sibthorpiana.

CENTURIA NONA.

1837.

PHYSCUS.

FLORA GRÆCA:

SIVE

PLANTARUM RARIORUM HISTORIA

QUAS

IN PROVINCIIS AUT INSULIS GRÆCIÆ

LEGIT, INVESTIGAVIT, ET DEPINGI CURAVIT,

JOHANNES SIBTHORP, M.D.

SS. REG. ET LINN. LOND. SOCIUS,

BOT. PROF. REGIUS IN ACADEMIA OXONIENSI.

HIC ILLIC ETIAM INSERTÆ SUNT

PAUCULÆ SPECIES QUAS VIR IDEM CLARISSIMUS, GRÆCIAM VERSUS NAVIGANS, IN ITINERE, PRÆSERTIM APUD ITALIAM ET SICILIAM, INVENERIT.

CHARACTERES OMNIUM,

DESCRIPTIONES ET SYNONYMA,

ELABORAVIT

JOHANNES LINDLEY, PH. D.

ACAD. REG. BEROL. CORRESP.; ACAD. CÆS. NAT. CUR. SS. REG. LINN. GEOL. LOND. REG. BOT. RATISB. REG. HORT. BEROL. PHYSIOGR. LUND. ALIARUMQUE SOCIUS; SOC. BATAV. SCIENT. ET LYCEI HIST. NAT. NOVEBOR. SOC. HON.

BOT. PROF. IN COLLEG. UNIV. ACADEMIÆ LONDINENSIS NEC NON IN INST. REG. BRIT. ET SOC. PHARM. LOND.

VOL. IX.

LONDINI:

TYPIS RICHARDI TAYLOR.

MDCCCXXXVII.

Crepis rubra L.

Crepis incana L.

SYNGENESIA POLYGAMIA ÆQUALIS.

TABULA 801.

CREPIS RUBRA.

Crepis foliis radicalibus runcinato-lyratis: caulinis amplexicaulibus lanceolatis, involucris hispidis: squamis exterioribus scariosis.

C. rubra. *Linn. Sp. Pl.* 1132. *Willden. Sp. Pl. v.* 3. 1597.

Borkhausia rubra, B. *Tenore Syllog. Plant. Neap. p.* 404.

Hieracium dentis leonis folio, flore suaverubente. *Tourn. Inst.* 469.

In Sphacioticis Cretæ, et in Laconiæ montibus. ⊙.

Deest in Herbario Sibthorpiano.

a. Involucrum. *b.* Flosculus unicus.

TABULA 802.

CREPIS INCANA.

Crepis foliis runcinato-pinnatifidis lanatis sessilibus: summis lanceolatis, caule patulo, calycibus densissimè lanatis. *Prodr. v.* 2. 136.

In Eubœâ. ♂.

Radix perennis, lignosa, atrofusca. *Caulis* ab imâ basi ramosus, patulus, dichotomus, subangulatus, striatus, arachnoideus. *Folia radicalia* pinnatifida, runcinata, utrinquè præsertìm subtùs incano-tomentosa, demùm calvescentia; *laciniis* triangularibus, acutis, mucronato-dentatis, inæqualibus, terminali lateralibus parùm majore: *caulina* sessilia, amplexicaulia, sensìm minùs pinnatifida: *suprema* sub ultimis dichotomiis lineari-lanceolata, integra, basi truncato-hastata. *Pedunculi* duos pollices longi, monocephali, rigidi, solidi, angulati, apicem versus squamulis 2, alternis, subulatis vestiti. *Capitula* erecta. *Involucrum* densè lanatum, hemisphæricum, polyphyllum;

foliolis exterioribus paucis, laxis, imbricatis, inæqualibus, apice calvis, *interioribus* æqualibus, linearibus, erectis, apice subscariosis; *lineâ dorsali* submuricatâ. *Flosculi* rosei, involucro duplò longiores. *Receptaculum* planum, nudum. *Achænia* omnia conformia, testacea, teretia, angulata, glabra, erostria; *pappo* sessili, molli, piliformi, inæquali, fugaci.

Haud *Crepis* est ob achænia erostria et flores roseos. Nescio cui generi hodiernorum referenda est.

a. Involucrum. *b.* Flosculus unicus. B. Idem, magnitudine auctus.
d. Foliolum involucri. *e.* Receptaculum. *f.* Achænium.
F. Achænium, magnitudine auctum.

TABULA 803.

CREPIS INTERRUPTA.

Crepis foliis interruptè lyratis scabris: summis linearibus, caule patulo, calycibus setosis. *Prodr. v.* 2. 137.

In insulâ Cretâ. ♂ vel ⊙.

Deest in herbario Sibthorpiano. Borkhausia videtur.

a. Involucrum. *b. c.* Flosculi.
d. Foliola involucri. *e.* Achænium.

TABULA 804.

CREPIS ASPERA.

Crepis foliis amplexicaulibus: inferioribus oblongis dentatis sagittatis, caule setoso, involucris fructigeris ovatis costatis muricatis: foliolis exterioribus ovatis membranaceis deciduis.

C. aspera. *Linn. Sp. Pl.* 1132. *Willden. Sp. Pl. v.* 3. 1599.

Nemauchenes aculeata. *Cass. Dict. Sc. Nat. v.* 34. 362. *Lessing. Synops.* 138.

In Cretâ et Cypro insulis. ⊙.

Radix annua, perpendicularis, fibrosa. *Caulis* erectus, glaber, ab imâ basi ramosus, corymbosus; *aculeis* crebris, inæqualibus, rectis armatus. *Folia* glabra; *radicalia* obovata, denticulata, in petiolum angustata; *caulina* oblonga, sessilia, amplexicaulia,

Crepis interrupta.

Crepis aspera L.

Crepis neglecta L.

sagittata, spinoso-dentata, acuta, costâ aculeatâ. *Pedunculi* subnudi, fistulosi, teretes, monocephali, subcymosi; nempè pedicello uno brevi inter duos longiores. *Involucrum* ovatum; *foliolis* linearibus, acuminatis, obtusis, dorso muricatis et aculeatis, in fructu rigidis convexis, serie simplici ordinatis; basi *squamulis* paucis, ovatis, membranaceis, patentibus stipatum. *Flosculi* lutei, involucro longiores. *Receptaculum* planum, nudum. *Achænia radii* cymbiformia, glabra, foliolis involucri involuta, erostria, intùs unialata: *pappo* brevi fugacissimo; *disci* testacea, teretia, angulata, in rostrum filiforme, læve, apice dilatatum attenuata: *angulis* asperis: *pappo* molli, albo, filiformi, fugaci, involucro paulò longiore et rostro subæquali.

a. Involucrum. *b. c.* Flosculi. B. Flosculus, magnitudine auctus. *d.* Involucrum fructigerum. D. Idem, magnitudine auctum. *e.* Achænium disci. E. Achænium, auctum.

TABULA 805.

CREPIS NEGLECTA.

Crepis caule basi ramoso glabro, foliis radicalibus spathulatis runcinato-pinnatifidis dentatisque: caulinis oblongis lanceolatisque basi pinnatifidis hastatis, involucris glaberrimis.

C. neglecta. *Linn. Mantiss.* 107.

C. stricta. *Scop. Fl. Carn. ed.* 2. *v.* 2. 99. *t.* 47; *fide Smithii.*

C. cernua. *Tenore Syllog. Fl. Neap.* 402; *fide exemplaris ab ipso auctore.*

In campis Thraciæ. ⊙.

Radix annua, perpendicularis, fibrosa. *Caulis* strictus, ramosus, striatus, glaber, basi purpurascens. *Folia* pubescentia; *radicalia* pinnatifida, inæqualitèr dentata, lobo terminali majore deltoideo; *caulina* amplexicaulia, obovata, dentata, basi pinnatifida; *floralia* lineari-lanceolata, hastata, vel subulata integerrima. *Pedunculi* paniculati, glabri, monocephali. *Involucrum* ovatum, serie subduplici imbricatum, levissimè pubescens; *foliolis exterioribus* minutis, subulatis, *interioribus* linearibus, basi convexis, apice herbaceis planis, omnibus æqualibus. *Flosculi* lutei involucro duplò longiores. *Receptaculum* planum, nudum. *Achænia radii* cymbiformia, aptera, erostrata, sterilia, foliolis involucri subinvoluta, *pappo* fugacissimo; *disci* castanea, teretia, striata, scabriuscula, paululùm in rostrum producta; *pappo* piliformi, inæquali, molli, albo, fugaci.

A *Crepide nemausensi* Gouani, quæ *Hieracium sanctum* Linnæi, toto cœlo differt, ut ex herbario Linnæano patet. Confer Willden. *Sp. Pl. v.* 3. 1607. Erroris causa mihi latet. *Smith.*

a. Flosculus. A. Idem, auctus. *b.* Achænium disci. B. Idem, auctum

TABULA 806.

CREPIS MULTIFLORA.

Crepis foliis amplexicaulibus runcinatis glabris: superioribus sagittatis subdentatis, calycibus setosis, caule ramosissimo. *Prodr. v.* 2. 138.

In campis Thraciæ? ⊙.

Herba annua, tota glabra, lætè virens. *Caulis* erectus, ramosissimus; *ramulis* ascendentibus. *Folia radicalia* obovata, runcinato-dentata, in petiolum alatum angustata; *caulina* oblonga, sagittata, amplexicaulia, dentata; *floralia* integerrima, subulata. *Capitula* paniculata, multiflora. *Pedunculi* aphylli, solidi, apice parcè glandulosi. *Involucra* ovata, glanduloso-furfuracea et aculeata, subuniserialia, squamulis paucis subulatis stipata; *foliolis* linearibus, canaliculatis, apice membranaceis obtusis. *Flosculi* lutei, involucro longiores. *Receptaculum* planum, nudum. *Achænia* glaberrima: *pappo* molli, piliformi, fugacissimo, involucri longitudine; *radii* cymbiformia, erostria, foliolis involucri involuta, angulata, dorso striata, ventre plana; *disci* teretia, angulata, striata, brevissimè rostrata.

Verosimilitèr *Gatyonæ* species, quamvis characteri hujus generis cl. Lessingio dato repugnet.

a. Involucrum florigerum. *b. b.* Flosculi. *c.* Involucrum fructigerum.
d. Receptaculum. *e.* Achænium disci. E. Idem, magnitudine auctum.

TABULA 807.

CREPIS MURICATA.

Crepis foliis pilosis: radicalibus obovato-oblongis dentatis; caulinis sagittatis subintegerrimis, calycibus hispidissimis, caule corymboso. *Prodr. v.* 2. 138.

C. calycibus muricatis. *Hall. Hist. v.* 1. 14. *n.* 32. *Lachenal. Act. Nov. Helvet. v.* 1. 281.

In insulâ Cypro. ⊙.

Herba annua, pubescens, erecta, ramosissima. *Caulis* angulatus, subglaber. *Folia radicalia* obovata, denticulata, in petiolum longum angustata; *caulina* lanceolata, sagittata, amplexicaulia, plurima integerrima. *Capitula* corymboso-paniculata. *Pedicelli* subangulati, aphylli. *Involucrum* ovatum, multiflorum, subbiseriatum; *foliolis* dorso pilosis et muricatis, *exterioribus* brevibus squamæformibus, *interioribus* erectis, linearibus, rigidis, canaliculatis. *Flosculi* lutei, involucro duplò longiores. *Receptaculum*

Crepis multiflora.

Crepis muricata.

Crepis Dioscoridis.

planum. *Achænia* disci et radii conformia, testacea, cylindracea, striata, erostria, glabra; *pappo* fugaci, molli, albo, piliformi, æquali, subuniseriali.

Hæc species, ab omnibus aliis abundè diversa, eadem est ac planta sub nomine *Crepis fuliginosæ*? ex umbrosis Smyrnæ ab Unione itinerariâ anno 1827 divulgata.

a. Involucrum florigerum. *b*. Flosculus. B. Idem, auctus.
c. Involucrum fructigerum. C. Involucrum, auctum. *d*. Achænium.
D. Achænium, auctum.

TABULA 808.

CREPIS DIOSCORIDIS.

Crepis foliis radicalibus lyrato-runcinatis: caulinis hastatis lanceolatis; inferioribus dentatis, caule erecto dichotomo, pedunculis clavatis monocephalis, involucris tomentosis: fructigeris costatis subrotundis.

C. Dioscoridis. *Linn. Sp. Pl.* 1133. *Willden. Sp. Pl. v.* 3. 1605. *Tenore Syll. Fl. Neap.* 401.

Gatyona globulifera. *Cass. Dict. Sc. Nat. v.* 18. 162, *et v.* 25. 62.

Hieracium majus erectum angustifolium, caule lævi. *Tourn. Inst.* 469.

In Græciæ cultis, solo pinguiore. ⊙.

In herbario nihil restat nisi rami foliis orbati, et capitula quædam. *Pedunculi* clavati, fistulosi. *Capitula* multiflora, solitaria, costata. *Involucrum* subsphæricum, tomentosum, subbiseriatum; *foliolis exterioribus* subulatis, patulis, *interioribus* erectis, convexis, rigidis, apice herbaceis. *Receptaculum* planum, areolatum. *Achænia* pappo molli, albo, piliformi, fugaci; *radii* cymbiformia, lævia, foliolis involucri jacentia, dorso convexa striata, ventre concava trialata: *alis* marginalibus sæpè unidentatis; *disci* arcuata, testacea, scabra, teretia, altè sulcata, in rostrum brevissimum attenuata.

Hæc vera videtur *C. Dioscoridis* omnium auctorum; nihilominùs charactere generico *Gatyonæ* malè quadrat. An alæ ventrales achæniorum marginalium numero variabiles; an plures species sub unâ confusæ?

a. Involucrum florigerum. *b*. Flosculus. B. Idem, auctus.
c. Involucrum fructigerum. *d*. Receptaculum. *e*. Achænium disci.
E. Achænium disci, magnitudine auctum.

TABULA 809.

CREPIS HYOSEROIDES.

Crepis foliis inferioribus obovatis integerrimis; superioribus sagittatis subdentatis, ramis unifloris, calyce piloso. *Prodr. v.* 2. 139.

In campis Thraciæ. ☉.

Herba annua, pusilla, erecta, hispidula. *Caulis* rami angulati, ascendentes, tres pollices longi, monocephali, apice glabri, foliis minutis distantibus obsiti. *Folia* integerrima in icone, dentata in exemplare in herbario Sibthorpiano asservato; *radicalia* obovata, in petiolum angustata; *caulina* oblonga et sagittata. *Capitula* stricta, pauciflora. *Involucrum* subcylindraceum, glanduloso-pilosum, serie simplici 6—8-phyllum, squamulis paucis subulatis stipatum. *Flosculi* lutei, involucro longiores. *Receptaculum* planum, nudum. *Achœnia immatura* omnia conformia, castanea, teretia, in rostrum brevem producta, substriata; *pappo* albo, molli, filiformi, fugaci.

a. Involucrum florigerum. A. Idem, auctum.
b. Flosculus. C. D. Flosculi, aucti.

TOLPIS.

Gærtn. v. 2. 371. *t.* 160. *Willden. Sp. Pl. v.* 3. 1608.

Receptaculum favosum. *Involucrum* foliolis exterioribus subulatis ipso longioribus stipatum. *Pappus* duplex; exterior dentiformis, interior bi- vel quadri-aristatus.

TABULA 810.

TOLPIS QUADRIARISTATA.

Tolpis foliis caulinis lanceolatis pinnatifidis, caule corymboso ramosissimo.
T. quadriaristata. *Bivon. Bernard. Tolp.* 9. *t.* 1.
Schmidtia quadriaristata. *Lessing. Synops.* 129.
Hieracium Cichorii sativi folio integro denticulato curvo, glaucescens. *Cupan. Panphyt. ed.* 2. *t.* 118.

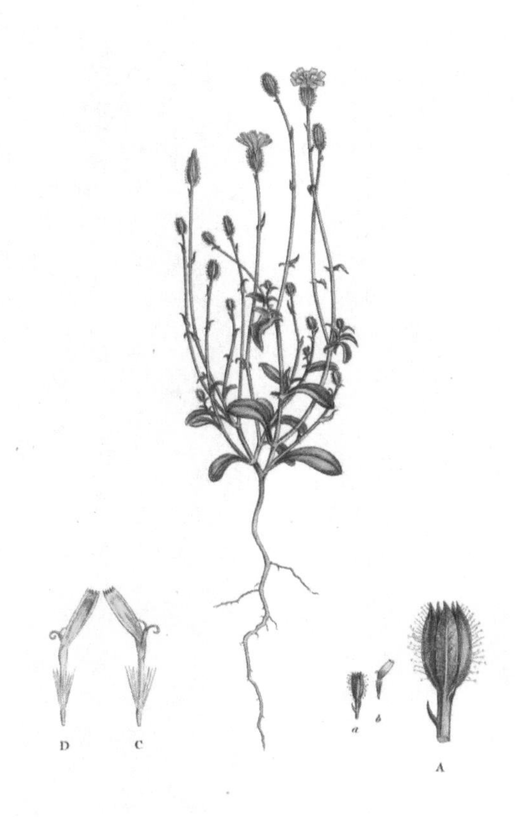

Crepis hyoseroides.

Tolpis quadriaristata.

Andryala dentata.

In insulâ Cypro. ♃.

Radix lignosa, tortuosa, perennis. *Caules* sesquipedales et altiores, erecti, angulati, basi et apice pubescentes, medio glabri, corymbosi. *Folia* subpubescentia; *radicalia* obovata et oblongo-lanceolata, dentata, in petiolum angustata; *caulina* petiolata, lanceolata, acuminata, pinnatifido-dentata; *floralia* lineari-lanceolata, acuminata, integerrima. *Pedunculi* sæpiùs trifidi, capitulo intermedio breviùs lateralibus longiùs pedicellatis. *Capitula* multiflora. *Involucrum* polyphyllum, hemisphæricum; *foliolis* omnibus herbaceis, subulatis, seriebus pluribus imbricatis, extimis laxioribus. *Flosculi* pallidè flavi, 5-dentati, extùs rubescentes, involucro longiores. *Receptaculum* planum, foveolatum. *Achænia* omnia conformia, subturbinata, angulata, erostria; *pappo* duplici: *exteriore* e paleolis pluribus minutissimis constante, *interiore* ex aristis 4, setaceis, subinæqualibus scabriusculis.

a. Involucrum florigerum. *b. c.* Flosculi.

ANDRYALA.

Linn. Gen. Pl. 403. *Juss. Gen. Pl.* 171. *Gærtn. t.* 158.

Receptaculum pilosum. *Involucrum* simplici serie polyphyllum, subæquale, rotundatum. *Achænia* decagona, truncata. *Pappus* sessilis serie simplici, scaber.

TABULA 811.

ANDRYALA DENTATA.

Andryala foliis mollissimè dentatis: superioribus basi pinnatifidis, caule corymboso. *Prodr. v.* 2. 140.

In insulâ Milo. ♂.

Herba pedalis et major, undiquè tomento brevi, canescente, molli obducta. *Caulis* erectus, striatus, apice cymosus. *Folia* oblongo-lanceolata, sessilia, dentata; *suprema* subpinnatifida; *floralia* angustissima, integra. *Capitula* multiflora, in pedunculis pilosis æqualibus racemosìm dispositis solitaria. *Involucrum* hemisphæricum, post fructum reflexum, lanatum, polyphyllum; *foliolis* serie simplici dispositis, æqualibus, lineari-lanceolatis. *Flosculi* pallidè flavi, involucro longiores. *Receptaculum* planum, vix alveolatum, fimbrilliferum. *Achænia* conformia, turbinata, glabra, decagona, decem-dentata; *pappo* serie simplici, piliformi, æquali: *setis* apice scabris basi pilosis.

Meram varietatem autumnalem *Andryalæ lyratæ* censeo.

a. Involucrum florigerum. *b.* Flosculus.
B. Flosculus, auctus. *c.* Receptaculum, post lapsum achæniorum.
d. Achænium. D. Achænium immaturum, auctum.

HEDYPNOIS.

Juss. Gen. Pl. 169. *Willden. Sp. Pl. v.* 3. 1616.

Hyoseris. *Gærtn. t.* 160.

Receptaculum nudum. *Involucrum* involucello stipatum. *Pappus* disci duplex, exteriore obsoleto multiseto; interiore paleaceo pentaphyllo; radii margo membranaceus denticulatus.

TABULA 812.

HEDYPNOIS RHAGADIOLOIDES.

Hedypnois caulibus diffusis incurvis, foliis obovatis dentatis piloso-scabris, involucris hispidis basi aphyllis, pappo fulvo; pedunculis clavatis.

H. rhagadioloides. *Willden. Sp. Pl. v.* 3. 1617.

H. tubæformis. *Tenore Fl. Neap. v.* 2. 179. *t.* 73.

Hyoseris rhagadioloides. *Linn. Sp. Pl.* 1139.

H. cretica. *Cavan. Ic. v.* 1. 32. *t.* 43.

In Cretæ et Archipelagi arenosis maritimis. ⊙.

Acaulis, aut caulescens, diffusa, undiquè piloso-scabra. *Folia* spathulata, grossè et simplicitèr dentata, humifusa, pedunculis subæqualia, aut breviora. *Pedunculi* monocephali, crassi, fistulosi, clavati, paulò ascendentes, aphylli aut folio uno duobusve parvis indivisis rarò dentatis instructi. *Involucrum* subglobosum, serie simplici polyphyllum, hispidum, in fructu costatum; *foliolis* linearibus rigidis canaliculatis. *Flosculi* lutei, involucro longiores. *Receptaculum* planum, inappendiculatum.

Hedypnois rhagadioloides.

Hedypnois cretica.

Achænia testacea, cylindracea, arcuata, striata, scabra, à receptaculo invitè decidentia; *disci medii pappo* duplici: exteriore lacero, brevi, coroniformi, fusco, interiore ex aristis 2—3 subulatis scabris basi dilatatis constante; *reliqua* ad radium usquè *pappo* coroniformi tantùm, aristis nullis.

a. Flosculus. A. Idem, magnitudine auctus. *b*. Achænium disci.
B. Achænium, auctum. Vereor nè error quidam in icone irrepserit, achænia enim hujus speciei discalia nunquàm aristis pluribus quàm 4 inveni sæpiùsque tribus.

TABULA 813.

HEDYPNOIS CRETICA.

HEDYPNOIS caule erecto ramoso glabro, foliis spathulato-lanceolatis dentatis pubescentibus, involucris glabris basi squamulosis, pappo castaneo, pedunculis subclavatis.

H. cretica. *Willden. Sp. Pl. v.* 3. 1617.

Hyoseris cretica. *Linn. Sp. Pl.* 1139.

Hedypnois cretica minor annua. *Tourn. Cor.* 36.

In Peloponneso, et in monte Athô. ⊙.

Annua, humilis, erecta, subramosa, pilosa. *Folia* angusta, oblongo-lanceolata, ascendentia, dentata, basi angustata. *Caules* simplices vel 2—3-partiti, glabri; *ramis* strictis, monocephalis. *Involucrum* subrotundum, glabrum, uniseriatum, basi squamulis paucis subulatis stipatum; *foliolis* linearibus, æqualibus, acutis, in fructu arcuatis, rigidis, canaliculatis, apice herbaceis. *Flosculi* lutei, involucro longiores. *Receptaculum* nudum, foveolatum, inappendiculatum. *Achænia* castanea, cylindracea, arcuata, striata, scabra, à receptaculo invitè decidentia; *disci medii pappo* duplici: exteriore lacero, brevi, coroniformi, castaneo, interiore ex aristis paucis, subulatis, scabris, basi dilatatis constante; *reliqua* ad radium usquè *pappo* coroniformi tantùm, aristis nullis.

a. Foliolum involucri. *b*. Flosculus. B. Idem, auctus.
c. Achænium disci. C. Achænium, magnitudine auctum; aristis justo pluribus.

SERIOLA.

Linn. Gen. Pl. 404. *Juss. Gen. Pl.* 171. *Gærtn. t.* 159.

Receptaculum paleaceum. *Involucrum* simplex. *Pappus* subpilosus.

TABULA 814.

SERIOLA LÆVIGATA.

Seriola læviuscula, foliis spathulatis dentatis apice angulato-triangularibus.

S. lævigata. *Linn. Sp. Pl.* 1139. *Desf. Fl. Atlant. v.* 2. 237. *t.* 216. *Willden. Sp. Pl. v.* 3. 1619.

S. Alliatæ. *Bivon. Bernard. cent.* 2. *n.* 77. *Tenore Syllog. Fl. Neap.* 406.

In Siciliâ. ♃.

Perennis, acaulis. *Folia* spathulata, apice angulato-triangularia, secus marginem grossè dentata. *Scapus* erectus, pedalis, aphyllus, subtripartitus; *ramis* distantèr squamulosis, monocephalis. *Involucrum* subuniseriatum, squamulis subulatis aculeatis stipatum; *foliolis* linearibus, acutis, margine membranaceis, mollitèr aculeatis, æqualibus. *Flosculi* aurei, involucro duplò longiores. *Receptaculum* planum, paleis longis, membranaceis, acuminatis obsessum. *Achænia* teretia, castanea, glabra, transversìm rugulosa, in rostrum scabrum tenuissimum elongata; *pappi paleis* 8—10, plumosis, basi dilatatis.

a. Involucrum. *b.* Flosculus. *c.* Receptaculum. *d.* Achænium.

TABULA 815.

SERIOLA ÆTHNENSIS.

Seriola strigoso-pilosa, foliis obovatis dentatis, involucris hispidissimis.

S. æthnensis. *Linn. Sp. Pl.* 1139. *Willden. Sp. Pl. v.* 3. 1619. *Tenore Syllog. Fl. Neap.* 406.

In arenosis Græciæ. ⊙.

Annua, strigoso-pilosa. *Caulis* erectus, ramosus, glaber; *ramis* simplicibus, nudis, mono-

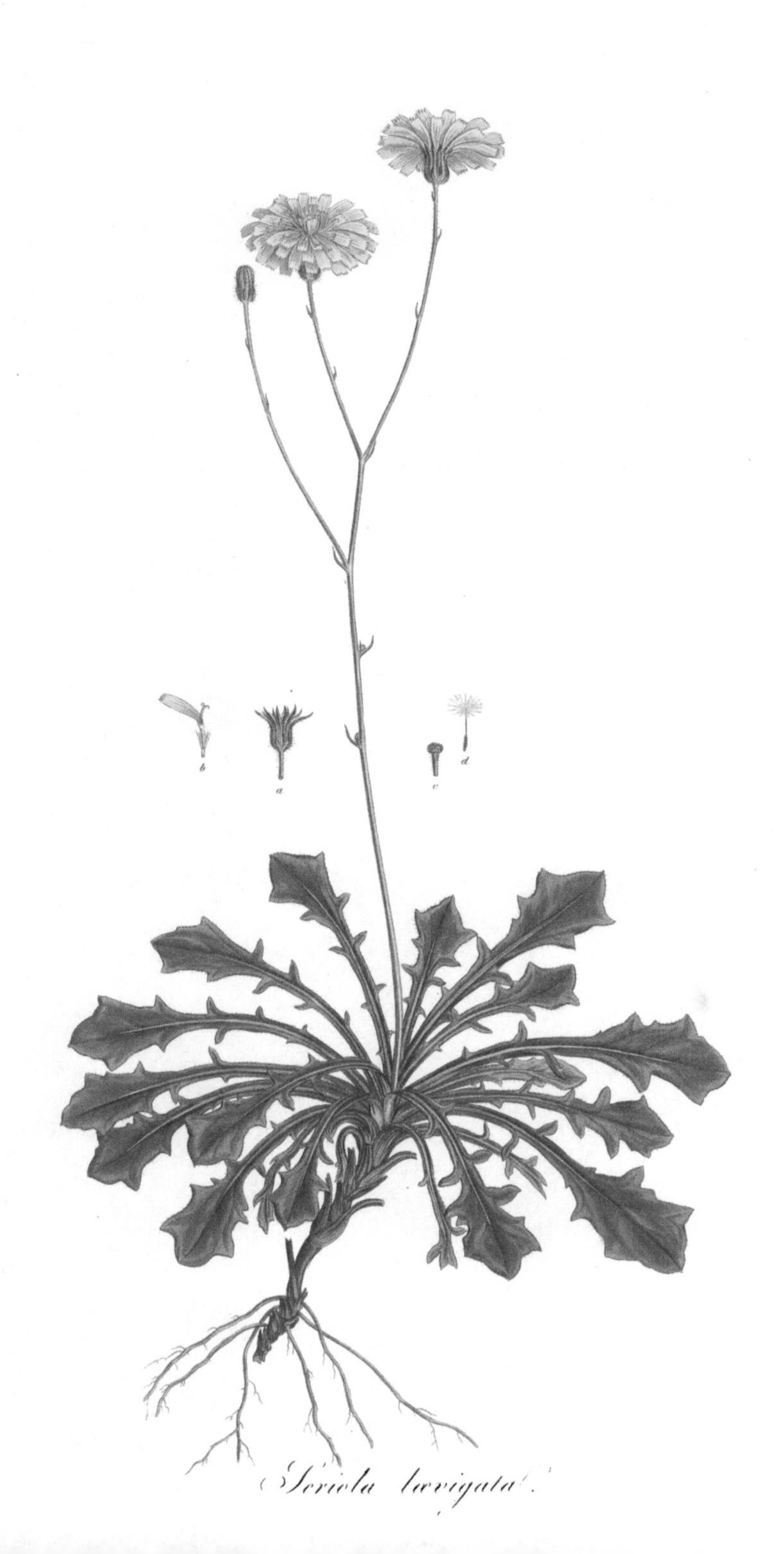

Seriola lævigata.

Seriola æthnensis.

Hypochæris minima

cephalis, apice hispidissimis. *Folia radicalia* prostrata, obovata, obtusiuscula, æqualitèr dentata, membranacea; *caulina* sessilia, oblonga, dentata; *suprema* lineari-lanceolata. *Involucrum* cylindraceum, hispidissimum, biseriatum, squamulis subulatis, paucissimis, deciduis stipatum; *foliolis* æqualibus, exterioribus subulato-linearibus herbaceis, interioribus lineari-lanceolatis acuminatis membranaceis. *Flosculi* lutei, involucro longiores. *Receptaculum* planum, paleis membranaceis, linearibus, aristatis, longissimis munitum. *Achœnia* teretia, rufo-castanea, scabra, in rostrum tenuissimum scabriusculum ipsis duplò longius attenuata; *pappi paleis* 10, aristatis, plumosis, rostro brevioribus.

a. Involucrum. *b.* Flosculus. *c.* Achænium.

HYPOCHÆRIS.

Linn. Gen. Pl. 405. *Juss. Gen. Pl.* 170. *Gærtn. t.* 160.

Achyrophorus. *Gærtn. t.* 159.

Receptaculum paleaceum. *Involucrum* subimbricatum. *Pappus* plumosus.

TABULA 816.

HYPOCHÆRIS MINIMA.

Hypochæris foliis obovato-oblongis obitèr dentatis, caulibus subramosis aphyllis, involucro tenui glabro calvo.

H. minima. *Prod. v.* 2. 143 *nec Willden.*

H. arachnoides. *Bivon. Bernard. cent.* 2. *n.* 43. *Tenore Syllog. Fl. Neap. p.* 407.

In Peloponneso? ☉.

Desideratur in herbario Sibthorpiano. Loco hujus speciei adest exemplar *Hypochœridis minimœ* Willdenovii, involucris turbinatis hispidis nec ovatis glabris diversissimæ.

A. Foliolum involucri. B. Flosculus. C. Receptaculum. Omnia magnitudine aucta.

LAPSANA.

Linn. Gen. Pl. 405. *Gærtn. t.* 157.

Receptaculum nudum. *Involucrum* foliolis exterioribus involucrantibus, interioribus canaliculatis. *Pappus* nullus.

TABULA 817.

LAPSANA STELLATA.

Lapsana involucris fructigeris auctis stellatis, foliis obovatis dentatis.

L. stellata. *Linn. Sp. Pl.* 1141.

Rhagadiolus stellatus. *Willd. Sp. Pl. v.* 3. 1625. *Tenore Syllog. Fl. Neap.* 408.

Σφαλάγγοχορτον *Zacynthorum.*

In agro Laconico et Eliensi; necnon in Zacyntho, Cretâ, et Cypro insulis. ⊙.

Annua, pubescens; *caule* striato, ramoso, divaricato. *Folia* obovata, acuta, subundulata, æqualitèr dentata; *suprema* lineari-lanceolata, integerrima. *Pedunculi* dicephali. *Capitula* pauciflora, inæqualitèr pedicellata. *Involucrum florigerum* subcylindraceum, glaberrimum, subscabrum, herbaceum, biseriatum: *foliolis* exterioribus minutis ovatis, interioribus linearibus æqualibus acutis; *fructigerum* auctum, patentissimum, stellatum. *Flosculi* lutei, involucri longitudine. *Involucrum* nudum. *Achænia* subcompressa, glaberrima, calva, longè rostrata, basi latiora, à receptaculo invitè secedentia, foliolis auctis involucri involuta.

a. Receptaculum. *b.* Flosculus.
B. Flosculus, auctus. *c, c.* Achænium et foliolum involucri.

TABULA 818.

LAPSANA RHAGADIOLUS.

Lapsana involucris fructigeris auctis stellatis, foliis lyratis: lobo terminali maximo subrotundo.

L. Rhagadiolus. *Linn. Sp. Pl.* 1141.

Rhagadiolus edulis. *Willden. Sp. Pl. v.* 3. 1625. *Tenore Syllog. Fl. Neap.* 408.

R. intermedius. *Tenore Fl. Med. Neap. v.* 2. 250.

Lapsana stellata L.

Lapsana Rhagadiolus.

Lapsana Koelpinia L.

R. lampsanæ foliis. *Tourn. Cor.* 36.

In insulâ Cypro. ⊙.

Annua, ramosissima, divaricata, prope basin pilosa, sursùm glabra. *Folia radicalia* petiolata, lyrata, lobo terminali maximo subrotundo; *caulina* obovata, obitèr dentata; *floralia* linearia, acuminata, integerrima. *Caulis* ramosissimus; *ramis* bifidis, *ramulis* inæqualibus. *Involucrum* glabrum, cylindraceum, pauciflorum, biseriatum; *foliolis* exterioribus minutis squamæformibus, interioribus 6—7, linearibus, margine membranaceis, æqualibus; *fructigerum* stellatum, patentissimum. *Flosculi* lutei, involucro longiores. *Receptaculum* nudum. *Achœnia* compressa, glaberrima, longissimè rostrata, calva, rectiuscula, foliolis involucri involuta, à receptaculo invitè secedentia.

a. Involucrum. *b*. Flosculus. B. Flosculus, auctus.
c. Foliolum involucri fructigeri, achænio in gremio suo latitante. C. Idem, auctum.

TABULA 819.

LAPSANA KOELPINIA.

Lapsana involucris fructigeris auctis stellatis, achæniis armatis extùs spinosis, foliis linearibus acuminatis.

L. Koelpinia. *Linn. Suppl. Pl.* 348. *Smith in Rees. Cyclop. v.* 20. *n.* 4.

Rhagadiolus Koelpinia. *Willden. Sp. Pl. v.* 3. 1626.

Koelpinia linearis. *Pall. Itin. v.* 3. 755. *t. L. l. f.* 2. *Lessing. Synops.* 127.

Rh. creticus minor, capsulis echinatis. *Tourn. Cor.* 36.

In insulâ Cypro. ⊙.

Annua, humifusa, prostrata, glaberrima, vix spithamæa. *Caulis* à basi ramosus, divaricatus, rigidus, teres, levitèr pubescens. *Folia* linearia, acuminata, avenia, amplexicaulia. *Involucrum* cylindraceum, glaberrimum, pedunculatum, uniseriatum, basi squamulis paucissimis, subulatis, inconspicuis munitum; *foliolis* 8, lineari-lanceolatis, acutis, æqualibus, nunquàm auctis. *Flosculi* flavi, involucro longiores. *Receptaculum* nudum. *Achœnia* basi dilatatâ receptaculo infixa, testacea, arcuata, rostrata, angulata, dorso et apice spinulis retrorsùm scabris echinata, à foliolis involucri libera.

a. Involucrum. *b*. Flosculus. B. Flosculus, auctus.
c. Achænium. C. Achænium, auctum.

ZACINTHA.

Gærtn. t. 157.

Receptaculum nudum. *Achænia* radii incurva, disci recta. *Pappus* brevissimus, subplumosus. *Involucrum* involucello membranaceo stipatum.

TABULA 820.

ZACINTHA VERRUCOSA.

Z. verrucosa. *Gærtn. de Fruct. et Sem. v.* 2. 358. *t.* 157. *f.* 7. *Willden. Sp. Pl. v.* 3. 1624. *Lessing. Synops.* 138.
Z. sive Cichorium verrucarium. *Tourn. Inst.* 476.
Lapsana Zazintha. *Linn. Sp. Pl.* 1141.
Ορινθόκολι *Lemniorum.*
Καραβίδοχορτον *Zacynthorum.*

In Cretâ, Lemno, et Zacyntho insulis; etiam in monte Athô. ⊙.

Herba annua, glabra, vel pubescens, palmaris ad pedalem; *caule* à basi in ramis longis, rectis, rigidis, nudis apice bipartitis diviso; *capitulo* solitario, sessili in quâvis furcâ. *Folia radicalia* obovata, acuta, integra aut retrorsùm dentata, prostrata; *caulina* hastata, sessilia, lobis acuminatis; ad furcas summas ramorum subulata. *Capitula* pauciflora, cuivis ramo unum sessile et duo pedunculata. *Involucrum florigerum* subcylindraceum, biseriatum; *foliolis* levitèr pubescentibus, exterioribus brevibus ovatis, interioribus linearibus æqualibus; *fructiferum* auctum : *foliolis* dorso verrucam magnam, lævem, purpuream, osseam gerentibus, apice herbaceis. *Flosculi* aurei, involucro longiores. *Receptaculum* nudum. *Achænia* testacea, fusiformia, acuta, (nec truncata ut in icone delineatur,) teretia, striata, arcuata, conformia; *pappo* fugaci, albo, molli, piliformi, vix scabro.

a. Involucrum florigerum. *b.* Flosculus. B. Flosculus, auctus.
c. Involucrum fructiferum. *d.* Achænium. D. Achænium, magnitudine auctum.

Zacintha verrucosa L.

Catananche lutea.

CATANANCHE.

Linn. Gen. Pl. 406. *Juss. Gen. Pl.* 171. *Gærtn. t.* 157.

Receptaculum paleaceum. *Involucrum* imbricatum, scariosum. *Pappus* paleaceo-aristatus.

TABULA 821.

CATANANCHE LUTEA.

Catananche foliis lineari-lanceolatis villosis subdentatis tricostatis, foliolis exterioribus involucri minimis ovatis, pappo fusco.

C. lutea. *Linn. Sp. Pl.* 1142. *Willden. Sp. Pl. v.* 3. 1627. *Lessing. Synops.* 128.

C. flore luteo, latiore folio. *Tourn. Inst.* 478.

In insulæ Cypri campestribus. ⊙.

Annua, erecta, simplex, mollitèr villosa. *Caulis* palmaris ad pedalem, apice tantùm ramosus; *ramulis* strictis mono-di-cephalis. *Folia* conformia, erecta, lineari-lanceolata, basi angustata, acuta, tricostata. *Pedunculi* villosissimi, aphylli. *Involucrum* imbricatum, glaberrimum, rufescens, scariosum; *foliolis exterioribus* ovatis mucronulatis, *interioribus* lanceolatis, acuminatis, basi induratis. *Flosculi* lutei, involucro sublongiores. *Receptaculum* planum, paleis multifidis setiformibus tectum. *Achænia* turbinata, villosa; *pappo* fusco, è paleis 5 aristatis basi imbricantibus constante; *aristis* scabris, flosculorum longitudine.

a. Foliola involucri; nempè unum extimum omninò scariosum, et duo interiora basi indurata.
b. Flosculus.

CICHORIUM.

Linn. Gen. Pl. 406. *Juss. Gen. Pl.* 171. *Gærtn. t.* 157.

Receptaculum subpaleaceum. *Involucrum* squamis stipatum. *Pappus* polyphyllus, paleaceus.

TABULA 822.

CICHORIUM PUMILUM.

Cichorium foliis serrulatis radicalibus obovato-lanceolatis dentatis: caulinis lanceolatis summis squamæformibus, caule dichotomo divaricato, pedunculis clavatis, involucri foliolis setoso-fimbriatis.

C. pumilum. *Jacq. Obs. v.* 4. 3. *t.* 80. *Willden. Sp. Pl. v.* 3. 1629.

In insulâ Cypro. ⊙.

Hujus speciei nihil restat in herbario Sibthorpiano nisi fragmenta vermibus ferè destructa. Valdè affinis est *Cichorio divaricato.* An eadem?

a. Flosculus. A. Flosculus, auctus.

TABULA 823.

CICHORIUM SPINOSUM.

Cichorium caule humili divaricato dichotomo spinescente, pappo denticulato, achæniis lævibus.

C. spinosum. *Linn. Sp. Pl.* 1143. *Willden. Sp. Pl. v.* 3. 1629.

Acanthophyton spinosum. *Lessing. Synops.* 128.

C. spinosum creticum. *Tourn. Inst.* 479.

In Cretâ et Cypro insulis. ♂.

Herba biennis, humillima, rigida, ramulis abortientibus spinosa. *Folia* viridia, subsucculenta, glabra, runcinato-lyrata; lobo terminali oblongo, obtuso, parti runcinatæ æquali. *Caulis* 2—3 pollices altus, ramosissimus, divaricatus, glaberrimus, teres;

Cichorium pumilum.

Cichorium spinosum.

Scolymus maculatus.

ramulis basi squamâ solitariâ suffultis, quibusdam rigescentibus, spinescentibus. *Pedunculi* rigidi, glabri, aphylli, monocephali. *Involucrum* ovatum, 5-florum, imbricatum; *foliolis* rigidis: *exterioribus* ovatis, obtusis, sensìm longioribus; *intimis* quinque, æqualibus, linearibus, obtusis, apice herbaceis. *Receptaculum* nudum. *Achænia* 5, castanea, sulcata, turbinata, truncata, glabra, transversìm acustriata; *pappo* minuto, membranaceo, è denticulis plurimis subuniserialibus constante.

a. Involucrum. *b.* Flosculus.
c. Achænium. C. Achænium, magnitudine auctum.

SCOLYMUS.

Linn. Gen. Pl. 407. *Juss. Gen. Pl.* 171. *Gærtn. t.* 157.

Receptaculum paleaceum. *Involucrum* imbricatum, spinosum. *Pappus* nullus.

TABULA 824.

SCOLYMUS MACULATUS.

Scolymus capitulis in apice ramorum aggregatis, pappo nullo, caule alato spinoso-dentato glabro.

S. maculatus. *Linn. Sp. Pl.* 1143. *Desfont. Fl. Atlant. v.* 2. 242. *Willden. Sp. Pl. v.* 3. 1630. *Lessing. Synops.* 126.

S. chrysanthemus annuus. *Tourn. Inst.* 480.

In Zacyntho, et Archipelagi insulis, et prope Smyrnam. ⊙.

Caulis sesquipedalis, glaber; *alis* 4, viridibus, subparallelis, inæqualitèr spinoso-dentatis, rigidis, venosis, dentibus majoribus costatis; basi apterus. *Folia radicalia* obovata, obtusa, sublyrata, inæqualitèr spinoso-dentata; *caulina* sessilia, cum alis confluentia, pinnatifida, inæqualitèr spinoso-dentata; *suprema* pectinata. *Capitula* in apice ramorum aggregata, subsessilia, foliis rigidis, pectinatis, spinosis circumdata. *Involucrum* ovatum, imbricatum, polyphyllum; *foliolis* ovatis, acutis, membranaceo-marginatis, interioribus sensìm longioribus. *Flosculi* aurei, foliis circumdantibus breviores. *Receptaculum* conicum, *paleis* cuneatis, membranaceis, achæniis alarum formâ adnatis, vestitum. *Achænia* conformia, compressa, densè imbricata, glabra, pallidè fusca, paleis receptaculi adnata; *pappo* nullo.

a. Involucrum fructigerum, cum foliolo seorsìm. *b.* Flosculus.
c. Achænia receptaculum conicum circumstantia; duobus seorsìm.
C. Achænium, cum paleâ receptaculi adnatâ, magnitudine auctum.

TABULA 825.

SCOLYMUS HISPANICUS.

Scolymus capitulis secus ramos sessilibus, pappo biaristato, caule alato spinoso-dentato lanuginoso.

S. hispanicus. *Linn. Sp. Pl.* 1143. *Willden. Sp. Pl. v.* 3. 1631.

Myscolus microcephalus. *Cassin. in Dict. Sc. Nat. v.* 25. 60. *Lessing. Synops.* 126.

S. chrysanthemus. *Tourn. Inst.* 480.

Σκολυμος *Dioscoridis, Sibth.*

Σκόλυμος, σκόλυμβρος, ἢ ασκόλυμβρος *hodiè.*

In Archipelagi insulis, ut et per totam Græciam, vulgaris. ♃.

Desideratur in herbario Sibthorpiano.

a. Involucrum. *b.* Flosculus, cum paleâ receptaculi (aristis prætervisis).
c. d. Foliola involucri.

*** Capitati.*

CARDUUS.

Linn. Gen. Pl. 408. *Juss. Gen. Pl.* 173. *Gærtn. t.* 162. *Willden. Sp. Pl. v.* 3. 1646.

Involucrum imbricatum, ventricosum, foliolis spinosis. *Pappus* capillaris v. scaber. *Receptaculum* villosum.

TABULA 826.

CARDUUS GLYCACANTHUS.

Carduus foliis lineari-lanceolatis sublobatis integerrimis inermibus subtùs tomentosis, caule subunifloro inermi. *Prodr. v.* 2. 150.

In Parnasso, ut et Laconiæ montibus. ♃.

Radix lignosa, perpendicularis, perennis. *Folia* lineari-lanceolata, undulata, obtusa, sex

Scolymus hispanicus.

Carduus glycacanthus.

Cnicus Acarna.

pollices longa, suprà glauca pilosa, subtùs incano-tomentosa, integerrima vel denticulata. *Caulis* simplex, ascendens, incano-tomentosus, basi foliosus, sæpiùs monocephalus, nunc 2—3-cephalus, aut furcatus. *Involucrum* hemisphæricum, imbricatum, incanum; *foliolis* linearibus, acuminatis, exterioribus obtusis lanuginosis, interioribus longioribus acutis glabris. *Flosculi* pallidè lilacini. *Achænia* turbinata, tetraquetra, glaberrima; *pappo* sordido, multiseriato, setoso, valdè inæquali; *setis* pubescentibus, in annulo concretis, extimis brevissimis versus centrum gradatìm magnitudine crescentibus.

a. Involucrum. *b.* Flosculus.

CNICUS.

Linn. Gen. Pl. 409. *Juss. Gen. Pl.* 172. *Willden. Sp. Pl. v.* 3. 1662.

Cirsium. *Gærtn. t.* 163.

Involucrum imbricatum, ventricosum, foliolis spinosis. *Pappus* plumosus. *Receptaculum* villosum.

TABULA 827.

CNICUS ACARNA.

Cnicus fulvospinosus, incano-tomentosus; caule alato spinuloso, foliis lanceolatis spinoso-dentatis capitulis longioribus, involucri foliolis linearibus acuminatis spinoso-mucronatis: spinâ interiorum pinnatâ.

C. Acarna. *Linn. Sp. Pl.* 1158. *Willden. Sp. Pl. v.* 3. 1665.

Picnomon Acarna. *Cassin. Dict. Sc. Nat. v.* 25. 225. *Lessing. Synops.* 9.

C. polycephalos canescens, aculeis flavescentibus munitus. *Tourn. Inst.* 451.

Ακανθα λευκη *Dioscoridis*? *Sibth.*

Ἄσπρη ἀγκάθα *hodiè.*

In Peloponneso, tum in Archipelagi insulis, vulgaris. ☉.

Tota incano-tomentosa, spinis luteis armata. *Caulis* erectus, ramosus, alatus; *alis* spinulosis. *Folia* lanceolata, alis adnata, apice spinosa, et spinis pluribus, rectis, validis, inæqualibus ad marginem. *Capitula* inter folia abscondita. *Involucrum* lanâ densissimâ, intertextâ vestitum, polyphyllum, imbricatum; *foliolis* linearibus, acuminatis, spinâ simplici aut ramosâ mucronatis. *Receptaculum* setis longis glabris vestitum. *Achænia* oblonga, subcompressa, glabra; *pappo* biseriali, æquali, setiformi, setoso, plumoso, basi in annulum connato, intra quem latet discus minimus, stipitatus, quinqueradiatus, scaber.

a. Involucrum. *b. c.* Foliola involucri. *d.* Flosculus.

TABULA 828.

CNICUS CYNAROIDES.

Cnicus foliis lanceolatis pinnatifidis strigosis subtùs incano-tomentosis margine spinulosis: lobis bipartitis mucronatis, involucris sphæroideis arachnoideo-tomentosis: foliolis longissimè aristatis.

C. cynaroides. *Lamarck Encyclop. v.* 1. 695.? *Willden. Sp. Pl. v.* 3. 1670?

Cirsium Lobelii. *Tenore Syllog. Fl. Neap.* 414.

Carduus creticus, foliis lanceolatis splendentibus subtùs incanis, flore purpurascente. *Tourn. Cor.* 31.

Ad Propontidis litora arenosa. ♂.

Folia suprà strigosa, nec glabra, in stirpe Sibthorpianâ. *Smith.*

In Herbario Sibthorpii fragmenta tantùm restant vìx ad plantam describendam idonea. Diversus videtur à *C. cynaroide,* sed idem est cum *Cirsio Lobelii* Tenorii.

a. Foliola quædam involucri. *b.* Flosculus. B. Idem, magnitudine auctus.

TABULA 829.

CNICUS AFER.

Cnicus foliis lanceolatis pinnatifidis: laciniis 2—3-partitis spinosis, capitulis pedunculatis corymbosis, involucri foliolis glabris lanceolatis spinosis exterioribus patentissimis.

C. afer. *Willden. Sp. Pl. v.* 3. 1682.

Carduus afer. *Jacq. Hort. Schönbr. v.* 2. 10. *t.* 145.

Cirsium afrum. *Lessing. Synops.* 9.

In Monte Parnasso. ♂.

Caulis erectus, 2—3-pedalis, apice ramosus, lanugine arachnoideâ incanâ vestitus. *Folia*

Cnicus cynaroides.

Cnicus afer.

Cnicus stellatus.

sessilia, lanceolata, pinnatifida; *laciniis* 2—3-partitis, spinosis. *Ramuli* monocephali, corymbosi. *Capitula* foliis haud abscondita, ovata, ferè duos pollices lata ab apicibus foliolorum inferiorum. *Involucrum* imbricatum, polyphyllum, apice purpureum; *foliolis* rigidissimis, glabris, lanceolatis, spinoso-mucronatis: inferioribus patentissimis, basi spinoso-pinnatifidis. *Pappus* biserialis, plumosus; *setis* inæqualibus, longioribus apice barbellatis.

a. Receptaculum villosum. *b, b.* Foliola involucri. *c.* Flosculus.

TABULA 830.

CNICUS STELLATUS.

Cnicus foliis lineari-lanceolatis pungentibus integerrimis basi subbispinosis, ramulis corymbosis monocephalis indivisis, capitulis sessilibus, involucri foliolis spinosis patulis exterioribus intùs gibbosis.

Carduus stellatus. *Linn. Sp. Pl.* 1153.

Cnicus stellatus. *Willden. Sp. Pl. v.* 3. 1682.

Cirsium stellatum. *Duby, Botan. Gall.* 288. *Tenore, Syllog. Fl. Neap.* 415.

C. stellatus, foliis integris, flore purpureo. *Tourn. Inst.* 440.

In Siciliâ. ⊙.

Caulis strictus, lanatus, 1—1½-pedalis, apice in ramis paucis, corymbosis, foliosis, monocephalis divisus. *Folia* lineari-lanceolata, pungentia, suprà viridia arachnoidea, subtùs incano-tomentosa, basi aculeis 2 pluribusve, longis, rectis, divaricatis, subulatis armata. *Capitula* sessilia in axillis foliorum terminalium, sæpiùs oppositorum, iisque breviora. *Involucrum* ovale, glabrum; *foliolis* patentibus, spinosis, apice herbaceis, basi pallidis; *exterioribus* brevioribus, intùs tuberculo magno calloso auctis. *Pappus* plumosus.

a, a. Foliola involucri. *b.* Flosculus. B. Flosculus, auctus.
c. Receptaculum setosum. *d.* Achænium, adempto pappo.

TABULA 831.

CNICUS SYRIACUS.

CNICUS foliis glabris caulinis amplexicaulibus inciso-dentatis spinosis floralibus spinoso-pinnatifidis capitulis sessilibus longioribus, foliolis involucri acuminatis appressis mucronatis.

Carduus syriacus. *Linn. Sp. Pl.* 1153. *Desf. Fl. Atlant. v.* 2. 245. *Lessing. Synops.* 438.

Cnicus syriacus. *Willden. Sp. Pl. v.* 3. 1683.

Notobasis syriaca. *Cassin. Dict. Sc. Nat. v.* 25. 225.

Cirsium syriacum. *Duby, Botan. Gall.* 287.

C. albis maculis notatis, flore purpureo. *Tourn. Inst.* 450.

Ακανθα αγρια *Dioscoridis.*

Αγριοάγκαθι *hodiè.*

Κȣφάγκαθο *Zacynthorum.*

Inter segetes insulæ Cypri copiosissimè ; et in omnibus ferè Archipelagi insulis frequens occurrit. ⊙.

Caulis erectus, teres, striatus, sparsè pilosus. *Folia* inciso-dentata, glabra, spinosa ; *inferiora* spathulato-lanceolata, amplexicaulia, *floralia* altè pinnatifida, basi stellatìm multipartita, capitulo longiora ; *lobis* integerrimis bipartitisve ; *costis* validis, pallidis. *Capitula* subsolitaria, inter folia floralia sessilia, ovata, arachnoideo-pilosa. *Flores* purpurei. *Involucrum* imbricatum ; *foliolis* linearibus, acuminatis, mucronatis, interioribus appressis, exterioribus apice herbaceis, pungentibus, subsquamosis. *Pappus* plumosus ; *setis* inæqualibus, triserialibus, basi in annulum connatis, apice nudis.

a. Involucrum. *b.* Flosculus. *c.* Receptaculum pilosum.

Cnicus syriacus.

Onopordum macrocanthum.

Onopordum elatum.

ONOPORDUM.

Linn. Gen. Pl. 409. *Juss. Gen. Pl.* 173. *Gærtn. t.* 161.

Receptaculum favosum. *Pappus* capillaris. *Involucrum* imbricatum, squamis mucronatis.

TABULA 832.

ONOPORDUM MACRACANTHUM.

Onopordum involucri foliolis patentissimis flosculos æquantibus, foliis decurrentibus bipinnatifidis spinoso-dentatis lanuginosis incanis.

O. macrocanthum. *Schousb. Fl. Maroc.* 198. *t.* 5. *Willden. Sp. Pl. v.* 3. 1687.

In Cretâ, et Archipelagi insulis. ♂.

Incano-tomentosus, spinis rectis, rigidis, pungentibus armatus. *Caulis* alatus, rigidus, ramosus; *alis* inæqualitèr spinoso-dentatis; *ramis* semper monocephalis. *Folia* lanceolata, in alis decurrentia, bipinnatifida, inæqualitèr spinoso-dentata. *Involucrum* sphæricum, densissimè lanatum; *foliolis* pugioniformibus, patentissimis, subcanaliculatis, spinosis, parte superiore glabris armatum. *Flosculi* lilacini. *Receptaculum* alveolatum; *alveolis* membranaceis, spinulosis. *Achænia* oblonga, compressa, cinerea, transversè rugosa.

Foliis alisque caulis omninò lanugine vestitis, nec reticulatis, ab *Onopordo arabico* præcipuè differt.

a, a. Foliola involucri. *b.* Flosculus. *c.* Receptaculum. *d.* Achænium.

TABULA 833.

ONOPORDUM ELATUM.

Onopordum caule interruptè alato foliisque pinnatifidis spinoso-dentatis virentibus, involucri foliolis arachnoideis patentissimis pubescentibus canaliculatis herbaceis apice spinosis.

O. elatum. *Prodr. v.* 2. 156.

O. virens. *DeCand. Fl. Franç. v.* 5. 456. *Duby, Botan. Gall.* 282.

Carduus creticus, acanthi folio viridi et glutinoso, flore purpurascente. *Tourn. Cor.* 31.

In insulâ Cretâ. ♂.

Tota planta virens, sed pube brevi glandulosâ obducta. *Caulis* interruptè alatus; *laciniis alarum* triangularibus, inæqualitèr dentatis, costatis, spinosis; *ramis* rigidis, monocephalis. *Folia* lanceolata, in alis decurrentia, pinnatifida, spinoso-dentata; *laciniis* bi-tri-partitis integrisque; *superiora* parùm divisa, apice integerrima, spinosa. *Involucrum* depresso-sphæricum, arachnoideum, pubescensque, virens; *foliolis* herbaceis, rigidis, apice spinosis, lanceolatis, canaliculatis, patentissimis, flosculis brevioribus. Nullam differentiam detegi inter hoc et *Onopordon virens* Galliæ australis, quod in Italia Siciliaque etiam occurrit, et verosimilitèr per omnem Europam meridionalem divulgatum est.

a. Unum ex exterioribus involucri foliolis. *b.* Alterum ex interioribus.
c. Flosculus. *d.* Achænium.

CYNARA.

Linn. Gen. Pl. 410. *Juss. Gen. Pl.* 173.

Receptaculum setosum. *Involucrum* dilatatum, imbricatum; foliolis carnosis, emarginatis cum acumine. *Pappus* sessilis plumosus.

TABULA 834.

CYNARA HORRIDA.

Cynara foliis spinosissimis bi-pinnatifidis acuminatissimis, involucri foliolis ovatis.
C. spinosissima. *Presl. Fl. Sicul.* fide Gussonii.
C. Cardunculus. *Linn. Sp. Pl.* 1159. *Willden. Sp. Pl. v.* 3. 1691.
C. horrida. *Ait. Hort. Kew. ed.* 1. *v.* 3. 148? *Willden. Sp. Pl. v.* 3. 1691.?

In Siciliâ, et, ni fallor, in Cretâ et Naxo, legit Sibthorp. ♃.

Exemplaria in herbario Sibthorpiano, Anobiorum larvis vorata, omninò periêre. Species mihi videtur *C. Carduncali* Linnæi varietas lævis, spinis foliorum ad basin paulò copiosioribus. Saltèm *C. spinosissimam* Preslii esse à cel. Gussonio, cui icones ineditas

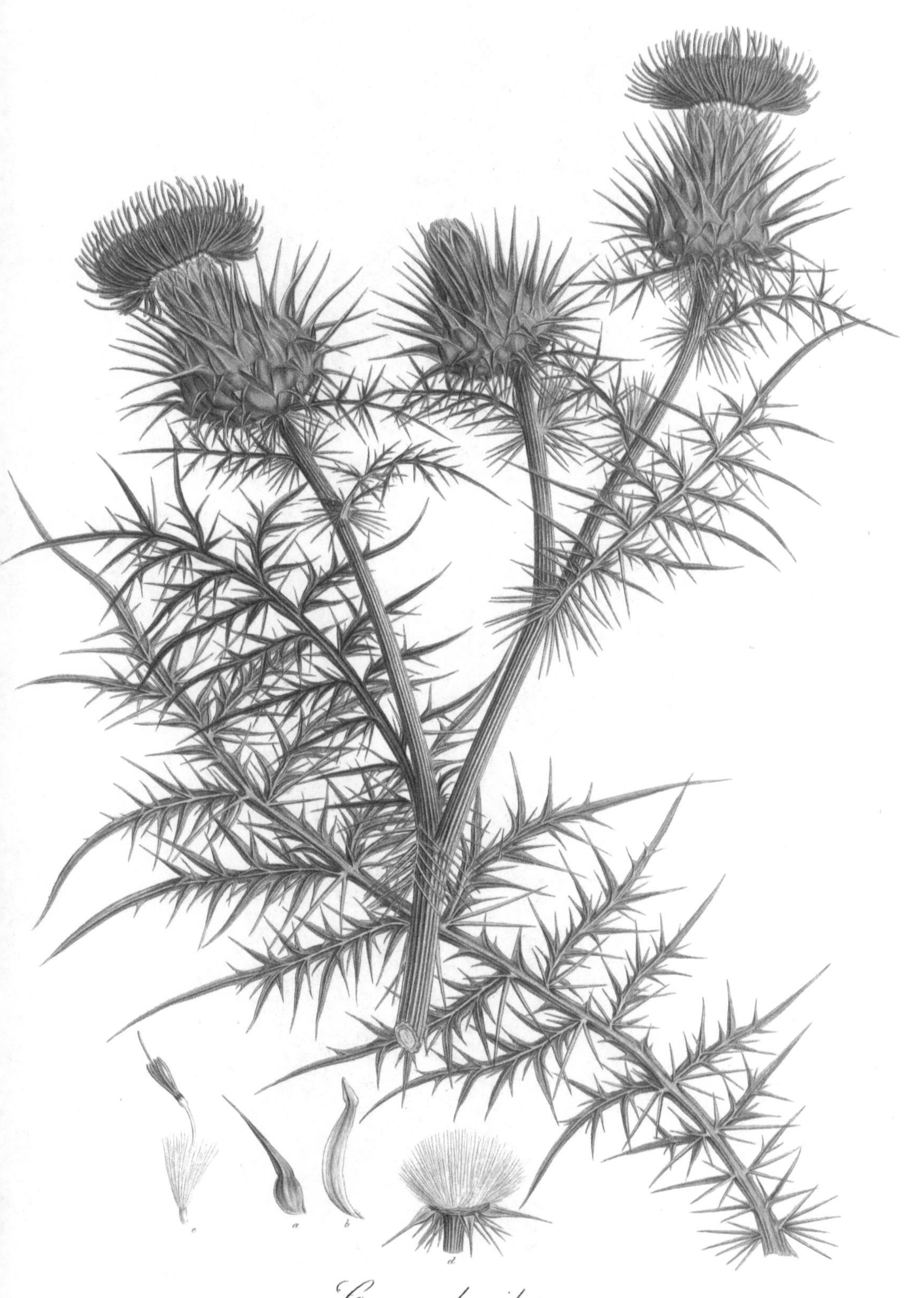

Cynara horrida?

Cynara humilis.

hujus Floræ ostendi, compertum habeo; à *C. Cardunculi* exemplaribus spontaneis Narbonæ Benthamio meo lectis, nemo est qui separaret.

a. Unum è foliolis involucri exterioribus.
b. Alterum ex interioribus.
c. Flosculus.
d. Receptaculum.

TABULA 835.

CYNARA HUMILIS.

Cynara caule simplici submonocephalo foliis bipinnatifidis subtùs lanuginosis breviore, involucri foliolis longissimis patentissimis connatis glabris.

C. humilis. *Prodr. v.* 2. 157. *nec aliorum.*

Ἀγριοκύναρα *hodiè.*

In insulâ Cypro, et in Peloponneso. ♃.

Caulis, in exemplare quod coràm habeo, octo pollices altus, erectus, arachnoideo-lanatus, striatus, apice monocephalus; *ramulo* solitario, laterali, monocephalo, versus fastigium. *Folia* bipinnatifida, suprà viridia, glabra, subtùs incano-tomentosa; *laciniis* integris, costâ validâ rigidâ in spinam productâ; *radicalia* caule longiora, *caulina* suprema pinnata tantùm, et involucro breviora. *Capitulum* pedunculatum. *Involucrum* sphæricum, omninò calvum, lætè virens; *foliolis* à basi latâ carnosâ in mucronem longissimum, corniformem, extùs convexum, intùs canaliculatum, apice spinescentem productis. *Flosculi* albi.

Species à *C. humili* diversissima, et ab icone Plukenetii omninò aliena, quantùm video Botanicis prætervisa est. Veræ *Cynaræ humili* Tingitanæ flosculi sunt purpurei, involucrum tomentosum foliolis suberectis brevibus ovatis acutis pungentibus, caulis glaber, et folia ferè bipinnata laciniis angustis lævigatis omninò aveniis salvâ costâ. Huic contrà, quam *Cynaram cornigeram* dices, flosculi albi, involucrum glabrum foliolis patentissimis longissimis corniformibus spinosis, caulis lanatus, et folia bipinnatifida laciniis triangularibus opacis subtùs venosis.

a. Flosculus.
b. Achenium.

CARLINA.

Linn. Gen. Pl. 410. *Juss. Gen. Pl.* 172. *Gærtn. t.* 163.

Receptaculum paleaceo-setosum. *Corollæ* flosculosæ. *Involucrum* radiatum, squamis marginalibus longis, coloratis. *Pappus* paleaceo-plumosus.

TABULA 836.

CARLINA LANATA.

Carlina caule trifido ramulis monocephalis lateralibus elongatis vel simplici, foliis floccosis lanceolatis spinosis dentatis, involucri foliolis exterioribus mucronatis.

C. lanata. *Linn. Sp. Pl.* 1160. *Willden. Sp. Pl. v.* 3. 1694. *Lessing, Synops.* 12.

Mitina lanata. *Cassin. in Dict. Sc. v.* 57. 507.

C. flore purpuro-rubente patulo. *Tourn. Inst.* 500.

Κοκκιναγαθὸ *hodiè in Archipelago.*

In Peloponneso, et Archipelagi insulis, frequens. ⊙.

Caulis erectus, bipollicaris ad sesquipedalem, lanuginosus, in senectute calvus, monocephalus; aut apice tripartitus ramo quovis monocephalo. *Folia* luteo-viridia, lanugine citò deciduâ vestita, lanceolata, apice spinosa, reticulato-venosa, acuminata, spinuloso-denticulata; *spinis* paucis, distantibus, solitariis geminatisque, pinnatìm dispositis marginata. *Capitula* inter folia involucrantia ipsis longiora sessilia, solitaria. *Involucrum* foliis 5, lineari-lanceolatis, spinosis, acuminatis, spinas laterales pinnatas gerentibus stipatum, pilosissimum, polyphyllum, imbricatum; *foliolis exterioribus* triangularibus, acuminatis, spinosis, herbaceis, apice coloratis; *interioribus* linearibus, acutis, membranaceis, exsuccis, patentibus, roseis. *Receptaculum* planum; *paleis* canaliculatis, flosculorum longitudine, in setis pluribus acutis clavatis inæqualibus divisis. *Achænia* teretia, turbinata, pilis in sicco pilosis, apice pappum exteriorem mentientibus, vestita; *pappo* è paleis 10 constante cartilagineis, linearibus, uniserialibus, in setis 2—3 plumosis infra medium partitis.

A *Carlinæ lanatæ* formâ vulgatiore Europæ meridionalis differt foliis margine spinulosis et minùs lanatis; an species diversa?

a. Unum è foliis involucrum proximè stipantibus. *b.* Foliolum involucri exterius. *c. d.* Foliola involucri radiantia. *e.* Flosculus. E. Flosculus, auctus. *f.* Involucrum. *g.* Achænium cum pappo suo. H. Achænium junius magnitudine auctum, pappo abscisso. *i.* Receptaculum paleaceum. *j.* Palea receptaculi.

Carlina lanata.

Carlina corymbosa.

TABULA 837.

CARLINA CORYMBOSA.

CARLINA caule corymboso foliisque ovato-lanceolatis pinnatifidis spinosis glabris, involucri foliolis extimis apice spinoso-ramosis.

C. corymbosa. *Linn. Sp. Pl.* 1160. *Desfont. Fl. Atlant. v.* 2. 250. *Willden. Sp. Pl. v.* 3. 1695. *Duby, Botan. Gall.* 293. *Lessing, Synops.* 12.

Mitina corymbosa. *Cassin. in Dict. Sc. Nat. v.* 57. 507.

C. umbellata. *Tourn. Inst.* 500.

Ἀτραξύλη, ἢ ἀτρακλύδα *hodiè.*

Σίμπλαγα *Lemnorum.*

In Archipelagi insulis ubique, ut et in Peloponneso et monte Athô. ⊙.

Tota planta glaberrima. *Caulis* erectus, teres, rubro-viridis, foliosus, apice corymbosus; *ramis* monocephalis. *Folia* ovato-lanceolata, reticulata, spinoso-denticulata, pinnatifida; *laciniis* rigidis, spinosis, 2—3-partitis simplicibusque. *Capitula* in apices ramorum sessilia, foliis spinosissimis ipsis longioribus involucrata. *Involucrum* glabrum, obsoletè arachnoideo-pilosum; *foliolis* extimis herbaceis, apice spinoso-ramosis, *intermediis* acutis mucronatis, *intimis* membranaceis, exsuccis, luteis, acutis, radiantibus. *Receptaculi paleæ* lineares, cartilagineæ, rigidæ, apice in setas plures, inæquales, acutas, clavatas divisæ. *Achænium* turbinatum, pilis longis, in sicco pilosis, pappum exteriorem simulantibus vestitum; *pappo* paleis pluribus, uniseriatis, distinctis constante, in setis 3—5 tenuibus plumosissimis partitis.

a. Involucrum.
b. Unum è foliolis extimis involucri.
c. d. Foliola intermedia involucri.
e. f. Foliola intima radiantia.
g. Flosculus.

ACARNA.

Willden. Sp. Pl. v. 3. 1699.

Cirsellium. *Gærtn. t.* 163.

Receptaculum paleaceum. *Pappus* plumosus. *Involucrum* imbricatum squamis stipatum. *Corollæ* flosculosæ.

TABULA 838.

ACARNA GUMMIFERA.

ACARNA acaulis, foliis pinnatifidis, capitulo solitario sessili, foliis proximè involucrantibus tricuspidatis margine spinosissimis.

A. gummifera. *Willden. Sp. Pl. v.* 3. 1699.

Carlina gummifera. *Lessing, Synops.* 12.

Chamæleon gummiferum. *Cassin. in Dict. Sc. Nat. v.* 57. 507.

Atractylis gummifera. *Linn. Sp. Pl.* 1161.

Cnicus carlinæ folio, acaulos gummifer aculeatus, flore purpureo. *Tourn. Inst.* 33.

Χαμαιλεων λευκος *Dioscoridis.*

In Græciâ, et Archipelagi insulis, frequens. ♃.

Acaulis, cinerea, lanugine carduaceâ obducta. *Folia* humifusa, longè petiolata, bipinnatifida, spinoso-incisa; capitulo proxima materie parenchymatosâ orbata, involucro æqualia, apice sæpiùs tricuspidata; *pinnis* brevissimis, radiatìm spinosis. *Capitulum* solitarium, sessile, diametro bipollicari. *Involucrum* hemisphæricum, tomentosum; *foliolis exterioribus* lineari-lanceolatis, spinosis, *intimis* erectis, acuminatis, submembranaceis, nunquàm radiantibus, lutescentibus. *Paleæ* receptaculi lineari-lanceolatæ, apice trifidæ. *Achænium* turbinatum, villosum, pilis superioribus pappum exteriorem fulvum simulantibus; *pappo* biseriali, rigido, patente, è paleis 10 constante in setis pluribus plumosis altè partitis.

Miror cel. Lessingium pappum hujus speciei uniserialem esse, contra dictum ipsius Cassinii, asseruisse. Nihil enim clarius est quàm quinque è paleis exteriores esse, et minus altè partitas quam interiores.

a. Folium involucrans. *b.* Involucrum.
c. Unum è foliolis exterioribus involucri. *d.* Unum ex intimis.
e. Flosculus. *f.* Receptaculum. *g.* Achænium cum pappo suo.

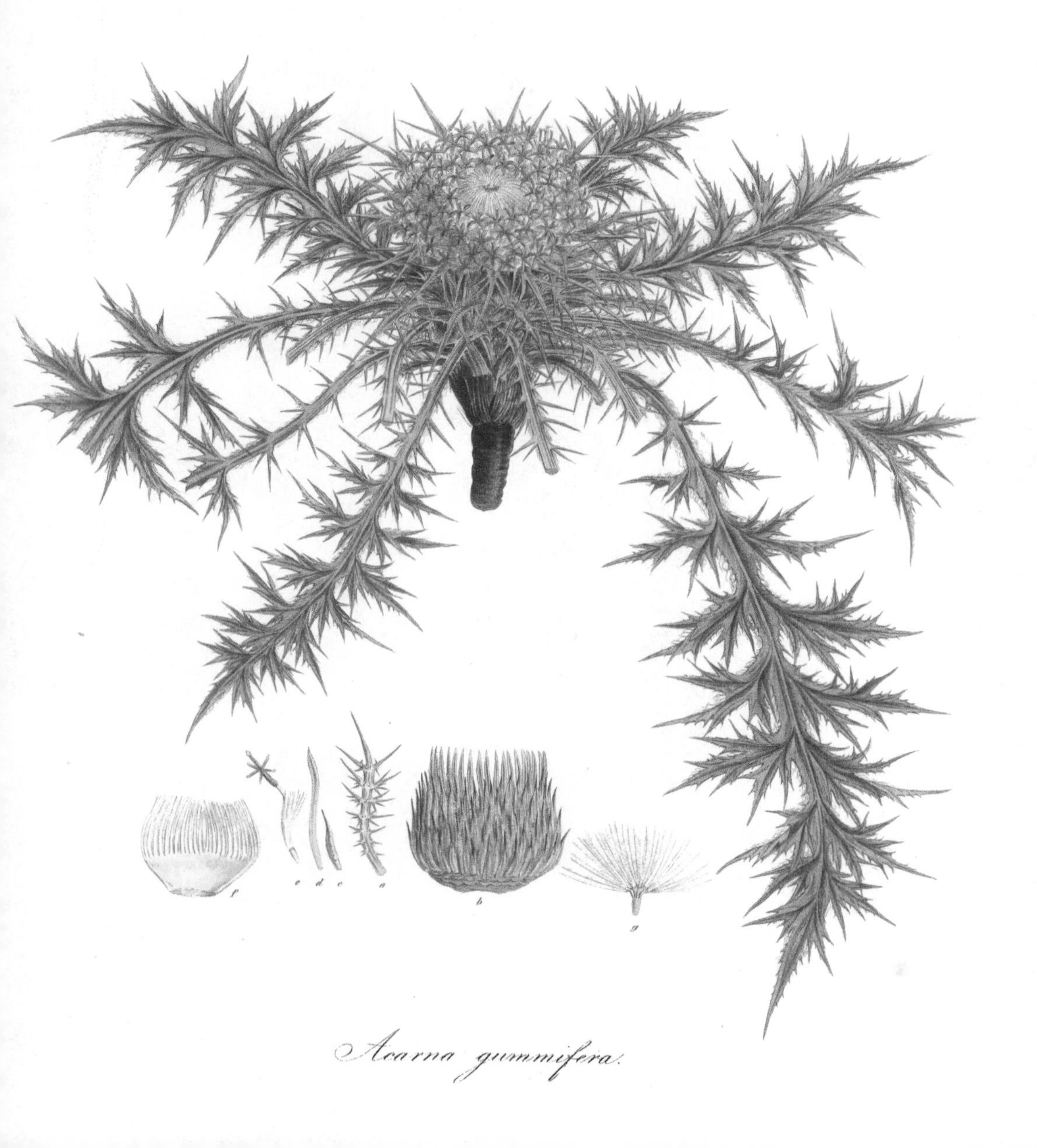

Acarna gummifera.

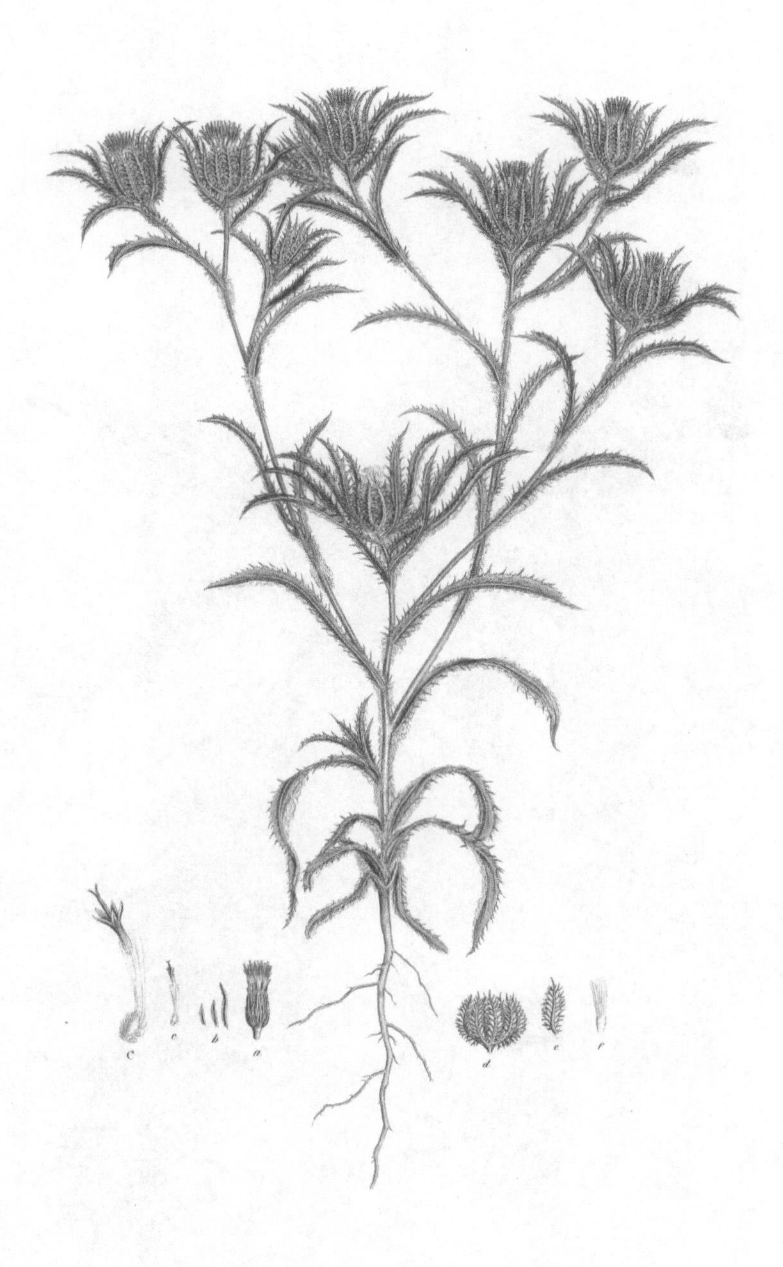

Acarna cancellata.

TABULA 839.

ACARNA CANCELLATA.

ACARNA undiquè lanosa; caule simplici vel corymboso, foliis lineari-lanceolatis ciliato-serratis, bracteis setaceo-bipinnatifidis capitula involucrantibus.

A. cancellata. *Linn. Sp. Pl. v.* 3. 1701. *Lessing, Synops.* 13.

Atractylis cancellata. *Linn. Sp. Pl.* 1162.

Cnicus exiguus, capite cancellato, semine tomentoso. *Tourn. Inst.* 451.

In Cretâ, Cypro et Rhodo insulis, nec non in agro Argolico. ⊙.

Caulis erectus, pedalis vel minor, simplex monocephalus, aut ramosus, corymbosus, fusco-rubens, lanugine tenui deciduâ obductus. *Folia* lineari-lanceolata, lanosa, spinoso-serrata, basi angustata, semiamplexicaulia, omnia ab imis ad summa conformia. *Capitula* solitaria, bractearum setacearum pectinatarum spinosarum verticillo sub-simplici inclusa. *Involucrum* ovatum, pubescens; *foliolis* imbricatis: *exterioribus* ovatis, dorso subcarinatis, herbaceis, sensìm elongatis; *interioribus* lineari-lanceolatis, acutissimis, pallidis, disco æqualibus. *Receptaculum* planum; *paleis* membranaceis, ovato-lanceolatis, in plures lacinias fissis, quarum 2—3 setaceæ et disco æquales. *Flosculi* purpurascentes, tubulosi, quinquedentati, omnes hermaphroditi; *dentibus* angustis, acuminatis; nullos ligulatos neutros inveni. *Antheræ* basi caudatæ, hirsutæ. *Achænia immatura* teretia, obconica, villosissima; *pappo* è setis rigidis, uniserialibus, plumosis, flosculo longioribus constante.

a. Capitulum. *b.* Foliola involucri. *c.* Flosculus.
C. Flosculus, auctus. *d.* Bracteæ capitulum involucrantes. *e.* Una è bracteis.
f. Achænium maturum.

CARTHAMUS.

Linn. Gen. Pl. 411. *Juss. Gen. Pl.* 172. *Gærtn. t.* 161.

Receptaculum paleaceo-setosum. *Involucrum* ovatum, imbricatum squamis apice subovato-foliaceis. *Pappus* paleaceo-pilosus s. nullus.

TABULA 840.

CARTHAMUS DENTATUS.

Carthamus caule villoso, foliis pubescentibus lanceolatis acuminatissimis spinosis imbricatis: supremis capitulo longioribus erectis, involucri foliolis apice scariosis ovatis dentatis.

C. dentatus. *Vahl. Symb. v.* 1. 69. *t.* 17. *Willden. Sp. Pl. v.* 3. 1707.

Cnicus atractylidis folio et facie, incanus, patulus, flore purpurascente. *Tourn. Cor.* 33.

In insulâ Samo. ⊙.

Herba cinerea, carduacea, *caule* rigido, erecto, villoso, densè folioso, apice subtripartito; ramulo intermedio lateralibus nunc furcatis breviore. *Folia* rigida, canaliculata, pubescentia, reticulato-venosa, ovato-lanceolata, acuminatissima, amplexicaulia, margine inæqualitèr spinosa; capitulo proxima basi dilatata, dura, pallida, arctè imbricata, apice minùs spinosa, capitulo ipso longiora. *Foliola involucri* oblonga, nitida, apice appendice ovatâ serratâ acuminatâ aucta. Cæteræ partes in herbario desunt.

a. Involucrum. *b. c.* Foliola involucri.
d. Flosculus. E. Antheræ, cum stylo longè exserto, magnitudine auctæ.

TABULA 841.

CARTHAMUS LANATUS.

Carthamus araneoso-lanatus, foliis ovato-lanceolatis amplexicaulibus spinoso-pinnatifidis: superioribus basi dilatatis imbricatis, foliolis involucri exterioribus apice lanceolatis spinoso-dentatis interioribus scariosis acutis denticulatis.

C. lanatus. *Linn. Sp. Pl.* 1163. *Willden. Sp. Pl. v.* 3. 1707.

Kentrophyllum lanatum. *DeCand. in Duby Botan. Gall.* 293. *Lessing, Synops.* 8.

Carthamus dentatus.

Carthamus lanatus.

Carthamus leucocaulos

Cnicus atractylis lutea dictus. *Tourn. Inst.* 451.
'Ατραξύλη, *hodiè.*

In Achaiâ. In Cretâ, Cypro, et Archipelagi insulis frequens. ⊙.

Herba virens, undiquè pilis longis mollibus araneosis intertextis vestita, præsertìm circa capitula. *Caulis* erectus, teres, durus, corymbosus; *ramis* rigidis, densè foliosis, monocephalis. *Folia* ovato-lanceolata, amplexicaulia, reticulato-venosa, pinnatifido-spinosa, trinervia; superiora basi dilatata et capitula lutea arctè imbricantia.

Partes fructificationis in hâc, ut etiàm in plurimis aliis Compositis herbarii Sibthorpiani, vermibus periêre.

a. Foliolum exterius involucri.
b. Foliolum interius.
c. Involucrum ipsum.
d. Flosculus, cum ovario pappoque suis.

TABULA 842.

CARTHAMUS LEUCOCAULOS.

Carthamus caule nitido glaberrimo, calycibus glabris, foliis uniformibus semiamplexicaulibus pinnatifido-dentatis spinosis recurvis. *Prodr. v.* 2. 160.
C. creticus. *Linn. Syst. Nat. ed.* 12. *v.* 2. 533. *nec Sp. Pl.* 1163.
Kentrophyllum leucocaulon. *Lessing, Synops.* 8.
Cnicus creticus, atractylidis folio et facie, flore leucopheo, sive candidissimo. *Tourn. Cor.* 33.
Ατρακτυλις *Diosc.*? *Sibth.*
'Ατράκτυλι, ἢ σταυραγκαθι, *hodiè.*

In Græciâ australi et Archipelagi insulis, vulgaris. ♃.

Glaberrimus. *Caulis* pallidus, teres, rigidus, apice summo divaricato-ramosus; *ramulis* monocephalis. *Folia* rigida, lucida, lineari-lanceolata, divaricatìm spinoso-pinnatifida, denticulis quibusdam interjectis; *suprema* basi dilatata, capitulum arctè imbricantia. *Involucrum* ovatum; *foliolis* lineari-lanceolatis, apice scariosis, denticulatis. *Receptaculum* villosissimum. *Flosculi* pallidè rosei; *limbo* altè in laciniis linearibus fisso. *Filamenta* brevia, pilis crassis obtusis pellucidis vestita. *Achænium* tetragonum, glabrum, osseum, truncatum; *areolâ* laterali. *Pappus* è paleis plurimis, linearibus, retusis, sensìm crescentibus, omninò intra marginem achænii insertis, constans, brunneus, membranaceus.

a. Una è bracteis intimis involucrantibus.
b. Involucrum.
c. Foliolum involucri.
D. Pars superior flosculi, magnitudine aucta.
E. Antheræ, cum filamentis pilosis, auctæ.
f. Achænium immaturum.
g.g. Achænia matura, cum pappo suo.

TABULA 843.

CARTHAMUS CŒRULEUS.

Carthamus caule simplici pubescente submonocephalo, foliis lanceolatis spinoso-incisis amplexicaulibus subtùs pubescentibus.

C. cœruleus. *Linn. Sp. Pl.* 1163. *Willden. Sp. Pl.* 3. 1709.

Carduncellus cœruleus. *DeCand. in Duby Botan. Gall.* 281.

Onobroma cœruleum. *Gærtn. de Fr. et Sem. v.* 2. 380. *Tenore, Syllog.* 410.

Cnicus cœruleus asperior. *Tourn. Inst.* 450.

In Peloponnesi agris, et in Siciliâ. ♃.

Deest in herbario Sibthorpiano.

a. Involucrum. *b.* Unum è foliolis involucri exterioribus.
c. Alterum ex interioribus. *d.* Flosculus.

TABULA 844.

CARTHAMUS CORYMBOSUS.

Carthamus spinosissimus, caule divaricato ramosissimo apice corymboso, foliis bipinnatifidis incisis, capitulis aggregatis.

C. corymbosus. *Linn. Sp. Pl.* 1164.

Onobroma corymbosum. *Tenore, Syllog.* 410.

Cardopatum corymbosum. *Lessing, Synops.* 14.

Brotera corymbosa. *Willden. Sp. Pl. v.* 3. 2399.

C. aculeatus, carlinæ folio, flore multiplici velut umbellato. *Tourn. Cor.* 33.

Χαμαιλεων μελας, *Dioscoridis.*

Χαμαιλέων *hodiè.*

In campis aridis clivosisque, et maritimis, Græciæ et Archipelagi, ut à Dioscoride traditur, frequens. ☉.

Caulis pedalis et paulò ultrà, erectus, divaricato-ramosissimus, spinosissimus, calvus. *Folia* bipinnatifida, spinosissima, glabra, lætè viridia: *laciniis* angustis incisis; *superiora* sensìm minùs composita, et demùm in bracteis inciso-pinnatifidis setaceis pungentibus abeuntia. *Capitula* densè corymbosa. *Involucrum* ovatum, imbricatum; *foliolis* angustis, pinnatifidis integrisque, spinosis. Cætera periêre.

a. Capitulum. *b. c. d.* Foliola involucri. *e.* Flosculus.
E. Flosculus, magnitudine auctus. *f.* Achænium.

Carthamus cæruleus.

Carthamus corymbosus.

Staehelina arborescens.

Staehelina unifloscolosa.

STÆHELINA.

Linn. Gen. Pl. 415. *Juss. Gen. Pl.* 175. *Gærtn. v.* 2. 412.

Receptaculum brevissimè paleaceum. *Pappus* plumosus. *Antheræ* basi caudatæ. *Involucrum* hemisphæricum, imbricatum.

TABULA 845.

STÆHELINA ARBORESCENS.

Stæhelina foliis petiolatis ovato-cordatis obtusis subtùs sericeo-tomentosis niveis.

S. arborescens. *Linn. Mant.* 111. *Schreb. Dec. t.* 1. *Willden. Sp. Pl. v.* 3. 1783. *Lessing, Synops.* 5. *Duby, Botan. Gall.* 293.

Jacea arborescens, styracis folio. *Tourn. Inst.* 445.

In rupibus montium Sphacioticorum Cretæ. ♄.

Caulis fruticosus, tortuosus, tomentosus, apice tomento candidus. *Folia* alterna, ovato-cordata, obtusa, longè petiolata, suprà atroviridia glabra, subtùs et margine tomento sericeo densissimè appresso candida. *Capitula* discoidea, homogama, in apice ramorum elongatorum fasciculata, in axillis foliorum summorum solitaria et geminata. *Involucrum* elongatum, ovatum aut cylindraceum, seriebus pluribus imbricatum; *foliolis* oblongis, obtusis, mucronulatis, intimis magìs elongatis. *Receptaculi paleæ* in laciniis multis angustis fissæ. *Flosculi* purpurei. *Antheræ* basi bicaudæ, plumosæ. *Achænium* junius teres, striatum, apice in cyathulum dilatatum. *Pappus* biserialis, æqualis, setaceus in margine cyathuli insertus; *setis* multifidis.

a. Involucrum. *b. c. d.* Foliola involucri. *e.* Flosculus.
E. Flosculus, magnitudine auctus. *f.* Achænium. *g.* Una è setis multifidis pappi.

TABULA 846.

STÆHELINA UNIFLOSCULOSA.

Stæhelina foliis ovatis acutis dentatis subtùs tomentoso-niveis, caule suffruticoso, calycibus unifloris. *Prodr. v.* 2. 162.

In monte Parnasso. ♄.

Caulis humilis, fruticosus, ramosus, tomentosus; *ramulis* ascendentibus, tomentoso-niveis, simplicibus aut corymbosè ramosis. *Folia* petiolata, ovata, acuta, calloso-denticulata, suprà glabriuscula, atroviridia, subtùs niveo-tomentosa. *Capitula* in apices ramulorum corymbosa, foliis minimis suffulta. *Involucrum* fusco-purpureum, uniflorum, cylindraceum, imbricatum; *foliolis* lineari-lanceolatis, acutis. *Receptaculum* punctum nudum. *Flosculus* solitarius, purpurascens, rectus, *limbo* longo, cylindraceo, 5-fido; *laciniis* linearibus, patentissimis; *tubo* brevi, pentagono. *Antheræ* basi bicaudæ, plumosæ. *Ovarium* teres, glabrum. *Pappus* subbiserialis, setaceus; *setis* densissimè ordinatis, multifidis.

a. Capitulum. *b.* Flosculus.
B. Flosculus, auctus. C. Involucrum, auctum.

TABULA 847.

STÆHELINA CHAMÆPEUCE.

Stæhelina foliis linearibus longissimis confertis margine revolutis subtùs incanis, ramis fruticosis incanis, capitulis glabriusculis ovatis racemosis subcorymbosis multifloris.

S. Chamæpeuce. *Linn. Syst. Nat. ed.* 12. *v.* 2. 538. *Willden. Sp. Pl. v.* 3. 1786.

Pteronia Chamæpeuce. *Tenore, Syllog.* 417.

Ptilostemon Chamæpeuce. *Cass. Dict. Sc. Nat. v.* 25. 225. *Lessing, Synops.* 5.

Serratula Chamæpeuce. *Linn. Sp. Pl.* 1147.

Carduus gnaphaloides. *Cyrill. Pl. Rar.* 1. 27. *t.* 9.

Jacea cretica frutescens, elichrysi folio, flore magno purpurascente. *Tourn. Cor.* 32.

In rupibus Cretæ et Cypri, nec non in agro Argolico et Laconico, et monte Athô. ♄.

Caulis fruticosus, humilis, tortuosus, incanus, cicatricibus foliorum notatus. *Folia* longissima, linearia, integerrima, acuta, margine revoluta, subtùs incana, conferta, patentissima, versus fastigium caulis sensìm distantia et breviora, demùm in bracteis brevibus linearibus mutata. *Capitula* ovata, glabriuscula, solitaria, geminata, aut corymboso-racemosa: *pedunculis supremis* aphyllis, *inferioribus* distantèr multibracteatis. *Foliola involucri* exteriora angustè ovata, acuta, herbacea, interiora lineari-lanceolata, longiora et colorata. *Receptaculum* planum, pilosum. *Flosculi* rosei, hermaphroditi, involucro longiores, parùm patuli. *Antheræ* lineares, basi bicaudatæ subplumosæ; *filamentis* sparsè pilosis. *Achænia* matura testacea, oblonga, nitida, inæquilatera, vix angulata, sed striis quibusdam purpureis plumosis picta; *areolâ* terminali; *pappi setis* pluriserialibus, plumosis, subæqualibus, his subulatis, illis filiformibus apice incrassatis.

a. Involucrum. *b.* Flosculus, cum achænio juniori.
B. Flosculus, magnitudine auctus. *c.* Receptaculum pilosum, involucro abscisso.
d. Achænium maturum, cum pappo suo. D. Achænium maturum, pappo decesso, magnitudine auctum.

Staehelina Chamæpeuce.

Cacalia verbascifolia.

* * * *Discoidei.*

CACALIA.

Linn. Gen. Pl. 412. *Juss. Gen. Pl.* 178. *Gærtn. t.* 166.

Receptaculum nudum. *Pappus* pilosus. *Involucrum* cylindraceum, oblongum, basi tantùm subcalyculatum.

TABULA 848.

CACALIA VERBASCIFOLIA.

Cacalia caule herbaceo, foliis obovato-oblongis crenatis subtùs niveo-tomentosis: superioribus amplexicaulibus. *Prodr. v.* 2. 164.

In monte Parnasso. ♃.

Caulis ascendens, lanatus, subangulatus, densè foliatus. *Folia* suprà tomentosa, rugosa, demùm calvescentia, subtùs incana, venis parùm elevatis; *radicalia* obovata, obtusa, in petiolum angustata, obscurè crenata; *caulina* superiora lingulata, obtusa, sessilia, basi amplexicaulia. *Capitula* erecta, discoidea, racemo subcomposito, stricto, basi folioso disposita; *pedunculis* densissimè lanatis. *Involucrum* cylindraceum, tomentosum: *foliolis exterioribus* nanis, squamæformibus, *interioribus* linearibus, subæqualibus, margine membranaceis. *Receptaculum* convexum, nudum. *Flosculi* lutei, infundibulares, 5-dentati, hermaphroditi. *Achænia* teretia, striata, glabra, apice in cyathulum dilatata. *Pappus* pilosus, pluriserialis, flosculis brevior, è margine cyathli. *Styli brachia* linearia, truncata, apice penicillata.

Ex descriptione nostrâ facilè patet plantam hanc obscuram reverà speciem *Senecionis* esse.

a. Involucrum. *b*. Flosculus.
B. Flosculus auctus. *c*. Receptaculum.

CHRYSOCOMA.

Linn. Gen. Pl. 415. *Juss. Gen. Pl.* 180. *Gærtn. t.* 166.

Receptaculum nudum. *Pappus* simplex. *Involucrum* hemisphæricum, imbricatum. *Stylus* vix flosculis longior.

TABULA 849.

CHRYSOCOMA LINOSYRIS.

Chrysocoma foliis linearibus glabris impunctatis, capitulis corymbosis, ramulis monocephalis densè foliatis, involucri foliolis appendiculatis apice patulis squarrosis.

Ch. Linosyris. *Linn. Sp. Pl.* 1178. *Engl. Bot. t.* 2505. *Willden Sp. Pl. v.* 3. 1791.

Linosyris vulgaris. *DeCand. Prodr. v.* 3. 352.

Crinitaria Linosyris. *Lessing, Synops.* 195.

Conyza linariæ folio. *Tourn. Inst.* 455.

Χρυσοκομη *Dioscoridis.*

In insulis principum, alibique prope Byzantium, sero autumno florens. ♃.

Caulis filiformis, prostratus vel ascendens, glaber. *Folia* angustissimè lineari-lanceolata, glabra, acuta, minutè serrulata, impunctata, sensìm capitula versus diminuentia, et gradatìm in foliola involucri mutata. *Capitula* solitaria, discoidea, corymbosa. *Involucrum* hemisphæricum, laxum; *foliolis* linearibus, acutis, pilosiusculis. *Receptaculum* nudum, alveolatum, parvum, convexum. *Flosculi* lutei, infundibulares, 5-fidi, glabri. *Achænium* obovatum, sericeum, angulatum; *pappo* filiformi, biseriali, fusco, scabriusculo.

a. Involucrum. *b.* Unum è foliolis suis. B. Idem, auctum.
c. Flosculus. C. Flosculus, auctus. *d.* Receptaculum.
D. Receptaculum, valdè auctum.

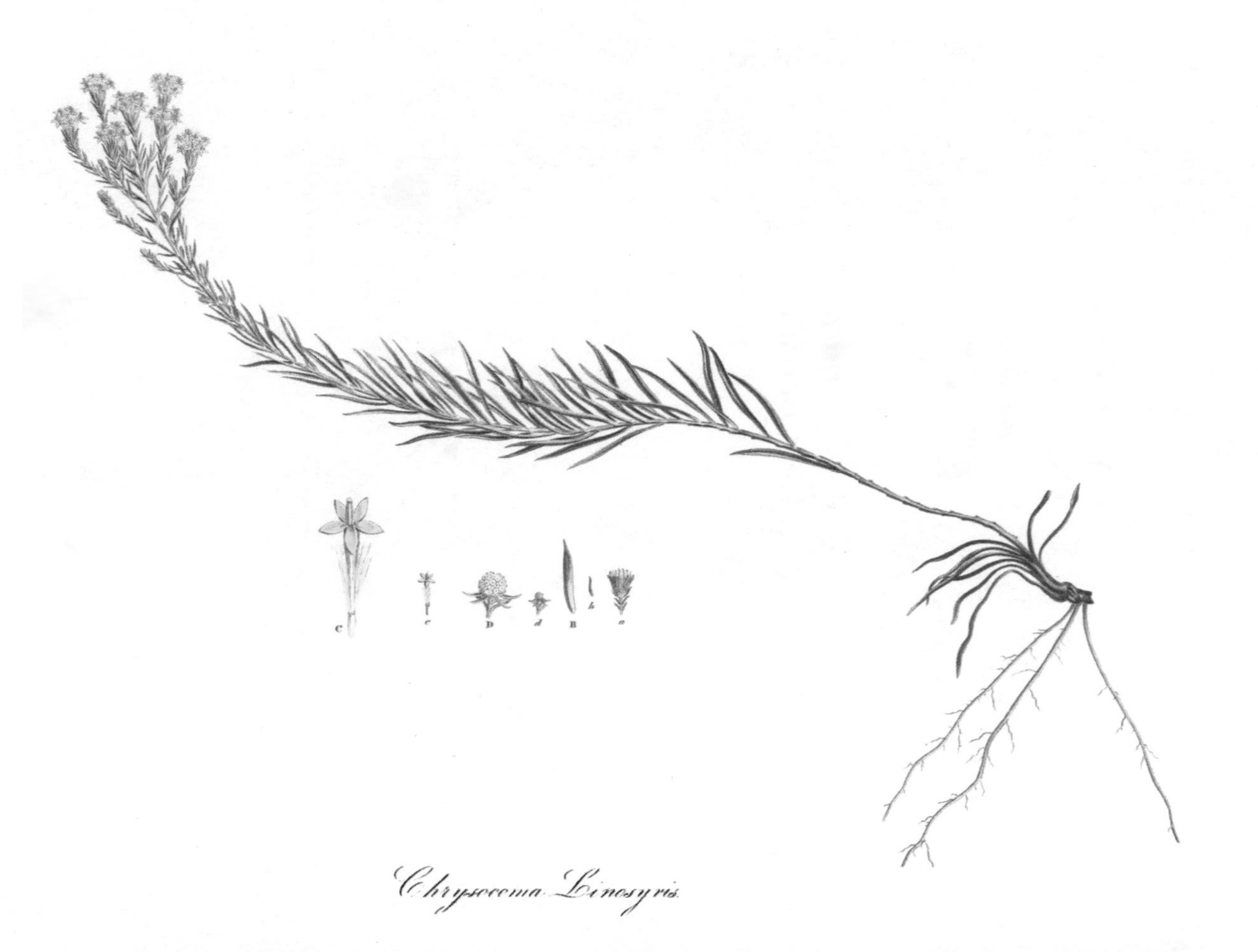

Chrysocoma Linosyris.

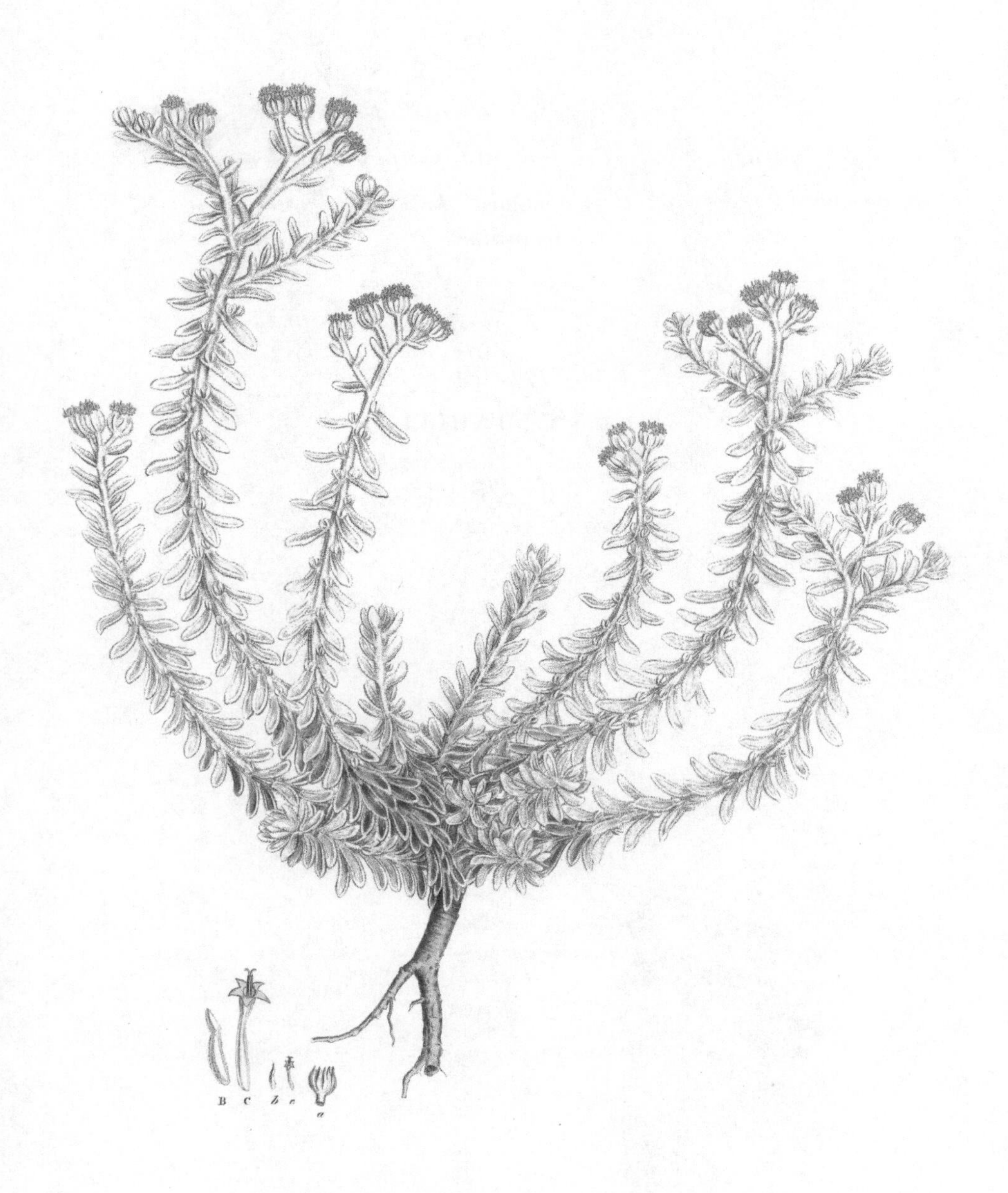

Santolina maritima.

SANTOLINA.

Linn. Gen. Pl. 416. *Juss. Gen. Pl.* 185. *Gærtn. t.* 165.

Gnaphalium. *Tourn. t.* 261. *Gærtn. t.* 165.

Receptaculum paleaceum. *Pappus* nullus. *Involucrum* imbricatum, hemisphæricum.

TABULA 850.

SANTOLINA MARITIMA.

SANTOLINA albo-lanata, foliis oblongis obtusis crenatis, capitulis corymbosis, pedunculis nudis.

S. maritima. *Linn. MSS. in Sp. Pl.* 1182. *Engl. Bot. t.* 141. *Willden. Sp. Pl. v.* 3. 1799.
Athanasia maritima. *Linn. Sp. Pl.* 1182.
Diotis candidissima. *Desfont. Fl. Atlant. v.* 2. 261.
Otanthus maritimus. *Tenore, Syllog.* 418. *Lessing, Synops.* 259.
Gnaphalium maritimum. *Tourn. Inst.* 461.
Γναφαλιον *Dioscoridis? Sibth.*

In Archipelagi maritimis frequens. ♃.

Herba tota lanâ albâ densissimâ vestita. *Caules* ascendentes, simplices, apice corymbosi. *Folia* lineari-oblonga, patula, concava, crenata, omnia subæqualia. *Capitula* in apice ramorum corymbosa, discoidea; *pedunculis* erectis, rigidis, monocephalis. *Involucrum* campanulatum; *foliolis* linearibus, acutiusculis, concavis, subæqualibus, pluriseriatis, interioribus minùs lanuginosis. *Receptaculum* paleis linearibus, concavis, cartilagineis, apice lanuginosis, flosculorum ferè longitudine, onustum. *Flosculi* lutei, infundibulares, glabri, 5-dentati; *tubo* compresso, diptero, basi obscurè bicalcarato. *Achænium* calvum.

a. Involucrum.
b. Foliolum involucri.
B. Foliolum involucri, magnitudine auctum.
c. Flosculus sine achænio.
C. Flosculus sine achænio, magnitudine auctus; est autem erroneus, alæ enim et calcaria tubi omittuntur.

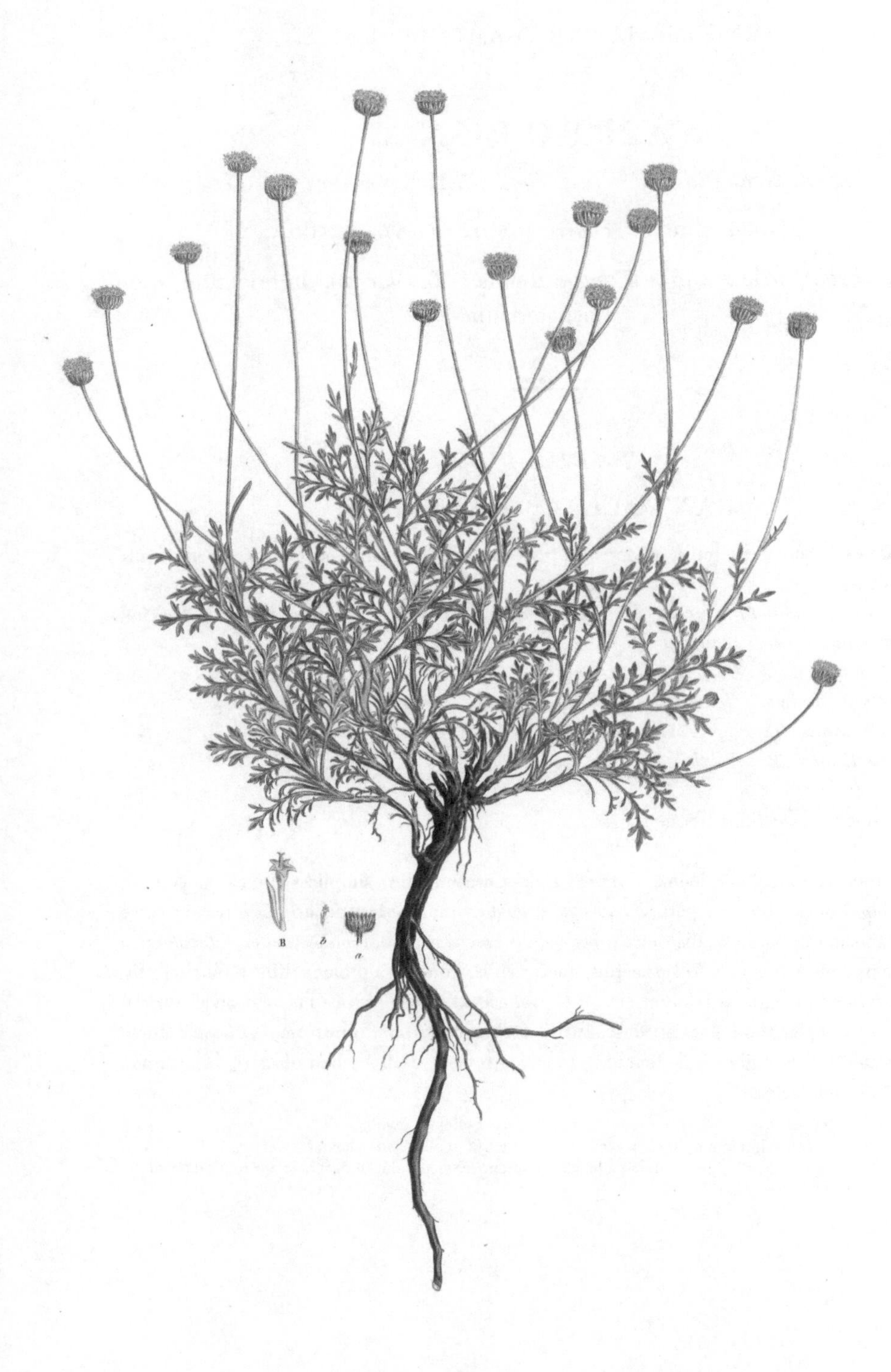

Santolina alpina.

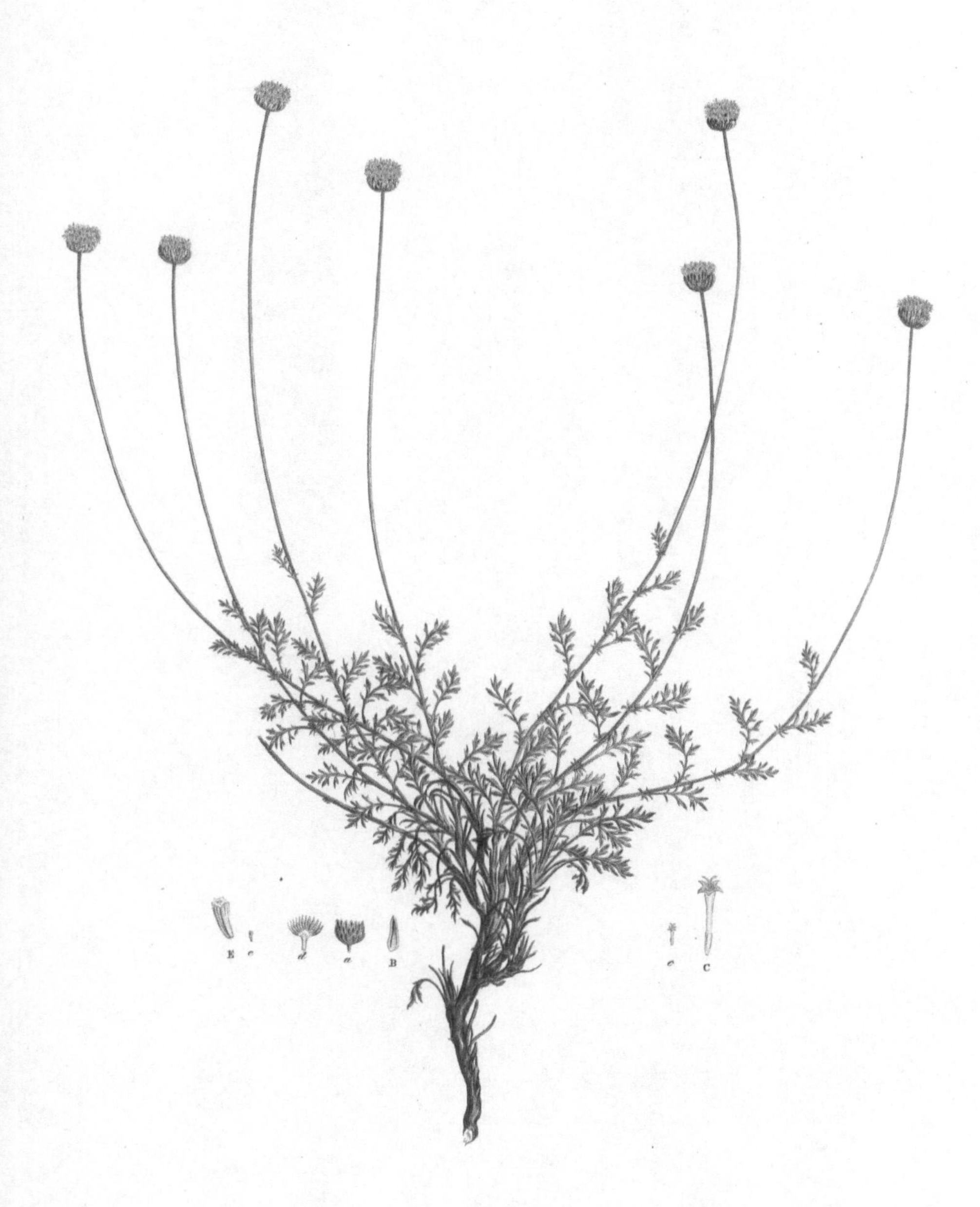

Santolina montana.

TABULA 851.

SANTOLINA ALPINA.

SANTOLINA incano-tomentosa, caule adscendente ramoso, foliis pinnatis; lobis linearibus indivisis pinnatifidisque, pedunculis nudis longissimis erectis monocephalis.

C. cretica montana, abrotani folio. *Tourn. Cor.* 37.?

In montibus Sphacioticis Cretæ elatioribus, et in Olympo Bithyno. ♄.

Radix lignosa, ramosa, perennis, multiceps. *Rami* basi perennantes, rigidi, fruticosi, canescentes, foliorum vestigiis vestiti. *Ramuli annotini* adscendentes, tomentosi, ramosi, 2—5-pollicares. *Folia* incana, longè petiolata, pinnata; *laciniis* linearibus, obtusis, integris, lobatis, pinnatifidisque. *Pedunculi* axillares et terminales, filiformes, adscendentes, incani, palmares, apice nudi, monocephali, basi foliis quibusdam minùs incanis distantibus ferè integris vestiti. *Capitula* solitaria, pubescentia, discoidea. *Involucrum* hemisphæricum, imbricatum; *foliolis* ovato-oblongis, acutis, lineâ dorsali herbaceâ, *exterioribus* brevibus cartilagineis, *interioribus* margine membranaceis. *Receptaculum* densè paleaceum; *paleis* lanceolatis, basi membranaceis, apice pungentibus, flosculis paulò brevioribus. *Flosculi* lutei, glabri; *laciniis* 5, brevibus, revolutis; *tubo* diptero, basi haud in annulum ovarii apicem cingentem producto. *Pappus* membranaceus, integer, unilateralis.

Corolla basi non deorsùm producta, et pappus membranaceus unilateralis, characteri generico à cl. Candollio *Santolinæ* generi adscripto repugnant. Est potiùs *Lyonnetiæ* species, sed a *L. abrotanifoliâ* Lessingii diversa. Cel. Smithius *Santolinæ alpinæ* Linnæi, plantæ Italicæ ab hac pappo diversissimæ, speciem nostram retulit.

a. Involucrum. *b.* Flosculus, cum paleâ receptaculi.
B. Flosculus, cum paleâ receptaculi, magnitudine aucti.

TABULA 852.

SANTOLINA MONTANA.

SANTOLINA pedunculis unifloris, foliis bipinnatifidis glabris: basi appendiculatis, caulibus simplicibus. *Prodr. v.* 2. 166.

In monte Atho. ♃.

Radix ramosa, lignosa, multiceps. *Rami* herbacei, 2—3 pollices alti, adscendentes, angulati, glabri, glandulis minutissimis filiformibus sub lente tantùm conspicuis obsiti. *Folia* glaberrima, carnosa, pinnata; *laciniis superioribus* linearibus, acutis, variè lobatis, apice inflexis, *inferioribus* subulatis, integerrimis, ferè membranaceis. *Pedunculi* terminales, adscendentes, nudi, glabri, angulati, spithamæi, monocephali. *Capitula* discoidea, multiflora, convexa. *Involucrum* imbricatum, hemisphæricum, glabrum; *foliolis* imbricatis, membranaceis, fuscis, *exterioribus* minoribus, serrulatis, *interioribus* margine, sine ordine, laceris et scariosis. *Receptaculum* convexum, paleaceum; *paleis* flosculis paulò brevioribus, membranaceis, *extimis* cuneatis apice serrulatis, *intermediis* obovato-lanceolatis, acuminatis, margine erosis, *intimis* lineari-lanceolatis, minoribus. *Corolla* glabra, tubo obscurè bialato, basi haud producto. *Achænium* glabrum, striatum; *pappo* obsoleto, membranaceo, hinc in auriculam extenso.

Est species *Lyonnetiæ*, sectioni perennium pertinens, sed a *L. tenuilobâ* diversissima.

a. Involucrum. B. Foliolum involucri, magnitudine auctum.
c. Flosculus. C. Flosculus, magnitudine auctus.
d. Involucrum cum receptaculo paleaceo, verticalitèr sectum. *e.* Achænium.
E. Achænium, auctum.

TABULA 853.

SANTOLINA RIGIDA.

SANTOLINA caule ramosissimo diffuso, foliis bipinnatifidis submuticis, pedunculis unifloris adscendentibus, foliolis calycinis subæqualibus. *Prodr. v.* 2. 166.

Tanacetum monanthos. *Linn. Mant.* 111.

Lyonnetia rigida. *DeCand. Prodr. v.* 6. 14.

Cotula cretica, etc., capitulo inflexo. *Tourn. Cor.* 37.?

In insulâ Cypro. ⊙.

Radix annua, fibrosa, simplex. *Caules* diffusi, et adscendentes rigidi, crassi, pilosi, 1½—2½ uncias longi, parùm ramosi. *Folia* longè petiolata, pilosa, pinnata; *laciniis* acutis, integris, pinnatifidis, lobatisve. *Pedunculi* terminales, foliis paulò longiores, primùm erecti, demùm recurvi, monocephali, tomentosi. *Capitulum* turbinatum, discoideum, multiflorum. *Involucrum* pauciseriatum, rigidum, arctissimè imbricatum; *foliolis* oblongis, obtusis, flosculis brevioribus. *Receptaculum* convexum, *paleis* lanceolatis, acuminatis, membranaceis, erosis, flosculorum ferè longitudine onustum. *Achænium* obovatum, subangulatum, glabrum, omninò apterum; *pappo* brevi corneo, unilaterali. *Corolla* glabra, infundibularis; *tubo* aptero.

a. Involucrum. *b.* Flosculus. B. Flosculus, magnitudine auctus.
c. Involucri sectio verticalis, receptaculum paleis onustum exhibens.
d. Achænium. D. Achænium auctum.

Santolina rigida.

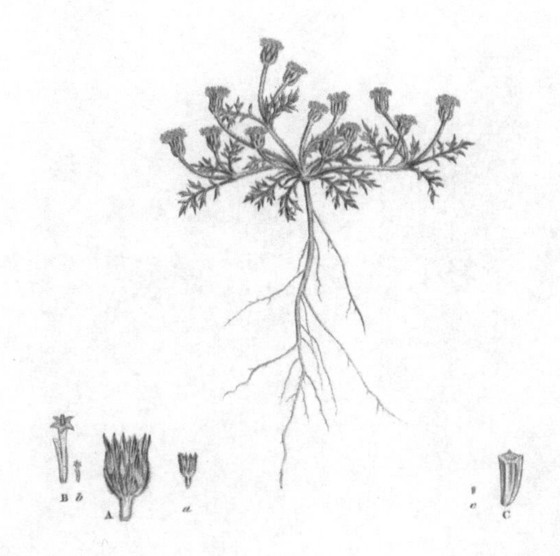

Santolina anthemoides.

TABULA 854.

SANTOLINA ANTHEMOIDES.

SANTOLINA caule pusillo procumbente villoso, foliis longè petiolatis pinnatis pilosis: laciniis linearibus acutis simplicibus pinnatifidis acutisque, pedunculis rigidis incrassatis suberectis foliis parùm longioribus, achænio glabro angulato.

S. anthemoides. *Linn. Sp. Pl.* 1180.

Lyonnetia abrotanifolia. *Lessing, Synops.* 259. *DeCand. Prodr. v.* 6. 15.

Cotula abrotanifolia. *Willden. Sp. Pl. v.* 3. 2167.

In vineis circa Byzantium, nec non in Bœotia. ☉.

Radix annua, subsimplex, perpendicularis, vix ramosa. *Rami* 1—2 uncias longi, adscendentes, diffusi, pilosi, teretes. *Folia* longè pinnata, petiolata, pilosa; *laciniis* linearibus, acutis, *inferioribus* simplicibus, abbreviatis, *superioribus* pinnatifidis aut lobatis. *Pedunculi* hirsuti, terminales, rigidi, erecti, mox arcuati, monocephali, semunciam et ultrà longi. *Capitula* turbinata, discoidea, multiflora. *Involucrum* pilosum, uniseriale; *foliolis* herbaceis, linearibus, obtusis, arctè appressis, flosculis et paleis receptaculi brevioribus. *Receptaculum* convexum; *paleis* cuneatis, membranaceis, apice laceris, acheniis et foliolis involucri multò longioribus. *Achænium* crassum, angulatum, striatum; *pappo* obliquo, irregulari, patente. *Corolla* infundibularis, aptera, glabra. *Flosculi centrales* steriles.

a. Involucrum.
b. Flosculus.
c. Achænium.

A. Involucrum, magnitudine auctum.
B. Flosculus, auctus, cum paleâ receptaculi.
C. Achænium, auctum.

POLYGAMIA SUPERFLUA.

TANACETUM.

Linn. Gen. Pl. 417. *Juss.* 184. *Gærtn. t.* 165.

Receptaculum nudum. *Pappus* submarginatus. *Involucrum* imbricatum, hemisphæricum. *Flosculi radii* obsoleti trifidi.

TABULA 855.

TANACETUM ULIGINOSUM.

Tanacetum foliis linearibus; inferioribus subunidentatis, pedunculis solitariis terminalibus unifloris. *Prodr. v.* 2. 167.

Santolina vermiculata cretica. *Tourn. Inst.* 461.?

In insulæ Cypri uliginosis, cum Junco bufonio. ⊙.

Herba glabra, erecta, palmaris aut minor. *Caules* subramosi, teretes, striati, basi angulati. *Folia* glabra, linearia, alterna, integra vel apice triloba; *suprema* semper integerrima. *Pedunculi* terminales, circiter 2 pollices longi, monocephali. *Capitulum* depressum, discoideum, multiflorum; *flosculis* involucro brevioribus. *Involucrum* patens, polyphyllum, glabrum, subtriseriale; *foliolis exterioribus* linearibus, obtusis, carnosis, vix marginatis, *proximis* oblongis, obtusissimis, membranaceis, dorso herbaceis, *intimis* similibus, omninò membranaceis, margine subdentatis et coloratis, in fructu patentissimis. *Receptaculum* subconvexum, glabrum, punctatum, epaleatum. *Flosculi radii* fœminei, *disci* omninò masculi, omnes tubulosi. *Achænium* sessile, teres, glabrum, striatum, *areolâ* conspicuâ basilari; margine interiore apicis in membranam oblongam, cucullatam corollæ longitudine, producto. *Corolla* lutea, tubulosa, medio constricta, apice 5-dentata fusca.

Planta hæc, a *Tanaceto* habitu diversissima, fortè generi novo *Plagio* referatur, non obstante achænio sessili.

a. Involucrum.
b. Flosculus.

A. Involucrum, magnitudine auctum.
B. Flosculus, magnitudine auctus, cum pappo suo.

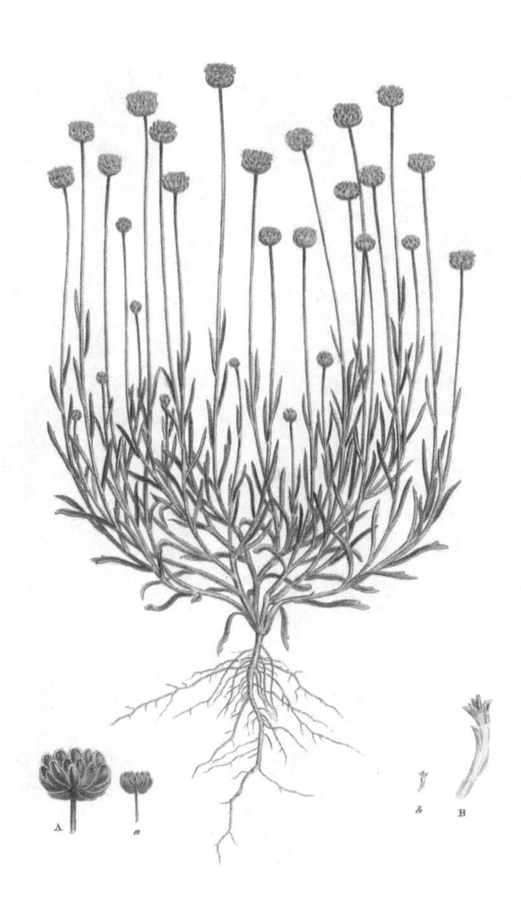

Tanacetum uliginosum

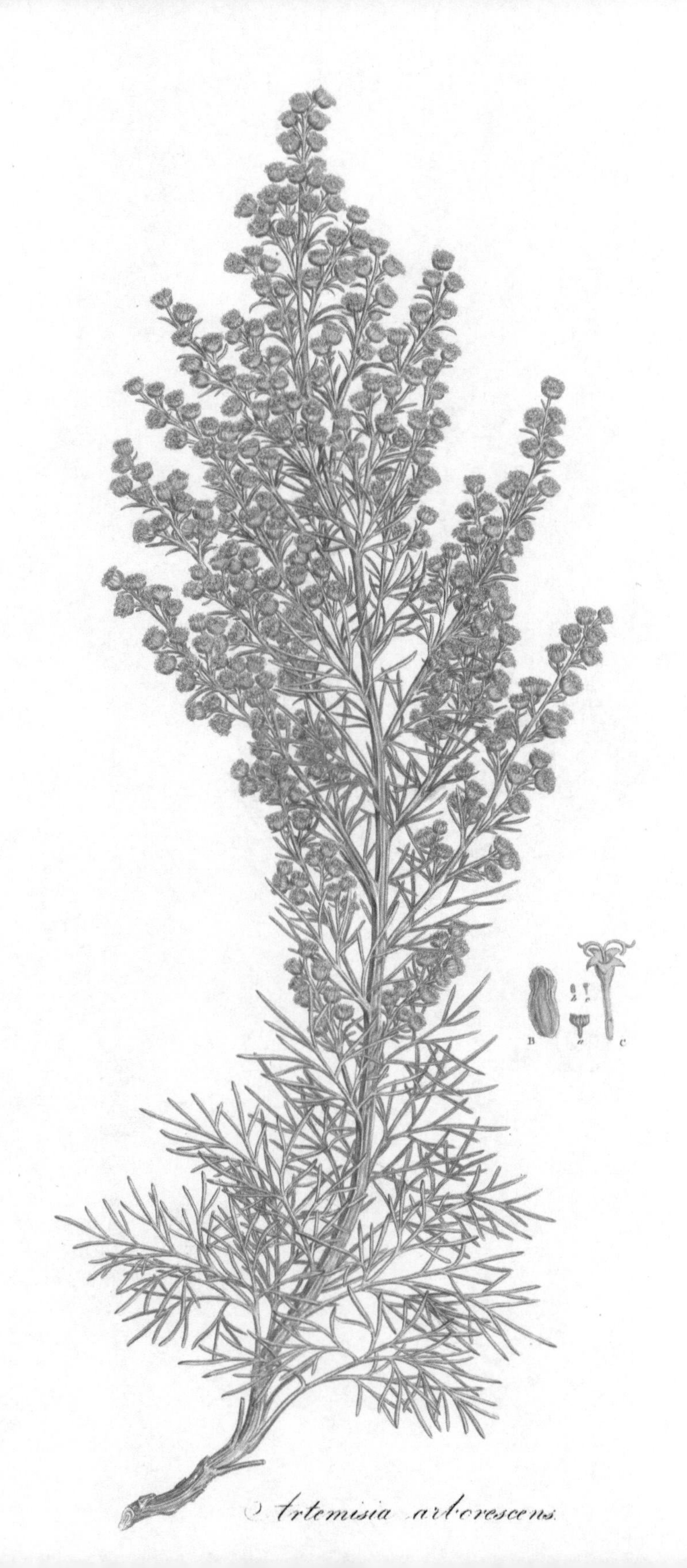

Artemisia arborescens.

ARTEMISIA.

Linn. Gen. Pl. 418. *Juss.* 184. *Gærtn. t.* 164.

Absinthium. *Gærtn. t.* 164.

Receptaculum subvillosum, vel nudiusculum. *Pappus* nullus. *Involucrum* imbricatum; *foliolis* rotundatis, arctè appressis. *Flosculi radii* tubulosi.

TABULA 856.

ARTEMISIA ARBORESCENS.

Artemisia fruticosa, erecta, foliis sericeis cinereis triternatis et tripinnatis: laciniis linearibus, capitulis solitariis cernuis racemosìm paniculatis, involucri foliolis basi villosis apice scariosis nitidis, corollis glabris.

A. arborescens. *Linn. Sp. Pl.* 1188. *Desf. Fl. Atl. v.* 2. 263. *Willden. Sp. Pl. v.* 3. 1820. *DeCand. Prodr. v.* 6. 121.

Absinthium arborescens. *Tourn. Inst.* 457.

Αρτεμισια, *Dioscorides.*

In insulâ Zacyntho, et in Archipelagi maritimis. ♄.

Omnes partes tomento incano vestiuntur. *Rami* ascendentes, striati, levitèr angulati. *Folia* densa, triternata et tripinnata; *laciniis* angustis, linearibus, obtusis. *Capitula* pisi magnitudine, in panicula laxa, foliosa, pedali disposita, solitaria, cernua, racemosa; *pedicello* brevi, tomentoso. *Involucrum* tomentosum, hemisphæricum; *foliolis interioribus* rotundatis, margine membranaceis, *exterioribus* linearibus, brevioribus, herbaceis. *Receptaculum* pilis rigidis, fragilibus, fuscis, flosculorum ferè longitudine, hispidum. *Achænium* obpyramidatum, punctis resinosis diaphanis nitidum. *Corolla* campanulata, glabra.

a. Involucrum.
B. Unum e foliolis involucri, magnitudine auctum.
C. Flosculus, valdè auctus.
b. Unum e foliolis involucri.
c. Flosculus.

GNAPHALIUM.

Linn. Gen. Pl. 419. *Juss.* 179.

Elichrysum. *Gærtn. t.* 166.

Receptaculum nudum. *Pappus* pilosus, seu plumosus. *Involucrum* imbricatum ; *foliolis* marginalibus rotundatis, scariosis, coloratis.

---

* *Chrysocoma.*

TABULA 857.

GNAPHALIUM STŒCHAS.

Gnaphalium caule fruticoso ramoso erecto, ramis virgatis tomentosis, foliis linearibus margine revolutis superioribus suprà glabratis, paniculâ contractâ cymosâ polycephalâ nudâ, capitulis ovato-oblongis cylindricisve breviter pedicellatis, involucri foliolis obtusis luteis margine laceris, exterioribus multò brevioribus.

G. Stœchas. *Linn. Sp. Pl.* 1193. *Willden. Sp. Pl. v.* 3. 1863.

G. italicum. *Roth. Catalect.* 1. 115.

Helichrysum angustifolium. *DeCand. Fl. Franç. Suppl.* 467. *Prodr. v.* 6. 183.

Elichrysum seu Stœchas citrina angustifolia. *Tourn. Inst.* 452.

Ελιχρυσον *Dioscorides.*

Καλοκοιμιθικις *hodiè.*

Δακρυα τας παναγιας *Cypr.*

In asperis et salebrosis Græciæ et Archipelagi, frequens. ♄.

Suffrutex erectus, ramosus, lanatus; partibus adultis incanis, novellis virentibus. *Rami* erecti, teretes; *ramuli* ascendentes, indivisi, basi densè, apice distantèr foliosi, in paniculam contractam cymiformem terminantes. *Folia* angusta, linearia, obtusa, margine revoluta; sursùm angustiora, acutiora, magìs distantia, minùs tomentosa, nunc ferè nuda. *Involucrum* ovato-campanulatum, densè imbricatum, scariosum, nitidum; *foliolis* obtusis, margine laceris, exterioribus multò brevioribus; *pedicello* brevissimo, lanato. Partes cæteræ in herbario Sibthorpiano periêre.

a. Involucrum.
B. Foliolum exterius, involucri, auctum.
d. Flosculus.
e. Receptaculum, involucro abscisso.
A. Involucrum, magnitudine auctum.
C. Unum ex interioribus, auctum.
D. Flosculus, auctus.

Gnaphalium Stoechas.

Gnaphalium orientale.

Gnaphalium arenarium.

TABULA 858.
GNAPHALIUM ORIENTALE.

GNAPHALIUM suffruticosum, undique lanatum, foliis lineari-lanceolatis obtusis basi angustatis supremis multò angustioribus acutis, corymbo terminali congesto, capitulis subrotundis, involucri foliolis obovatis rotundatis integerrimis.

G. orientale. *Linn. Sp. Pl.* 1195. *Willden. Sp. Pl. v.* 3. 1867.

Helichrysum orientale. *DeCand. Prodr. v.* 6. 183.

Helichrysum elongatum. *Mœnch. Meth.* 575.

Elichrysum Africanum frutescens, angustis et longioribus foliis incanis. *Comm. Hort. v.* 2. 109. *t.* 55.

Elichrysum orientale. *Tourn. Inst.* 453.

In insulâ Cretâ. ♄.

Caulis procumbens, fruticosus, densè foliosus. *Rami* ascendentes, pedales et sesquipedales, simplices, albo-lanati, apice corymbosi. *Folia* lineari-lanceolata, basi angustata, albo-lanata, *inferiora* densa, *superiora* distantia angustiora, *suprema* linearia obtusa. *Capitula* corymbosa, subrotunda, in ramulis corymbi simplicis solitaria. *Involucrum* glabrum, citrinum, imbricatum; *foliolis* obovatis, rotundatis, integerrimis, nunc fissis; *exterioribus* multò minoribus, *interioribus* angustioribus, unguiculatis; ungue cartilagineo.

a. Involucrum.
B. Unum e foliolis involucri, magnitudine auctum.
C. Flosculus cum pappo suo, auctus.
b. Unum e foliolis involucri.
c. Flosculus.
d. Receptaculum.

TABULA 859.
GNAPHALIUM ARENARIUM.

GNAPHALIUM herbaceum, caulibus simplicibus ascendentibus, foliis lanatis incanis radicalibus spathulato-lanceolatis patentibus caulinis lineari-lanceolatis erectis, capitulis in glomerulum sessilem simplicem aggregatis, involucri foliolis nitidis citrinis disco longioribus.

G. arenarium. *Linn. Sp. Pl.* 1195. *Willden. Sp. Pl. v.* 3. 1867.

Helichrysum arenarium. *DeCand. Fl. Franç. v.* 4. 132. *Prodr. v.* 6. 184.

Elichrysum seu Stœchas citrina latifolia. *Tourn. Inst.* 453.

In Olympi Bithyni cacumine. ♃.

Radix lignosa, ramosa, perennis, atrobrunnea, apice multiceps. *Caules* simplices, erecti, vix palmares, densissimè lanati, ad fastigium usque foliati. *Folia radicalia* patentia, obovata, obtusa, laxè lanata; *caulina* angustiora, obtusa, erecta, internodiis longiora; *suprema* capitula subinvolucrantia. *Capitula* 7—11, sessilia, subrotunda, in glomerulum sphæroideum aggregata. *Involucrum* scariosum, citrinum, nitens; *foliolis* obovatis, margine sæpiùs fissis, basi lanatis, flosculis longioribus.

In hac specie et præcedente cel. Candollius capitula in corymbum compositum disposita describit, et talia sunt omnia exemplaria mea spontanea ex Europâ australi; semper tamen simplicem in exemplaribus herbarii Sibthorpiani inveni. Dubius igitur hæreo an planta Græca revera huic speciei pertineat an *H. lavandulæfolio* Candollii.

a. Involucrum. A. Involucrum auctum.
b. Flosculus. B. Flosculus paulò auctus.

** *Argyrocoma.*

TABULA 860.

GNAPHALIUM VIRGINEUM.

Gnaphalium herbaceum, foliis spathulatis undique lanatis, caule paucifloro, squamis calycinis niveis opacis emarginatis. *Prodr. v.* 2. 170.

Helichrysum virgineum. *DeCand. Prodr. v.* 6. 177.?

In monte Athô. ♃.

Herba perennis, cæspitosa, palmaris, lanugine albâ obducta; *radice* ramosâ lignosâ. *Caules* simplices, ascendentes, capitula 1—3, sessilia, apice gerentes. *Folia radicalia* spathulata, crassiuscula, patula, sæpè dimidiam caulis longitudinem æquantia; *caulina* angustiora, appressa, sub capitulis evanescentia, densissimè lanata. *Capitula* sessilia, argentea, nitida, erecta, Cerasi sylvestris magnitudine. *Involucrum* globosum; *foliolis* oblongis, fissis, laxis, *exterioribus* patentibus, *interioribus* erectis, angustioribus, disco longioribus, ungue lineari, cartilagineo, villosissimo, rigido, erecto. *Receptaculum* convexum, areolatum. *Flosculi* omnes tubulosi, hermaphroditi. *Corolla* angustè infundibuliformis, glabra, 5-dentata. *Ovarium* teres, pubescens. *Pappus* corollæ longitudine, filiformis; *setis* scabris, apice paulò incrassatis.

Planta Orientalis, hoc nomine cel. Candollio insignita, fortè Græcâ differt foliolis involucri interioribus quam intermedia brevioribus, capitulis pedicellatis, foliisque caulinis subacutis.

a. Unum e foliolis involucri. A. Idem auctum.
b. Flosculus. B. Flosculus magnitudine auctus.
c. Receptaculum, involucro abscisso.

B b c a A

Gnaphalium virgineum.

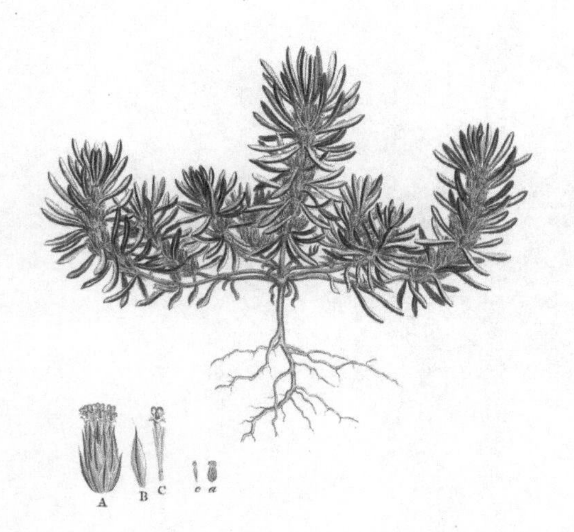

Gnaphalium supracanum.

*** *Filaginoidea.*

TABULA 861.

GNAPHALIUM SUPRACANUM.

GNAPHALIUM caulibus basi decumbentibus, foliis lineari-spathulatis carinatis: suprà lanatis, floribus axillaribus solitariis. *Prodr. v.* 2. 171.
G. cauliflorum. *Desf. Fl. Atl. v.* 2. 267. *Labillard. Dec. Plant. Syr.* 4. *t.* 2. *f.* 1.
G. spicatum. *Vahl. Symb. v.* 1. 70.
G. ægyptiacum. *Pers. Synops. v.* 2. 421.
G. Chrysocoma. *Poir. Suppl. v.* 2. 807.
G. Ruppelii. *Fresen. Mus. Senk.* 79. *t.* 4. *f.* 1.
Chrysocoma spicata. *Forsk. Ægypt. Cat.* 73. *n.* 433.
Ifloga Fontanesii. *Cassin. in Dict. d'Hist. Nat. v.* 23. 14.
Trichogyne cauliflora. *De Cand. Prodr. v.* 6. 266.

In arenosis maritimis Græciæ. ⊙.

Herba annua, pusilla, vix digitalis, erecta; *ramis* brachiatis, simplicibus, ramentaceis, arachnoideis, decumbentibus. *Folia* linearia, obtusiuscula, basi angustata, subtùs viridia, convexa, suprà concava arachnoideo-tomentosa, incana. *Capitula* axillaria, sessilia, solitaria, pauciflora, discoidea, ovato-oblonga, foliis duplò breviora. *Involucrum* seriebus pluribus imbricatum, mòx fuscum, scariosum; *foliolis* nitidis, ovatis, cuspidatis, *exterioribus* subdiaphanis, *interioribus* cartilagineis. *Receptaculum* parvum, margine vix paleolatum. *Achænia* circiter 6, marginalia, ovalia, acuta, glabra, calva. *Flores masculi* circiter 12 in disco; *corollâ* angustissimâ tubulosâ; *pappo* setiformi, apice plumoso.

a. Capitulum.
A. Idem, magnitudine auctum.
B. Unum e foliolis exterioribus involucri.
c. Flosculus masculus.
C. Flosculus masculus, cum pappo suo, auctus.

CONYZA.

Linn. Gen. Pl. 422. *Juss.* 180. *Gærtn. t.* 166.

Receptaculum nudum. *Pappus* simplex. *Involucrum* imbricatum, subrotundum. *Corollæ radii* trifidæ.

TABULA 862.

CONYZA SAXATILIS.

Conyza caule suffruticoso lanato, foliis amplexicaulibus lineari-lanceolatis undulatis dentatis suprà araneosis subtùs incanis, pedunculis elongatis aphyllis glabris lanatisve monocephalis, involucri foliolis linearibus obtusis glabris.

C. rupestris. *Linn. Mantiss.* 113. *Willden. Sp. Plant. v.* 3. 1933.

C. geminiflora. *Tenore Cat. Hort. Neapol.* 1819. *p.* 75.

Phagnalon Tenorii. *Presl. Fl. Sic. p.* xxix.

Phagnalon rupestre. *De Cand. Prodr. v.* 5. 396.

Elichrysum sylvestre latifolium, flore magno singulari. *Tourn. Inst.* 452.

In rupibus Græciæ et Archipelagi. ♄.

Caulis suffruticosus, erectus, lanatus, ramosus; *ramulis* apice monocephalis. *Folia* conferta, lineari-lanceolata, undulata, basi amplexicaulia, margine revoluto dentato; suprà viridia, arachnoidea, subtùs lanata, incana. *Pedunculi* terminales, digitales, filiformes, erecti, rigidi, araneosi, aphylli. *Involucrum* ovatum, imbricatum, glabrum; *foliolis* linearibus, obtusis, *extimis* minutis squamiformibus, *intimis* angustissimis. *Receptaculum* punctis elevatis scabrum, planum. *Corollæ radii* seriebus pluribus inserti, tenuissimi, abortientes, *stigmatibus* filiformibus exsertis; *disci* hermaphroditi, clavati, 5-dentati, tubo tenui glabro. *Achænium* teres, pilosiusculum, *areolâ* baseos dilatatâ; *pappo* uniseriali, piliformi, æquali, minutissimè scabro.

Phagnalon saxatile, seu *Conyza saxatilis,* Linn., differt foliis amplexicaulibus, involucrique foliolorum formâ.

a. Pars involucri, foliola extima exhibens.
B. Flosculus disci, auctus.
C. Achænium auctum.
b. Flosculus disci.
c. Achænium.
d. Receptaculum, foliolis involucri abscissis.

Conyza saxatilis.

Conyza pumila.

Conyza candida.

TABULA 863.

CONYZA PUMILA.

Conyza foliis spathulatis integerrimis revolutis tomentosis, caule suffruticoso decumbente, pedunculis elongatis unifloris. *Prodr. v.* 2. 173.

In cacumine montium Sphacioticorum Cretæ. ♄.

Caulis suffruticosus, ramosus, diffusus, lanatus. *Folia* obovata, obtusa, basi amplexicaulia, suprà araneosa, subtùs incana, margine revoluto dentato vel sæpius integerrimo. *Pedunculi* solitarii, terminales, filiformes, ascendentes, lanati, foliis multoties longiores, monocephali. *Involucrum* oblongum, vel ovatum, glabrum; *foliolis* linearibus, obtusis, apice subscariosis, dorso subherbaceis, cæterùm *Phagnalo rupestri* similibus.

Hæc planta a *Phagnalo rupestri* parùm differt. Folia obtusa, spathulata et capitula paulò minora vix discrimen certum præbent, nec majoris habenda sunt involucri foliola apice subscariosa. Meram varietatem istius speciei censeo a *Phagnalo pumilo* Candollii diversissimam.

a. Receptaculum. *b.* Flosculus disci. B. Idem, auctus.

TABULA 864.

CONYZA CANDIDA.

Conyza incano-tomentosa suffruticosa, foliis obtusis radicalibus cordato-ovatis crenato-dentatis longè petiolatis caulinis oblongis, capitulis subsessilibus solitariis, involucri foliolis exterioribus brevissimis.

C. candida. *Linn. Sp. Pl.* 1208.

C. verbascifolia. *Willden. Sp. Pl. v.* 3. 1924.

Inula candida α, verbascifolia. *De Cand. Prodr. v.* 5. 464.

C. verbasci foliis serratis. *Tourn. Inst.* 455.

Αρκτιον *Dioscorides? Sibthorp.*

Ψυλλοχορτον *hodiè in Cretâ.*

In Græciæ et insulæ Cretæ rupibus. ♄.

Caulis crassus, brevis, suffruticosus, lanatus, foliorum vestigiis squamatus, multiceps, quotannis *ramos* ascendentes, simplices, incano-tomentosos, pedales promens. *Folia* obtusa, tomento densissimo incano crasso obsita; *radicalia* s. *infima* ovata, subtùs reticulata, subcordata, crenato-dentata, longè petiolata; *caulina* ovalia, breviùs petiolata, subintegra; *suprema* subsessilia, integerrima. *Capitula* secus ramos axillaria, subsolitaria, sessilia v. pedunculata; *inferiora* foliis breviora; *superiora* æqualia. *Involucrum* ovatum, incano-tomentosum, disco æquale; *foliolis* imbricatis, teretibus, apice vix appendiculatis, *exterioribus* brevibus, crassioribus, recurvis, *intimis* acuminatis, linearibus, tenuibus, apice attenuatis, villosis. *Receptaculum* nudum, concavum, areolatum. *Achænia* teretia, angulata, glabra, truncata, setis quibusdam minutissimis conspersa; *pappi* setis 6, uniseriatis, distantibus, filiformibus, subasperis, basi paululùm dilatatis.

a. Involucrum. *b*. Foliola exteriora involucri.
B. Unum e foliolis exterioribus involucri, magnitudine auctum.
c. Flosculus. C. Flosculus, auctus.
d. Receptaculum, foliolis extimis tantùm receptaculi relictis.
e. Achænium. E. Achænium, auctum.

TABULA 865.

CONYZA LIMONIIFOLIA.

Conyza foliis elliptico-oblongis integerrimis tomentoso-incanis, floribus subcorymbosis, squamis calycinis foliaceis squarrosis. *Prodr. v.* 2. 174.
C. candida. *Willden. Sp. Pl. v.* 3. 1923.
Inula candida β, limoniifolia. *De Cand. Prodr. v.* 5. 464.
C. cretica fruticosa folio molli candidissimo et tomentoso. *Tourn. Cor.* 33.
Jacobæa cretica incana integro limonii folio. *Barrel. Ic. t.* 217.

In Cretæ et Græciæ rupibus. ♄.

Caulis suffruticosus, procumbens, lignosus, multiceps, foliorum vestigiis squamosus, lanugine parcâ in parte vetustiore obductus; *ramis* annuis, albo-tomentosis, ramulosis. *Folia* integerrima, obtusa, tomento cinereo tenuiore obsita; *inferiora* s. radicalia ovalia, longè petiolata, basi angustata, subtùs parùm venis elevatis reticulata; *caulina* multò angustiora et breviùs petiolata, ramulorum longitudine. *Capitula* solitaria et axillaria, ovata, vel oblonga, sessilia et pedunculata. *Involucri foliola* squarrosa, linearia, plana, apice foliacea; *extima* interiorum longitudine; *intima* cartilaginea, acuta, linearia, apice villosa. *Achænia* teretia, striata, truncata, glabra, versus apicem setulis minutis obsita; *pappi* setis 10, scabris, uniseriatis, filiformibus.

Hanc speciem cum *C. candida* conjunxit cel. Candollius. Caules tamen ramulosi, folia integra ovalia, tomento cinereo, nec candido, tenuiore obducta, involucra squarrosa, achænia, denique pappi setæ discriminis notarum copiam suppetere videntur.

a. Involucrum. *b*. Foliola involucri.
c. Flosculus disci. C. Idem, magnitudine auctus.

Conyza limonifolia.

Erigeron graveolens.

ERIGERON.

Linn. Gen. Pl. 422. *Juss.* 180. *Gærtn. t.* 170.

Receptaculum nudum. *Pappus* pilosus. *Corollæ* radii lineares, angustissimæ.

TABULA 866.

ERIGERON GRAVEOLENS.

Erigeron annuum, erectum, ramosissimum, viscoso-pilosum, foliis linearibus, capitulis terminalibus et axillaribus sessilibus, involucro squarroso paucifloro, ligulis linearibus revolutis, receptaculo alveolato.

E. graveolens. *Linn. Sp. Pl.* 1210. *Willden. Sp. Pl. v.* 3. 1952.

Solidago graveolens. *Lamarck. Fl. Franç. v.* 2. 145.

Inula graveolens. *Desf. Cat. ed.* 2. *p.* 121. *De Cand. Prodr. v.* 5. 468.

Virga aurea minor, foliis glutinosis et graveolentibus. *Tourn. Inst.* 484.

Κονυζα μικρα *Dioscorides.*

Ψυλλιστρα *hodiè.*

In Græciâ, Asiâ minore, et Archipelagi insulis, frequens. ⊙.

Herba annua, sex usque ad octodecim pollices alta; *radice* perpendiculari, fibrosâ. *Caulis* erectus, ramosus, percurrens, levitèr sulcatus, pallidè virens, pilis glandulisque viscidis obsitus. *Folia* paritèr pilosa et glandulosa, linearia, patula, integerrima. *Capitula* secus ramulos terminalia et axillaria, sessilia, aut pedunculis brevibus densè foliatis insidentia, foliis multò breviora. *Involucrum* ovatum, imbricatum, polyphyllum; *foliolis exterioribus* herbaceis, squarrosis, glanduloso-pilosis, *interioribus* lineari-lanceolatis, acutis, margine membranaceis, discum superantibus. *Receptaculum* parvum, conicum, altè alveolatum; *alveolarum* marginibus dentatis. *Flosculi radii* lineares, reflexi, apice tridentati, steriles; *disci* angusti, infundibulares, 5-dentati: *antheris* basi bisetosis. *Achænia* conformia, teretia, pilosa, basi angustata, apice truncata et margine annulari cincta. *Pappus* piliformis, asper, paulò inæqualis, serie simplici margine annuli insertus.

Planta hæc vulgatissima Linnæo *Erigeronti*, Lamarckio *Solidagini*, Candollio aliisque *Inulæ* adscripta, nulli reverâ, aut habitu aut structurâ, respondet. *Inulæ* proxima est, sed habitu alieno et receptaculo altè alveolato, quasi paleato, segregatur. Sit nomen *ALUNIA*, *Inulæ* anagramma.

a. Involucrum. A. Idem, auctum.
b. c. Flosculi. B. C. Idem, aucti.
d. Achænium. D. Idem, magnitudine auctum; pappo nimìs plumoso.

TABULA 867.
ERIGERON UNIFLORUM.

Erigeron caule ascendente simplici monocephalo, involucri hemisphærici villosissimi foliolis linearibus acutissimis, radio involucro breviore, pappo duplici exteriori rigido ramentaceo, receptaculo alveolato.

E. uniflorum. *Linn. Sp. Pl.* 1211. *Willden. Sp. Pl. v.* 3. 1960.

E. alpinum, var. γ. *De Cand. Prodr. v.* 5. 291.

Aster atticus cæruleus minor. *Tourn. Inst.* 481.

In Olympo Bithyno. ♃.

Radix lignosa, perennis, fibrosa, atro-castanea, apice in ramulos quosdam gemmiferos divisa. *Caulis* digitalis, ascendens, pilosus, simplicissimus, apice monocephalus. *Folia* lineari-spathulata, pilosa, obtusa, vix rotundata, superiora linearia sessilia, capitulum ipsum attingentia. *Capitulum* erectum, hemisphæricum, multiflorum, radiatum. *Involucrum* erectum, villosissimum; *foliolis* linearibus, acutatis, seriebus pluribus imbricatis. *Ligulæ* roseæ, angustissimæ, revolutæ, involucro breviores, seriebus pluribus ordinatæ. *Receptaculum* convexum, nudum, alveolatum; *alveolorum* marginibus continuis, carnosis, rugosis. *Achænia* conformia, subtetragona, pilosa, basi annulata, disci longiora; *pappo* duplici, *exteriore* brevissimo, e ramentis pluribus acutissimis inæqualibus, *interiore* æquali, piliformi, uniseriato, scabro.

E speciebus quibusdam Asteroideis Indiæ orientalis montium incolis genus suum *Heterochætam* constituit cel. Candollius. Huic generi pertinent procul dubio *Erigeronta alpinum, uniflorum,* et alia, paritèr pappo duplici donata. Sed in omnibus his pappus exterior sic dictus nihil aliud videtur quam achænii pili ramentacei superiores in circulum ordinati. Vix igitur talis character, qui prætereà in aliis Erigerontibus communis est, ad genera condenda idoneus habeatur.

a. b. Flosculi. A. B. Flosculi, magnitudine aucti.

Erigeron uniflorum.

Senecio crassifolius.

SENECIO.

Linn. Gen. Pl. 424. *Juss.* 181. *Gærtn. t.* 166.

Jacobæa. *Gærtn. t.* 170.

Receptaculum nudum. *Pappus* simplex. *Involucrum* cylindricum, bracteolatum ; *foliolis* apice sphacelatis.

TABULA 868.

SENECIO CRASSIFOLIUS.

SENECIO caule ramosissimo brachiato, foliis carnosis auritis inferioribus pinnatifidis laciniis subtrilobis supremis indivisis, pedunculis corymbosis elongatis filiformibus nudiusculis, foliolis involucri vix sphacelatis, ligulis 8—10 revolutis involucro longioribus, receptaculo post anthesin incrassato clypeato.

S. crassifolius. *Willden. Sp. Plant. v.* 3. 1982. *De Cand. Prodr. v.* 6. 344.

Jacobæa maritima, Senecionis folio crasso et lucido, massiliensis. *Tourn. Inst.* 486.

In insulæ Cypri maritimis. ⊙.

Herba annua, glabra, spithamæa et major. *Caulis* erectus, ramosissimus, angulatus ; *ramis* brachiatis, corymbosis. *Folia* subcarnosa, aurita, amplexicaulia ; *inferiora* pinnatifida, laciniis sæpiùs tridentatis, *suprema* indivisa. *Pedunculi* filiformes, arcuatìm ascendentes, squamulis aliquot acutissimis sparsè vestiti. *Involucrum* cylindraceum, basi bracteolis subulatis paucis calyculatum ; *foliolis* acutissimis, apice viridibus, nec sphacelatis, post anthesin rigescentibus et receptaculo grandefacto in conum conniventibus. *Ligulæ* 8—10, luteæ, involucri longitudine, revolutæ. *Receptaculum* concavum, punctatum, glabrum, post lapsum achæniorum in clypeum magnum suberosum dilatatum. *Achænia* teretia, striata, cinerea, pilosa ; pube defrictâ castanea.

Exemplaria hujus speciei in herbario Sibthorpiano conservata autumnalia videntur, et Willdenovii characteri malè respondent. An huic speciei reverâ pertinent, an alteri, planè nescio.

TABULA 869.
SENECIO TRILOBUS.

Senecio caule annuo erecto sparsè piloso, foliis amplexicaulibus radicalibus lyratis denticulatis lobis rotundatis; superioribus pinnatifidis lobis distantibus æqualibus crispato-dentatis, involucro bracteolato sphacelato post fructum reflexo, ligulis linearibus revolutis.

S. trilobus. *Prodr. v.* 2. 178. nec *Linn. Herb.*

S. vernalis. *Waldst. et Kit. Pl. rar. Hung. v.* 1. 23. *t.* 24. *Willden. Sp. Plant. v.* 3. 1988. *De Cand. Prodr. v.* 6. 345.

In Peloponneso. ⊙.

Herba annua, erecta, pedalis et sesquipedalis; *radice* parvâ, fibrosâ. *Caulis* subangulatus, parùm ramosus, basi subvillosus, cæterùm pilis quibusdam sparsis vestitus; *ramis* longis, rectis, corymbosis, apice polycephalis. *Folia* tenera, pilosiuscula, amplexicaulia, crispato-denticulata; *inferiora* lyrata, lobis rotundatis, terminali majore; *superiora* oblonga, pinnatifida, lobis distantibus subæqualibus, sæpè tridentatis; *suprema* multò minora, ovata, apice subulata, subpectinata. *Pedunculi* squamulis quibusdam subulatis apice sphacelatis bracteolati, sub involucro frequentioribus. *Involucrum* glabrum, conicum, foliolis apice sphacelatis, post fructum reflexis. *Ligulæ* 8, luteæ, recurvæ, involucro breviores. *Receptaculum* nudum, convexum, punctatum. *Achænia* teretia, striata, incano-pilosa.

S. trilobus Linnæi, cui hanc speciem adscripsit cel. Smithius, planta est ab exemplaribus in herbario Sibthorpiano conservatis diversa, foliis inferioribus obovatis, obtusis, serratis tantùm nec lobatis, caulinis paulò latioribus, magis amplexicaulibus, subtrilobis, supremis oblongis sinuatis, dentatis, sed minimè crispatis; cum icone hujus operis meliùs quadrat. An icon et exemplaria eadem sint an aliena, vix dicerem; hæc saltèm *S. vernali* Waldst. certissimè pertinent.

A. Foliola quædam involucri, magnitudine aucta. B. C. Flosculi, aucti.
d. Capitulum fructiferum, involucro reflexo.

TABULA 870.
SENECIO FRUTICULOSUS.

Senecio corollis radiantibus, foliis obovatis dentato-serratis petiolatis glabris, caule ramosissimo, ramis paucifloris. *Prodr. v.* 2. 178.

S. fruticulosus. *De Cand. Prodr. v.* 6. 355.

Senecio trilobus.

Senecio fruticulosus.

Cineraria maritima.

In montibus Cretæ Sphacioticis elatioribus. ♄.

Herba staturâ variâ, nunc digitalis nunc spithamæa; *caulibus* ramosis, glabris, gracilibus, basi frutescentibus, apice in pedunculis erectis desinentibus. *Folia* glabra, obovata, obtusa, grossè et æqualitèr dentata, in petiolum angustata. *Pedunculi* solitarii aut geminati, terminales, foliis longiores, monocephali, bracteolis paucis distantibus subulatis squamati. *Involucrum* subcylindricum, glabrum, apice sphacelatum, basi bracteolis quibusdam brevibus subulatis paritèr apice sphacelatis stipatum; post fructum laxè patens, receptaculo parùm dilatato. *Ligulæ* in capitulis plantarum pygmæarum 6—7, in aliis solo pinguiori nascentibus 14, planæ, luteæ, radiatìm patentes, involucri longitudine. *Achænia* teretia, striata, testacea, minutè pubescentia, nullo modo cinerea.

a. Involucrum. *b. c.* Flosculi.
d. Receptaculum. *e.* Achænium.

CINERARIA.

Linn. Gen. Pl. 426. *Juss.* 181. *Gærtn. t.* 170.

Receptaculum nudum. *Pappus* simplex. *Involucrum* simplex, polyphyllum, æquale.

TABULA 871.

CINERARIA MARITIMA.

Cineraria caulibus erectis basi suffruticosis ramosis cum paginâ foliorum inferiore et involucris densè incano-tomentosis, foliis pinnatifidis suprà cæsiis araneosis vel glabriusculis: laciniis 5—6 utrinque pinnatifidis trilobisque lobis subtriangularibus, corymbo composito paniculato, capitulis aggregatis, ligulis 10—12 ovalibus emarginatis planis involucri longitudine.

C. maritima. *Linn. Sp. Pl.* 1244. *Willden. Sp. Pl. v.* 3. 2085.
Senecio Cineraria. *De Cand. Prodr. v.* 6. 355.
Jacobæa maritima. *Tourn. Inst.* 486.

In insulâ Rhodo. ♄.

Exemplaria hujus speciei Herbario Sibthorpiano desunt.

a. Involucrum. *b. c.* Flosculi.
C. Flosculus disci magnitudine auctus.

TABULA 872.

CINERARIA ANOMALA.

Cineraria floribus paniculatis, radio uniflosculoso, foliis pinnatifidis inciso-serratis acutis glabris. *Prodr. v.* 2. 179.

Senecio Othonnæ. *Bieb. Fl. Taurico-cauc. Suppl. No.* 1725. *De Cand. Prodr. v.* 6. 351.

Jacobæa Othonnæ. *Meyer Enum. Plant. Casp. No.* 682.

Cacalia pinnata. *Willden. Enum.* 580, *in notâ.*

In monte Athô. ♃.

Caulis erectus, glaber, pennam cygneam crassus, striatus. *Folia* alterna, sessilia, pinnata, glabra; *inferiora* pedalia, sub 9-juga cum impare, pinnis ovato-lanceolatis, inciso-serratis, decurrentibus, basi subtus pubescentibus; *superiora* pinnis lineari-lanceolatis; *suprema* lanceolata, inciso-serrata, acuminata, basi tantùm pinnata. *Capitula* numerosa, in corymbum nunc pedem ferè latum disposita; *pedunculis* tomentosis, sparsè bracteolatis. *Involucrum* tomentosum, pentaphyllum; *foliolis* obovato-oblongis, erectis, margine glabris, corollis disci duplò brevioribus. *Flosculus radii* solitarius, angustus, apice obsoletè dentatus, fœmineus, tubo pappo breviore; *disci* 5—6, glabri, pappo longiores, stigmatibus intra tubum antherarum ferè inclusis, apice truncatis. *Achænia* obconica, tomentosa. *Pappus* capillaris, inæqualis, subasper.

a. Capitulum cum ligula.
b. Ligula seorsìm visa.
c. Corolla disci.
d. Involucrum, achæniis delapsis.
e. Achænium maturum.

Cineraria anomala.

Inula Helenium.

Inula dentata.

INULA.

Linn. Gen. Pl. 426. *Juss.* 180. *Gærtn. t.* 170.

Receptaculum nudum. *Pappus* simplex. *Antheræ* basi in setas duas desinentes.

TABULA 873.

INULA HELENIUM.

Inula caule erecto tomentoso, foliis argutè dentatis rugosis acutis subtùs velutinis: radicalibus longè petiolatis caulinis amplexicaulibus oblongis, pedunculis paucis rigidis terminalibus foliis brevioribus, involucri foliolis foliaceis latè ovatis obtusis squarrosis, radiis filiformibus longissimis.

I. Helenium. *Linn. Sp. Pl.* 1236. *Eng. Bot. t.* 1546. *De Cand. Prodr. v.* 5. 463.
Aster Helenium. *Scopol. Fl. Carn. No.* 1078.
Aster officinalis. *Allion. Fl. Pedemont. No.* 705.
Corvisartia Helenium. *Mérat. Fl. Paris. ed.* 2. *v.* 2. 261.
Aster omnium maximus, Helenium dictus. *Tourn. Inst.* 483.
Ἑλένιον *Dioscoridis.*

In depressis humidis Thessaliæ, haud longè a Thessalonicâ. ♃.

Deest in Herbario Sibthorpiano.

a. Unum e foliolis involucri exterioribus. *b.* Unum ex interioribus, appendice suâ sphacelatâ.
c. Flosculus radii. *d.* Flosculus disci.
e. Achænium.

TABULA 874.

INULA DENTATA.

Inula erecta, ramosissima, foliis semi-amplexicaulibus lanceolatis acuminatis dentatis pubescentibus, pedunculis terminalibus solitariis tomentosis, capitulis hemisphæricis, involucri foliolis subulatis apice villosis, radii ligulis linearibus revolutis involucri longitudine.

I. dentata. *Prodr. v.* 2. 181. *De Cand. Prodr. v.* 5. 480.
I. uliginosa. *Stev. in De Cand. Prodr. v.* 5. 478?
I. pulicaria β. *Linn. Sp. Pl.* 1238??
Inula. *Bové Plant. exsicc. No.* 441.

In insulâ Cretâ. ♃.?

Herba viridis, pedalis, erecta, pubescens. *Caulis* teres, striolatus, a basi ramosus. *Folia* lanceolata, acuminata, amplexicaulia, undulata, dentata; *suprema* lineari-lanceolata, integra. *Capitula* solitaria in apice ramulorum; *pedunculis* 2—3-pollices longis, tomentosis, nudis, aut medio bracteolatis. *Involucrum* hemisphæricum, pilosum; *foliolis* subulatis, pluriseriatis, interioribus apice membranaceis villosis. *Receptaculum* planum, glabrum. *Corollæ radii* numerosæ, ligulatæ, lineares, luteæ, revolutæ, involucri longitudine; *disci* tubulosæ, apice barbellatæ. *Antheræ* basi bisetosæ. *Achænia* teretia, angulata, apice pilosa. *Pappus* duplex; *exterior* coroniformis, brevis, lacerus, *interior* multisetosus, inæqualis, scaber.

Si cel. Stevenius sub nomine suo *Inulæ uliginosæ* plantam e collectione orientali Boveanâ sub numero 441 divulgatam indicare voluerit, tunc species nostra certissimè synonyma est.

a. Involucrum. *b.* Flosculus radii. *c.* Disci.
d. Receptaculum. *e.* Achænium.

TABULA 875.

INULA SQUARROSA.

Inula caule erecto corymboso basi pubescenti-scabro, foliis semiamplexicaulibus oblongis rigidis reticulatis glabris margine cartilagineo-denticulatis, involucri foliolis squarrosis inferioribus ovatis apice foliaceis obtusis.

I. squarrosa. *Prodr. v.* 2. 182. nec *Linn.*
I. spiræifolia. *Linn. Sp. Pl.* 1238. *De Cand. Prodr. v.* 5. 467.
I. Bubonium. *Jacq. Fl. Austr. Append. t.* 19.
Aster Bubonium. *Scop. Carn. No.* 1083. *t.* 58.
Aster conyzoides odoratus luteus. *Tourn. Inst.* 483.

In Asiâ minore. ♃.

Caulis glaber, erectus, teres, corymbosus, apice angulatus, basi ramulosus. *Folia* oblonga, alterna, sessilia, semiamplexicaulia, reticulata, glabra, cartilagineo-dentata, supremis et inferioribus conformibus. *Capitula* in apice ramorum corymbi solitaria, foliis

Inula squarrosa.

Bellis annua.

proximè suffulta et ideò sessilia. *Involucra* squarrosa; *foliolis* margine tomentoso-ciliatis, *exterioribus* ovatis, apice foliosis, patulis, *interioribus* longioribus, linearibus, erectis. *Ligulæ* numerosæ, lineares, luteæ, patentes, involucro longiores; *achænio* abortienti, pappo capillari tantùm coronato. *Flosculi disci* glabri, pappo paritèr simplici capillari æquales; *achænio* tereti, striato, glabro. *Receptaculum* planum, glabrum.

Inulæ veræ *squarrosæ* Linnæi nulla certa exemplaria in herbario suo invenio. *Inula* sua *spirææfolia* nostræ speciei omninò respondet, nisi quod minor est et minùs corymbosa.

a. Involucrum cum bracteis duabus foliaceis. *b*. Ligula radii.
c. Flosculus disci. *d*. Receptaculum.
e. Achænium.

BELLIS.

Linn. Gen. Pl. 429. *Juss.* 183. *Gærtn. t.* 168.

Receptaculum nudum, conicum. *Pappus* nullus. *Involucrum* hemisphæricum; *foliolis* æqualibus. *Achænia* obovata.

TABULA 876.
BELLIS ANNUA.

Bellis caule pilosiusculo basi ramoso diffuso, foliis obovatis grossè dentatis in petiolum ciliatum angustatis, involucri foliolis oblongis obtusis, ligulis basi barbatis, achæniis pubescentibus.

B. annua. *Prodr. v.* 2. 184. nec *Linn. Sp. Pl.* 1249.
B. dentata. *De Cand. Prodr. v.* 5. 304.
Bellium dentatum. *Vivian. Fragment. p.* 8. *t.* 10. *f.* 2.
Bellium bellidioides. *Desf. Fl. Atlant. v.* 2. 279. non Linn.
B. minima annua. *Tourn. Inst.* 491.

In Cretæ, Cypri, Cariæ, et Peloponnesi maritimis. ☉.

Caulis tener, digitalis, ramosus, diffusus, sparsè pilosus. *Folia* obovata, grossè dentata, tenera, ferè glabra in exemplare solitario herbarii Sibthorpiani, pilosa tamen in icone Baueri, in petiolum ciliis ramentaceis fimbriatum angustata. *Pedunculi* terminales, pubescentes, 2—3 pollices longi, monocephali. *Involucrum* hemisphæricum, glabrum; *foliolis* circiter 10, oblongis, obtusis, ciliatis. *Ligulæ* albæ, lineares, tridentatæ, basi pilis circumdatæ. *Corollæ disci* obconicæ, glabræ, genitalibus longiores. *Achænia* obovata, lenticularia, pubescentia. *Receptaculum* conicum, glabrum.

a. A. Ligulæ, barbam ostendentes, quæ notam certam inter hanc speciem præbent et *B. annuam* Linnæi.

CHRYSANTHEMUM.

Linn. Gen. Pl. 432. *Juss.* 183. *Gærtn. t.* 168.

Receptaculum nudum. *Pappus* nullus. *Involucrum* hemisphæricum, imbricatum ; *foliolis* marginalibus membranaceis.

TABULA 877.
CHRYSANTHEMUM CORONARIUM.

Chrysanthemum annuum, glabrum, caule erecto ramoso subcorymboso, foliis sessilibus bipinnatifidis auriculatis: laciniis apice dilatatis inciso-serratis, ramis apice nudis monocephalis, involucri campanulati foliolis omnibus margine scariosis.

C. coronarium. *Linn. Sp. Pl.* 1254. *Willden. Sp. Pl. v.* 3. 2149. *De Cand. Prodr. v.* 6. 64.

Matricaria coronaria. *Desrouss. in Lam. Dict. v.* 3. 737.

Ch. foliis matricariæ. *Tourn. Inst.* 491.

Χρυσάνθεμον *Dioscoridis.*

Τζιτζιμβόλα *hodiè.*

Μανταλίνα *in Archipelago.*

Ad pagos et margines viarum Græciæ, ut et insularum vicinarum, frequens. ⊙.

Periit in herbario Sibthorpiano.

a. Involucrum. *b*. Unum e foliolis involucri.
c. Corolla ligularis. *d*. Corolla disci.
e. Receptaculum. *f*. Achænium.
F. Achænium, magnitudine auctum, alam internam ostendens.

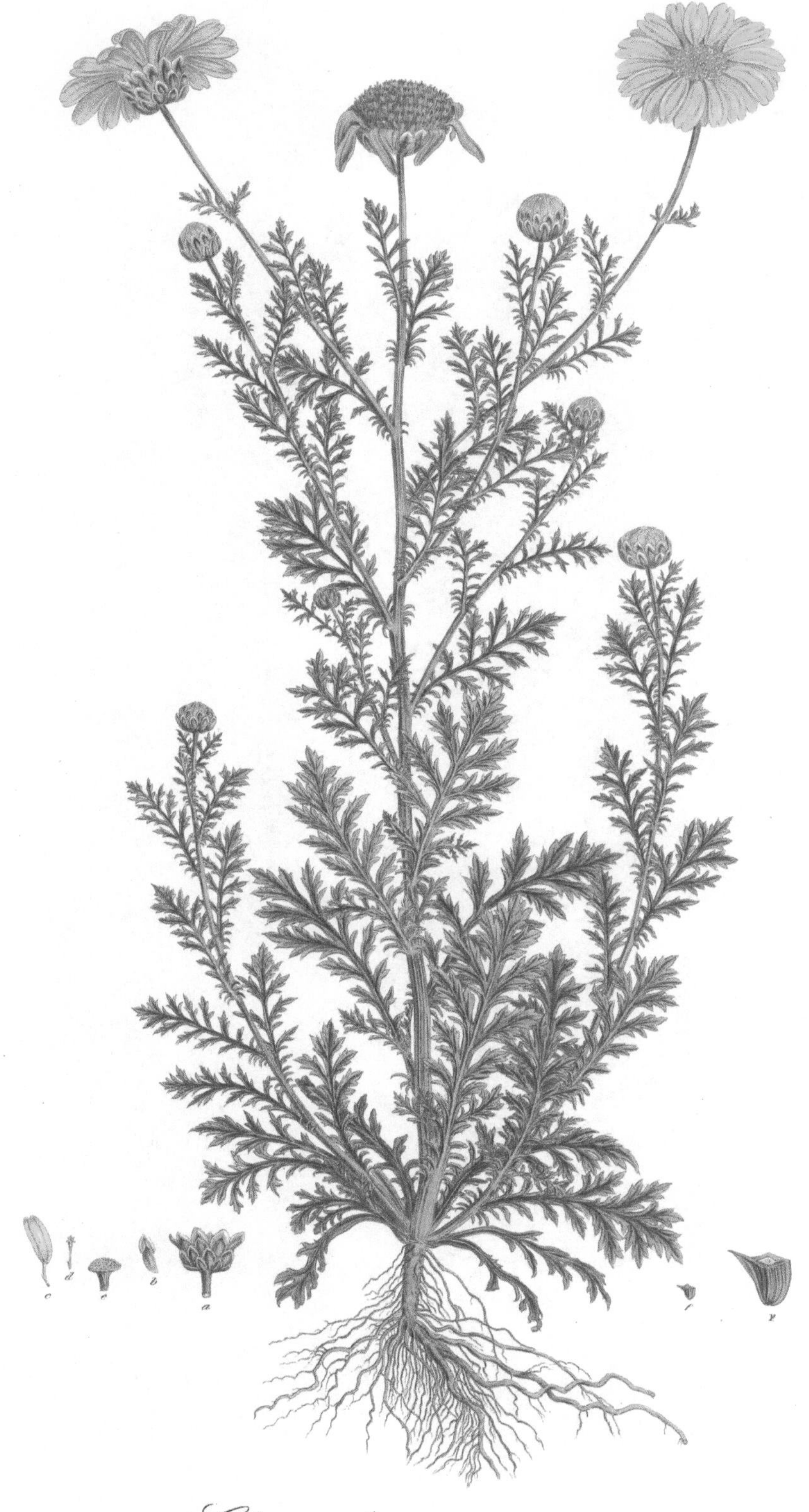

Chrysanthemum coronarium.

Cotula aurea.

COTULA.

Linn. Gen. Pl. 433. *Juss.* 184. *Gærtn. t.* 165.

Receptaculum subnudum. *Pappus* marginatus. *Corollæ* disci 4-fidæ, radii ferè nullæ.

TABULA 878.
COTULA AUREA.

Cotula foliis sessilibus bipinnatis: laciniis filiformibus mucronatis, ramis apice nudis monocephalis, corollis radii ovatis apice integris involucro brevioribus disci 5-dentatis, achæniis rugosis compressis triquetris marginatis pappo membranaceo coronatis.

C. aurea. *Prodr. v.* 2. 187. nec *Linn. Sp. Pl.* 1257.

In Asiæ minoris ruderatis. ⊙.

Omni parte glabra. *Caulis* erectus, ramosus, sesquipedalis, angulatus, pallidè viridis; *ramis* patentibus, apice nudis monocephalis, superioribus corymbosis. *Folia* fœniculacea, amplexicaulia, bipinnata, internodiis breviora; *laciniis* capillaribus, mucrone apiculatis. *Capitula* solitaria, hemisphærica, discoidea, lutea; *pedunculis* gracilibus, aphyllis. *Involucrum* imbricatum; *foliolis* membranaceo-marginatis, exterioribus ovatis, intimis obovatis. *Flosculi radii* fœminei, involucro breviores: corollâ ovatâ, tubulosâ, stigmatibus truncatis multò breviore; *disci* hermaphroditi: corollâ infundibulari, 5-dentatâ, laciniis apice callosis, tubo utrinque alato basi haud calcarato. *Stylus* basi bulbosus, brachiis suis truncatis, apice papillosis. *Achænia* glabra, sessilia, atra, rugosa, cuneata, triquetra, dorso convexa, angulis marginatis, radii sæpiùs abortientia; *pappo* membranaceo, coroniformi. *Receptaculum* convexum, punctis elevatis, nempè achæniorum pedicellis, scabrum.

Hanc plantam a *Cotula aurea* herbarii Linnæani diversam invenio flosculis radii corollam gerentibus, discoideis tubo ecalcarato limboque 5-dentato, necnon achæniis omnibus sessilibus, et pappo membranaceo coronatis. *Tanaceto Plagiove* propior videtur, sed fortè generis novi typus. *C. aurea* Linnæi vera est *Cotula* secundum limites Candollii.

a. A. Corolla disci, magnitudine naturali et aucta.

TABULA 879.

COTULA COMPLANATA.

Cotula foliis pinnato-setaceis multifidis, floribus flosculosis hemisphæricis, receptaculo conico, caulibus ascendentibus. *Prodr. v.* 2. 187.

C.? complanata. *De Cand. Prodr. v.* 6. 81.

In insulâ Cypro et monte Athô. ⊙.

Mera est varietas præcedentis, aut solo sterili nata aut pecoribus depasta, ideòque diffusa, omnibus partibus foliaceis magìs contractis. Discrimen haud levissimum inter capitula duarum inveniendum est.

a. Involucrum, flosculis ademptis. *b.* Idem, receptaculo viso.
c. C. Flosculus disci, magnitudine naturali et auctus.

ANTHEMIS.

Linn. Gen. Pl. 434. *Juss.* 185. *Gærtn. t.* 169.

Receptaculum paleaceum. *Pappus* nullus, s. margo membranaceus. *Involucrum* hemisphæricum, subæquale. *Flosculi* radii plures quam 5.

---

* *Radio discolore sæpiùs albo.*

TABULA 880.

ANTHEMIS COTA.

Anthemis caule erecto villoso apice ramoso, foliis spathulatis sessilibus bipinnatis: laciniis palmatìm approximatis acuminatis apice spinosis, capitulis subsessilibus, involucri foliolis ovatis acuminatis receptaculique paleis cartilagineis cuneatis apice spinosis.

A. Cota. *Linn. Sp. Pl.* 1259.

In agro Messeniaco. ⊙.

Cotula complanata.

Anthemis Cota.

Anthemis altissima.

Caulis erectus, ramosus, glaber vel levitèr pubescens, præsertìm apicem versus angulatus. *Folia* sessilia, pilosa, angusta, obtusa, bipinnata; *laciniis* approximatis, linearibus, incisis, apice callosis setaceo-aristatis. *Capitula* terminalia, solitaria, brevipedunculata, hemisphærica. *Involucrum* tomentosum, pluribus seriebus imbricatum; *foliolis* ovatis, acuminatis, interioribus angustioribus, apice spinosis. *Flosculi radii* albi, 12—13, cuneati, apice in laciniis 3—5 inæqualitèr fissi, involucro longiores; *achænio* compresso, glabro, margine pappi loco membranaceo. *Flosculi disci* tubulosi, hermaphroditi; *tubo* pone basin obsoletè alato; *achænio* glabro, calvo. *Receptaculi paleæ* cartilagineæ, cuneatæ, margine membranaceæ, apice spinosæ, flosculorum longitudine.

a. Involucrum. *b*. Corolla radii.
c. Flosculus disci. C. Flosculus idem, magnitudine auctus.

TABULA 881.

ANTHEMIS ALTISSIMA.

Anthemis caule erecto ramoso angulato apice nudo elongato monocephalo, foliis circumscriptione oblongis sessilibus pinnatis: laciniis inferioribus subulatis, intermediis pectinatis, supremis linearibus obtusis serratis, involucri foliolis pubescentibus ovatis acuminatis vel apice rotundatis membranaceis, paleis receptaculi abruptè spinoso-cuspidatis.

A. altissima. *Prodr. v.* 2. 188. nec auctorum.

A. austriaca. *Jacq. Fl. Austr. t.* 444. *De Cand. Prodr. v.* 6. 11.

A. macrantha. *Heuffel in Florâ* 1833. *No.* 23.

In Peloponnesi agris. ⊙.

Caulis erectus, pilosus, sulcatus, dichotomus. *Folia* subrotunda, pubescentia, sessilia, bipinnata; *laciniis* distantibus, linearibus, serratis, integrisque, apice setaceis. *Capitula* solitaria, erecta, in pedunculum longum, striatum, nudum insidentia. *Involucrum* imbricatum, hemisphæricum, pubescens; *foliolis* ovatis, acuminatis, interioribus apice rotundatis, membranaceis, scariosis. *Corollæ radii* albæ, oblongo-lineares, apice denticulatæ, reflexæ, involucro longiores; *achænio* compresso, glabro, calvo, utrinque alato; *corollæ disci* tubulosi, glabri; *tubo* utrinque alato; *achænio* compresso, calvo, utrinque membranaceo-marginato. *Receptaculum* paleis cartilagineis, margine membranaceis, apice abrupte spinoso-cuspidatis, flosculorum longitudine, muricatum.

a. b. c. Involucrum cum foliolis duobus sejunctis. *d*. Receptaculum, paleis spinosis muricatum.
e. Corolla radii. *f*. Flosculus disci, cum paleâ receptaculi, *g*.
F. Flosculus disci, magnitudine auctus.

TABULA 882.

ANTHEMIS MARITIMA.

ANTHEMIS incano-pubescens, caulibus decumbentibus apice nudis monocephalis, foliis pinnatis laciniis incisis apice mucronatis, involucri foliolis interioribus apice fuscis fimbriatis, achæniis subtrigonis dorso convexis.

A. anglica. *Spreng. Syst. v.* 3. 594. *De Cand. Prodr. v.* 6. 10.

A. maritima. *Smith Fl. Britt. v.* 2. 904. *Eng. Bot. t.* 2370. nec Linnæi.

Chamæmelum maritimum Dalechampii. *Tourn. Inst.* 494.

In Asiæ Minoris, et Zacynthi insulæ, litoribus maritimis. ⊙.

Radix perennis, fibrosa, latè reptans. *Caules* basi tantùm ramosi, decumbentes, angulati, incani, apice longè nudi, monocephali. *Folia* tomentosa, cinerea, pinnata; *pinnulis* basin versus sensìm decrescentibus, integris incisisque, apice callosis, mucronatis. *Involucrum* imbricatum, tomentosum, basi intrusum; *foliolis exterioribus* ovatis, acuminatis, cartilagineis, *interioribus* apice fuscis fimbriatis, rotundatis. *Corollæ radii* albæ, 16—18, lineari-oblongæ, apice rotundatæ tridentatæ, *tubo* brevi compresso; *achænio* subtrigono, striato, margine interiore apicis obsoletè membranaceo. *Corollæ disci* tubulosæ, glabræ, basi tumidæ; *achænio* dorso convexo, trigono, apice intùs membranâ brevissimâ marginato. *Receptaculi paleæ* lineari-lanceolatæ, apice spinosæ, flosculorum longitudine.

a. Receptaculum verticaliter sectum. *b.* Corolla radii.
c. d. Corolla et palea disci. C. D. Eædem, magnitudine auctæ.

TABULA 883.

ANTHEMIS PEREGRINA.

ANTHEMIS cano-tomentosa, caulibus ascendentibus apice aphyllis elongatis monocephalis, foliis pinnatis petiolatis: foliolis linearibus distantibus obtusis lobatis integrisque, involucri foliolis apice membranaceis ciliatis, receptaculi paleis lineari-lanceolatis membranaceis denticulatis.

A. peregrina. *Linn. Syst. Nat. ed.* 10. *v.* 2. 1223. *De Cand. Prodr. v.* 6. 9.

A. tomentosa. *Willden. Sp. Pl. v.* 3. 2176. *Tenore Syllog.* 440.

In Sicilia. ⊙.

Omnes partes albo-tomentosæ. *Caulis* spithamæus, erectus, ramosus, corymbosus; *ramis*

Anthemis maritima.

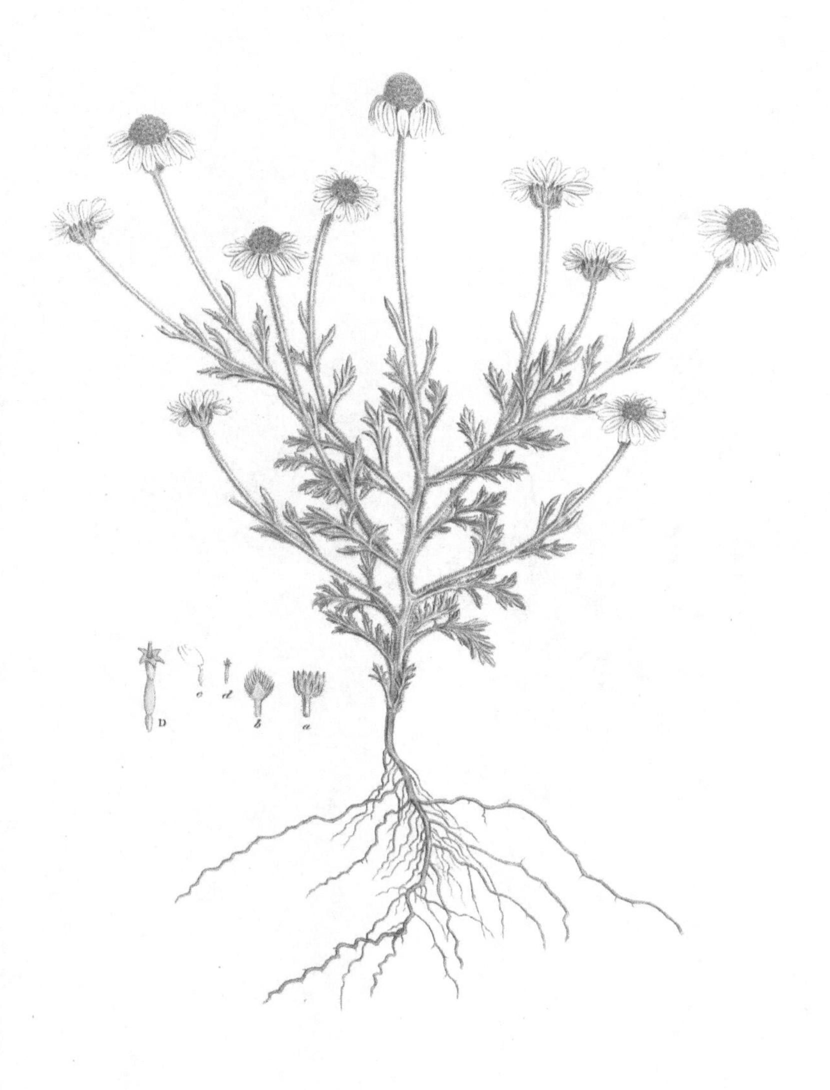

Anthemis peregrina.

Anthemis Chia.

patentibus, simplicibus, apice nudis monocephalis. *Folia* carnosa, petiolata, pinnata; *foliolis* linearibus, obtusis, lobatis simplicibusque, muticis. *Involucrum* hemisphæricum, basi acutum; *foliolis* basi rigidis, apice membranaceis, dilatatis, ciliatis. *Corollæ radii* 10—12, albæ, oblongæ, obtusæ, apice denticulatæ, primùm patentes, mòx reflexæ, involucri longitudine; *tubo* alato. *Corollæ disci* tubulosæ, glabræ, basi alatæ. *Achænia* obconica, tetragona, striata, truncata, omninò calva; *pericarpio* suberoso. *Receptaculi* conici *paleæ* lineari-lanceolatæ, membranaceæ, hyalinæ, denticulatæ, medio et apice fuscæ.

a. Involucrum.
b. Receptaculum, verticaliter sectum.
c. Flosculus radii.
d. Flosculus disci.
D. Flosculus disci, auctus.

TABULA 884.

ANTHEMIS CHIA.

Anthemis caulibus ascendentibus pubescentibus apice monocephalis, foliis bipinnatis laciniis linearibus mucronulatis sæpiùs tripartitis, petiolo basi utrinque multifido, involucri foliolis herbaceis ovatis obtusis margine fuscis, ligulis numerosis biseriatis, receptaculi conici paleis lineari-lanceolatis membranaceis acutis.

A. Chia. *Linn. Sp. Pl.* 1260. *De Cand. Prodr. v.* 6. 9. *Gussone Plant. rar.* 352. *t.* 60.

Chamæmelum chium vernum, folio crassiore, flore magno. *Tourn. Cor.* 37. *Buxb. Cent.* 5. 37. *t.* 70.

'Ανθεμὶς *Dioscoridis.*

Παπένι *Cypr.*

In insulis Græciæ frequens, primo vere florens. ⊙.

Radix annua. *Caules* simplices, decumbentes, spithamæi, basi pilosi purpurascentes, apice virentes, villosi. *Folia* petiolata, oblonga, hispido-pilosa, virentia, bipinnata, basi vaginantia, multifida; *laciniis* linearibus, carnosis, mucronatis, sæpiùs tripartitis. *Capitula* inter folia suprema subsessilia, vel brevipedunculata, solitaria, sesquipollicem lata. *Involucrum* hemisphæricum, glabriusculum; *foliolis* herbaceis, ovatis, obtusis, margine fuscis membranaceis. *Corollæ radii* 20—24, albæ, oblongæ, striatæ, apice rotundatæ, denticulatæ, patentes; *tubo* alato; *achænio* tereti, calvo. *Corollæ disci* tubulosæ, glabræ, basi induratæ, tumidæ. *Achænia* matura fusca, obconica, truncata, angulata, glabra, omnino calva, juniora obsoletè coronata; *pericarpio* osseo. *Receptaculum* conicum; *paleis* membranaceis, lineari-lanceolatis acuminatis, apice rigidulis.

Hujus speciei exemplar cum herbario Tournefortii comparatum coram habeo, quod plantâ Sibthorpii tantùm differt foliis multò latioribus. Achænia omninò calva videntur, nec pappo unilaterali auriculæformi aut coroniformi integro instructa. An omninò eadem ac planta Candolleana? An potiùs error quidam in Systematis Naturalis Prodromo?

a. Involucrum. *b.* Flosculus radii.
c. C. Flosculus disci, magnitudine naturali et auctus. *d.* Palea receptaculi.

TABULA 885.

ANTHEMIS PONTICA.

Anthemis caulibus ascendentibus ramosis pilosis incanis, foliis pinnatis canescentibus: laciniis linearibus acutis inermibus integerrimis, ramis apice nudis monocephalis, involucri foliolis tomentosis ovatis rigidis: interioribus margine membranaceis apice rotundatis, receptaculi foliolis oblongis membranaceis mucronulatis.

A. pontica. *Willden. Sp. Pl. v.* 3. 2184.?

Chamæmelum orientale, absinthii folio. *Tourn. Cor.* 37.

In insula Cypro. ♃.

Radix annua. *Caules* decumbentes, ramosi, incano-pilosi, angulati, apice ramorum et ramulorum nudi, monocephali. *Folia* petiolata, incano-tomentosa, pinnata; *foliolis* linearibus, acutis, inermibus, sæpiùs integerrimis; *superiora* paulò latiora, pinnatifida. *Involucrum* tomentosum, imbricatum, hemisphæricum; *foliolis* ovatis, rigidis, exterioribus acutis, interioribus margine membranaceis, apice rotundatis sublaceris. *Corollæ radii* 10—12, oblongæ, albæ, apice denticulatæ, basi sanguineæ, demùm reflexæ, involucro longiores; *tubo* alato; *achænio* lineari, ferè calvo. *Corollæ disci* tubulosæ, glabræ; *limbo* albo, *tubo* ochraceo, *fauce* sanguineo. *Receptaculum* convexum; *paleis* oblongis, membranaceis, retusis, denticulatis, mucronatis.

Vix *A. pontica* Candollii, cui foliorum lobi apice tridentati tribuuntur. An *A. Ætnensis* varietas? sed folia haud bipinnata.

a. Involucrum. *b.* B. et *c.* C. Flosculi radii et disci, magnitudine naturali, et aucti.
d. Receptaculum a vertice sectum.

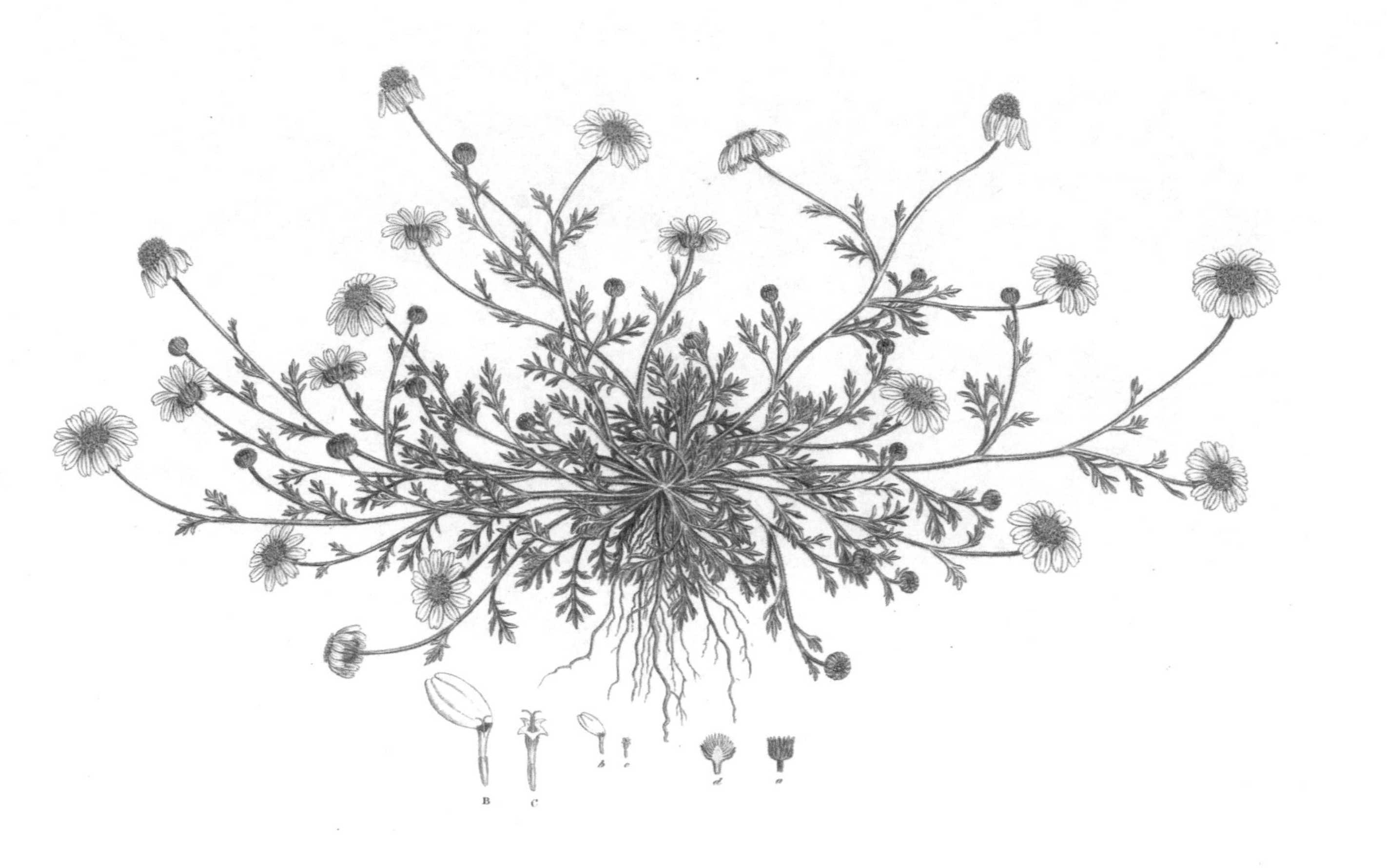

Anthemis pontica.

d
a
b
c
B
C

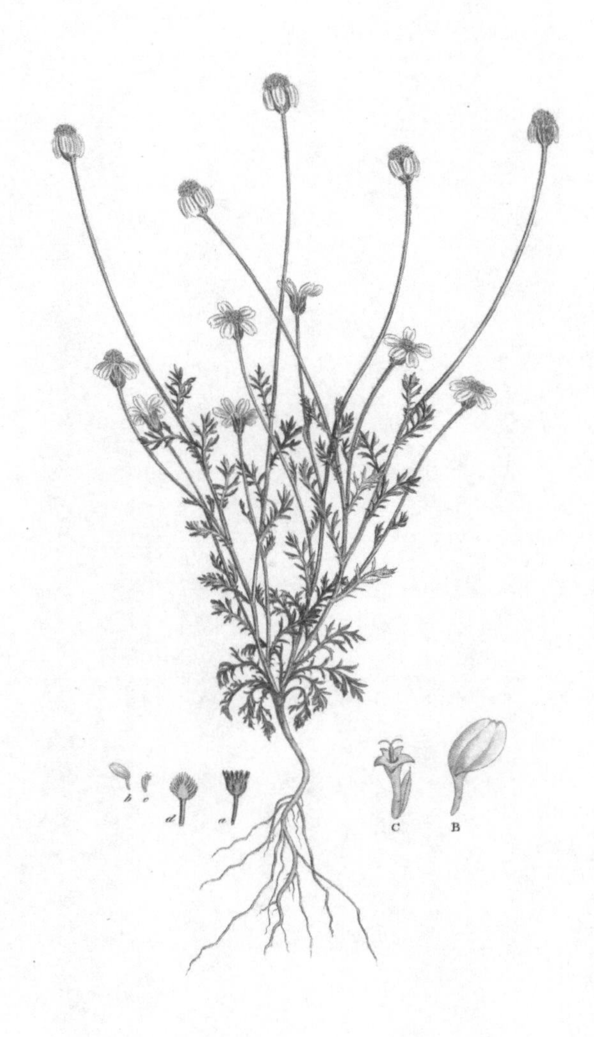

Anthemis rosea.

TABULA 886.

ANTHEMIS AUSTRALIS.

Anthemis caule prostrato intricato pubescente, ramis apice nudis monocephalis rigidis demùm incurvatis et incrassatis, foliis bipinnatis pubescentibus laciniis 2—3-fidis, involucri foliolis margine albido-membranaceis appressis, paleis receptaculi oblongis margine hyalinis.

A. australis. *Willden. Sp. Pl. v.* 3. 2771.?

A. secundiramea. *Biv. Bernard. Cent. pars* 2. 10. *t.* 2. *De Cand. Prodr. v.* 6. 10.

In insulæ Cypri maritimis. ♃.

Deest in herbario. An *A. australi* Willden. pertineat valdè dubium est. Procul dubio est eadem ac *A. secundiramea* Bivon.

a. Involucrum. *b. c.* et B. C. Flosculi radii et disci, magnitudine naturali et aucti. *d.* Receptaculum a vertice sectum.

TABULA 887.

ANTHEMIS ROSEA.

Anthemis foliis pinnatis incisis sublyratis, caule ramoso erecto, pedunculis elongatis æqualibus, radio subsexfloro. *Prodr. v.* 2. 191.

A. rosea. *De Cand. Prodr. v.* 6. 12.

Ἀνθεμὶς πορφυράνθης *Dioscoridis.*

Παπένι *Cypriorum.*

In insulæ Cypri collibus siccis, vulgaris. ⊙.

Radix annua. *Caulis* spithamæus, a basi ramosus, substriatus, pilis minutis, rigidis pubescens; *ramis* elongatis, nudis, monocephalis. *Folia* omninò periêre. *Capitula* obconica. *Involucrum* tomentosum; *foliolis* imbricatis, oblongis, obtusis, margine hyalinis. *Corollæ radii* roseæ, oblongæ, apice tridentatæ: *tubo* tereti; *achænio* ovali, compresso, obsoletè striato, dentibus 2—3 minutis et membranulâ brevissimâ coronato. *Corollæ disci* luteæ, glabræ; *tubo* indurato utrinque marginato; *ovario* lineari, tetragono, striato, pappo membranaceo brevi denticulato coronato. *Receptaculi paleæ* lanceolatæ, membranaceæ, acutissimæ, apice rigidulæ.

a. Involucrum. *b.* B. Corollæ radii, magnitudine naturali et auctæ.
c. C. Flosculi disci, cum receptaculi paleâ. *d.* Receptaculum a vertice sectum.

TABULA 888.
ANTHEMIS AGERATIFOLIA.

Anthemis foliis simplicibus dentato-crenatis tomentosis, caulibus unifloris. *Prodr. v.* 2. 191.

In insulâ Cretâ, cum Gnaphalio luteo-albo, legit Sibthorp, ut ex herbario videtur. ♃.

Exemplaria vetusta tantùm extant in herbario Sibthorpii, floribus omnibus achæniisque delapsis. Receptaculum convexum est nec conicum, sine ullo palearum vestigio. Quæ restant sic video;

Radix crassa, lignosa, polycephala. *Caulis* imâ basi suffruticosus. *Rami* annui, tomentosi, cæspitosi, digitales; *ramulos* graciles, erectos, spithamæos, distantèr foliosos, apice nudos monocephalos promentes. *Folia* incano-tomentosa, *ima* petiolata, lineari-oblonga, obtusa, margine crenata et plicata; *superiora* linearia, sessilia, basi angustata, crenata tantùm, nec plicata. *Involucrum* tomentosum, imbricatum; *foliolis* ovatis, margine membranaceis, laceris, interioribus obtusioribus.

Certè non *Lepidophorum repandum,* ut suspicatur cel. Candollius.

a. Involucrum. *b.* B. Flosculi radii; et *d.* C. D. disci, magnitudine naturali et aucti. *e.* Receptaculum, a vertice sectum.

---

* *Radio concolore flavo.*

TABULA 889.
ANTHEMIS COARCTATA.

Anthemis radice repente lignosâ, caulibus ascendentibus foliisque pinnatifidis laciniis serratis setaceo-mucronatis laxè lanatis, ramulis elongatis monocephalis basi tantùm foliosis, involucri foliolis acutis, achæniis compressis coronatis, paleis pungentibus basi membranaceis dilatatis.

A. coarctata. *Prodr. v.* 2. 191.

A. monantha. *Willden. Sp. Pl. v.* 3. 2187. *Bieb. Fl. Taur. Cauc. v.* 2. 332.

A. tinctoria. *Linn. Sp. Pl.* 1263. *Fl. Dan. t.* 741. *Eng. Bot. t.* 1472. *De Cand. Prodr. v.* 6. 11.

Prope Smyrnam. ♃.

Radix perennis, lignosa, repens, calami scriptorii crassitudine. *Caules* ascendentes,

Anthemis ageratifolia.

Anthemis coarctata

Anthemis discoidea.

incano-tomentosi, basi lignosi, suffruticosi, erecti, apice in ramis longis maximâ pro parte aphyllis, monocephalis divisi. *Folia* sessilia, pinnatifida, internodiis paulò longiora, laxè incano-tomentosa, suprà virescentia, sublyrata; *laciniis* complicatis, serratis incisisve, lobis setaceo-mucronatis. *Capitula* hemisphærica. *Involucrum* tomentosum; *foliolis* imbricatis, extimis setaceis, rigidis, interioribus cartilagineis, ovatis, acuminatis. *Corollæ radii* luteæ, oblongæ, obtusæ, apice dentatæ, involucro breviores, omninò neutræ; *tubo* alato; *ovario* compresso, calvo. *Corollæ disci* glabræ, basi dilatatæ, utrinque levitèr alatæ; *ovario* glabro, pappo minutissimo, membranaceo, coronæformi. *Receptaculum* planum; *paleis* basi membranaceis latis, apice setaceis pungentibus, corollæ longitudine. *Achænia matura* castanea, compressa, striata: *pappo* membranaceo, coroniformi, obliquo; paleis receptaculi spinosis obvallata.

a. Involucrum.
b. Flosculus radii.
c. Flosculus disci.
d. Capitulum maturum.
e. Achænium, magnitudine naturali.
E. Idem, auctum.
f. Palea receptaculi.

TABULA 890.

ANTHEMIS DISCOIDEA.

Anthemis structurâ Anthemidis tinctoriæ, radio nullo.
A. discoidea. *Prodr. v.* 2. 191. vix Willden.
A. tinctoria γ. discoidea. *Vahl. Symb. v.* 1. 74. *De Cand. Prodr. v.* 6. 11.
Chamæmelum discoideum. *Allion. Fl. Pedem. No.* 681.

In monte Parnasso. ♃.

Hanc inter et præcedentem ne minimum quidèm discrimen nisi radii absentia inveniendum est; mera igitur varietas est, ut voluit cel. Candollius. *A. discoidea* Willden. foliis glabris diversa videtur.

a. A. Palea receptaculi, magnitudine naturali et aucta.
b. B. Flosculus disci, magnitudine naturali et auctus.
c. Receptaculum paleis onustum, a vertice sectum.

ACHILLEA.

Linn. Gen. Pl. 435. *Juss.* 186. *Gærtn. t.* 168.

Receptaculum paleaceum. *Pappus* nullus. *Involucrum* ovatum, imbricatum. *Flosculi* radii circiter 4.

TABULA 891.

ACHILLEA SANTOLINA.

ACHILLEA caule lignoso prostrato ramoso, ramis erectis simplicibus lanatis, foliis pinnatis: laciniis tripartitis imbricatis lobis squamæformibus dentatis, corymbo composito fastigiato, involucri obovati foliolis obtusis dorso lanatis, receptaculi paleis oblongis apice denticulatis hyalinis dorso glabris, ligulis 8—10.

A. Santolina. *Linn. Sp. Pl.* 1264? *Willden. Sp. Pl. v.* 3. 2199? *De Cand. Prodr. v.* 6. 31?

Ptarmica orientalis, santolinæ folio, flore majore. *Tourn. Cor.* 37.

In insulâ Rhodo. ♃.

Caulis lignosus, brevis et multiceps, aut supra terram pronus, ramos lanatos erectos simplices quotannis emittens; *cortice* juniore lanato, vetusto altè fisso et in laminis testaceis fibrosis disrupto. *Folia* patentia, distantia, teretiuscula, juniora lanâ involuta, linearia, pinnata; *rachi* laxè lanatâ; *pinnis* tripartitis, glabriusculis; *lobis* subrotundis, glabris, nitidis, concavis, subdentatis, margine subcartilagineis, squamatìm imbricatis. *Capitula* terminalia, in paniculâ corymbosâ disposita. *Involucrum* ovatum, lanatum; *foliolis* oblongis, obtusis, cartilagineis. *Ligulæ* 8—10, albæ, oblongæ, truncatæ, tricrenatæ. *Flosculi disci* albi, tubo basi utrinque supra ovarium producto. *Receptaculum* paleis oblongis, cartilagineis, apice denticulatis onustum. *Achænia* compressa, obovata, marginata, calva, cute argenteâ tenui obducta.

Species cum *A. Santolinâ* Candollii vix omninò eadem; differt enim ligulis 8—10, paleisque receptaculi glabris; an varietas? an potius *A. cretica* Candollii?

a. Involucrum. *b.* B. Ligula, magnitudine naturali, et aucta. *c.* C. Flosculus disci, simili modo depictus.

Achillea Santolina.

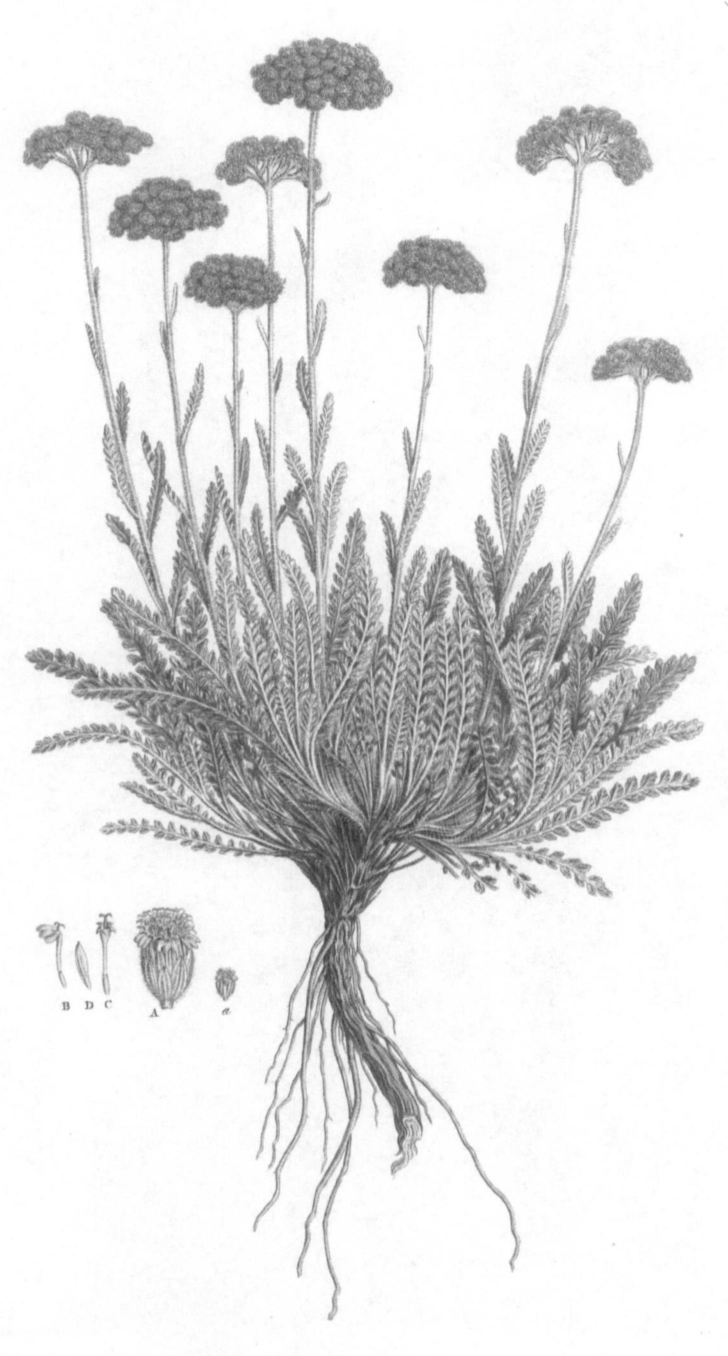

Achillea ægyptiaca.

Achillea clypeolata.

TABULA 892.

ACHILLEA ÆGYPTIACA.

Achillea caule basi suffruticoso, ramis lanatis erectis apicem versus sensìm aphyllis, foliis tomentosis pinnatis: foliolis subrotundo-ovatis crenatis, corymbo compacto composito, ligulis minutis tridentatis luteis, receptaculi paleis oblongis glabris apice hyalinis.

A. ægyptiaca. *Linn. Sp. Pl.* 1265. *Willden. Sp. Pl. v.* 3. 2203.

A. Tournefortii. *De Cand. Prodr. v.* 6. 28.

Ptarmica incana, pinnulis cristatis. *Tourn. Cor.* 37. *It. v.* 1. 87, *cum icone.*

In Laconiæ montibus, tùm in Cypro insulâ, et scopulo Caloyero dicto. ♃.

Radix lignosa, perennis, multiceps. *Caules* breves, foliosi, cæspitosi, in ramis simplicibus, erectis, apicem versus sensìm defoliatis abeuntes. *Folia* tomentosa, densè aggregata, longè petiolata, linearia, pinnata, 8—16-juga cum impari; *foliolis* ovatis, crenatis, subtrilobis, nunc distantibus, nunc approximatis; *superiora* in ramos ascendentia, distantia, denique in squamas lineares mutata. *Corymbus* compactus, compositus; *capitulis* mutuâ pressione subangulatis. *Involucrum* oblongum, lanatum; *foliolis* ovatis, obtusis, arctè cohærentibus. *Ligulæ* 5, luteæ, minutæ, tridentatæ. *Paleæ receptaculi* oblongæ, glabræ, apice hyalinæ, denticulatæ. *Achænia* juniora obovata, calva, apice sub basi corollæ integrâ abdito.

a. A. Capitulum, magnitudine naturali, et auctum. B. Ligula. C. Flosculus disci. D. Palea receptaculi. Partes tres ultimæ auctæ.

TABULA 893.

ACHILLEA CLYPEOLATA.

Achillea foliis pinnatis tomentosis: pinnis ellipticis pinnatifidis, corymbo composito, radii flosculis repandis concavis. *Prodr. v.* 2. 193. *De Cand. Prodr. v.* 6. 28.

Millefolium orientale erectum luteum. *Tourn. Cor.* 37.

Prope Thessalonicam. ♃.

Deest in Herbario.

a. Capitulum. B. Idem, magnitudine auctum. C. Ligula. D. Flosculus disci. E. Receptaculum a vertice sectum; omnes magnitudine auctæ.

TABULA 894.

ACHILLEA FLABELLIFORMIS.

Achillea tota sericeo-velutina, foliis radicalibus petiolatis obovatis lyratis laciniis oblongis acutè incisis caulinis pinnatis, corymbo composito polycephalo bracteato, involucri foliolis ovatis fusco-marginatis, receptaculi paleis membranaceis acuminatis margine laceris dorso fusco sericeis.

A. holosericea. *Prodr. v.* 2. 194. *De Cand. Prodr. v.* 6. 33.

In monte Parnasso. ♃.

Radix perennis, lignosa, multiceps. Omnes partes herbaceæ lanugine longâ laxâ sericeâ obductæ. *Caules* erecti, sesquipedales, striati, ad apicem usque foliosi. *Folia radicalia* obovata, petiolata, lyrata, pinnatifida: *laciniis* ovalibus, acutè incisis, summis confluentibus; *caulina inferiora* laciniis indivisis, *summa* sessilia, ovato-lanceolata, pectinata, demùm in bracteis basi amplexicaulibus multipartitis mutata. *Corymbus* laxus, compositus, polycephalus. *Involucrum* ovatum, sericeum; *foliolis* ovatis, obtusis, margine fuscis. *Ligulæ* 5, breves, truncatæ, tridentatæ. *Receptaculi paleæ* oblongæ, acuminatæ, margine laceræ hyalinæ, dorso pilis fuscis vestitæ.

Huic speciei nomen *A. holosericeæ* in Prodromo dedit cel. Smithius; posteà in *A. flabelliformem* mutavit.

a. Capitulum. A. Idem, magnitudine auctum.
B. C. Flosculi radii et disci, aucti.

TABULA 895.

ACHILLEA PUBESCENS.

Achillea caule simplici erecto pubescente, foliis bipinnatis pubescentibus glanduloso-punctatis apice callosis, corymbis compositis basi foliosis, involucri pubescentis glandulosi foliolis ovalibus obtusis margine hyalinis, ligulis tridentatis, receptaculi paleis ovalibus acutis membranaceis glabris.

A. pubescens. *Linn. Sp. Pl.* 1264.

A. micrantha. *Bieb. Fl. Taur. Cauc. v.* 2. 336. *De Cand. Prodr. v.* 6. 29.

Ptarmica orientalis, foliis Tanaceti incanis, semiflosculis florum pallidè luteis. *Tourn. Cor.* 37.

Ἀψίνθιον σαντονικὸν *Dioscoridis? Sibth.*

Ἀγριοαψιθία *hodiè.*

Achillea flabelliformis.

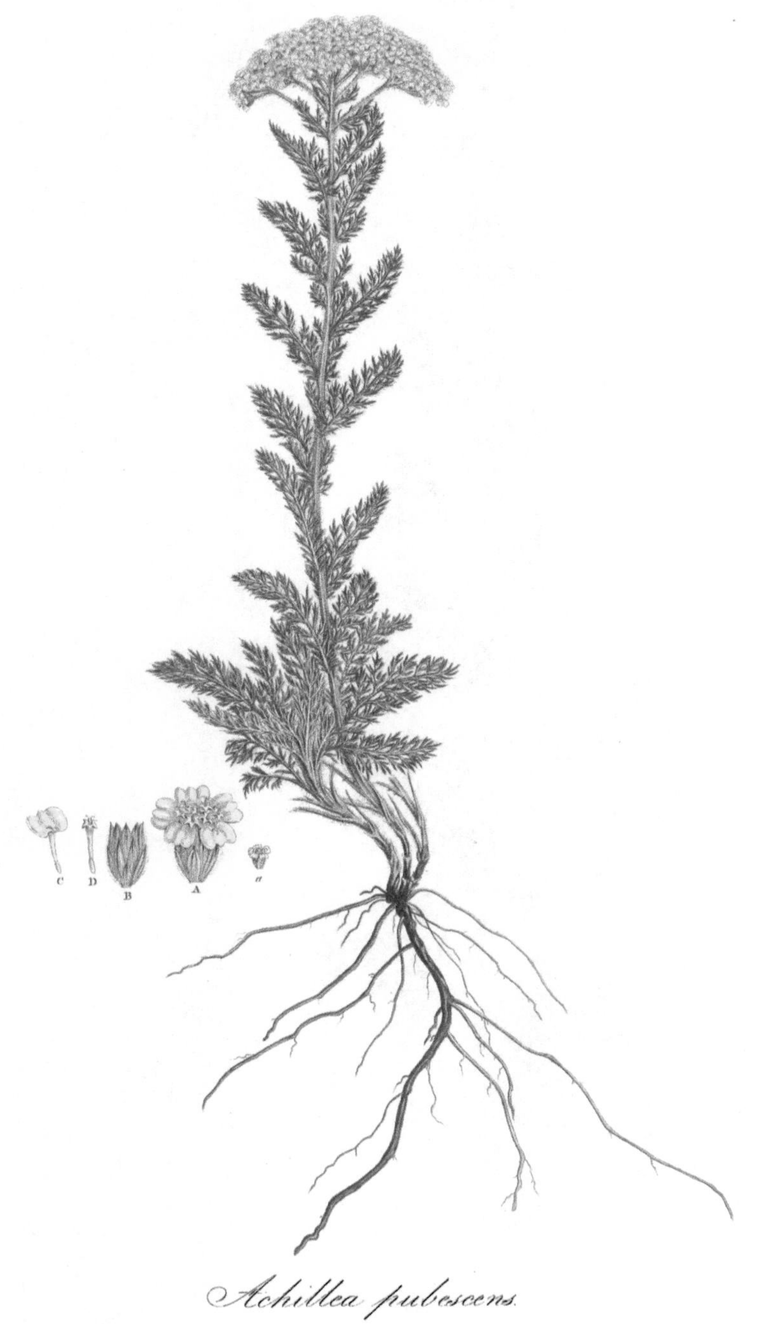

Achillea pubescens.

Achillea magna.

In monte Parnasso. ♃.

Radix perennis, repens. *Caules* herbacei, erecti, simplices, subangulati, pubescentes, ad summum fastigium usque foliosi. *Folia* bipinnata, pubescentia, glanduloso-punctata; *rachi* foliolosâ; *pinnis* subdentatis, linearibus, callo crasso, conico, acuto apiculatis. *Corymbi* compositi, basi foliosi. *Involucra* ovalia, pubescentia, glandulis deciduis resinosis pilis intermixtis vestita; *foliolis* oblongis, obtusis, ciliatis, interioribus hyalinis. *Ligulæ* 5, ochroleucæ, subrotundæ, truncatæ, obtusè tridentatæ, glandulosæ. *Receptaculi paleæ* lineari-lanceolatæ, acutæ, glabræ, glandulis deciduis resinosis irroratæ. *Achœnia* immatura angusta, compressa, calva, apice basi productâ corollæ cucullata.

a. Capitulum. A. Idem magnitudine auctum.
B. Involucrum. C. Ligula.
D. Flosculus disci. Tres ultimæ auctæ.

TABULA 896.

ACHILLEA MAGNA.

Achillea caule erecto pubescente striato, foliis pinnatis sessilibus suprà glabriusculis subtùs pubescentibus: laciniis pinnatifidis lobis lanceolatis acutis muticis, rachi integerrimâ, corymbo decomposito basi folioso, ligulis transversis subrotundis obsoletè 3-dentatis.

A. magna. *Linn. Sp. Pl.* 1267? nec aliorum.

A. sylvatica. *Tenore Syllog.* 442? *De Cand. Prodr. v.* 6. 26.?

Millefolium maximum, umbellâ albâ. *Tourn. Inst.* 496.

In insulâ Cretâ. ♃.

Hujus plantæ in herbario Sibthorpii, nisi foliorum fragmenta quædam cum corymbi vetusti reliquiis, nihil superest. Foliorum laciniæ pinnatifidæ, vix iterùm divisæ, lineari-lanceolatæ, acutæ, planæ, suprà glabriusculæ, subtùs pubescentes, *Artemisiæ vulgari* similes, vix cum icone Baueri congruunt. Vix *A. magna* auctorum; an *A. sylvatica* Tenorii?

a. Capitulum. *b*. Involucrum, seorsìm. B. Involucrum;
C. Unum e foliolis ejus; D. Ligula; E. Flosculus disci;
F. Paleæ receptaculi; omnes auctæ.

TABULA 897.

ACHILLEA LIGUSTICA.

ACHILLEA pubescens, foliis petiolatis pinnatifidis: laciniis lineari-lanceolatis serratis acutis muticis glanduloso-punctatis, corymbo decomposito basi folioso, involucri foliolis pubescentibus ovalibus obtusis dorso carinatis, ligulis obsoletè tridentatis, receptaculi paleis lineari-lanceolatis membranaceis glabris.

A. ligustica. *Allion. Pedem. v.* 1. 181. *t.* 53. *f.* 2. *Willden. Sp. Pl. v.* 3. 2210. *De Cand. Prodr. v.* 6. 26.

In monte Parnasso. ♃.

Radix lignosa, perennis. *Caules* pubescentes, erecti, striati, ramosi, ad apicem usque foliosi. *Folia* petiolata, in genere parva, pubescentia, glandulis resinosis irrorata, pinnatifida; *rachi* integerrimâ; *laciniis* lanceolatis, serratis, acutis, vix mucronatis. *Corymbi* lati, decompositi, basi foliosi. *Capitula* laxiuscula, quam in reliquis minora, ovalia, basi acuta. *Involucrum* pubescens, resinoso-punctatum; *foliolis* angustis, acutis, *exterioribus* carinatis, *interioribus* glandulis resinosis deciduis irroratis. *Ligulæ* 5, albæ, subrotundæ, truncatæ, obtusè tridentatæ. *Receptaculi paleæ* membranaceæ, lineari-lanceolatæ, apice setaceæ.

a. Capitulum. A. Idem, magnitudine auctum.
B. C. Flosculi radii et disci sub lente visi.

Achillea ligustica.

Buphthalmum spinosum.

BUPHTHALMUM.

Linn. Gen. Pl. 438. *Juss.* 186. *Gærtn. t.* 169.

Receptaculum paleaceum. *Pappus* margo obsoletus. *Achæniorum* latera, præsertìm radii marginata.

TABULA 898.
BUPHTHALMUM SPINOSUM.

Buphthalmum foliis obovatis amplexicaulibus scabro-pilosis, foliolis involucri exterioribus lineari-lanceolatis spinosis capitulum involucrantibus, pappo disci coroniformi dentato radii dimidiato.

B. spinosum. *Linn. Sp. Pl.* 1274. *Willden. Sp. Pl. v.* 3. 2231.

B. asteroideum. *Viv. Fl. Lyb. Spec.* 57. *t.* 25. *f.* 2.

Pallenis spinosa. *Cassin. in Dict. des Sciences v.* 37. 275. *De Cand. Prodr. v.* 5. 487.

Asteriscus annuus, foliis ad florem rigidis. *Tourn. Inst.* 497.

Καρφόχορτον *Zacynthorum.*

In insularum Græcarum arvis frequens. ⊙.

Radix annua, perpendicularis, fibrosa, fuliginosa, squamis quibusdam villosis coronata. *Caulis* erectus, angulatus, scabriusculus, sesquipedalis, apice corymbosus; *ramis* corymbi simplicibus, ascendentibus, apice monocephalis. *Folia* scabra, pilosa, *radicalia* obovata, serrata, trinervia, basi villosa; *caulina* conformia, basi amplexicaulia et denticulata. *Involucrum* hemisphæricum, imbricatum, tomentosum; *foliolis* scabro-pubescentibus, *exterioribus* lineari-lanceolatis, acuminatis, spinosis, capitulo triplò longioribus, interioribus oblongis, cartilagineis, arctè appressis, dorso pubescentibus, apice spinosis. *Flosculi radii* biseriales, ligulati, lutei, apice tridentati, *ovario* glabro, oblongo, compresso, utrinque alato, latere exteriore *pappo* membranaceo coronato; *disci* tubulosi, *ovario* conformi, pubescente, *pappo* coroniformi, dentato. *Receptaculum* planum, *paleis* cartilagineis, rigidis onustum.

a. Involucri pars, foliolis 2 tantum interioribus relictis.
b. B. *c.* C. Flosculi magnitudine naturali et aucti.
d. D. Achænium simili modo depictum.

TABULA 899.

BUPHTHALMUM AQUATICUM.

Buphthalmum caule piloso erecto corymboso ramoso, foliis obovatis obtusis glabriusculis, capitulis sessilibus axillaribus et terminalibus, involucri foliolis exterioribus lineari-oblongis undulatis obtusis.

B. aquaticum. *Linn. Sp. Pl.* 1274. *Willden. Sp. Pl. v.* 3. 2232.

Asteriscus aquaticus. *De Cand. Prodr. v.* 5. 486.

Nauplius aquaticus. *Cassin. in Dict. des Sciences, v.* 34. 273.

Asteriscus aquaticus annuus patulus. *Tourn. Inst.* 498.

In Milo et Zacyntho insulis, et prope Athenas. ⊙.

Radix annua, fibrosa, pallida. *Caulis* pilosus, mollis, striatus, palmaris, a basi ipsâ divisus; *ramis* corymbosis, *ramulis* monocephalis. *Folia* obovata, petiolata, obtusa, glabra, haud amplexicaulia. *Capitula* solitaria, inter folia aut in axillis ramorum sessilia. *Involucrum* durum, rigidum, hemisphæricum; *foliolis* exterioribus tomentosis, oblongo-linearibus, undulatis, obtusis, capitulo longioribus, *interioribus* obtusis. *Receptaculum* planum, *paleis* truncatis, membranaceis, achæniorum longitudine onustis. *Achænia* triquetra aut tetragona, sericea, truncata; *pappo* membranaceo, dentato, coroniformi.

a. Involucrum. *b.* B. *c.* C. Flosculi.
d. D. Achænium, magnitudine naturali et auctum.
e. Receptaculum paleaceum, foliolis involucri orbatum.

Buphthalmum aquaticum.

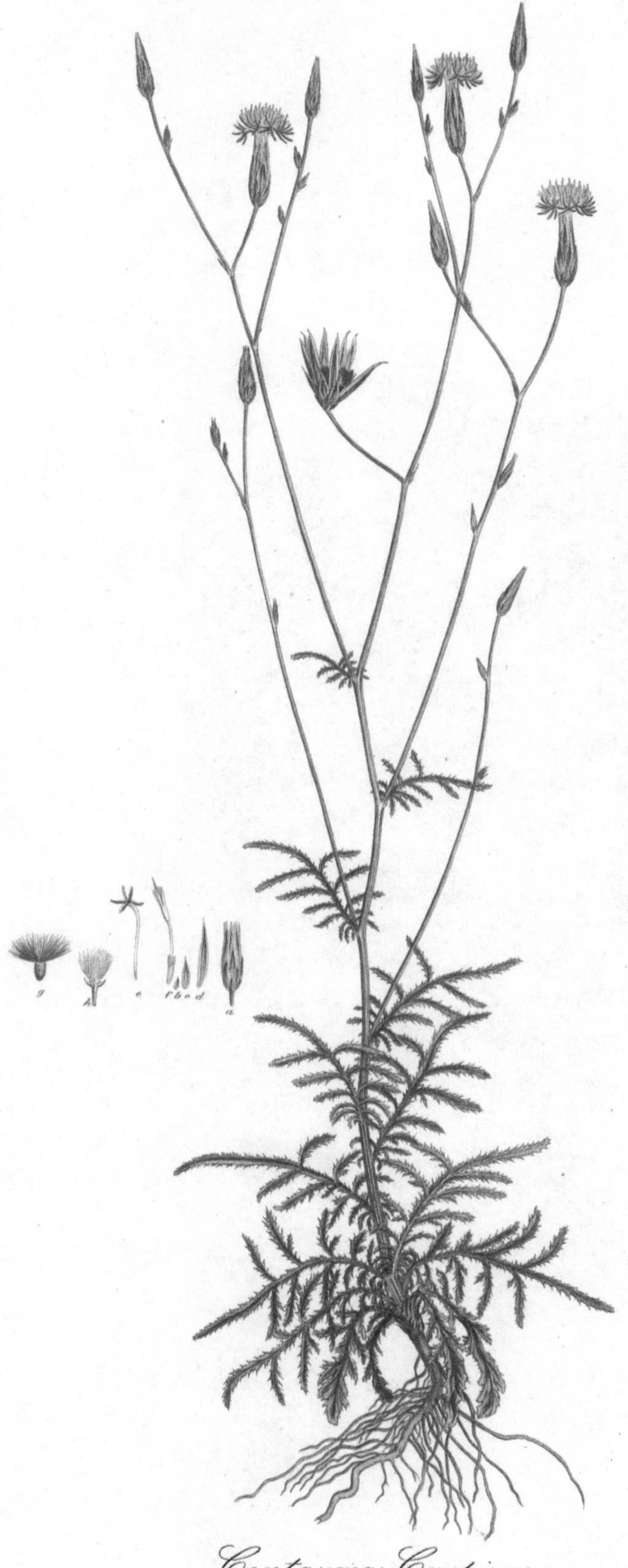

Centaurea Crupina.

III. POLYGAMIA FRUSTRANEA.

CENTAUREA.

Linn. Gen. Pl. 442. *Juss.* 174.

Receptaculum setosum. *Pappus* simplex. *Corollæ* radii infundibuliformes, longiores, irregulares.

* *Involucris lævibus inermibus.*

TABULA 900.

CENTAUREA CRUPINA.

Centaurea caule erecto parcè ramoso glabro, foliis pinnatis laciniis rachique distantibus linearibus denticulatis: radicalibus obovatis pinnatifidis, capitulis oblongis glabris nudis.

C. Crupina. *Linn. Sp. Pl.* 1285. *Willden. Sp. Pl. v.* 3. 2277.

Crupina vulgaris. *Cassin. in Dict. des Sciences, v.* 44. 39. *De Cand. Prodr. v.* 6. 565.

Jacea annua, foliis laciniatis serratis, purpurascente flore. *Tourn. Inst.* 444.

In Cretæ collibus apricis. ⊙.

Hujus plantæ exemplar nullum restat in Herbario Sibthorpiano.

a. Involucrum. *b. c. d.* Foliola involucri. *e.* Flosculus radii.
f. Flosculus disci. *g.* Achænium disci. *h.* Receptaculum.

FINIS VOLUMINIS NONI.

LONDINI
IN ÆDIBUS RICARDI ET JOHANNIS E. TAYLOR
M.DCCC.XXXVIII.

DELPHI.

FLORA GRÆCA:

SIVE

PLANTARUM RARIORUM HISTORIA

QUAS

IN PROVINCIIS AUT INSULIS GRÆCIÆ

LEGIT, INVESTIGAVIT, ET DEPINGI CURAVIT,

JOHANNES SIBTHORP, M.D.

SS. REG. ET LINN. LOND. SOCIUS,

BOT. PROF. REGIUS IN ACADEMIA OXONIENSI.

HIC ILLIC ETIAM INSERTÆ SUNT

PAUCULÆ SPECIES QUAS VIR IDEM CLARISSIMUS, GRÆCIAM VERSUS NAVIGANS, IN ITINERE, PRÆSERTIM APUD ITALIAM ET SICILIAM, INVENERIT.

CHARACTERES OMNIUM,

DESCRIPTIONES ET SYNONYMA,

ELABORAVIT

JOHANNES LINDLEY, PH. D.

ACAD. REG. BEROL. CORRESP.; ACAD. CÆS. NAT. CUR. SS. REG. LINN. LOND. REG. BOT. RATISB. REG. HORT. BEROL. PHYSIOGR. LUND. ALIARUMQUE SOCIUS; SOC. BATAV. SCIENT. ET LYCEI HIST. NAT. NOVEBOR. SOC. HON.

BOT. PROF. IN COLLEG. UNIV. ACADEMIÆ LONDINENSIS NEC NON IN INST. REG. BRIT. ET SOC. PHARM. LOND

VOL. X.

LONDINI:

TYPIS RICHARDI ET JOHANNIS E. TAYLOR.

MDCCCXL.

LECTORI BENEVOLO.

ECCE tandem ex prelo prodit opus illud Sibthorpianum, cui nomen inditum est FLORÆ GRÆCÆ, quum jam post obitum auctoris quadraginta quinque præterierunt anni. Neque in eo solum vir egregius operam suam præstitit, ut cognitione diligenti et scientia singulari rem herbariam Græcorum collectam digereret; sed idem fundi annuos fructus legavit, unde et liber, et quod multo majus est, istæ tabulæ, tum propter pulcritudinem, tum quod tam prope ad naturæ veritatem accedunt præstantissimæ, publici juris fieri possent.

Operi promovendo per tot annos præfuerunt, quibus Sibthorpius curam testamenti sui demandaverat, Johannes Hawkins socius ejus laborum itinerumque, et Thomas Platt, quo diu usus erat familiarissime. Hi ultra concessum humani ævi spatium suo quodam fato durasse videntur, tamquam ad id ipsum ut amicis liceret amici votis quam absolutissime satisfacere. Unum quodammodo molestius ferunt, quod non potuerint totum illud mille tabulas, quod testator ipse præfiniverat, efficere. Causam tamen apud omnes probatum iri sperant. Quippe tantum indicium liberalissimi animi tam insigni legato vix dederat Sibthorpius, quum, uno mensi interposito, subita morte est præreptus. Decimam igitur centuriam, quam operis finem fore sibi animo proposuerat, neque explevit, neque unde alii possent explere, reliquit. Huc accedit, quod pictor, cujus eximia opera adhuc datum est uti, et ipse desiit vivere. Ita quum omnes necessariæ opes ad rem ex sententia auctoris perficiendam desint, nemo profecto reperietur, qui culpæ putet vertendum, si ordo tabularum non ultra DCCCCLXVI^{am} processerit.

Is denique, qui post Smithii mortem curatoris est munere functus, hoc pro se dictum velit. Quum optime sciat quam nihil suo labore ad faustum exitum profuerit, tamen haud mediocri sibi ducit gloriæ, ei se operi curando et ad finem perducendo interfuisse, quo nemo antehac indagatoribus naturæ quicquam legavit splendidius.

KALENDIS JUNIIS: ANNO SALUTIS MDCCCXL^{MO}. EX COLLEGIO UNIVERSITATIS APUD LONDINENSES.

Centaurea spinosa.

Centaurea cuneifolia.

SYNGENESIA POLYGAMIA FRUSTRANEA.

TABULA 901.

CENTAUREA CUNEIFOLIA.

CENTAUREA foliis arachnoideo-tomentosis: summis linearibus acutis inferioribus bipinnatifidis, lobis obovato-cuneatis mucronulatis, capitulis ovato-oblongis, squamis fimbriatis sulcatis.

C. cuneifolia. *Prodr. v.* 2. 198. *De Cand. Prodr. v.* 6. 581.

In monte Athô. ⊙.

Tota arachnoideo-tomentosa. *Caulis* strictus, corymboso-ramosus, bipedalis, angulatus; *ramis* rigidis, gracilibus. *Folia inferiora* bipinnatifida, laciniis versus basin sensìm decrescentibus, minoribus indivisis interjectis; lobis obovato-cuneatis, mucronulatis; *superiora* pinnatifida, mox basi utrinque appendiculata; *summa* linearia, indivisa in squamas ferè mutata, nunc capitulis proxima, sæpiùs infra capitula deficientia. *Capitula* solitaria, ovata, 5 lineas longa. *Involucri squamæ* ovatæ, levitèr sulcatæ, rigidæ, basi glabræ, apice arachnoideæ, setis æqualibus, glabris, appressis, subspinosis fimbriatæ; *intimæ* lineares, apice tantùm fimbriatæ. *Pappi* setæ valdè inæquales, *achænio* breviores; extimæ squamæformes.

Huic proximè affinis est Cyanus orientalis artemisiæ foliis, *Tourn. Cor.* 32, sed floribus majoribus squamisque calycinis haud sulcatis diversus. *J. E. Smith.*

a. Involucrum. *b.* Una e squamis involucri intermediis.
c. Flosculus radii. *d.* Flosculus disci, cum ovario suo.

TABULA 902.

CENTAUREA SPINOSA.

CENTAUREA arachnoideo-incana, caule fruticoso ramosissimo intricato, ramis inflorescentiæ spinescentibus, foliis pinnatis: laciniis linearibus obtusis distantibus summis integerrimis, capitulis sessilibus lateralibus, involucri ovalis angusti glabri squamis fimbriatis apice brevè spinescentibus.

C. spinosa. *Linn. Sp. Pl.* 1290. *Willd. Sp. Pl. v.* 3. 2293. *De Cand. Prodr. v.* 6. 586. *No.* 111.

Cyanus spinosus. *Alpin. Exot.* 163, *t.* 162.

Jacea cretica aculeata incana. *Tourn. Inst.* 445.

In Cretæ et Helenæ insularum arenosis maritimis, et prope Athenas. ♄.

Suffrutex pygmæus, basi lignosus, apice herbaceus, ramosissimus, intricatus, undique lanugine arachnoideâ incanus; *ramis* divaricatis, furcatis, nunc spinescentibus elongatis, nunc brevibus monocephalis. *Folia caulina* pinnatifida, basi dilatatâ vaginantia; *laciniis* linearibus, mollibus, obtusis, inferioribus minoribus; *ramea* summa linearia, indivisa, ferè in squamas mutata. *Capitula* solitaria aut geminata, sessilia, 4 lineas longa, angusta, ovalia, glabriuscula; *squamis* ovatis, acuminatis, apice spinosis, utrinque setis candidis ramentaceis fimbriatis. *Flosculi* albidi.

a. Capitulum.
B. Idem, magnitudine auctum.
C. D. E. Involucri squamæ magnitudine auctæ.
f. Flosculus radii.
F. Flosculus radii, auctus.
g. Flosculus disci, cum ovario suo.
G. Flosculus disci, auctus.

TABULA 903.

CENTAUREA RAGUSINA.

Centaurea albo-tomentosa, caule erecto subsimplici, foliis radicalibus petiolatis infimis oblongis integerrimis superioribus pinnatifidis: laciniis oblongis undulatis subdentatis obtusis, caulinis paucis semipinnatifidis subsessilibus, capitulis racemosis incanis: squamis maturis glabris obtusis fimbriatis inermibus.

C. ragusina. *Linn. Sp. Pl.* 1290. *Willd. Sp. Pl. v.* 3. 2294. *Bot. Mag. t.* 494. *De Cand. Prodr. v.* 6. 589. *No.* 132.

Jacea epidaurica, candidissima et tomentosa. *Tourn. Inst.* 445.

In insulâ Cretâ. ♃.

Radix multiceps, lignosa, contorta. *Herba* tota tomento densissimo albo arachnoideo incana. *Rami* subdivisi, ascendentes, basi densè foliati, apice in *caulem* angulatum, pedalem, racemo paucicipiti terminatum producti. *Folia radicalia* longè petiolata, cæspitosa; infima oblonga, repanda, integerrima; proxima triloba, laciniis lateralibus oblongis multò minoribus; superiora pinnatifida, laciniis oblongis, undulatis, sensìm basin versus decrescentibus, integerrimis aut denticulatis, ultimâ majore; *caulina* subsessilia, internodiis subæqualia, semipinnatifida, sub capitulis in bracteas lineares obtusas patentes mutata. *Capitula* subrotundo-ovata, semipollicaria, juniora incana,

Centaurea ragusina.

Centaurea napifolia.

706

matura glabra, flava. *Involucri squamæ* exteriores oblongæ, obtusæ, fimbriatæ, haud spinescentes, interiores sensìm elongatæ, demùm, fimbriis evanidis, in appendicem bilobam, scariosam, laceram desinentes. *Flosculi* aurei. *Pappi* setæ pallidæ, valdè inæquales; extimæ minimæ.

Centaurea Marschalliana, Spreng. vix differt nisi flosculis purpureis nec aureis, et pappo brevi discolori; habitu et pluribus notis simillima est.

a. Capitulum. *b. c.* Squamæ involucri exteriores.
d. Flosculus radii. *e.* Flosculus disci, cum ovario suo.

TABULA 904.

CENTAUREA SPHÆROCEPHALA.

CENTAUREA caule diffuso, foliis hispidis auriculatis lyratis laciniis angulatis dentatis, terminali maximâ: summis involucrantibus subintegris, involucri squamis spinas 5 palmatas erecto-patulas gerentibus, pappo brevissimo in radio nullo.

C. sphærocephala. *Linn. Sp. Pl.* 1295. *Willd. Sp. Pl. v.* 3. 2311. *De Cand. Prodr. v.* 6. 599. *No.* 192.

C. Romana. *Linn. Sp. Pl.* 1295.

C. Zanonii. *Sebast. et Maur. Fl. Roman.* 298. *in Adnot.*

C. cæspitosa. *Vahl. Symbol. Botan. v.* 2. 93.

Carduus sphærocephalus tingitanus. *Tourn. Inst.* 441.

Jacea tingitana centauroides echinato capite villoso, ex unaquaque squama plurimis aculeis circulariter radiatis. *Pluk. Almag.* 191. *t.* 38. *f.* 5.

In Archipelagi maritimis. ♃.

Deest in herbario Sibthorpiano.

a. b. Involucri squamæ duæ. *c.* Flosculus radii.
d. Flosculus disci, cum ovario suo.

TABULA 905.

CENTAUREA NAPIFOLIA.

CENTAUREA caule erecto ramoso foliaceo-alato, foliis caulinis longè decurrentibus lineari-lanceolatis dentatis: inferioribus lyratis laciniâ terminali cordato-ovatâ, capitulis bracteatis radio longissimo pendulo, involucri squamis apice subcordatis radiato-spinosis cartilagineis.

C. napifolia. *Linn. Sp. Pl.* 1295. *Willd. Sp. Pl. v.* 3. 2313. *De Cand. Prodr. v.* 6. 600. *No.* 199.

Pectinastrum napifolium. *Cassin. in Dict. Sc. Nat. v.* 44. *p.* 38.

Carduus creticus rapi folio. *Tourn. Inst.* 442.

In Cretâ et Siciliâ. ⊙.

Radix annua. *Herba* viridis, pubescens. *Caulis* erectus, sesquipedalis, corymboso-ramosus, membranâ foliaceâ dentatâ, a basibus foliorum decurrentibus ortâ, alatus. *Folia radicalia* petiolata, rugosa, lyrato-pinnatifida; *petiolo* alato, dentato; *laciniis* dentatis, lateralibus ovatis, intermediâ ovato-cordatâ in infimis, obovatâ in supremis; *ramea* linearia, sessilia. *Capitula* bracteâ unâ alterâve proximâ subtensa; *flosculis* roseis, laxis, tubo albo elongato, deflexis, involucro longioribus. *Involucrum* 6 lineas longum, subrotundo-ovatum, basi subarachnoideum, cæterùm glabrum; *squamis* cartilagineis, arctè imbricatis, palmato-spinosis, planis, infimis sessilibus, superioribus cordatis in stipitem herbaceum elevatis, summis elongatis tantùm dentatis. *Pappi* setæ valdè inæquales, extimæ minimæ.

a. Involucrum.
b. Squama ejusdem intermedia.
B. Involucri squama intermedia, magnitudine aucta.
c. Una e squamis involucri intimis.
d. Flosculus radii.
e. Flosculus disci.
f. F. Achænium maturum, magnitudine naturali et auctum.

**** *Involucri spinis compositis*, Calcitrapæ.

TABULA 906.

CENTAUREA BENEDICTA.

Centaurea foliis amplexicaulibus subdecurrentibus semipinnatifidis spinosis reticulatis glabris capitula sessilia terminalia involucrantibus, achænio sulcato coronâ dentatâ cincto, pappi duplicis serie extimâ setiformi nudâ intimâ nanâ ciliatâ.

C. benedicta. *Linn. Sp. Pl.* 1296. *Willd. Sp. Pl. v.* 3. 2315.

Calcitrapa lanuginosa. *Lam. Fl. Fr. v.* 2. 35.

Cnicus benedictus. *De Cand. Prodr. v.* 6. 606.

Carduus benedictus. *Camerar. Epit.* 566. *cum ic.*

Cnicus sylvestris hirsutior, seu Carduus benedictus. *Tourn. Inst.* 450.

Καλάγγαθο *hodiè.*

In variis Peloponnesi locis, necnon in Cretâ, Cypro, et Samo, insulis. ⊙.

Centaurea benedicta.

Centaurea ægyptiaca.

Plantæ hujus, medicinâ celeberrimæ, per omnem Europam australem vulgatæ, nihil restat in herbario Sibthorpiano nisi folia vermibus ferè devorata, necnon *achæniorum* reliquiæ quædam. Hæ, vernice quasi obductæ, sulcatæ, tres lineas longæ, basi angustiores ibique hinc areolâ magnâ ovali excavatâ notatæ, apice coronâ cartilagineâ dentatâ, cui tot dentes quot laterum sulci, cinguntur. Intra coronam *pappus* adest duplex; cujus *exterior* e setis 10, subulatis, rigidis, glabris constat, dùm *interiori* totidem adsunt nanæ, ciliatæ, in conum conniventes.

a. Involucrum.
b. c. Ejusdem squamæ.
d. Flosculus radii.
e. Flosculus disci, cum ovario suo.
f. F. Achænium, magnitudine naturali et auctum.
g. Receptaculum pilosum.

TABULA 907.

CENTAUREA ÆGYPTIACA.

CENTAUREA subpubescens, caule ramoso prolifero, foliis spathulatis in petiolum basi simplicem decurrentibus: radicalibus pinnatifidis rariùs integerrimis apiculatis, capitulis sessilibus foliis brevioribus, squamis glabris productis in spinam maximam pugioniformem basi utrinque bisetosam: intimis apice membranaceis.

C. ægyptiaca. *Linn. Mant.* 118. *Willd. Sp. Pl. v.* 3. 2316. nec *De Cand. Prodr. v.* 6. 595.

In Achaiâ. ⊙. (♃?)

Caulis erectus, pygmæus, pilosus, a basi imâ ramosissimus; *ramis* rigidis ascendentibus, ad bifurcationes floridis. *Folia* subcarnosa, pilosa, viridia, spathulata, ima tantùm pinnatifida, superiora omnia integerrima, summa capitulis longiora, patentia. *Capitula* in apices et dichotomias ramorum sessilia, foliis subverticillatis bracteata; *flosculis* purpureis. *Involucrum* globosum, glabrum: *squamis* paucis, arctè imbricatis, apice in spinam pugioniformem longissimam pallidam productis, basi utrinque setis 2—3 rigidis nanis auctam; *superioribus* tridentatis tantùm; *intimis* apice membranaceis, patulis.

Hæc species, cum *C. cancellatâ* Sieberi à cl. Candollio perperàm conjuncta, ab omnibus ejusdem sectionis in Prodromo suo descriptis diversa videtur.

a. Involucrum. *b.* Flosculus radii. *c.* Flosculus disci.

TABULA 908.

CENTAUREA SOLSTITIALIS.

Centaurea caule erecto ramoso, foliis arachnoideo-tomentosis spinuloso-dentatis, radicalibus interruptè pinnatifidis caulinis linearibus decurrentibus, capitulis solitariis sublanatis, squamis intermediis in spinam validam productis utrinque basi setosam: intimis apice scariosis subrotundis.

C. solstitialis. *Linn. Sp. Pl.* 1297. *Willd. Sp. Pl. v.* 3. 2309. *De Cand. Prodr. v.* 6. 594. *No.* 156.

Calcitrapa solstitialis. *Lam. Fl. Fr. v.* 2. 34.

Carduus stellatus luteus, foliis cyani. *Tourn. Inst.* 440.

Φαλαρίδα hodiè.

In Græciâ et Archipelagi insulis, frequens. ☉.

Radix annua, fibrosa. *Caulis* arachnoideo-tomentosus, strictus, angulatus, striatus, simplicitèr ramosus, parcè foliatus; *ramis* longis ascendentibus; capitulo altero terminali, aliisque lateralibus subsessilibus. *Folia radicalia* pinnatifida, longè petiolata, laxè arachnoidea, laciniis spinuloso-paucidentatis: lateralibus 4—6, inæqualibus, linearibus ovatisque imò triangularibus, terminali hastato-ovatâ, subrepandâ, mucronatâ; *caulina* linearia, acuminata, apice spinosa, stricta, decurrentia, sæpiùs cauli adpressa; *suprema* subulata. *Flosculi* lutei, stricti, involucro breviores. *Involucrum* parvum, lanatum, ovale, foliis quibusdam proximè bracteatum; *squamæ* infimæ apice setis aliquot rigidis armatæ; intermediæ in spinam longam, rigidam, pugioniformem, basi utrinque setosam productæ; summæ appendice albâ scariosâ patulâ terminatæ. *Pappi* albi setæ valdè inæquales, extimæ minimæ.

Inter Centaureas Calcitrapeas speciem invenio sub nomine *C. Schouwii* a Candollio descriptam, cui planta nostra meliùs quam *C. solstitiali* veræ respondit. An fortè eadem? Folia parùm decurrentia, capitula minora lanata, spinæ squamarum validæ, omnia a *C. solstitiali* abhorrent.

a. b. Involucri squamæ. *c.* C. Flosculus radii, magnitudine naturali et auctus.
d. D. Flosculus disci, cum ovario suo, magnitudine naturali et auctus.

TABULA 909.

CENTAUREA MELITENSIS.

Centaurea caule erecto ramoso glanduloso-pubescente scabriusculo, foliis radicalibus lyrato-pinnatifidis in petiolum angustatis, caulinis longè decurrentibus linearibus

Centaurea solstitialis.

Centaurea melitensis.

Centaurea drabifolia.

dentatis acutissimis, capitulis subsolitariis supra ultima folia sessilibus pilosis ovato-globosis, involucri squamis spinosis basi pinnatis intimis indivisis.

C. melitensis. *Linn. Sp. Pl.* 1297. *Willd. Sp. Pl. v.* 3. 2310. *De Cand. Prodr. v.* 6. 593.

Triplocentron melitense. *Cassin. in Dict. Sc. v.* 55. 369.

Carduus stellatus luteus, capitulo minùs spinoso. *Tourn. Inst.* 440.

Jacea melitensis, capitulis conglobatis. *Boccon. Sicul.* 65. *t.* 35.

In Rhodo insulâ; etiam in agro Laconico. ⊙.

Radix annua, fibrosa. *Caulis* erectus, a basi ramosus, 1—2-pedalis, striatus, pube glandulosâ subasperâ cinereus. *Folia* pubescentia, scabriuscula, dentata; *radicalia* petiolata, pinnatifida, sublyrata, laciniis acutis, lateralibus oblongis, intermediâ multò longiore sed parùm latiore; *caulina* basi lanceolata, juxta capitula linearia, longè decurrentia. *Capitula* sæpiùs solitaria, terminalia et axillaria, nunc secus ramos racemosa, nunc geminata, sparsa. *Flosculi* flavi, stricti, involucro breviores. *Involucrum* ovatum, semunciam longum, pilosum; *squamæ* fuscæ, in spinam patulam, basi pinnatam, productæ, intermediis longioribus, intimarum spinulis lateralibus obsoletis.

a. Involucrum. *b. c. d.* Ejusdem squamæ, magnitudine naturali.
e. E. Flosculi radii; *f.* F. disci, magnitudine naturali et aucti.
g. G. Achænium, cum pappo suo, magnitudine naturali et auctum.

TABULA 910.
CENTAUREA DRABIFOLIA.

Centaurea cæspitosa, arachnoidea, incana, caulibus monocephalis ascendentibus, foliis petiolatis lanceolatis dentatis acutissimis, involucri sublanati ovalis spinis palmatis trifidisque laciniâ intermediâ longiore.

C. drabifolia. *Prodr. v.* 2. 202. *De Cand. Prodr. v.* 6. 595. *No.* 168.

In Olympo Bithyno monte. ♃.

Radix perpendicularis, ramosa, lignea, quasi rupibus infixa. *Caules* ascendentes, 1—2 pollices alti, a basi ipsâ foliati, arachnoidei, incani, apice monocephali. *Folia* omnia subconformia, arachnoidea, lanceolata, semunciam longa, dentata, acutissima; dentibus inferiorum altioribus. *Capitula* solitaria, ovato-oblonga, foliis proximis bracteata; *flosculis* luteis, radii laxè patulis, trifidis. *Involucrum* 8—9 lineas longum, sublanatum; *squamarum* spinis fuscis, infimarum simplicibus, intermediarum nunc trifidis, nunc basi palmatis laciniâ intermediâ longiore, intimarum apice dilatato, pallido, scarioso.

Plantæ hujus rarissimæ involucrum in exemplaribus herbarii Sibthorpiani floridis lanâ densâ juxta omnis squamæ apicem vestitur, ideòque species à cel. Candollio sub hoc nomine descripta paulò diversa videtur.

a. b. c. Involucri squamæ. *d.* Flosculus radii.
e. Flosculus disci, cum ovario suo.

TABULA 911.

CENTAUREA ACICULARIS.

Centaurea acaulis, lanata, foliis humifusis interruptè bipinnatis: laciniis incisis acuminatis, capitulis subsessilibus, involucri spinis rectis gracilibus patulis intermediis pinnatis, squamis intimis apice sanguineis multifidis.

C. acicularis. *Prodr. v.* 2. 203. *De Cand. Prodr. v.* 6. 595.

In Liro et Cypro insulis. ♃.

Radix crassa, lignosa. *Caulis* omninò nullus. *Folia* humifusa; *juniora* lanugine alba; *adulta* arachnoideo-lanata, cinerea, spithamæa, interruptè bipinnata, laciniis acuminatis, incisis integrisque. *Capitula* inter folia sessilia aut pedunculata, oblonga; *flosculis* aureis, radii 5-fidis. *Involucrum* oblongum, pollicem et ultra longum; *squamæ* subtomentosæ, exteriores lineari-lanceolatæ, in spinam simplicem reflexam tenuem productæ, intermediæ ovatæ, spinâ longâ tenui, pinnatâ, patenti, proximæ lineari-oblongæ, ad basin spinæ brevioris fimbriatæ, intimæ lineares, in appendicem sanguineam, luteo limbatam, multifidam dilatatæ. *Achænium* immaturum pubescens. *Pappus* in genere longissimus, mollis, involucro æqualis; *exterior* inæqualis, setiformis, versus peripheriam decrescens; *interior* e paleis angustis constans linearibus apice dentatis.

a. Involucrum. *b.* Squama ejusdem intermedia.
c. Una e squamis involucri intimis. *d.* Flosculus radii.
e. Flosculus disci, cum ovario suo.

Centaurea acicularis.

Centaurea eryngioides.

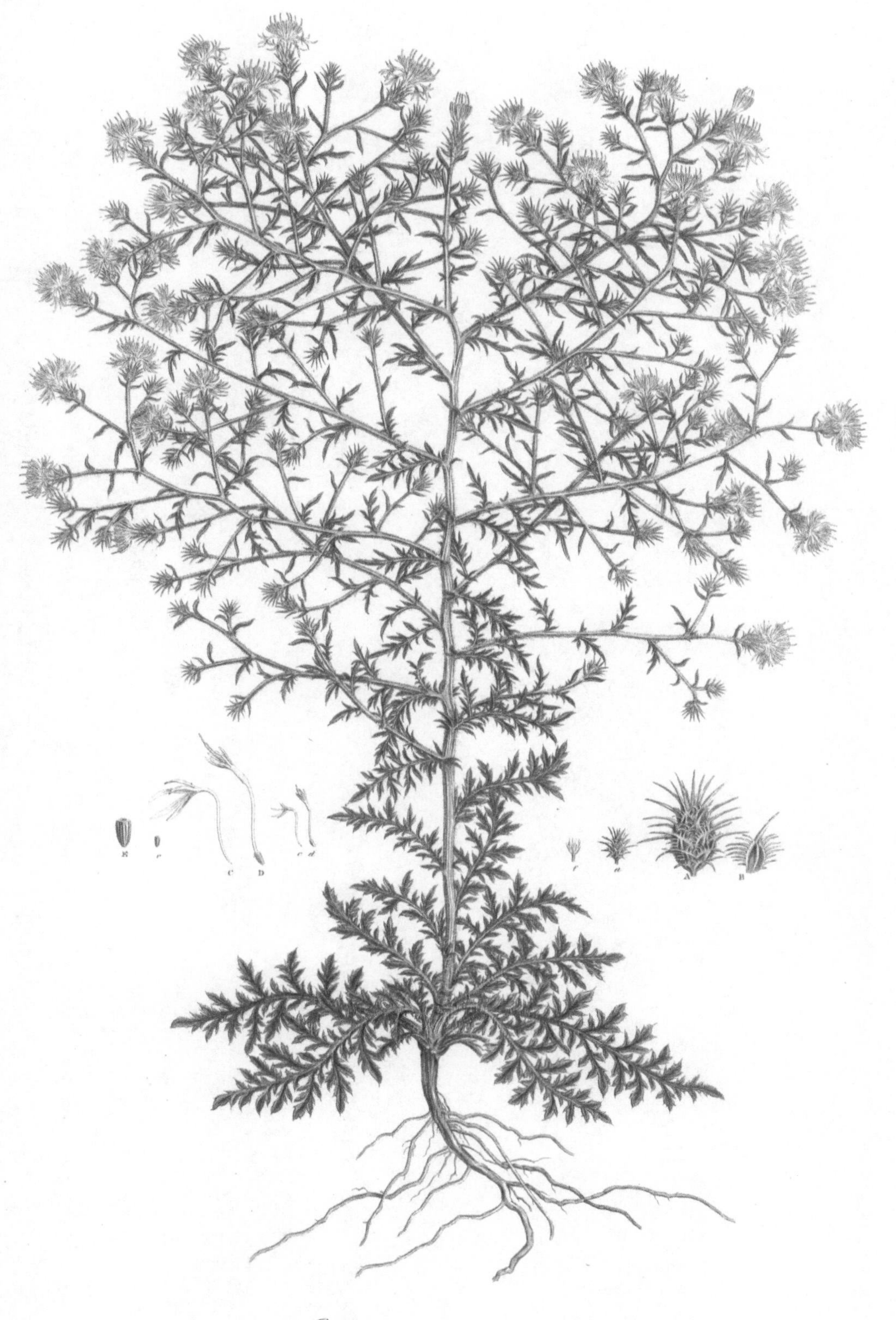

Centaurea parviflora.

TABULA 912.

CENTAUREA PARVIFLORA.

Centaurea caule erecto paniculato et divaricato-ramoso, foliis canescentibus radicalibus petiolatis bipinnatifidis caulinis pinnatifidis superioribus lineari-lanceolatis dentatis aut integris, capitulis ebracteatis, involucri ovato-oblongi squamis pallidis patulis pectinatis spinosis, pappo nullo.

C. parviflora. *Prodr. v.* 2. 203. *Bieb. Taur. Cauc. No.* 1825. nec *Desfont.*

C. diffusa. *Lam. Dict. v.* 1. 675. *De Cand. Prodr. v.* 6. 586.

Carduus orientalis, calcitrapæ folio, flore minimo. *Tourn. Cor.* 31.

In Asiâ minore. ♃.

Caulis durus, bipedalis, erectus, et humilior decumbens, angulatus, pubescens; *ramis* divaricatis, intricatis, rigidis, monocephalis. *Folia* inferiora bipinnatifida in exemplaribus herbarii Sibthorpiani periêre; *ramorum* linearia, sessilia, acuta, scabra, amplexicaulia, summis proximè sub capitulis. *Capitula* parva, ovata; *flosculis* albidis, involucri longitudine, radii deflexis. *Involucrum* 4 lineas longum; *squamis* corneis, appressis, pallidis, glabris, pectinatis, apice spinosis recurvis. *Ovarium* levitèr pubescens, calvum.

a. A. Involucrum, magnitudine naturali, et auctum. B. Ejusdem squama, magnitudine aucta.
c. C. Flosculus radii; *d.* D. disci, magnitudine naturali, et auctus.
e. E. Achænium, magnitudine naturali, et auctum. *f.* Receptaculum.

TABULA 913.

CENTAUREA ERYNGIOIDES.

Centaurea arachnoideo-incana, caule ascendente apice semel ramoso, foliis radicalibus petiolatis pinnatis laciniis superioribus pinnatifido-incisis: caulinis sessilibus, rameis integris, capitulis solitariis ebracteatis, involucri squamis ovatis acuminatis canaliculatis patentibus spinosis basi fimbriatis summis apice obtusis ciliato-incisis.

C. eryngioides. *Lam. Dict. v.* 1. 675. *Willd. Sp. Pl. v.* 2321. *De Cand. Prodr. v.* 6. 590. *No.* 136.

Carduus eryngioides, capite spinoso. *Alpin. Exot.* 158. *Tourn. Inst.* 441.

Prope Athenas. ♃.

Tota *herba* lanugine canescente arachnoideâ obducta. *Caulis* ascendens, pedalis vel minor, angulatus, versus apicem flexuosus et in ramos paucos monocephalos divisus. *Folia radicalia* petiolata, *caulina* sessilia amplexicaulia; omnia oblongo-lanceolata, pinnata, laciniis lanceolatis, acutis, inferioribus minoribus integris, superioribus pinnatifido-incisis, sensìm versus apicem decrescentibus; *ramea* lanceolata, basi angustata, indivisa. *Capitula* facie Cardui Mariani, sed minora, pedunculata, ebracteata; *flosculis* purpureis, involucro vix duplò longioribus. *Involucrum* subrotundo-ovatum, glabrum, pollicem latum, basi squamulis in pedunculum descendentibus auctum; *squamæ mediæ* ovatæ, fimbriatæ, patentes, concavæ, in acumen spinosum canaliculatum extensæ; *supremæ* apice appendice rotundatâ, dilatatâ, ciliato-incisâ auctæ.

Plantam descripsi qualem in herbario Sibthorpiano et Baueri icone invenitur: forma Græca autem a Sinaicâ rupestri cl. Boveo inventâ notis pluribus discrepat; nempè staturâ rigidâ et humiliore, superficie lanatâ, necnon foliis multò brevioribus et latioribus. Easdem tamen species credo loco naturali et casu quodam mutatas.

a. Involucri pars, receptaculum floribus orbatum a latere ostendens. *b.* Flosculus radii.
c. Flosculus disci, cum ovario suo.

TABULA 914.
CENTAUREA COLLINA.

Centaurea caule erecto corymboso foliisque subasperis, foliis rigidis radicalibus pinnatifidis laciniis linearibus obtusis integris aut lobatis superioribus sessilibus summis linearibus integerrimis, involucri squamis margine pallidis fimbriatis in spinam erecto-patulam squamâ sæpiùs breviorem acuminatis.

C. collina. *Linn. Sp. Pl.* 1298. *Willd. Sp. Pl. v.* 3. 2322. *De Cand. Prodr. v.* 6. 588.
C. cicutæfolia. *Horn. Hort. Hafn. v.* 2. 849. fide Candollii.
Calcitrapa collina. *Lam. Fl. Fr. v.* 2. 33.
Carduus luteus centauroides segetum. *Tourn. Inst.* 441.

In Peloponneso, et insulâ Cretâ? ♃.

Herba viridis, pubescens, scabra. *Caulis* erectus, angulatus, rigidus, apice tantum corymboso-ramosus. *Folia* rigida; *radicalia* petiolata, laxiùs villosa, altè pinnatifida, laciniis linearibus aut lineari-oblongis, obtusis, sæpiùs integerrimis, nunc bilobis, nullis minoribus interjectis; *caulina* similia, sessilia, gradatìm apicem versus minùs divisa, denique juxta capitula integerrima. *Capitula* solitaria, pedunculata, ovata, glabra; *flosculis* luteis, duplò longioribus, omnibus quinquefidis. *Involucrum* ultra pollicem longum; *squamæ* atro-virides, oblongæ, obtusæ, margine pallido, inciso, in spinam patulam v. squarrosam, nunc squamâ breviorem, nunc longiorem, producto; *intimæ* appendice membranaceâ, subrotundâ, ciliatâ auctæ.

Centaurea collina.

Centaurea rutifolia.

Centaurea rupestris.

Variat involucri spinarum longitudine, quæ nunc rigidæ erectæ squamas adæquant, nunc debiliores abbreviantur, nunc elongatæ faciem *C. eryngioidis* induunt. Staturam quoque parùm certam invenio; in humilibus folia duplò latiora et breviora.

a. b. c. d. Involucri squamæ variæ.
e. Flosculus radii.
f. Flosculus disci.
g. Receptaculum.

TABULA 915.
CENTAUREA RUPESTRIS.

Centaurea caule decumbente basi tantùm ramoso, foliis rigidis inferioribus petiolatis laciniis linearibus apice spinulosis summis sessilibus, capitulis pedunculatis, involucri glabri squamis ovatis acutissimis appressis apice sphacelatis margine fimbriatis scariosis.

C. rupestris. *Linn. Sp. Pl.* 1298. *Willd. Sp. Pl. v.* 3. 2322. *De Cand. Prodr. v.* 6. 588. *No.* 122.

C. arachnoidea. *Vivian. Ann. Bot. v.* 1. 2. 185.

In monte Athô. ♃.

Herba lanugine laxâ deciduâ vestita. *Caulis* decumbens, angulatus, pennæ corvinæ crassitie, basi tantùm in ramos longos, simplices, apice nudos monocephalos, divisus. *Folia* longè petiolata, rigida, pinnata; *laciniis* linearibus apice spinulosis, terminali infimorum lanceolatâ grossè dentatâ; *summa* sæpiùs pinnatifida, nunc simplicia, a capitulo distantia. *Capitula* subrotundo-ovata, solitaria, ascendentia; *flosculis* aureis, involucri duplò longioribus, radii trifidis. *Involucrum* semipollicem longum; *squamis* ovatis, acutissimis, glabris, apice sphacelatis, margine pallidis, scariosis, fimbriatis; *intimis* apice membranaceis, dilatatis, fuscis, incisis. *Achænia* lævia; *pappo* brevi, fusco.

a. b. c. Involucri squamæ.
d. D. Flosculus radii, magnitudine naturali, et auctus.
e. E. Flosculus disci.
f. F. Achænium maturum, magnitudine naturali, et auctum.

TABULA 916.
CENTAUREA RUTIFOLIA.

Centaurea caulibus erectis paniculatis foliisque utrinque incanis densè tomentosis, foliis inferioribus sessilibus pinnatis, laciniis pinnatifidis lobis inæqualibus obtusis, summis indivisis, capitulis ad apices ramorum 2—4 foliis floralibus involucratis, involucri ovati squamis dorso striatis supernè brevitèr ciliatis apice mucronatis, pappo fructu breviore.

C. rutifolia. *Prodr. v.* 2. 205. *De Cand. Prodr. v.* 6. 602. *No.* 217.

C. pannosa. *De Cand. l. c. v.* 6. 582. *No.* 90.

Circa Byzantium. ♃.

Herba lanugine densissimâ cinereâ undique obducta. *Caulis* erectus, 2—3-pedalis, angulatus, corymboso-ramosus; *ramis* simplicibus, vel sæpiùs apice divisis. *Folia* mollia, formâ varia, laciniis obtusis; *radicalia* petiolata, lyrata, laciniâ terminali spathulatâ margine hic illic grossè dentata; *inferiora* sessilia, pinnata, laciniis pinnatifidis, lobis valdè inæqualibus, infimo haud raró proximo superiore majore; *superiora* pinnatifida, amplexicaulia, lobo ultimo lateralibus triplò longiore; *ramea* oblongo-linearia, patula, integerrima. *Capitula* foliis summis involucrata, ideòque sessilia; *flosculis* pallidè carneis, laxè patulis. *Involucrum* ovatum, semunciam longum, junius lanatum, maturum glabratum; *squamis* ovatis, dorso striatis, arctè imbricatis, fimbriatis, apice spinâ brevi mucronatis, intimis linearibus apice ciliatis. *Achænium* olivaceum, pubescens; *pappo* brevi, candido, inæquali, basi sordido.

a. Involucrum. *b.* Flosculus radii. *c.* Flosculus disci, cum ovario suo.

TABULA 917.

CENTAUREA RAPHANINA.

Centaurea calycibus ciliatis spinosis, foliis sublyratis petiolatis nudis margine scabris, floribus radicalibus subsessilibus. *Prodr. v.* 2. 205.

C. raphanina. *De Cand. Prodr. v.* 6. 591. *No.* 144.

In Cretæ montibus Sphacioticis. ♃.

Radix fusiformis, crassa. *Flores* sæpiùs bini, pallidè purpurei; *flosculis* marginalibus pulchrè sanguineo-venosis. *J. E. Smith.*

Hujus varietas, subcaulescens et integrifolia, est Jacea cretica saxatilis, glasti folio, flore purpurascente, *Tourn. Cor.* 31, ex auctoris herbario. *J. E. Smith.*

Deest in herbario Sibthorpiano.

a. Involucrum. *b. c. d.* Ejusdem squamæ.
e. E. Flosculus radii; *f.* F. disci; magnitudine naturali, et auctus.
g. G. Achænium maturum, magnitudine naturali, et auctum. *h.* Receptaculum.

Centaurea raphanina.

Centaurea galactites

Centaurea pumila.

****** *Involucri spinis simplicibus*, Crocodiloidea.

TABULA 918.

CENTAUREA PUMILA.

Centaurea caule brevissimo tomentoso, foliis pinnatis suprà incanis subtùs tomentosis: lobis inæqualibus angulatis petiolatis terminali rhomboideo-cordato subdentato, capitulis pedunculatis, involucri oblongi squamis glabris margine integris argenteis scariosis apice spinâ simplici terminatis.

C. pumila. *Linn. Sp. Pl.* 1300. *Willd. Sp. Pl. v.* 3. 2326. *De Cand. Prodr. v.* 6. 591. *No.* 142. *Vent. Hort. Malm. t.* 9.

C. mucronata. *Forsk. Fl. Ægypt. Arab.* 151.

Prope Athenas. ♃.

Radix lignosa, perpendicularis, nodosa. *Caulis* tomentosus, sæpiùs brevissimus, nunc palmaris. *Folia* omnia radicalia, petiolata, tomentosa, suprà cæsia, subtùs incana, pinnata, laciniis valdè inæqualibus, subrhombeis, angulatis; terminali multò majore, cordatâ, subhastatâ, rhomboideâ, imò lanceolatâ. *Capitula* oblonga, in pedunculis tomentosis elevata, unciam longa; *flosculis* pallidè purpureis, radiantibus ampliatis. *Involucrum* glabrum, basi obtusissimum; *squamis* viridibus, margine integro argenteo scarioso cinctis; *infimis* rotundatis, muticis; *intermediis* ovatis spinulâ mucronatis; *intimis* apice dilatatis, membranaceis, submuticis. *Ovarium* sericeo-villosum; *pappo* longo, tenui, molli, piloso, inæquali.

a. Involucrum. *b. c.* Ejusdem squamæ. *d.* Flosculus radii. *e.* Flosculus disci.

TABULA 919.

CENTAUREA GALACTITES.

Centaurea involucris setaceo-spinosis, foliis decurrentibus sinuatis spinosis subtùs tomentosis, pappo deciduo plumoso, staminibus monadelphis.

C. Galactites. *Linn. Sp. Pl.* 1300. *Desf. Fl. Atl. v.* 2. 303. *Willd. Sp. Pl. v.* 3. 2327.

Galactites tomentosa. *Mœnch. Meth.* 558. *De Cand. Prodr. v.* 6. 616.

Calcitrapa Galactites. *Lam. Fl. Fr. v.* 2. 30.

Carduus Galactites. *Tourn. Inst.* 441.

In Peloponneso, et Archipelagi insulis, haud infrequens. ♃.

Deest in Herbario.

a. b. c. d. e. Involucri squamæ. *f.* Flosculus radii. *g.* Flosculus disci, cum ovario suo. *h.* Stylus, cum staminibus monadelphis.

IV. POLYGAMIA NECESSARIA.

CALENDULA.

Linn. Gen. Pl. 446. *Juss. Gen. Pl.* 183. *Gærtn. t.* 168. *De Cand. Prodr. v.* 6. 451.

Receptaculum nudum. *Pappus* nullus. *Involucrum* polyphyllum æquale. *Achænia* disci membranacea.

TABULA 920.
CALENDULA ARVENSIS.

Calendula foliis pubescentibus subdentatis imis oblongo-subspathulatis superioribus cordato-lanceolatis amplexicaulibus, achæniis omnibus arcuatis marginalibus involucro duplò longioribus dorso longè echinatis apice rostratis: interioribus marginatis annularibus dorso muricatis.

C. arvensis. *Linn. Sp. Pl.* 1303. *Willd. Sp. Pl. v.* 3. 2339. *De Cand. Prodr. v.* 6. 452.
Caltha arvensis. *Tourn. Inst.* 499.

In arvis et ruderatis Græciæ et Archipelagi frequens. ⊙.

Caulis pubescens, staturâ varius, nunc sesquipedalis, ramosus, diffusus, nunc pollicaris simplicissimus. *Folia radicalia* lanceolata, basi angustata, subdentata, imò sinuata, pubescentia, scabra; *caulina* sessilia, amplexicaulia, oblongo-linearia. *Capitula* solitaria, pedunculata, ebracteata. *Involucrum* pubescens, subæquale; *squamis* herbaceis, linearibus, biserialibus, exterioribus paululùm longioribus. *Flosculi radii* 12—13, ligulati, tridentati, involucro duplo longiores, fœminei, *stylo* bipartito, *ovario* arcuato, dorso muricato, apice setis quibusdam brevibus coronato; *disci* masculi, tubulosi, 5-dentati, *ovario* effœto, calvo. *Achænia* involucro reflexo longiora, dorso muricata et glandulosa; *exteriora* in rostrum apice lacerum producta; *proxima* circularia, marginata.

a. A. Flosculus radii; *b.* B. disci, magnitudine naturali, et auctus.
C. Receptaculum, involucro reflexo, achænio unico tantùm in situ suo remanente.
d. Achænium marginale seorsìm.

Calendula arvensis.

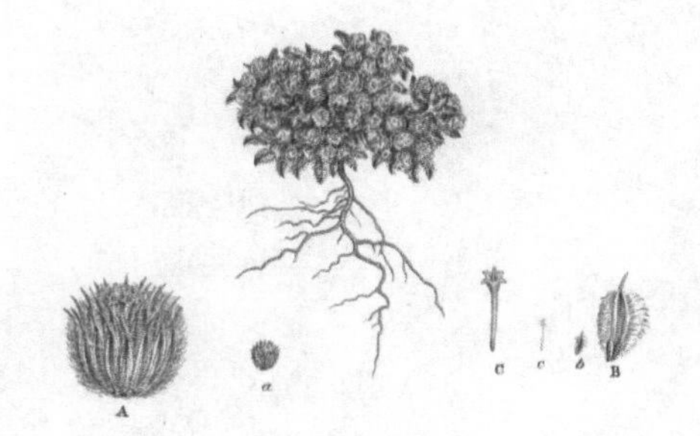

Filago exigua.

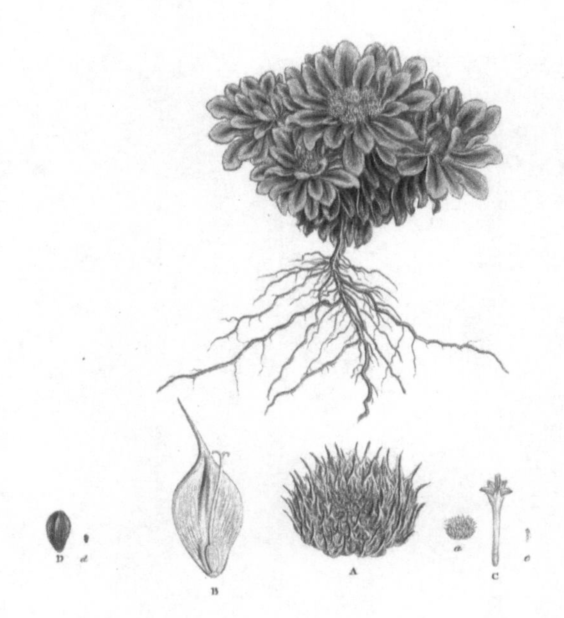

Filago pygmaea.

FILAGO.

Linn. Gen. Pl. 450. *Juss. Gen. Pl.* 179. *Willd. Sp. Pl. v.* 3. 2387.

Evax. *Gærtn. t.* 165. *De Cand. Prodr. v.* 5. 458.

Receptaculum paleaceum. *Pappus* nullus. *Involucrum* imbricatum. *Flosculi* fœminei inter squamas involucri locati.

TABULA 921.

FILAGO PYGMÆA.

Filago foliis floralibus obovatis obtusis, involucri squamis acuminatis glabris.
F. pygmæa. *Linn. Sp. Pl.* 1311. *Willd. Sp. Pl. v.* 3. 2357.
F. acaulis. *All. Fl. Ped. n.* 620.
Gnaphalium pygmæum. *Lam. Dict. v.* 2. 761.
Evax umbellata. *Gærtn. Fr. v.* 2. 393. *t.* 165.
Evax pygmæa. *Pers. Synops. v.* 2. 422. *De Cand. Prodr. v.* 5. 458.
Micropus pygmæus. *Desf. Fl. Atl. v.* 2. 307.
Filago maritima, capite folioso. *Tourn. Inst.* 454.

In Archipelagi insulis; necnon in agro Eliensi et Messeniaco. ⊙.

In Herbario deest.

a. Capitulum. A. Idem, magnitudine auctum, foliolis involucri fœmineis, discoque masculo. B. Unum ex involucri foliolis, flosculo fœmineo in gremio. *c.* C. Flosculus masculus disci. *d.* D. Achænium.

TABULA 922.

FILAGO EXIGUA.

Filago foliis obovato-lanceolatis, involucro extùs lanato. *Prodr. v.* 2. 207.
Micropus exiguus. *D'Urv. Enum.* 109. *n.* 802.
Evax exigua. *De Cand. Prodr. v.* 5. 458.

In Archipelagi insulis, cum priore. ⊙.

Radix annua, gracilis, ramosa. *Caulis* uncialis, filiformis, a basi simplicitèr ramosus; *ramis* filiformibus, lanatis, discoloribus, aphyllis, apice glomerulos gerentibus. *Folia* cinerea, lanata, indivisa; *radicalia* spathulato-lanceolata, acuta; *floralia* capitula involucrantia, obtusa, lanâ immersa. *Capitula* in axillis foliorum floralium aggregata, subrotunda, foliis breviora, globosa, pisi minimi magnitudine. *Involucrum* imbricatum, polyphyllum; *squamis* lineari-lanceolatis, spinâ acuminatis, margine pallidis, intùs glabris, extùs villosissimis. *Flosculi* radii, tenuissimi, filiformes, pallidi, squamis breviores, fœminei; *disci* minimi, masculi, 4-dentati, nec, ut in icone nostrâ, 5-dentati; *ovario* effœto, calvo.

a. A. Involucrum. *b*. B. Ejusdem squamæ, cum flosculo radii; *c*. C. Flosculus disci; omnes magnitudine naturali, et aucti.

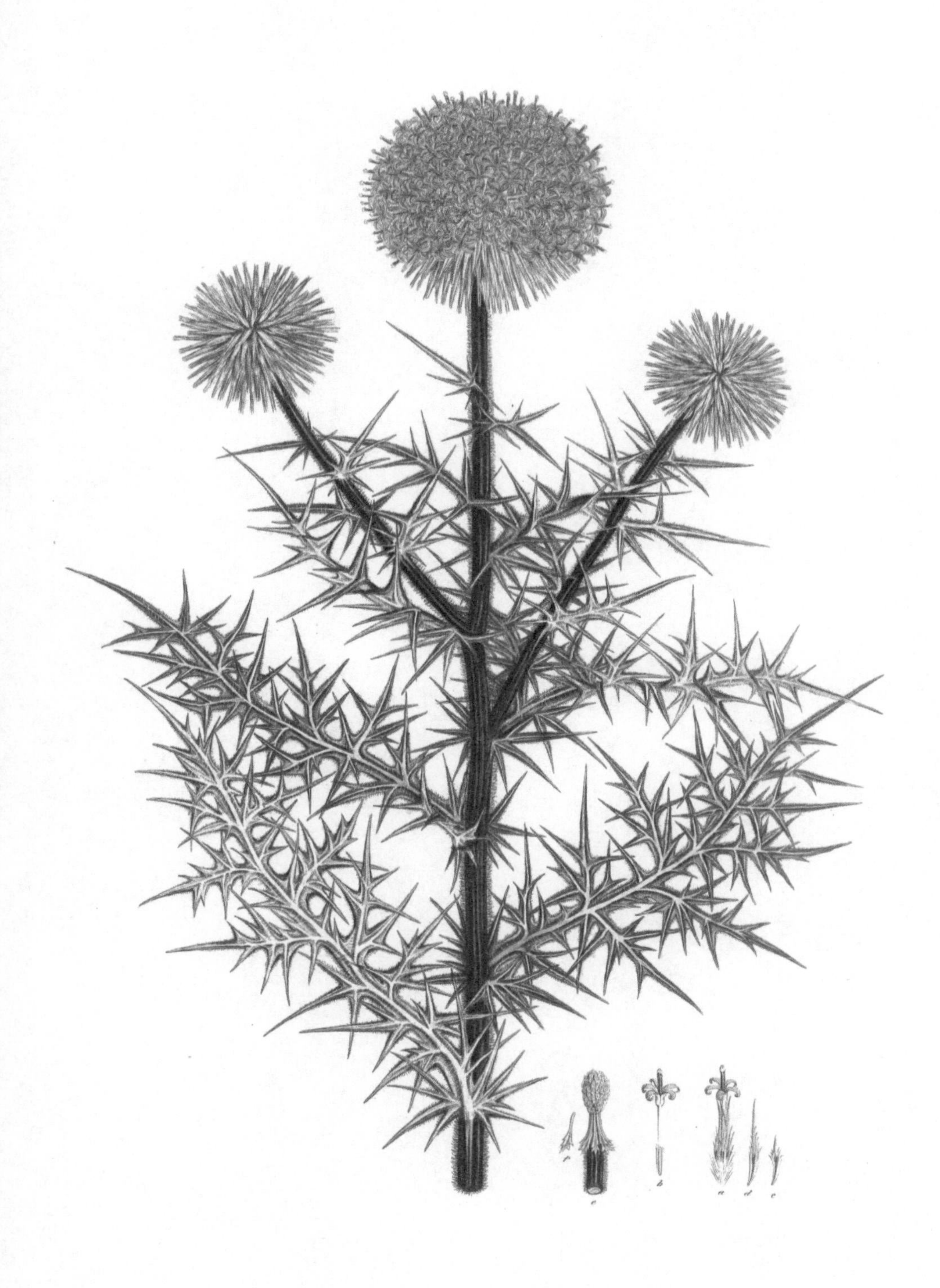

Echinops sphærocephalus.

SYNGENESIA POLYGAMIA SEGREGATA.

ECHINOPS.

Linn. Gen. Pl. 453. *Juss. Gen. Pl.* 175. *Gærtn. t.* 160.

Involucellum 1-florum. *Corollæ* tubulosæ, hermaphroditæ. *Receptaculum* setosum. *Pappus* obsoletus.

TABULA 923.

ECHINOPS SPHÆROCEPHALUS.

Echinops foliis bipinnatifidis spinosis suprà viscoso-pilosis subtùs incano-tomentosis: laciniis angustè triangularibus divaricatis, involucelli squamis filiformibus quam intimæ plus duplò brevioribus: mediis apice rhombeis serratis, intimis lineari-lanceolatis elongatis margine serrulatis.

E. sphærocephalus. *Linn. Sp. Pl.* 1314? *Willd. Sp. Pl. v.* 3. 2396?

E. viscosus. *De Cand. Prodr. v.* 6. 525.

E. spinosus. *D'Urvill. Enum. Pl. Or.* 113.

Echinopus major. *Tourn. Inst.* 463.

E. orientalis, cardui lanceolati folio, capite magno cœruleo. *Tourn. Cor.* 34!

Κροκοδείλιον *Diosc.* ?

In Græciâ vulgaris. ♃.

Caulis erectus, subangulatus, purpureus, pilis crassis tortuosis viscosis patulis densè vestitus; ramis simplicibus monocephalis. *Folia* amplexicaulia, glanduloso-pilosa, viscosa, suprà viridia, subtùs incana, lanata, bipinnatifida; *laciniis* angustis, triangularibus, convexis, in spinam longam rigidam pallidam acuminatis. *Capitula* solitaria, sphærica, pedunculata. *Receptaculum* oblongum, areolatum, nudum. *Involucrum* reflexum; squamis spathulatis subpinnatifidis, apice acutis, incisis, corneis. *Flosculi* pallidè cyanei. *Involucelli* foliola extima piliformia; intermedia cuneata, elongata, apice acuta, spinuloso-serrata, in medio in spinam producta; intima lineari-lanceolata, acuminata, margine minutè denticulata. Cætera in exemplare solitario quod coràm est desunt.

a. b. Involucri squamæ. *c.* Flosculus, involucello cinctus. *d.* Flosculus involucelli orbatus. *e.* Receptaculum, squamis extimis deflexis, alteràque abscissâ.

TABULA 924.

ECHINOPS SPINOSUS.

Echinops caule albo-lanato, foliis sessilibus amplexicaulibus pinnatifidis subtùs incano-tomentosis suprà glabriusculis: laciniis triangularibus spinosis incisis margine revolutis, involucelli squamis piliformibus intermediis æqualibus v. subnullis: mediis intimisque acuminatis ciliato-spinulosis dorso glabris.

E. spinosus. *Linn. Mantiss.* 119.? *Prodr. v.* 2. 209.

E. Ritro. *Willd. Sp. Pl. v.* 3. 2397. *De Cand. Prodr. v.* 6. 524.

Echinopus creticus, capite magno aculeato. *Tourn. Cor.* 34.

In Cypro et Archipelagi insulis. ♃.

Caulis erectus, albo-lanatus, angulatus. *Folia* sessilia, amplexicaulia, sinuato-pinnatifida, margine revoluta, suprà viridia, glabriuscula, subtùs lanata, incana; *laciniis* spinosis, dentatis, lobis inferioribus reflexis sæpè dentiformibus. *Involucri* squamæ reflexæ, lineares, apice dilatatæ, cuneatæ, laceræ. *Involucelli* squamæ piliformes intermediarum longitudine, sæpè ferè deficientes; intermediæ spathulatæ, apice rhombeæ, acutæ, corneæ, margine obsoletè denticulatæ; intimæ ultimis duplò longiores, lineari-lanceolatæ, canaliculatæ, acuminatæ, basi serrulatæ. *Flosculi* albi.

Hanc inter speciem et *Echinopem Ritro* auctorum nullum verum invenio discrimen. In icone equidèm capitula solito majora depinguntur; sed, quantùm ex herbarii fragmentis dijudicare licet, a formâ vulgari vix diversa sunt.

a. Flosculus, involucello cinctus. *b. c. d.* Involucelli squamæ.
e. Flosculus, involucello dempto. *f.* Involucellum maturum, defloratum.

TABULA 925.

ECHINOPS LANUGINOSUS.

Echinops foliis pinnatifidis utrinque cauleque arachnoideis: laciniis lanceolatis subincisis ciliato-spinulosis, involucelli squamis piliformibus brevissimis mediis inciso-serratis intimis serrato-ciliatis dorso villosis.

E. lanuginosus. *Herb. Sibth.*

E. microcephalus. *Prodr. v.* 2. 209. *De Cand. Prodr. v.* 6. 523.

Circa Byzantium. ♃.

Caulis ramosissimus, angulatus, pilis longis mollibus villosus, ad apices ramorum usque

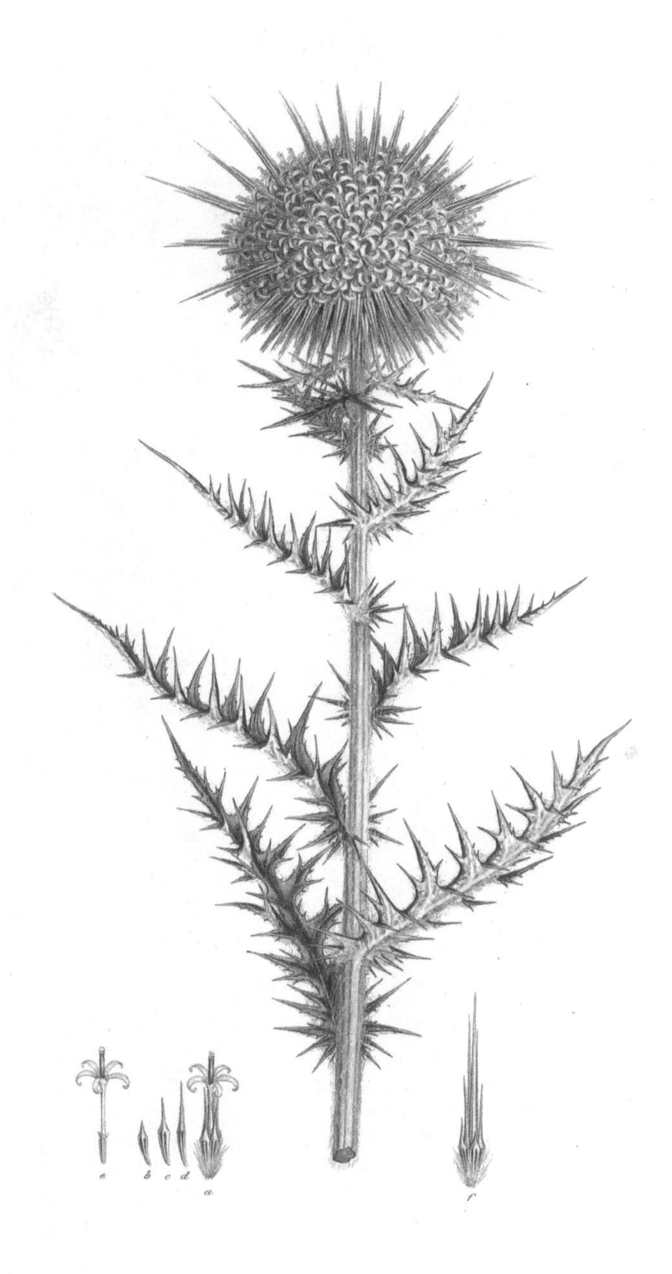

Echinops spinosus.

Echinops lanuginosus.

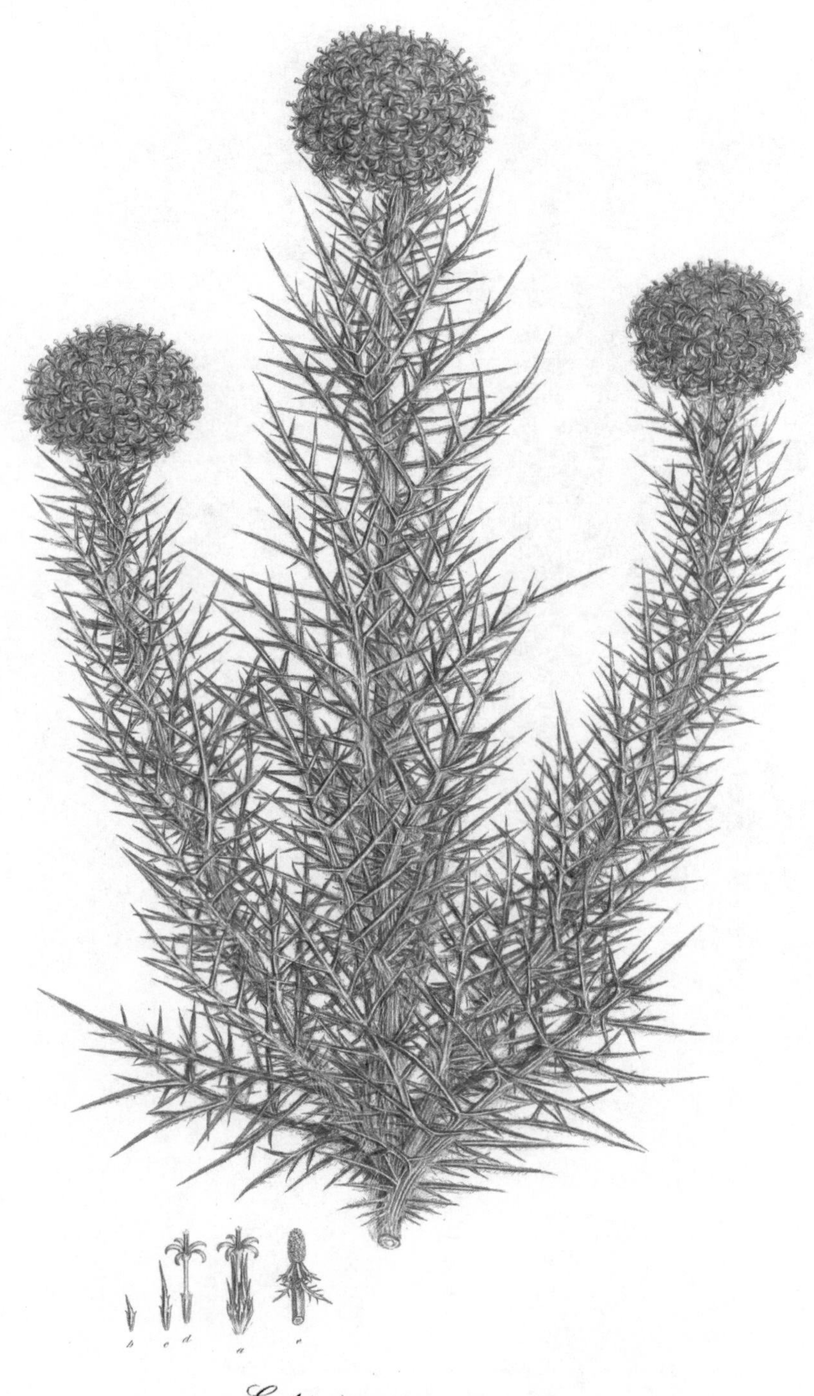

Echinops tenuissimus

foliatus. *Folia* villosa, subtùs densiùs, amplexicaulia, pinnatifida, viridia; *laciniis* planis, incisis, apice spinâ gracili armatis et ciliato-spinulosis. *Capitula* in genere parva, pallidè cyanea, sessilia. *Involucri* foliola oblanceolata, incisa, apice spinosa. *Involucelli* pentagoni *squamæ* piliformes, brevissimæ et solito latiores, reliquæ imbricatæ, gradatìm longiores, acuminatæ, margine pectinatæ.

a. A. Involucellum, magnitudine naturali, et auctum. B. C. D. E. Involucelli squamæ, auctæ. *f*. Flosculus. *g*. Pedunculi apex, cum receptaculo et involucro reflexo.

TABULA 926.

ECHINOPS TENUISSIMUS.

Echinops foliis bipinnatifidis suprà glabriusculis subtùs incano-tomentosis: laciniis linearibus rigidis spinosis margine revolutis spinoso-denticulatis, involucelli squamis exterioribus planis abbreviatis: cæteris serrato-ciliatis, intimis in tubum pentagonum concretis.

E. tenuissimus. *Herb. Sibth.*

E. lanuginosus. *Prodr. v.* 2. 209. *Lam. Dict. v.* 2. 336. *Ic. t.* 79. *f.* 2. *Willd. Sp. Pl. v.* 3. 2398.

E. græcus. *Mill. Dict. v.* 3. *De Cand. Prodr. v.* 6. 526.

Echinopus græcus, tenuissimè divisus et lanuginosus, capite minori cœruleo. *Tourn. Cor.* 34.

Ἄκανθα λευκή *Diosc.?*

Circa Athenas. ♃

Caulis erectus, villosissimus, ramosissimus, foliis ad ramorum apicem usque densè tectus. *Folia* cinerea, sessilia, amplexicaulia, bipinnatifida; *laciniis* linearibus, tenuibus, spinosis, margine revolutis, denticulatis, suprà pilosis, subtùs incano-tomentosis. *Capitula* sessilia, cœrulea, solitaria. *Involucri* foliola linearia, acuminata, spinosa, basi latiora, margine pectinata, aut spinoso-dentata. *Involucelli* squamæ angustissimæ, spathulatæ, acutæ, breves, mox in majores carinatas serratas incisasque transeuntes; interiores lanceolatæ, semipinnatifidæ, spinosæ; intimæ in tubum concretæ, intùs discolorem, ovarium arctè cingentem.

a. Involucellum cum flosculo. *b*. *c*. Ejusdem squamæ. *d*. Flosculus seorsim. *e*. Involucrum reflexum, cum receptaculo flosculis orbato.

GYNANDRIA MONANDRIA.

* Anthera adnata, subterminalis.

ORCHIS.

Linn. Gen. Pl. 461. *Juss. Gen. Pl.* 65.

Perianthium pentaphyllum, sepalo superiore fornicato. *Labellum* basi subtùs calcaratum. *Anthera* terminalis adnata.

TABULA 927.

ORCHIS UNDULATIFOLIA.

Orchis foliis oblongo-lanceolatis undulatis obtusis, spicâ crassâ subcorymbosâ, sepalis acuminatis, labello calcare pendulo incurvo triplò longiore: laciniis omnibus linearibus acuminatis, bracteis brevissimis. *Lindl. Gen. et Sp. Orch.* 273.

O. undulatifolia. *Bivon. Bernard. Sic. cent.* 2. 44. *t.* 6.

O. tephrosanthos, β. undulatifolia. *Bot. Reg. t.* 375.

O. tephrosanthos. *Desfont. Fl. Atl. v.* 2. 318.

Οὐρὰ τοῦ ἀλεποῦ *hodiè apud Cyprios.*

Σαρκινοβοτάνι *Messeniensium.*

In Caramaniâ, agro Messeniaco, et insulâ Cypro, haud infrequens. ♃.

Radix e tuberculis duobus constans ovalibus, indivisis, et fibris pluribus simplicibus carnosis intermixtis. *Caulis* erectus, pedalis ad sesquipedalem, basi foliatus, sursùm vaginis foliaceis cinctus, apice nudus. *Folia* plura, erecto-patula, oblonga, obtusa, undulata, caule multò breviora. *Racemus* densus, pyramidatus, 1—2-pollices longus. *Flores* rosei. *Sepala* ovata, acuta, striata, erecto-patula; postico minore. *Petala* obtusa, sepalis multò minora, supra antheram conniventia. *Labellum* dependens, oblongum, 5-fidum, medio album, sanguineo-punctatum, pubescens; *laciniis* linearibus, duabus lateralibus, tribusque terminalibus, quarum intermedia minor, subulata; *calcare* limbo breviore, recto, obtuso, pendulo, apice emarginato.

a. Flos integer, a fronte visus. *b.* Flos a latere visus, sepalis petalisque abscissis.

Orchis undulatifolia.

Orchis papilionacea.

TABULA 928.

ORCHIS PAPILIONACEA.

Orchis scapo basi præcipuè folioso, foliis lineari-lanceolatis acutis arctè vaginatis, sepalis oblongis acutis, labello crenulato unguiculato calcari conico incurvo pendulo æquali. *Lindl. Gen. et Sp. Orchid.* 266.

O. papilionacea. *Prodr. v.* 2. 213. nec Linnæi. *Bot. Reg. t.* 1155.

O. rubra. *Jacq. Ic. Rar. v.* 1. *t.* 183. *Willd. Sp. Pl. v.* 4. 24.

O. expansa. *Tenore, Syllog.* 455.

O. orientalis et lusitanica, flore maximo, papilionem referente. *Tourn. Cor.* 30.

O. montana humilis, flore majore. *Buxb. Cent.* 3. 3. *t.* 3.

Ὄρχις *Dioscoridis.*

Σαρκινοβοτάνι *hodiè.*

Σαλέπι *vulgò.*

In saxosis et sabulosis Græciæ, ut a Dioscoride traditur, frequentissima. ♃.

Radix e tuberculis duobus sphæricis constans, et fibris pluribus carnosis simplicibus. *Caulis* palmaris, basi foliatus, supra folia vaginis duabus arctè appressis cinctus. *Folia* suberecta, tria inferiora lineari-lanceolata, canaliculata, duo superiora breviora et latiora. *Racemus* pauciflorus, laxus. *Bracteæ* magnæ, lanceolatæ, obtusiusculæ, erectæ, purpurascentes, ovario longiores. *Sepala* ovata, fusco-sanguinea, firma, obtusiuscula, cum petalis supra antheram conniventia. *Labellum* roseum, oblongum, indivisum, concavum, basi angustatum, margine crispum et crenulatum. *Calcar* teres, obtusum, pendulum, levitèr flexuosum, labelli longitudine.

a. Floris anthera et labellum, cum calcare suo.

OPHRYS.

Linn. Gen. Pl. 462. *Juss. Gen. Pl.* 65. *Brown. apud Ait. Hort. Kew. ed.* 2. *v.* 5. 195.

Perianthium pentapetalum, patens. *Labellum* e basi columnæ, ecalcaratum, patens. *Anthera* terminalis adnata.

TABULA 929.

OPHRYS TENTHREDINIFERA.

Ophrys labello integerrimo subquadrato cuneato villoso appendiculato basi auriculato cornuto sub apice barbato disco glabro: appendice inflexâ, petalis ovatis acutis tomentosis, bracteis florum longitudine. *Lindl. Gen. et Sp. Orch.* 376.

O. tenthredinifera. *Willd. Sp. Pl. v.* 4. 67. *Bivon. Bernard. Sic. cent.* 2. 39. *t.* 4. *Bot. Reg. t.* 205. 1093. *Bot. Mag. t.* 1093.

O. villosa. *Desfont. in Ann. Mus. v.* 10. 225. *t.* 14.

O. grandiflora. *Tenore, Append. Alt.* 83. *Fl. Napolit. t.* 94.

Orchis orientalis, calyptrâ purpureâ, petalo inferiori atro-purpurascente, scuto ferri equini formâ. *Tourn. Cor.* 30.?

In insulâ Cypro. ♃.

Speciei hujus pulcherrimæ nihil in herbario restat nisi fragmenta quædam vermibus erosa. Tubercula radicum tomento induuntur.

TABULA 930.

OPHRYS FUSCA.

Ophrys labello mutico velutino oblongo trilobo: lobis lateralibus nanis intermedio emarginato, petalis glabris. *Lindl. Gen. et Sp. Orch.* 373.

O. fusca. *Link, in Schrad. Diar. Bot.* 1799. *v.* 2. 324. *Willd. Sp. Pl. v.* 4. 69. *Tenore, Fl. Napolit. v.* 2. 303. *t.* 92.

O. lutea. *Bivon. Bernard. Sic. cent.* 2. 41. *t.* 5.

Orchis fucum referens, flore subvirente. *Tourn. Inst.* 434.

Ophrys tenthredinifera.

Ophrys fusca.

Serapias Lingua.

O. serapias secundus minor. *Dod. Pempt.* 238.

In agro Messeniaco et Argolico. ♃.

Ex herbario Sibthorpiano amissa est species, præcedenti similis, sed sepalorum et petalorum colore, labelli figurâ et glabritie majore, satis diversa.

A. Anthera a fronte visa, cum stigmate suo excavato, et petalis duobus, magnitudine aucta.
B. Eadem, a latere.

SERAPIAS.

Linn. Gen. Pl. 462. *Juss. Gen. Pl.* 65. *Brown. apud Ait. Hort. Kew. ed.* 2. *v.* 5. 194.

Perianthium connivens. *Labellum* ecalcaratum; basi concavum; lobo terminali maximo, dependente, indiviso.

TABULA 931.

SERAPIAS LINGUA.

Serapias labello ovato-lanceolato, epichilio basi pubescente, bracteis floribus brevioribus. *Lindl. Gen. et Sp. Orch.* 377.
S. Lingua. *Linn. Sp. Pl.* 1344. *Willd. Sp. Pl. v.* 4. 70. *Hooker, Exot. Fl. t.* 11.
Helleborine Lingua. *Pers. Synops. v.* 2. 512.
Orchis montana italica, linguâ oblongâ, altera. *Tourn. Inst.* 434.
Λόγχιτις *Dioscoridis.*

In apricis montibus Græciæ, necnon in Zacyntho insulâ. ♃.

Tubercula radicis subrotunda, integerrima, per collum elongatum cum caulis basi connata. *Caulis* palmaris ad pedalem, basi foliosus. *Folia* linearia, oblonga, canaliculata, obtusa, suberecta; scapo folium solitarium vaginans cucullatum in medio gerente. *Racemus* subspiralis, pauciflorus; *bracteis* oblongo-lanceolatis, canaliculatis, acuminatis, pallidè virentibus, margine et venis purpurascentibus, florum longitudine. *Flores* bilabiati. *Sepala* ovato-lanceolata, acuminata, bractearum colore, supra columnam in galeam conniventia et agglutinata. *Petala* conformia, sepalis adhærentia, angustiora et magìs acuminata, serrata, basi subcarnosa. *Labellum* ovato-lanceolatum, basi caudatum, medio pilis longis articulatis villosum, constrictum, et quasi bipartitum; *hypochilio* petalis breviore, cucullato, basi bilamellato, marginibus rotundatis atropurpureis; *epichilio* lanceolato, pendulo, sepalis multò longiore. *Columna* acuminata, lamellis longior, apice virecens.

a. Labelli facies, hypochilii marginibus vi deflexis, columnam et lamellas ostendentibus.
b. Labellum a latere, partibus suis in situ naturali.

TABULA 932.

SERAPIAS CORDIGERA.

Serapias labello cordato-ovato glanduloso-piloso, floribus congestis bractearum longitudine. *Lindl. Gen. et Sp. Orch.* 377.

S. cordigera. *Linn. Sp. Pl.* 1345. *Willd. Sp. Pl. v.* 4. 71. *Bot. Repos. t.* 475.

Helleborine cordigera. *Sebast. et Maur. Prodr. Fl. Rom. t.* x.

Serapias ovalis. *L. C. Richard, Orch. Europ. Annot.* 32.

Orchis montana italica, flore ferrugineo, linguâ oblongâ. *Tourn. Inst.* 434.

Σατύριον ἐρυθρόνιον *Dioscoridis? Sibth.*

In apricis montibus Græciæ; etiam inter Byzantium et pagum Belgrad. ♃.

Species pulcherrima, in herbario deficiens, *S. Linguæ* notis pluribus distincta; præsertìm *caule* altiore et basi maculato, *bracteis* floribus brevioribus, *petalis* duplò minoribus, integerrimis, nec acuminatis serratis hypochilio longioribus, labelli denique pilis longioribus per totam partis mediæ superficiem ad marginem usque conspersis.

a. Labellum a fronte visum, cum petalis, lamellis et columnâ.
b. Labellum a latere, cum petalis.
c. Columna, cum labelli lamellis, verosimilitèr separabilibus.

Serapias cordigera.

Epipactis rubra.

** *Anthera terminalis opercularis.*

EPIPACTIS.

Brown apud Ait. Hort. Kew. ed. 2. v. 5. 201.

Serapias. *Gærtn. t. 14.*

Anthera persistens. *Labellum* infernè ventricosum, medio constrictum.

TABULA 933.

EPIPACTIS RUBRA.

Epipactis foliis lanceolatis horizontalibus, bracteis infimis flore longioribus, sepalis patentibus, petalis erectis conniventibus, labelli epichilio cordato-hastato acuminato venis elevatis cristato.

E. rubra. *Willd. Sp. Pl. v.* 4. 86.

E. purpurea. *Crantz. Stirp. Austr.* 457.

Serapias rubra. *Linn. Syst. Veg. ed.* 14. 816. *Eng. Bot. t.* 437.

Cephalanthera rubra. *Rich. Orch. Europ. Annot.* 38.

Helleborine montana angustifolia purpurascens. *Tourn. Inst.* 436.

In montis Parnassi sylvosis. ♃.

Radix fibrosa, repens. *Caulis* pedalis ad sesquipedalem, ascendens, striatus, basi glaber, sursùm pubescens. *Folia* ensiformia, canaliculata, horizontalia, glabra, striata, basi amplexicaulia; infima latiora, breviora, imò squamiformia, vaginantia. *Racemus* tomentosus, gracilis, multiflorus, quaquaversus; *bracteis* lineari-lanceolatis, acuminatis, foliaceis, pubescentibus; infimâ flore suo longiore, cæteris brevioribus, summis setaceis. *Ovarium* pedicellatum, tomentosum. *Flores* purpurei. *Sepala* lineari-lanceolata, basi æqualia, patentia, dorso pubentia. *Petala* conformia, erecta, supra columnam conniventia, apice patula. *Labellum* pallidius et minùs purpureo-marginatum; *hypochilio* basi saccato, erecto, columnâ breviore, angulis suis acutiusculis; *epichilio* cordato-hastato, acuminato, pendulo, undulato, venis cristatis. *Columna* libera, semiteres, erecta. *Anthera* oblonga, terminalis, opercularis, bilocularis; *loculis* parallelis, approximatis, per medium lineâ elevatâ bipartitis. *Stigma* infundibulare, levitèr prominens.

a. Labellum et columna, a latere, sepalo dorsali remanente

b. Labellum et columna, obliquè a fronte visæ.

GYNANDRIA HEXANDRIA.

ARISTOLOCHIA.

Linn. Gen. Pl. 467. *Juss. Gen. Pl.* 73. *Gærtn. t.* 14.

Calyx tubulosus, ligulatus, basi ventricosus. *Corolla* 0. *Capsula* 6-locularis, polysperma, infera.

TABULA 934.

ARISTOLOCHIA SEMPERVIRENS.

Aristolochia foliis cordatis oblongis acuminatis coriaceis nitidis sempervirentibus, caule prostrato flexuoso subscandente, calyce incurvo infundibulari: limbo ovato acuto basi emarginato tubo breviore.

A. sempervirens. *Linn. Sp. Pl.* 1363. *Bot. Mag. t.* 1116. *Willd. Sp. Pl. v.* 4. 158.

Pistolochia cretica. *Bauh. Pin.* 307.

A. Pistolochia altera. *Tourn. Inst.* 162.

Pistolochia altera. *Clus. Hist. v.* 2. 260.

In insulâ Cretâ, ad sepes. ♃.

Caulis debilis, filiformis, angulatus, pallidè viridis, scandens, glaberrimus. *Folia* subcoriacea, nitida, glaberrima, sempervirentia, utrinque atro-viridia, cordata, sinu rotundato, acuminata; *petiolo* laminâ duplò breviore. *Flores* solitarii, axillares, nutantes, pedunculo apice decurvo petiolo longiore. *Calyx* sesquipollicaris, lutescens, purpureo-vittatus et limbatus, basi ovatus, ventricosus, angularis, tubo incurvo, apice in limbum ovatum, obliquum, apiculatum, basi emarginatum, tubo multò breviorem dilatato, intùs hirsuto, basi imâ atropurpureo. *Columna* brevis, sexdentata; *antheris* totidem, subrotundis, distantibus, dentibus oppositis.

Cum hac specie Aristolochiam glaucam, *Desfont. Atlant. t.* 252, et *Curt. Mag. t.* 1115, proculdubiò confudit Linnæus. *J. E. Smith.*

a. Flos, longitudinalitèr sectus, partes interiores ostendens.
B. Ovarium, cum columnâ stamineâ, magnitudine auctum.

Aristolochia sempervirens.

Aristolochia pallida.

Aristolochia parvifolia.

TABULA 935.
ARISTOLOCHIA PARVIFOLIA.

ARISTOLOCHIA foliis cordatis obtusis emarginatis glaberrimis, caulibus decumbentibus flexuosis, calycis labio elongato torto. *Prodr. v.* 2. 222.

Aristolochia longa, folio minori subrotundo, flore tenuissimo. *Tourn. Cor.* 8, ex charactere.

A. Clematitis, No. 5. *Wheler, It.* 414, *cum ic.*

'Αριστολόχια μακρὰ *Dioscoridis.*

Circa Athenas vulgaris; sed infrequens per totam Græciam. ♃.

Radix fusiformis, longa. *Caulis* debilis, prostratus, vix ultra pedem longus, angulatus, glaberrimus, pallidè viridis, flexuosus. *Folia* cordata, obtusa, magnitudine et formâ varia, glaberrima, subtùs glauca, venis elevatis reticulata, petiolis suis longiora, nunc subrotunda semipollicaria, nunc pollicaria basi dilatata. *Flores* solitarii, axillares; *pedunculo* ovarioque decurvis petiolo longioribus. *Calyx* fuscus, duos ferè pollices longus, gracilis, basi ventricosus; *tubo* arcuato, apice paululùm dilatato, intùs hirsuto; *limbo* lineari, acuto, plano, flexuoso, tubo duplò longiore, basi venoso, dilatato. *Columna* sexdentata, in cavitate atropurpureâ abscondita, *antheris* oblongis, approximatis. *Capsula* ficûs parvæ magnitudine et facie, virescens, purpureo-vittata; *pericarpio* coriaceo, sexvalvi; *seminibus* atris compressis, crassis, verrucosis, hinc sulcatis.

a. Flos integer. *b.* Ejusdem pars inferior, per longitudinem divisa.
C. Ovarium, cum columnâ stamineâ, magnitudine auctum.
d. Capsula, adhùc indehiscens.

TABULA 936.
ARISTOLOCHIA PALLIDA.

ARISTOLOCHIA foliis subrotundo-reniformibus obtusissimis petiolatis: lobis divaricatis, caule erectiusculo flexuoso, pedunculis solitariis unifloris, calycibus erectis: limbo linguiformi obtuso tubo quatèr breviore.

A. pallida. *Willd. Sp. Pl. v.* 4. 162. *Waldst. et Kit. Pl. Hungar. v.* 3. *t.* 240.

A. rotunda β. *Linn. Sp. Pl.* 1364.

A. rotunda, flore ex albo purpurascente. *Tourn. Inst.* 162.

A. rotunda altera. *Clus. Hist. v.* 2. 70.

'Αριστολόχια στρογγύλη *Dioscoridis.*

In sylvis et umbrosis Græciæ. ♃.

Radix rotunda, carnosa. *Caules* erecti, v. prostrati, flexuosi, pedales ad sesquipedales, angulati, levissimè pubescentes. *Folia* glaucescentia, sesquipollicem longa, subrotundo-reniformia, obtusissima, sinubus baseos latis rotundatis, petiolis suis duplò longiora, utrinque pilis minutissimis pubentia. *Flores* ferè 2-pollicares, erecti, solitarii, axillares, ovario quam petiolus longiore. *Calyx* viridis, rectus, basi conicus inflatus; *tubo* clavato, intùs glabro et purpureo vittato, apice constricto; *limbo* linguiformi, obtuso, apice unicolori, tubo quatèr breviore, nunc erecto, nunc inflexo. *Columna* alba, sexdentata, medio stigmate purpureo umbonata; *antheris* cuique denti oppositis, oblongis, loculis sejunctis. *Capsula* immatura viridis, obovata, ficûs facie, pendula.

a. Flos, per longitudinem sectus. B. Columna staminea, magnitudine aucta.

TABULA 937.

ARISTOLOCHIA HIRTA.

Aristolochia foliis sinu lato auriculato-cordatis oblongis obtusis pubescentibus petiolatis, caule erecto hirto, pedunculis solitariis unifloris, calyce in seipsum reflexo: limbo dilatato concavo cordato apiculato hirsuto.

A. hirta. *Linn. Sp. Pl.* 1365. *Willd. Sp. Pl. v.* 4. 163.

Aristolochia longa subhirsuta, folio oblongo, flore maximo. *Tourn. Cor.* 8. *voy. v.* 1. 147. *cum icone.*

In insulâ Cypro. ♃.

Caulis pedalis et ultrà, pilosus, erectus, teres, simplex; junior hirsutior. *Folia* petiolata, hirsuta, sinu lato cordata, acuminata, obtusa, 2—3-pollices longa, atro-viridia, rugosa, subtùs venis elevatis pallida et hirsutiora; lobis lateralibus dilatatis, rotundatis. *Flores* in foliorum inferiorum axillis solitarii, pedunculo piloso deflexo penduli. *Ovarium* teretiusculum, angulatum, hirsutum, pedunculo duplò brevius. *Calyx* hirsutus, fusco-castaneus, sigmoideus, in seipsum recurvus; *tubo* ferè 3-unciali, hexangulari, basi ventricoso, subconico, olivaceo, intùs atropurpureo villoso; *limbo* dilatato, obliquo, cordato, apiculato, 2 pollices lato, atropurpureo, villosissimo. *Stamina* 6, in columnam capitatam, truncatam, sexcrenatam, pallidè flavam connata; *antheris* totidem, bilocularibus; lobis linearibus, basi divergentibus, columnæ faciebus adnatis. *Stigma* verticale, sexradiatum, planum; *radiis* columnæ crenis oppositis. *Capsula* (ex icone) subrotundo-oblonga, hirsuta, castanea, 2 pollices longa.

Staturâ variat, caule nunc palmari, nunc sesquipedali, foliis floribusque multò minoribus.

a. Flos integer, longitudinalitèr divisus, partes interiores ostendens.
B. Columna staminea, cum stigmate verticali sexradiato, magnitudine aucta
C. Capsula.

Aristolochia hirta.

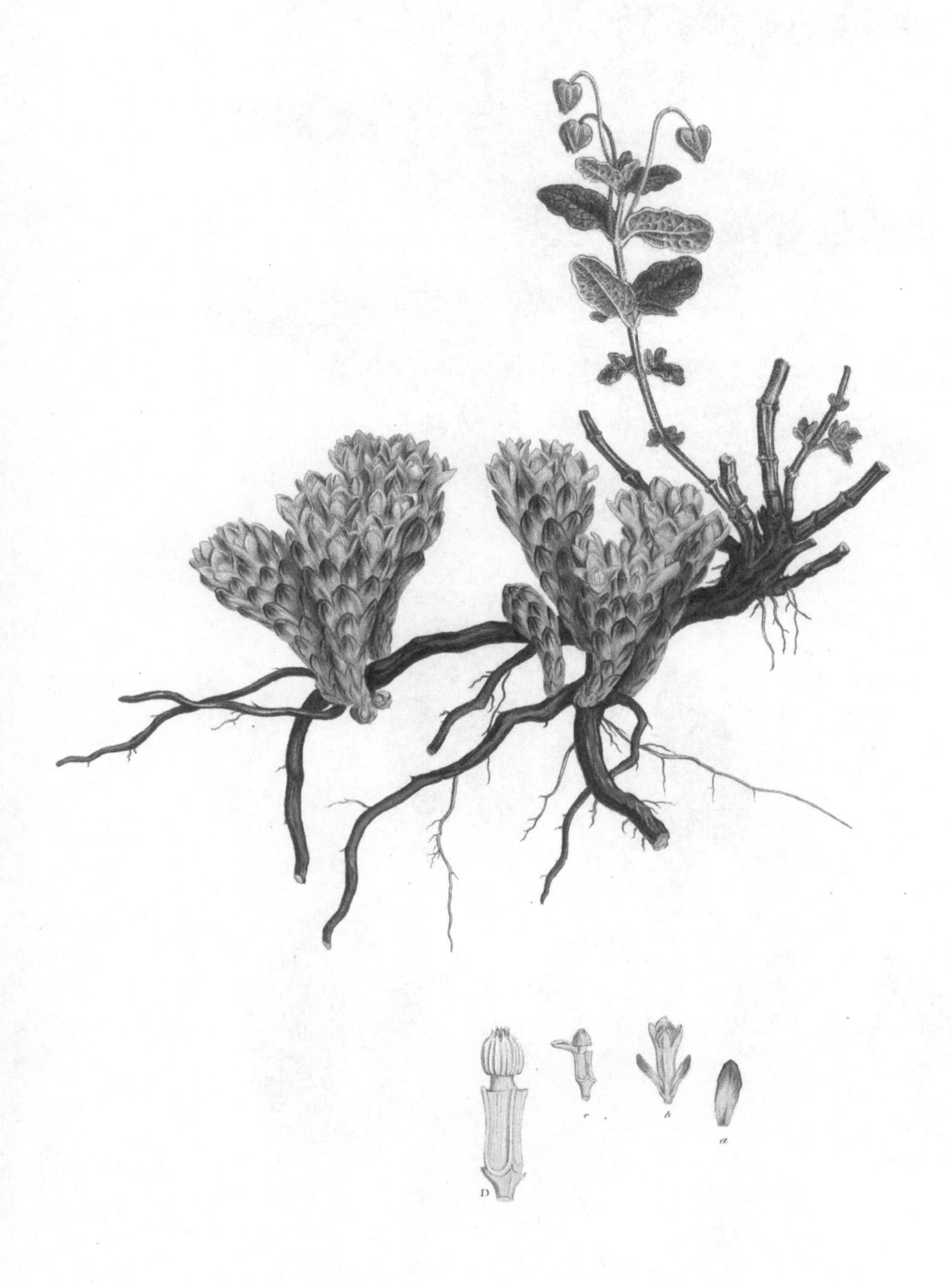

Cytinus Hypocistis.

GYNANDRIA OCTANDRIA.

CYTINUS.

Linn. Gen. Pl. 566. *Juss. Gen. Pl.* 73.

Hypocistis. *Tourn. t.* 477.

Flores monoici. *Calyx* campanulatus, 4-fidus. *Corolla* 0. *Filamenta* connata; *antheræ* 8, biloculares. *Stylus* 1. *Stigma* capitatum, 8-sulcatum. *Bacca* 8-locularis, polysperma.

TABULA 938.

CYTINUS HYPOCISTIS.

Cytinus Hypocistis. *Linn. Syst. Nat. ed.* 12. *v.* 2. 602. *Cav. ic.* 2. 55. *t.* 171. *Desf. Fl. Atl. v.* 2. 326. *Tenore, Giorn. Encic. di Napol. v.* 1. 16. *cum ic. Brongniart in Ann. Sc. v.* 1. 29. *t.* 4.

Asarum Hypocistis. *Linn. Sp. Pl.* 633.

Asarum aphyllum squamosum. *Sauvag. Monsp.* 4.

Hypocistis flore luteo. *Tourn. Cor.* 46.

Ὑποκιστὶς *Dioscoridis.*

Ad Cistorum fruticosorum radices, in Græciâ et insulâ Cretâ. ♃.

Deest in Herbario.

a. Una e squamis, foliorum loco caulem vestientibus.
b. Flos masculus integer, bracteis binis oppositis suffultus.
c. Floris masculi integri pars, limbi laciniis tribus bracteisque abscissis, columnam stamineam ostendens.
D. Calycis masculi tubus, cum columnâ stamineâ, magnitudine auctus.

MONŒCIA PENTANDRIA.

MOMORDICA.

Linn. Gen. Pl. 506. *Juss. Gen. Pl.* 395. *Gærtn. t.* 88.

MASCULI. *Calyx* 5-fidus. *Corolla* 5-partita. *Filamenta* 3.

FŒMINEI. *Calyx* 5-fidus. *Corolla* 5-partita. *Stylus* trifidus. *Pepo* elasticè dissiliens.

TABULA 939.

MOMORDICA ELATERIUM.

MOMORDICA peponibus ellipticis hirsutis pedunculum vi expellentibus, foliis cordatis hispidis obtusis angulatis dentatis, caule cirrhis nullis.

M. Elaterium. *Linn. Sp. Pl.* 1434. *Willd. Sp. Pl. v.* 4. 605. *Curt. Mag. t.* 1914. *De Cand. Prodr. v.* 3. 311.

Elaterium cordifolium. *Mœnch. Meth.* 563.

Ecbalium officinale. *Nees et Ebermaier, Handb. der Off. Pfl. v.* 3. 101.

Cucumis sylvestris asininus dictus. *Tourn. Inst.* 104.

Σίκυς ἄγριος *Dioscoridis.*

Ἀγριαγκουριὰ *hodiè.*

In ruderatis ad pagos, Græciæ et Archipelagi, vulgaris. ⊙.

Caulis prostratus, hispidus, teres, carnosus; internodiis foliis brevioribus. *Folia* hispida, sinu lato cordata, angulata, sæpè subhastata, dentata, suprà rugosa, subtùs cinerea, venis elevatis scabris. *Flores fœminei* solitarii, axillares, erecti, pedunculo petiolis breviore; *masculi* corymbo denso paucifloro pedunculato congesti. *Sepala* viridia, linearia, acuminata, hispida. *Corolla* viridi-straminea, campanulata, venis viridibus picta; *limbo* patulo, 5-partito. *Stamina* 3, distincta; *antherarum* lobis connectivo carnoso tenui sejunctis, reniformibus, aurantiacis. *Stigmata* 3, linearià, acuta, bis bifida. *Ovarium* ovale, pilis adpressis hispidum. *Pepo* pendulus, virescens, pilis rigidis hispidus, sesquipollicem longus, maturus a pedunculo deciduus et sponte suâ semina pulpâ muciligineâ intermixta vehementèr ejaculans.

a. Ovarium, calyce stigmatibusque coronatum. *b.* Calyx masculus, cum staminibus. *c.* Anthera, magnitudine aucta.

Momordica Elaterium.

Bryonia cretica.

BRYONIA.

Linn. Gen. Pl. 508. *Juss. Gen. Pl.* 394. *Gærtn. t.* 88. *De Cand. Prodr. v.* 3. 304.

MASCULI. *Calyx* 5-dentatus. *Corolla* 5-partita. *Filamenta* 3.

FŒMINEI. *Calyx* 5-dentatus. *Corolla* 5-partita. *Stylus* 3-fidus. *Bacca* subglobosa, polysperma.

TABULA 940.

BRYONIA CRETICA.

BRYONIA dioica, foliis digitatis palmatisque muricato-scabris: laciniis incisis, petiolis glabris, pedunculis masculis effusis multifloris, fructibus racemosis congestis sphæricis viridibus albo-maculatis.

B. cretica. *Linn. Sp. Pl.* 1439.? *Prodr. v.* 2. 236.

Ἄμπελος λευκὴ *Dioscoridis, omninò*; *Sibth.*

Ἀγριόκλημα, ἢ ἀγριοκολοκυθιὰ *hodiè.*

In sepibus Græciæ, et insularum circumjacentium, frequens. ♃.

Caules filiformes, angulati, pilis muricatis in sicco candidis parcè armati. *Cirrhi* simplices, spirales. *Folia* utrinque callis duris in sicco candidis scabra; nunc palmata, cordata, incisa, omninò *Vitis viniferæ* figurâ; nunc digitata, laciniis angustis acutis trifidis vel in junioribus indivisis. *Flores masculi* in racemo laxo, foliis longiore, dispositi; *corollæ* laciniis obtusis, pallidè virentibus, venosis. *Antheræ* 3, connatæ, pubescentes, biloculares; *loculis* sigmoideo-flexis: cruribus longioribus parallelis approximatis. *Flores fœminei* in racemo compacto brevi ordinati; *calycis* tubo stipitiformi, limbo basi intruso, 5-fido, glabro, laciniis linearibus obtusis. *Corolla* maris. *Stylus* filiformis, glaber, calyce longior; *stigma* 3-partitum, laciniis basi emarginatis. *Fructus* virides, pisiformes, albo maculati.

De verâ hujus plantæ synonymiâ dubius sum. *B. creticæ*, ex descriptione in *Horto Cliffortiano*, retulit cel. Smithius, nec sine causâ; speciei tamen Fontanesii, sub hoc nomine in libris receptæ, omninò diversa videtur, floribus fœmineis racemosis necnon foliorum lobis incisis. Nec *B. acutæ* Fontanesii, cujus exemplar ex Algeriâ coràm habeo, referenda; cui folia parùm calloso-muricata, figurâ loborum valdè disi mili.

A. Staminum columna, magnitudine aucta. B. Unus e loculis antherarum seorsìm, auctus.
C. Flos fœmineus, corollâ orbatus, auctus.

MONŒCIA POLYANDRIA.

THELYGONUM.

Linn. Gen. Pl. 494. *Juss. Gen. Pl.* 405. *Nees ab Esenb. Gen. Pl. t.* 69.

MASCULI. *Calyx* 2-fidus. *Corolla* 0. *Stamina* 6—20.

FŒMINEI. *Calyx* bibracteolatus, spathaceus, membranaceus, dorso ruptus. *Corolla* 0. *Stylus* basalis. *Achænium* coriaceum, 1-loculare, 1-spermum.

TABULA 941.
THELYGONUM CYNOCRAMBE.

THELYGONUM Cynocrambe. *Linn. Sp. Pl.* 1411. *Willd. Sp. Pl. v.* 4. 420.
Cynocrambe Dioscoridis. *Tourn. Cor.* 52.
Κυνία, ἢ *κυνοκράμβη*, *Dioscoridis.*
Τζινγάκι, ἢ ξινκόχορτον, *hodiè.*

In ruderatis umbrosis, vel rupium fissuris, Græciæ et insulæ Cretæ. ⊙.

Radix annua, fibrosa. *Caulis* decumbens, vel prostratus, teres, rubescens, carnosus, infra nodos pubescens, cæterùm glaber. *Folia* subsucculenta, viridia, nitida, ciliata, petiolata, ovata; *petiolo* alato, basi dilatato, amplexicauli, sæpiùs in axillâ prolifero. *Flores* monœci, axillares, intra petioli basin absconditi. MASCULI. *Calyx* tubulosus, bilabiatus, membranaceus; *labiis* revolutis indivisis, superiori acuminato dentato. *Stamina* ex icone Baueri sex, filamentis debilibus, tubo calycis longioribus. FŒMINEI in pedicellum minimum tuberculiformem elevati, utrinque bracteolâ minutâ acuminatâ stylo proximâ suffulti. *Calyx* membrana simplex, tenuis, pistillum totum vestiens, demùm sub antheræ dorso rupta et circa styli basin collapsa. *Ovarium* obovatum; *stylo* simplici, laterali; *ovulo* solitario erecto. *Achænium* obovatum, pedicello fungoso elevatum, subcarnosum, vel coriaceum, sub epidermide copiâ crystallorum acicularium maximâ in fasciculis ordinatâ verrucosum; *endocarpio* subcrustaceo. *Semen*

Thelygonum Cynocrambe.

Poterium villosum.

erectum, reniforme, funiculo suo intruso et testæ cavitatem ferè bipartiente; *albumen discolor*, carnosum; *embryo* hippocrepicus, in albuminis medio, *radiculâ* tereti *cotyledonibus* compressis planis æquali.

A. Flos masculus; B. fœmineus, cum bracteolis suis; magnitudine aucti.
c. C. Achænium, magnitudine naturali et auctum.

POTERIUM.

Linn. Gen. Pl. 495. *Juss. Gen. Pl.* 336.

Pimpinella. *Gærtn. t.* 32.

MASCULI. *Bracteæ* 4. *Calyx* 4-partitus. *Corolla* 0. *Stamina* 30—50.

FŒMINEI. *Bracteæ* et *Calyx* maris. *Carpella* 2. *Fructus* carnosus, e tubo calycis indurato.

TABULA 942.

POTERIUM VILLOSUM.

POTERIUM inerme, caulibus sulcato-angulosis hirtis, foliolis oblongis dentato-incisis, capitulis globosis. *Prodr. v.* 2. 238. *De Cand. Prodr. v.* 2. 595.
Pimpinella orientalis villosissima. *Tourn. Cor.* 8.

Circa Byzantium. ♃.

Caules sesquipedales, erecti, sulcati, pilis longis mollibus hirti, eglandulosi, apice paniculati. *Folia* sessilia, villosa, pinnata, 7—8-juga, exstipulata, saltèm stipulis nullis à foliolis distinguendis; *foliolis* viridibus, oblongis, incisis, basi integris; *jugis* inferioribus approximatis, superioribus inter se distantibus; *suprema* sensìm in bracteis parvis simplicibus mutata. *Flores* in capitulis parvis globosis ordinati, *pedunculo* longo, minùs villoso, nudo, sæpiùs simplici insidentibus; basi masculis, apice fœmineis. *Bracteæ* quaternatìm sub floribus dispositæ, membranaceæ, obovatæ, pilosæ. MASCULI: *calyce* coriaceo, viridi, quadripartito, extùs pubescente; *staminibus* plurimis, *filamentis* tenuibus debilibus, *antheris* subrotundis. FŒMINEI: *calyce* minore, tubo tetragono, limbo 4-partito, viridi, intùs glabro; *stigmate* exserto, purpureo, penicillato. *Fructus* ovatus, corrugatus, tetragonus, glaber, e tubo calycis indurato achænium includente compositus.

A. Bracteæ, quaternatìm dispositæ, magnitudine auctæ.
b. B. Flos fœmineus; c. C. masculus, magnitudine naturali et aucti.

TABULA 943.
POTERIUM SPINOSUM.

Poterium fruticosum, ramis intricatis spinescentibus, foliis multijugis, foliolis subrotundis incisis convexis glabris, spicis oblongis, calycis tubo baccato.

P. spinosum. *Linn. Sp. Pl.* 1412. *Willd. Sp. Pl. v.* 4. 423. *De Cand. Prodr. v.* 2. 594.

Stœbe legitima, Dioscoridis. *Clus. Hist. v.* 2. 303.

Pimpinella spinosa, seu sempervirens. *Tourn. Inst.* 157.

Στοιβὴ *Dioscoridis.*

Ασποῖξη, ἢ αφάννα *hodiè.*

In collibus siccis, ad mare, Græciæ et Archipelagi, vulgaris. ♄.

Frutex ramosus, rigidus, intricatus, 1—2 pedes altus. *Rami* adulti calami scriptorii magnitudine, fusci, corticis epiphlœo deciduo lacero vestiti; juniores pubescentes, nunc in parte fruticis superiori floridi, nunc in inferiori in spinis furcatis abeuntes. *Folia* coriacea, pinnata, angustissima, atroviridia; *stipulis* rigidis, dentiformibus, apice herbaceis; *foliolis* multijugis, subrotundis, incisis, convexis, suprà glabriusculis, subtùs villosis. *Flores* unisexuales, spicati, basi discreti; *pedunculo* communi aphyllo, piloso insidentes. *Bracteæ* quaternæ, ovatæ, pilosæ, pallidè virides, margine sanguineæ. *Calycis limbus* 4-partitus, glaber; *laciniis* oblongis, apiculatis, convexis, margine coloratis, membranaceis, in tubum pubescentem ipsis breviorem reflexis. *Stamina* indefinita, *filamentis* exsertis, debilibus, roseis, *antheris* subrotundis, luteis. *Ovaria* sæpiùs cuique calyci 2, *stylis* filiformibus, *stigmatibus* exsertis, penicillatis, roseis. *Fructus* spicati, testacei, sphærici, grani piperis magnitudine, carnosi, limbo calycis toto deciduo, *achænia* omninò includentes.

a. Bracteæ magnitudine auctæ. *b.* B. Flos masculus; *c.* C. fœmineus, magnitudine naturali, et aucti. *d.* Fructuum racemus. *e.* Fructus seorsìm.

Poterium spinosum.

Quercus coccifera.

QUERCUS.

Linn. Gen. Pl. 495. *Juss. Gen. Pl.* 410. *Gærtn. t.* 37.

MASCULI. *Calyx* 5-fidus ferè. *Corolla* 0. *Stamina* 5—10.

FŒMINEI. *Calyx* superus, obsoletè 5-fidus. *Corolla* 0. *Styli* 2—5. *Nux* coriacea, cupulâ persistente basi cincta.

TABULA 944.
QUERCUS COCCIFERA.

QUERCUS foliis oblongis spinoso-dentatis basi cordatis utrinquè glabris, cupulâ sessili hemisphæricâ squamis linearibus induratis patulis, glande elongatâ basi angustatâ cupulam longè superante.

Q. coccifera. *Linn. Sp. Pl.* 1413. *Willd. Sp. Pl. v.* 4. 433.

Ilex aculeata cocciglandifera. *Tourn. Inst.* 583.

Πρῖνος *Dioscoridis.*

Πιρνάρι *hodiè.*

In Græciâ omni, et insulis vicinis, vulgatissima hujus generis species. ♄.

Rami rigidi, glabri, cinerei; *ramuli* pube stellatâ scabri. *Folia* petiolo brevi pubescente inserta, coriacea, oblonga, spinoso-serrata, basi cordata aut rotundata, internodiis multò longiora. *Spicæ masculæ* villosæ, pallidè virides, aggregatæ, 1½—2 pollices longæ; *calycibus* 5-partitis: *staminibus* laciniis calycis oppositis. *Cupulæ* sessiles, geminatæ, induratæ, glandulis triplò breviores; *squamis* linearibus, patulis, rigidis, obtusis, sericeis. *Glandes* oblongæ, basi angustatæ, ultra pollicem longæ.

a. A. Flos masculus, magnitudine naturali et auctus. *b.* Cupula.
c. Glans. *d.* Eadem, transversìm secta.

PLATANUS.

Linn. Gen. Pl. 498. *Juss. Gen. Pl.* 410. *Gærtn. t.* 90.

MASCULI. *Amentum* globosum. *Calyx* 0. *Stamina* cuneata, paleis intermixta.

FŒMINEI. *Amentum* globosum. *Calyx* 0. *Carpella* paleis intermixta. *Ovarium* pilosum, 1-loculare; *ovulum* pendulum; *stylus* conicus, apice attenuatus, uncinatus. *Achænia* obovata, uncinata, basi pilis circumdata, a receptaculo areolato decidua.

TABULA 945.
PLATANUS ORIENTALIS.

PLATANUS foliis 5-partitis palmatis basi cuneatis truncatisque ; laciniis lanceolatis incisis.
P. orientalis. *Linn. Sp. Pl.* 1417. *Willd. Sp. Pl. v.* 4. 473.
P. orientalis verus. *Tourn. Inst.* 590.
Πλάτανος *Dioscoridis.*
Πλατάνος *hodiè.*

In humidis, ad fluviorum ripas, Græciæ et insularum adjacentium. ♄.

Arbor vasta, corticis epiphlœo osseo, in laminas angulatas decidente. *Rami* cinereo-testacei, flexuosi, teretes, *juniores* villosi. *Folia* magna, *petiolo* longo, pubescente, tereti, basi tumido inserta, palmata, semiquinquepartita, utrinque glabra, suprà lævia, subtùs reticulata, pube secus venas parcâ ; basi nunc omninò truncata, nunc petiolum versus paulò producta, nunc longè cuneata et secus venas densè barbata ; *laciniis* altè et inæqualitèr incisis. *Amenta fructifera* sphærica 3—4 secus pedunculum pubescentem pendulum equidistantèr disposita, villosa, mucronibus rigidis achæniorum muricata.

a. A. Flos fœmineus, magnitudine naturali et auctus.
b. Receptaculum fructûs achæniis omnibus amotis.
c. C. Achænium, magnitudine naturali, et auctum.

Platanus orientalis.

Arum Dioscoridis.

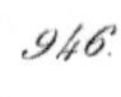

Arum Dracunculus.

ARUM.

Linn. Sp. Pl. 470. *Juss. Gen. Pl.* 24. *Gærtn. t.* 84.

Spatha monophylla, cucullata. *Spadix* suprà nudus, infernè fœmineus, medio stamineus.

TABULA 946.
ARUM DRACUNCULUS.

Arum foliis pedatis integerrimis petiolo maculato multò brevioribus: laciniis lanceolatis undulatis, spadice tereti acuminato obtuso spathâ glabrâ apertâ acuminatâ erectâ breviore.

A. Dracunculus. *Linn. Sp. Pl.* 1367. *Willd. Sp. Pl. v.* 4. 478.
Dracunculus vulgaris. *Schott et Endlich. Meletem. Botan. p.* 17.
Dracunculus polyphyllus. *Tourn. Inst.* 160.
Δρακόντιον *Dioscoridis.*
Δρακοντιὰ, ἢ φιδόχορτον *hodiè.*

In umbrosis, ad sepes Græciæ, frequens. ♃.

Deest in herbario Sibthorpiano.

a. Spadix seorsìm.

TABULA 947.
ARUM DIOSCORIDIS.

Arum acaule, foliis hastatis integerrimis : lobis acutis divaricatis, spathâ obliquâ acuminatâ. *Prodr. v.* 2. 245.
Ἄρον *Dioscoridis.*
Ἀγριοκολυκυθιὰ *hodiè.*

In insulæ Cypri cultis, inter segetes, vulgaris. ♃.

Radix cocta esculenta. *J. E. Smith.*

Hujus speciei vestigium nullum inter Sibthorpii plantas siccas restat. Verum est *Arum* secundum Schottii systema, *A. maculato* vulgatissimo proximum, sed staturâ multò majore, foliis verè hastatis acuminatis, necnon spathâ apertâ acuminatâ intùs maculatâ quasi *Dracunculum* æmulante satìs diversum.

a. Spadix, spathâ abscissâ.
B. Anthera, magnitudine aucta.
C. Ovarium, auctum.
D. Paranthium, seu ovarium abortivum, auctum.

TABULA 948.
ARUM ARISARUM.

Arum acaule, foliis tenuibus oblongis subundulatis hastato-sagittatis, lobis obtusis, spadice cylindraceo incurvato, spathâ cucullatâ striatâ apice inflexâ: limbo tubo integro æquali spadice longiore.

A. Arisarum. *Linn. Sp. Pl.* 1370. *Willd. Sp. Pl.* 4. *p.* 485. *Jacq. Hort. Schönbr. v.* 2. 34. *t.* 192.

Arisarum vulgare. *Schott et Endlich. Meletem. Botan. p.* 16.

Arisarum latifolium majus. *Bauh. Pin.* 196. *Tourn. Inst.* 161.

Ἀρίσαρον *Dioscoridis.*

Δρακοντιὰ *hodiè.*

In umbrosis montosis Græciæ, haud infrequens. ♃.

Tubera subrotunda, carnosa, nucis Avellanæ magnitudine, nunc solitaria, nunc in corpus moniliforme rhizomate mediante connexa. *Folia* tenera, pallidè viridia, hastato-cordata, petiolis pluriès breviora: *lobis* lateralibus obtusis, intermedio acuto. *Scapus* spatham elevans petiolis æqualis. *Spatha* albida, venis roseis vittata, duos circitèr pollices longa; *tubo* integerrimo, nec lateralitèr fisso et convoluto, *limbo* oblongo inflexo spadice longiore æquali. *Spadix* albus, gracilis, incurvus, spathâ brevior; basi fœmineus, sursùm stamineus, ultra medium clavatus et nudus. *Stamina* plurima, distantia, spadici ferè perpendicularia; *filamento* subulato; *antherâ* subrotundâ, rimâ obliquâ unilaterali dehiscente. *Paranthia* nulla. *Ovaria* pauca, viridia, depressa, pentagona, verticillis duobus ad spadicis basin disposita. *Pericarpia* matura olivacea, spathâ libera, subrotunda, pentagona, vertice depresso-conica, stigmatis vestigiis umbonata, papyracea, unilocularia; *semine* solitario erecto, aliisque abortivis corrugatis; matura non vidi.

a. Spadix, spathâ abscissâ.

Arum Arisarum.

Pinus maritima

MONŒCIA MONADELPHIA.

PINUS.

Linn. Gen. Pl. 499. *Juss. Gen. Pl.* 414. *Gærtn. t.* 91.

MASCULI. *Flores* nudi, monandri, in spicâ densâ dispositi. *Antheræ* biloculares, cristatæ.

FŒMINEI. *Flores* nudi, basi bracteati, carpello explanato ovulisque inversis nudis; in *strobilum* ligneum coadunati. *Semina* alâ membranaceâ aucta.

TABULA 949.

PINUS MARITIMA.

PINUS foliis geminis tenuissimis serrulatis pallidè viridibus, strobilis ovatis obtusis glabris subsessilibus, squamarum apice rhombeo depresso glabro plano medio cinereo.

P. maritima. *Lambert Monogr. Pin.* 13. *t.* 10. *Willd. Sp. Pl. v.* 4. 497. *Steven, in Mem. Mosqu. p.* 48.

P. halepensis. *Ait. Kew. v.* 3. 367. *Willd. Sp. Pl. v.* 4. 496. *Lambert Monogr. Pin.* 15. *t.* 11.

Πεύκη *Dioscoridis.*

Πεῦκος *hodiè.*

In depressis arenosis siccis Græciæ ubiquè occurrit. In Elide præcipuè luxuriat. *D. Hawkins.* ♄.

Folia gemina, tenuia, glaberrima, margine cartilagineo-serrulata. *Spicæ* masculæ aggregatæ, basi squamulis deciduis scariosis ciliatis cinctæ. *Antheræ* horizontales, biloculares, apice cristâ membranaceâ ascendente obsoletè serrulatâ rotundatâ auctæ. *Strobilus* pendulus, subsessilis, vix 2 pollices longus, ovatus, obtusus, castaneus; squamis rhomboideis, nunc angulis lateralibus truncatis hexagonis, depressis, limbo lucidis, disco cinereis opacis, omninò planis, nisi linea minuta elevata transversa.

Materiam navalem optimam, usitatissimam, necnon picem et terebinthum, præbet. Hæc unica hujusce generis species in Cypro invenitur. *Sibth.*

a. Spica mascula.
b. Bracteæ ad basin ejusdem sitæ, auctoribus quibusdam pro calyce habitæ.
C. Spicæ talis pars superior, magnitudine aucta.
D. E. Antheræ, magnitudine auctæ.

CROTON.

Linn. Gen. Pl. 502. *Juss. Gen. Pl.* 389. *Gærtn. t.* 107.

Masculi. *Calyx* cylindricus, 5-dentatus. *Petala* 5. *Stamina* 10—15.

Fœminei. *Calyx* polyphyllus. *Petala* 0. *Styli* 3, bifidi. *Capsula* 3-locularis. *Semen* 1.

TABULA 950.
CROTON TINCTORIUM.

Croton foliis ovato-rhombeis repandis obtusis basi integerrimis utrinquè canis, racemis terminalibus axillaribusque basi fœmineis, capsulis lepidotis pubescentibus pendulis.

C. tinctorium. *Linn. Sp. Pl.* 1425. *Willd. Sp. Pl. v.* 4. 538.

Crozophora tinctoria. *Adr. Juss. Euphorb. Monogr.* 27. *Nees ab Esenb. Gen. Pl. cum icone.*

Heliotropium tricoccum. *Bauh. Pin.* 253.

Ricinoides ex quâ paratur *Tournesol* Gallorum. *Tourn. Inst.* 655.

Ἀγριοφασκιὰ *Lemniorum.*

In Cretâ et Lemno insulis. ☉.

Radix annua, fibrosa. *Caulis* palmaris, erectus, ramosus, teres, basi pubescens, sursùm pilis stellatis hispidus. *Folia* longè petiolata, obtusa, rhombea, repanda aut ovata, subundulata et levitèr sinuata, juniora cum petiolis incana, stellatìm pilosa, adulta cinereo-glauca, glabrata. *Racemi* terminales et axillares, erecti, basi fœminei, apice masculi. Masculi: *Calyx* stellatìm pilosus, 5-partitus, æstivatione valvatâ. *Petala* 5, lineari-lanceolata, calyce longiora, lutea. *Stamina* 10, monadelpha. Fœminei: *Calyx* 10-partitus, laciniis linearibus acutis, lanugine maris. *Petala* nulla. *Styli* 3, lineares, bifidi. *Fructus* in herbario desideratur.

a. A. Flos masculus, magnitudine naturali et auctus.
B. Flos fœmineus, magnitudine auctus.
d. Una e capsulæ valvulis, semiloculo altero seminifero.

b. Flores duo fœminei.
c. Capsula matura.
e. Semen.

Croton tinctorium.

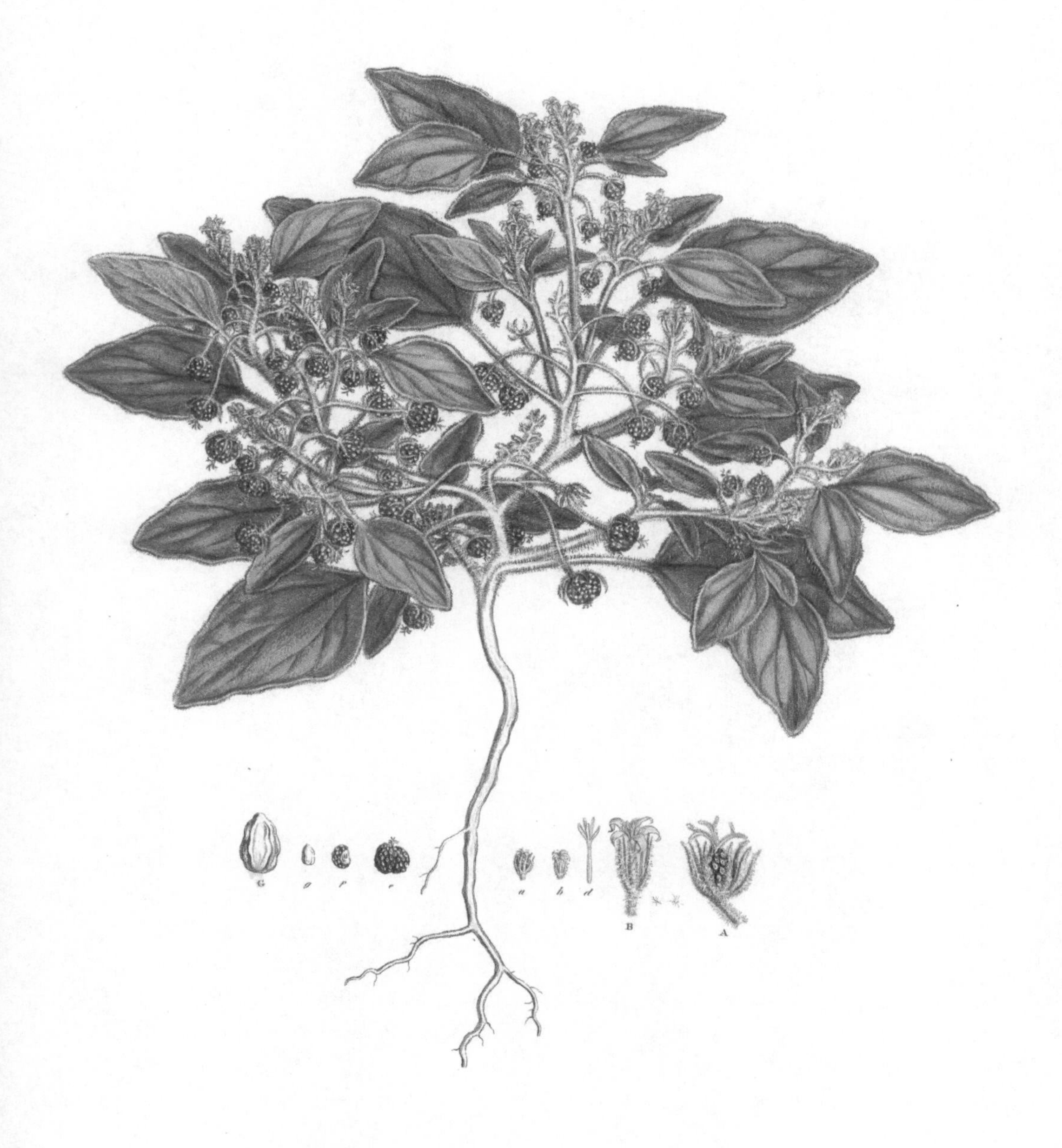

Croton villosum.

TABULA 951.

CROTON VILLOSUM.

CROTON foliis ovatis repandis canis, pedunculis fructiferis elongato-deflexis, capsulis squamatis, floribus pentandris. *Prodr. v.* 2. 249.

Ricinoides ex quâ paratur *Tournesol* Gallorum, folio oblongo et villoso. *Tourn. Cor.* 45.

Ἡλιοτρόπιον τὸ μικρὸν *Dioscoridis.*

Ἡλιοτρόπιον *hodiè.*

Circa Athenas. ⊙.

Radix annua, subsimplex, albida. *Caulis* spithamæus, a basi ramosus, pilis stellatis densis canus; *ramis* brachiatis, rigidis. *Folia* ovata, acuta, plana, margine inæqualia, vix autèm dentata, pilis stellatis densè villosa, petiolis suis longiora. *Racemi* axillares, multiflori, basi feminei, apice masculi. *Flores* FŒMINEI longè pedunculati, divaricati; *sepalis* 9, inæqualibus, linearibus, erectis, villosissimis; *ovario* squamis latis, albidis, circularibus densè tecto; *stylis* 3, stellato-pilosis, bipartitis, erectis. *Flores* MASCULI sessiles, aggregati. *Sepala* 5, linearia. *Petala* totidem lutea, linearia, apice revoluta, sepalis paulò longiora. *Stamina* in columnam centralem connata, ovarii rudimento nullo. *Capsula* calyce suffulta, 3-cocca, fusca, glabra, squamis distantibus circularibus lepidota.

a. A. Flos fœmineus. *b*. B. Flos masculus, magnitudine naturali et aucti.
c. Pili stellati quibus partes omnes virides vestiuntur.
d. Staminum columna.
e. Capsula.
f. Ejusdem coccus alter.
g. G. Semen, magnitudine naturali et auctum.

RICINUS.

Linn. Gen. Pl. 503. *Juss. Gen. Pl.* 388. *Gærtn. t.* 107. *Adr. de Juss. Euphorbiac.* 36.

MASCULI. *Calyx* 5-partitus. *Corolla* nulla. *Stamina* numerosa.

FŒMINEI. *Calyx* 3-partitus. *Corolla* nulla. *Styli* 3, bifidi. *Capsula* 3-locularis, 3-sperma.

TABULA 952.

RICINUS COMMUNIS.

RICINUS foliis peltatis palmatis: lobis lanceolatis serratis, caule flexuoso herbaceo pruinoso, stigmatibus tribus, capsulis echinatis.

R. communis. *Linn. Sp. Pl.* 1430. *Willd. Sp. Pl. v.* 4. 564. *Nees et Eberm. Pl. Med. t.* 140.

R. vulgaris. *Tourn. Inst.* 532. *Blackw. Herb. t.* 148.

Κίκι, ἢ κρότων *Dioscoridis.*

Κροτωνεῖα *Cypriorum.*

Κολλοκικι *Eliensium.*

In Cretâ et Cypro; necnon in variis Græciæ locis; in ruderatis suburbanis. ⊙.

Caulis erectus, robustus, ramosus, annulatus, brevè articulatus; undiquè pruinâ glaucâ persistente tectus, *medullâ* cylindraceâ, fistulosâ farctus. *Folia* palmata, peltata, petiolis breviora, utrinquè glaberrima, viridia; *lobis* lanceolatis, inæqualitèr serratis, acuminatis, *serraturis* sub apice in paginâ inferiore materiem viscidam secernentibus. *Petioli* pruinosi, sub apice glandulâ orbiculari concavâ notati, basi *stipularum* cicatrice annulati. *Stipulæ* oblongæ, convexæ, in unam oppositifoliam deciduam connatæ. *Partes* reliquæ in herbario deficiunt.

a. Flos fœmineus. *b.* Flos masculus.
c. Capsula immatura. *d.* Semen.

Ricinus communis.

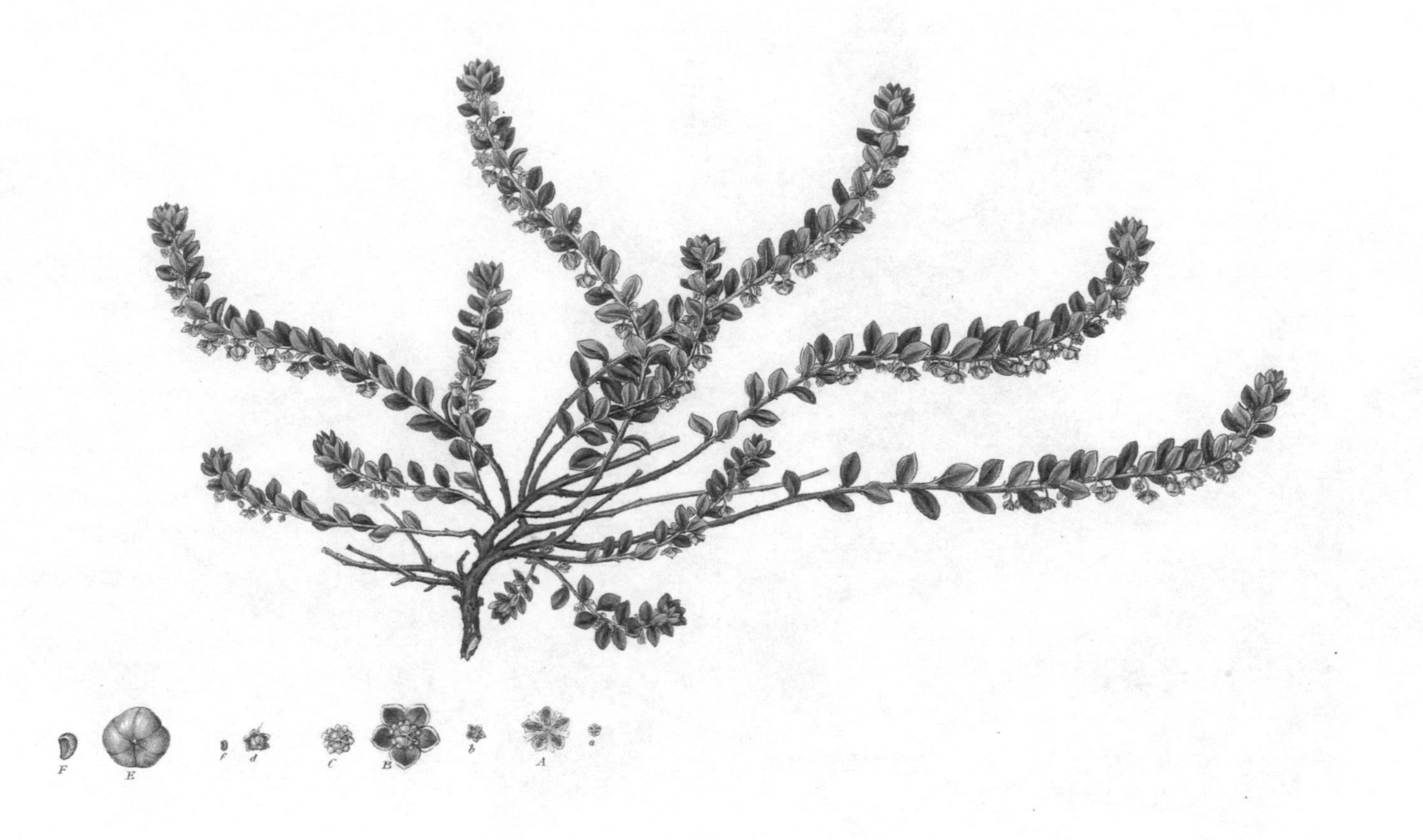

Andrachne Telephioides.

ANDRACHNE.

Linn. Gen. Pl. 509. *Juss. Gen. Pl.* 387. *Gærtn. t.* 108. *Adr. de Juss. Euphorbiac.* 24.

Masculi. *Sepala* 5. *Petala* 5, interjectis squamulis 5 bipartitis aut nullis. *Stamina* totidem monadelpha.

Fœminei. *Sepala* 5. *Petala* nulla aut squamiformia. *Styli* 3. *Capsula* 3-locularis, 6-sperma. *Semina* punctata.

TABULA 953.

ANDRACHNE TELEPHIOIDES.

Andrachne caulibus prostratis, foliis ovalibus auctis, petalis omnibus emarginatis.
A. Telephioides. *Linn. Sp. Pl.* 1439. *Vahl. Symb. v.* 2. 99. *Willd. Sp. Pl. v.* 4. 628.
Limeum humile. *Forsk. Descript.* 79.
Eraclissa hexagyna. *Forsk. Descript.* 208.
Telephioides græca humifusa, flore albo. *Tourn. Cor.* 50.

In petrosis insularum Græcarum. ⊙.

Deest in herbario.

a. A. Flos masculus. *b.* B. Flos fœmineus, magnitudine naturali et aucti.
C. Ovarium, cum petalis squamæformibus, a vertice inspectum, magnitudine auctum.
d. Capsula calyce cincta. E. Capsula seorsim, aucta.
f. F. Semen, magnitudine naturali et auctum.

DIŒCIA TRIANDRIA.

OSYRIS.

Linn. Gen. Pl. 515. *Juss. Gen. Pl.* 75. *Endlich. Gen. Pl. No.* 2078.

MASCULI. *Calyx* trifidus. *Corolla* nulla.

FŒMINEI. *Calyx* trifidus. *Corolla* nulla. *Stylus* 1. *Stigma* subsimplex. *Pericarpium* baccatum, inferum, uniloculare.

TABULA 954.
OSYRIS ALBA.

OSYRIS alba. *Linn. Sp. Pl.* 1450. *Willd. Sp. Pl. v.* 4. 715. *Koch. Fl. Germ.* 623. *Nees ab Esenb. Gen. Pl. c. ic.*

Casia poëtica monspeliensium, an Theophrasti. *Tourn. Inst.* 664.

Ὄσυρις *Dioscoridis*?

Πλευροτόξυλον *hodiè.*

In Græciâ et Archipelagi insulis; etiam in monte Athô. ♄.

Frutex humilis, junceus, glaber, glaucescens; *ramis* vetustis tortuosis, erectis, atrofuscis, breviarticulatis; *ramulis* angulatis, striatis, strictissimis, sæpè apice priusquàm basi defoliatis. *Folia* alterna, linearia, apiculata, basi angustata, vix semipollicem longa, suprà lævia avenia, subtùs obsoletè carinata, petioli brevissimi torsione verticalia, internodiis paulò longiora. *Flores* et *Fructus* in herbario desunt.

a. A. Flos masculus, magnitudine naturali et auctus. *b.* Ramulus cum fructu.
c. Fructûs sectio transversalis. *d.* Semen.

Osyris alba.

Ruscus Hypoglossum.

RUSCUS.

Linn. Gen. Pl. 534. *Juss. Gen. Pl.* 42. *Gærtn. t.* 16. *Endlich. Gen. n.* 1188. *Nees ab Esenb. Gen. c. ic.*

MASCULI. *Sepala* 3. *Petala* 3. *Stamina* in cylindrum connata centrale, ovatum, apice perforatum.

FŒMINEI. *Sepala* et *Petala* maris. *Ovarium* 3-loculare. *Stylus* brevis. *Bacca* abortu unilocularis, submonosperma.

TABULA 955.

RUSCUS HYPOGLOSSUM.

RUSCUS ramis foliaceis oblongis multinerviis utrinquè acuminatis ramulum similem multò minorem basi uniflorum e medio proferentibus.

R. Hypoglossum. *Linn. Sp. Pl.* 1474. *Willd. Sp. Pl. v.* 4. 875. *Koch Fl. Germ.* 706.

R. angustifolius, fructu folio innascente. *Tourn. Inst.* 79.

Δάφνη Ἀλεξανδρεῖα *Dioscoridis.*

In dumetis ad mare Euxinum; necnon in monte Athô. ♃.

Rhizoma breve, carnosum, pallidè testaceum, radices longas simplices annuas proferens, fabricâ internâ omninò endogeneâ: fasciculis fibro-vascularibus per materiem medullarem subæqualitèr conspersis. *Caules* annui, erecti, spithamæi, ultra medium aphylli, mòx angulati, flexuosi; *ramis* planis, multinerviis, ovalibus, aut oblongis, utrinquè acuminatis, viridibus, omninò folia referentibus, nùnc oppositis, imò verticillatis, sæpiùs tamen alternis; *ramulis,* si adsunt, ejusdem formæ et coloris, e medio ramorum erumpentibus, solitariis, basi floridis. *Folia* squamæformia, linearia, sicca, scariosa, basi ramorum sita, ramulorum deficientia. *Flores* dioici, parvi, pallidè virides, e gremio ramulorum inter squamulas scariosas imbricatas producti, pedicellati, fasciculati; unico tantùm eodem tempore aperto. Cætera in herbario deficiunt.

a. Rami et ramuli masculi, floriferi. *b.* B. Flos masculus, magnitudine naturali, et auctus.
c. Bacca. *d.* Unum e seminibus.

DIŒCIA PENTANDRIA.

PISTACIA.

Linn. Gen. Pl. 518.

Terebinthus. *Tourn. t.* 345. *Juss. Gen. Pl.* 371.

Masculi. *Calyx* 5-fidus. *Corolla* nulla.

Fœminei. *Calyx* 3-fidus. *Corolla* nulla. *Styli* 3. *Drupa* monosperma.

TABULA 956.
PISTACIA TEREBINTHUS.

Pistacia foliis impari-pinnatis 3—5-jugis, foliolis oblongis mucronulatis utrinquè rotundatis.

P. Terebinthus. *Linn. Sp. Pl.* 1455. *Willd. Sp. Pl. v.* 4. 752. *De Cand. Prodr. v.* 2. 64.
Terebinthus vulgaris. *Tourn. Inst.* 579.
Τέρμινθος *Dioscoridis.*
Τετράμιθος *hodiè.*
Κοκκορέτζα, ἢ κοκκοροβιθιὰ, vulgò in Peloponneso.

In Græciâ et Archipelagi insulis, vulgaris. ♄.

Arbor parvus, dioicus, glaber; *ramulis* punctis elevatis quibusdam subasperis. *Folia* impari-pinnata, coriacea, decidua; *foliolis* sæpiùs septenis, nunc novenis undenisque, oblongis, sessilibus, utrinquè obtusis, apice mucronulatis, ultimo sæpiùs cæteris minore; novellis pulchrè rubescentibus. *Flores* paniculati cum foliis novis aut ociùs nascentes, in masculis densi, fœmineis laxiores. Masculi *sepalis* 5, subulatis, pilosis, *petalis* nullis, *staminibus* quinque, sepalis oppositis, *filamentis* debilibus brevibus, *antheris* tetragonis, 2-locularibus, longitudinalitèr dehiscentibus. Fœminei *sepalis* 3, subulatis, pilosis, *petalis* nullis, *ovario* obovato, glabro, styli glabri longitudine, *stigmatibus* 3, obovatis, dilatatis, hispidiusculis. *Drupæ* parvæ, siccæ, obovatæ, mucronulatæ, compressæ, pisi magnitudine, pallidè flavæ, sanguineo-suffusæ, uniloculares, monospermæ.

a. Ramulus, cum paniculâ masculâ.
b. Panicula fœminea, cum ramulo suo et foliis novellis.
c. Paniculæ fructiferæ pars.
d. D. Flos masculus, magnitudine naturali, et auctus.
e. Flos fœmineus.
F. Ejusdem sepala, aucta.
G. Pistillum, auctum.

Pistacia Terebinthus.

a
d
D
c
f
g
E
e

Pistacia Lentiscus.

TABULA 957.

PISTACIA LENTISCUS.

Pistacia foliis abruptè pinnatis perennantibus 3—4-jugis, foliolis oblongis sessilibus mucronulatis basi angustatis, petiolo alato.

P. Lentiscus. *Linn. Sp. Pl.* 1455. *Blackw. Herb. t.* 195. *Willd. Sp. Pl. v.* 4. 65. *De Cand. Prodr. v.* 2. 65.

Lentiscus vulgaris. *Tourn. Inst.* 580.

Σχῖνος *Dioscoridis.*

Σχῖνος *hodiè.*

In Græciâ et Archipelagi insulis, ubiquè copiosissima. ♄.

Arbor parvus, dioicus, sempervirens, *ramulis* glabris, novellis sanguineis, maturis subangulatis, punctis elevatis scabriusculis. *Folia* perennantia, coriacea, abruptè pinnata, juniora rubescentia, adulta atroviridia, subtùs multò pallidiora et venis elevatis obsoletè reticulata. *Flores* in spicis axillaribus foliis brevioribus ordinati. Masculi, *calyce* brevi, 5-dentato, *petalis* nullis, *staminibus* 5, *filamentis* quàm antheræ oblongæ longitudinalitèr dehiscentes brevioribus. Fœminei, *calyce* 3-fido, *ovario* subrotundo, glabro, *stylo* brevi, *stigmatibus* 3, spathulatis, reflexis, sanguineis, hispidis. *Drupæ* siccæ, rubro-fulvæ, obovatæ, subtriangulares, uniloculares, monospermæ: loculis duobus alteris abortientibus.

a. Ramus masculus floridus; *b.* fœmineus. *c.* Spica fructifera.
d. D. Flos masculus, magnitudine naturali, et auctus. *e.* E. Flos fœmineus, magnitudine naturali, et auctus.
f. Drupa, à vertice visa. *g.* Semen.

DIŒCIA HEXANDRIA.

TAMUS.

Linn. Sp. Pl. 524. *Endlich. Gen. n.* 1202.

Tamnus. *Tourn. t.* 28. *Juss. Gen. Pl.* 43.

MASCULI. *Perianthium* 6-partitum.

FŒMINEI. *Perianthium* maris. *Stylus* 3-fidus. *Bacca* 3-locularis, infera. *Semina* 2.

TABULA 958.
TAMUS CRETICA.

TAMUS foliis cordatis integris trilobisque: lobis lateralibus rotundatis reticulatis, intermedio lanceolato acuminato trinervi multò longiore.

T. cretica. *Linn. Sp. Pl.* 1458. *Willd. Sp. Pl. v.* 4. 772.

Tamnus cretica, trifido folio. *Tourn. Cor.* 3.

In sylvis et sepibus Cretæ et Cypri, necnon in Græciâ, haud infrequens. ♃.

Caulis volubilis, longè scandens, glaber, teres. *Folia* tenera, pallidè viridia, glaberrima, petiolo suo longiora, sinu lato cordata, palmivenia, nunc acuminata integerrima, nunc triloba; *lobis* lateralibus rotundatis, subundulatis, reticulatis, intermedio lanceolato acuminatissimo trinervi pluriès brevioribus. *Flores* MASCULI in racemis axillaribus, furcatis, divaricatis, foliis longioribus, quorum brachium alterum breve, fasciculatìm ordinati, luteo-virides. *Perianthium* duplici ordine tripartitum, stellatum; *foliolis* linearibus, obtusiusculis, æqualibus. *Stamina* 6. *Ovarii* rudimentum nullum.—Planta fœminea desideratur.

Turiones cocti apud Cyprios hodiè esculenti.

a. Florum masculorum fasciculus. *b.* Stamina.
C. Flos masculus, magnitudine auctus.

Tamus cretica.

Smilax aspera.

SMILAX.

Linn. Gen. Pl. 524. *Juss. Gen.* 42. *Gærtn. t.* 16.

MASCULI. *Perianthium* 6-phyllum.

FŒMINEI. *Perianthium* maris. *Styli* 3. *Bacca* supera, 3-locularis. *Semina* 2.

TABULA 959.
SMILAX ASPERA.

SMILAX caule aculeato angulato, foliis cordatis nunc subhastatis lanceolatis 7—9-nerviis aculeato-dentatis integrisque.

S. aspera. *Linn. Sp. Pl.* 1458. *Willd. Sp. Pl. v.* 4. 773. *Koch Fl. Germ.* 706.

S. aspera, fructu rubente. *Tourn. Inst.* 654.

Σμίλαξ τραχεῖα *Dioscoridis.*

Ἀκρουδόβατος *hodiè.*

Ξυλόβατος *Cypriorum.*

In palustribus et asperis Græciæ et Archipelagi, etiam in Cretâ et Cypro, copiosè. ♄.

Planta perennis, scandens. *Caules* flexuosi, herbacei, angulati, glabri, nunc aculeis rectis compressis acutis obsiti, nunc ferè inermes. *Folia* sempervirentia, atroviridia, coriacea, reticulata, cordata, v. auriculis dilatatis subhastata, lanceolata, acuminata, spinoso-dentata, aut omninò inermia, sæpiùs 7-nervia; *petiolis* aculeatis. *Cirrhi* gemini, stipulacei, spiraliter torti. *Flores* dioici, albi, in racemis terminalibus axillaribusque flexuosis fasciculatis dispositi; *pedicellis* rubescentibus, inarticulatis, quam ipsi flores paulò longioribus. MASCULI. *Perianthium* 6-partitum, stellato-patens; *petalis* linearibus, acutis, quam sepala paulò minoribus. *Stamina* 6. FŒMINEI. *Perianthium* omninò masculorum. *Staminum* rudimenta quædam decidua. *Ovarium* superum, ovale, 3-loculare; *stigmatibus* 3, linearibus, reflexis; *ovulis* 2 cuique loculo, suspensis. *Baccæ* coccineæ, pisiformes, 1—3-spermæ.

Foliorum formâ, necnon aculeorum præsentiâ et abundantiâ variare videtur, ideoque S. nigra, *Willd.* vix species diversa habenda est.

a. A. Flos masculus, magnitudine naturali, et auctus.
b. Racemus florum fœmineorum.
C. Flos fœmineus, seorsìm, magnitudine auctus.
d. Baccarum racemus.
e. f. Semina.

DIŒCIA DODECANDRIA.

DATISCA.

Linn. Gen. Pl. 530. *Juss. Gen. Pl.* 445. *Gærtn. t.* 30. *Endlich. Gen. n.* 5016.

MASCULI. *Calyx* 5-phyllus. *Corolla* nulla. *Antheræ* sessiles, oblongæ, 15.

FŒMINEI. *Calyx* 3—5-dentatus. *Corolla* nulla. *Styli* 3. *Capsula* 3-angularis, 3-cornis, 1-locularis, pervia, polysperma, infera.

TABULA 960.

DATISCA CANNABINA.

D. cannabina. *Linn. Sp. Pl.* 1469. *Willd. Sp. Pl. v.* 4. 833.
Cannabina cretica florifera, etiam fructifera. *Tourn. Cor.* 52.

In monte Sipylo, Phrygiæ. ♃.

Herba erecta, lætè viridis, glaberrima, 3-pedalis et ultra. *Caules* teretes, ramosi, striati, solidi, medullâ farcti, *ligno* radiato exteriùs magis compacto. *Folia* alterna, exstipulata, reticulata, inferiora impari-pinnata, 2—3-juga, superiora simplicia; *foliolis* ovato-lanceolatis, serratis, apice longè acuminatis integrisque. *Flores* MASCULI axillares et secus ramulos fasciculati, foliis floralibus linearibus acuminatis suffulti. *Sepala* 5, viridia, subulata, glabra. *Petala* nulla. *Stamina* 11—13, subsessilia, erecta, oblongo-linearia, 2-locularia, longitudinalitèr dehiscentia. FŒMINEI *calyce* supero, 3-dentato, dentibus carpellis oppositis. *Petala* nulla. *Capsula* infera, 1-locularis, apice dehiscens; *placentis* 3, linearibus, parietalibus, polyspermis, dentibus calycinis alternis. *Semina* minuta, anatropa, oblonga, teretia, reticulata, exalbuminosa; *embryone* semini conformi, *cotyledonibus* plano-convexis, radiculæ longitudine.

a. A. Floris masculi calyx, magnitudine naturali, et auctus.
c. Capsularum fasciculi.
e. Semen.
b. B. Stamina.
d. Capsula seorsìm.
E. Idem auctum.

Datisca cannabina.

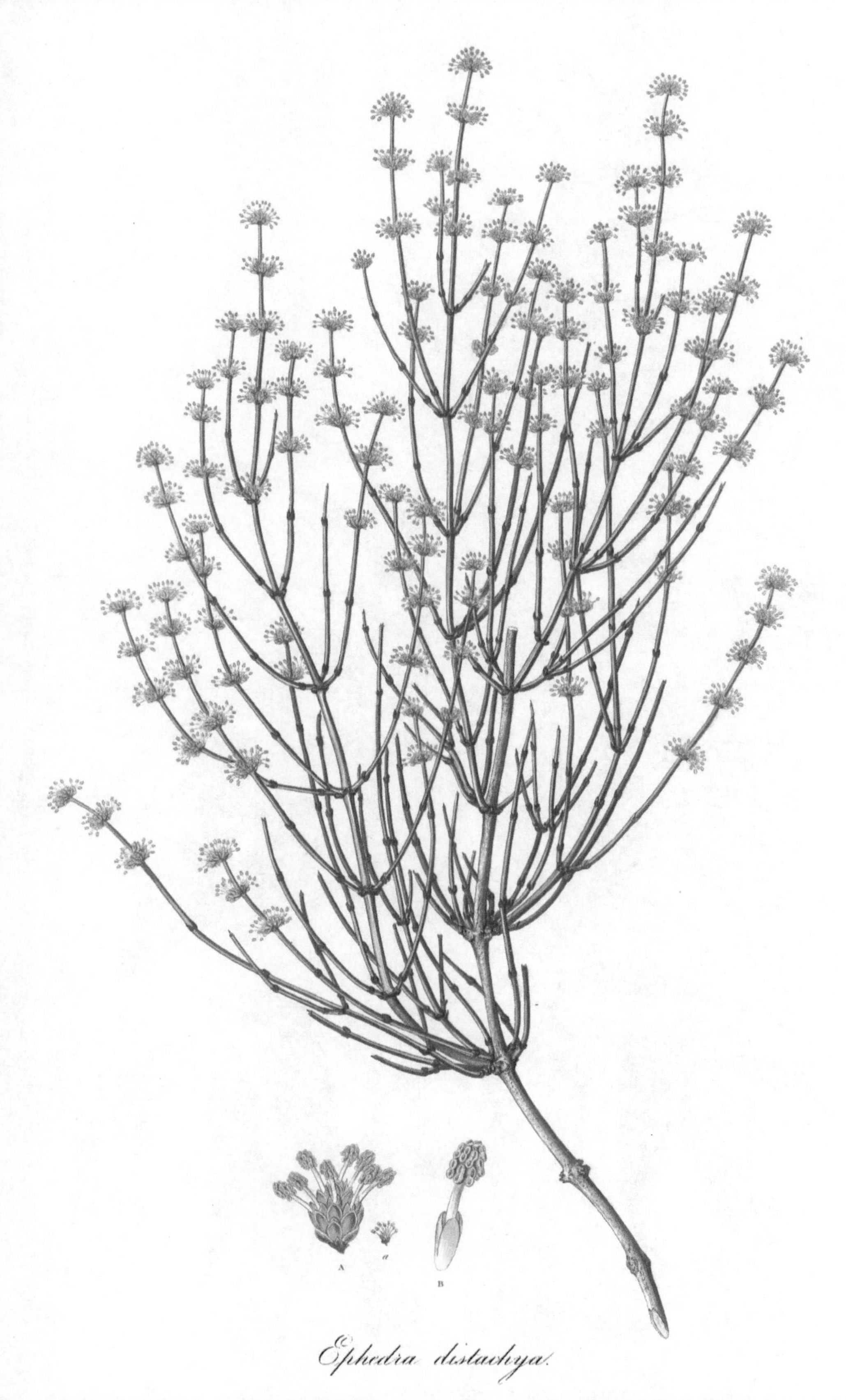

Ephedra distachya.

DIŒCIA MONADELPHIA.

EPHEDRA.

Tourn. t. 477. *Linn. Gen. Pl.* 532. *Juss. Gen. Pl.* 411. *Endlich. Gen. n.* 1804.

Masculi. *Calyx* 2-valvis. *Corolla* nulla. *Stamina* 1—8 in columnam concreta. *Antheræ* 2—4-loculares.

Fœminei. *Involucrum, Calycis* et *Corollæ* loco, diphyllum. *Ovula* gemina, nuda, apice pervia, nuclei apice elongato styliformi. *Semina* gemina, opposita, nuda, plano-convexa, extùs coriaceo-carnosa.

TABULA 961.
EPHEDRA DISTACHYA.

Ephedra vaginis articulorum bidentatis obtusis, amentis oppositis verticellatisque sessilibus.
E. distachya. *Linn. Sp. Pl.* 1472? *Prodr. v.* 2. 265.
E. fragilis. *Desf. Fl. Atl. v.* 2. 372. *Willd. Sp. Pl. v.* 4. 860.
E. maritima minor. *Tourn. Inst.* 663.
Πολυκόμπτος *hodiè.*

In maritimis Græciæ ; in monte Athô ; et ad vias inter Smyrnam et Bursam. ♄.

Hujus plantæ ne fragmentum quidem in herbario Sibthorpiano restat. Si Baueri iconi fides sit habenda, ob amenta sessilia E. fragilis, *Desf.* potiùs videtur quàm E. distachya, *Linn.*

a. Amentum masculum. A. Idem auctum.
B. Flos masculus, seorsìm, cum calyce suo bivalvi et staminibus monadelphis, magnitudine auctus.

POLYGAMIA MONŒCIA.

ATRIPLEX.

Linn. Gen. Pl. 545. *Juss. Gen. Pl.* 85. *Gærtn. t.* 75. *Endlich. Gen. n.* 1912.

HERMAPHR. *Calyx* 5-phyllus. *Corolla* nulla. *Stamina* 5. *Stylus* 2-partitus. *Utriculus* depressus. *Semen* solitarium, horizontale.

FŒMINEI. *Calyx* 2-phyllus. *Corolla* nulla. *Stamina* nulla. *Stylus* 2-partitus. *Utriculus* compressus. *Semen* solitarium, verticale.

TABULA 962.

ATRIPLEX HALIMUS.

ATRIPLEX caule fruticoso, foliis alternis glaucis ovatis obtusis subsessilibus integerrimis, calycis fœminei valvulis denticulatis.

A. Halimus. *Linn. Sp. Pl.* 1492. *Willd. Sp. Pl. v.* 4. 957.

A. latifolia, sive Halimus fruticosus. *Tourn. Inst.* 505.

In Cypro, et Archipelagi insulis; etiam in Peloponnesi littore. ♃.

Deest in herbario. Ex icone *A. Halimo* vero foliis ovatis nec rhombeis paululùm differt.

a. A. Flos fœmineus; *b.* B. masculus, magnitudine naturali, et aucti.

Atriplex Halimus.

Atriplex græca.

TABULA 963.

ATRIPLEX GRÆCA.

ATRIPLEX caule fruticoso (?) ascendente, foliis albo-glaucis oblongis hastatis sinuatis floralibus linearibus, floribus racemoso-paniculatis, calyce fructifero dentato.

A. græca. *Willd. Sp. Pl. v.* 4. 958.? *Prodr. v.* 2. 267.

A. græca fruticosa humifusa, halimi folio. *Tourn. Cor.* 38.

In Eubœæ maritimis. ♄.

Caules decumbentes, basi lignosi, duri, et forsitàn fruticosi; *ramis* ascendentibus, dealbatis, ramulosis, apice in racemum compositum abeuntibus. *Folia* albo-glauca, opposita alternaque, omnia oblonga, hastata, sinuata, obtusa, petiolis suis longiora, supremis exceptis sub paniculæ ramis, quæ linearia, integerrima, obtusa. *Flores* in herbario desunt.

Species hùc, præeunte cel. Smithio, relata, non obstantibus foliis magìs sinuatis longiùsque petiolatis quàm apud Willdenovium invenies; et forsitàn, si caulis reverà fruticosus sit, haud injustè. Notandum tamen cauli lignoso quem in herbario Sibthorpiano conservatur vix fruticis indolem tribueres.

a. A. Flos masculus; *b*. B. fœmineus, magnitudine naturali, et aucti.
c. Calyx fructifer.

CRYPTOGAMIA FILICES.

ACROSTICHUM.

Linn. Gen. Pl. 559. *Juss. Gen. Pl.* 15. *Willd. Sp. Pl. v.* 5. 100.

Sporangia sparsa, discum totum inferiorem folii vel ejus partem occupantia. *Indusium* nullum.

TABULA 964.

ACROSTICHUM MARANTÆ.

ACROSTICHUM foliis bipinnatis, pinnis inferioribus oppositis, pinnulis oblongis obtusis integerrimis superioribus coadunatis inferioribus subpinnatifidis, subtùs paleaceis, petiolo hirsuto.

A. Marantæ. *Linn. Sp. Pl.* 1527. *Schkuhr. Crypt. v.* 4. *t.* 4. *Willd. Sp. Pl. v.* 5. 122.

Nothochlæna Marantæ. *R. Brown Prodr.* 146. *Kaulf. Filic.* 136. *Presl. Pteridogr.* 224.

Cincinalis Marantæ. *Desv. in Berl. Mag. v.* 5. 312.

Ceterach Marantæ. *DeCand. Fl. Fr. v.* 2. 567.

Asplenium ramosum. *Tourn. Inst.* 544.

Ἡμιονῖτις *Dioscoridis.*

In Cretâ et Cypro insulis; etiam in monte Athô. ♃.

Rhizoma horizontale, densissimè paleaceum. *Petioli* atropurpurei, nitidi, ramentis ferrugineis hirsuti, folio ipso longiores. *Folium* bipinnatum, circumscriptione lanceolatâ; *pinnis* ovatis, obtusis, infimis semper oppositis, superioribus alternis, demùm coadunatis; *pinnulis* ovalibus, subtùs densissimè ramentis ferrugineis vestitis, supremis coadunatis, infimis subpinnatifidis. *Venæ* ramentis abrasis conspicuæ, pinnatìm ordinatæ, bi-tripartitæ, in margine pinnularum equidistantes evanescentes. *Sporangia* globosa, subsessilia, annulo verticali elastico cincta, ramentis margini proximis axillaria.

Acrostichum Marantæ.

Acrostichum velleum.

TABULA 965.

ACROSTICHUM VELLEUM.

Acrostichum foliis bipinnatis, pinnulis ellipticis obtusis superioribus confluentibus utrinquè cum petiolo longissimè lanuginosis.

A. velleum. *Hort. Kew. v.* 3. 457. *Willd. Sp. Pl. v.* 5. 122.

Nothochlæna lanuginosa. *Desv. Encycl. Bot. Suppl. v.* 4. 110. *Kaulf. Filic.* 139.

N. vellea. *Desv. Journ. Bot. v.* 1. 92. nec *R. Br.*

A. lanuginosum. *Desfont. Atlant. v.* 2. 400. *t.* 256.

In insulâ Zacyntho. ♃.

Rhizoma breve, repens, foliis densissimè onustum. *Petioli* castanei, nitidi, juniores villosi, folio ipso multò breviores. *Folium* circumscriptione lanceolatâ, erectum, bipinnatum, obtusum, suprà villosum, subtùs densissimè lanuginosum, senectute calvescens et albescens; *pinnis* oblongis 4—5-jugis; *pinnulis* subrotundis, distantibus, integerrimis, nunc obsoletè trilobis. *Sporangia* pallida, subglobosa, compressa, annulo verticali testaceo cincta, lanugine pinnulorum abdita, margini proxima.

CHEILANTHES.

Swartz. Fil. 5. Willd. Sp. Pl. v. 5. 455.

Sori punctiformes, discreti, marginales, tecti *Indusio* squamiformi marginali interiùs dehiscente.

TABULA 966.

CHEILANTHES SUAVEOLENS.

Cheilanthes foliis bipinnatis glabris, pinnulis oblongis obtusis crenatis infimis pinnatifidis laciniis rotundatis, petiolo piloso.

Ch. suaveolens. *Prodr. v.* 2. 278. nec *Swartzii.*

Ch. odora. *Swartz. Synops. Filic.* 127. *Schkuhr. Crypt.* 115. *t.* 123. *Willd. Sp. Pl. v.* 5. 457. *Presl. Pteridogr.* 160.

Pteris acrosticha. *Balbis. Addit. ad Fl. Pedem.* 98.

In insulæ Cypri rupibus. ♃.

Petioli cæspitosi, ascendentes, purpureo-castanei, juniores villosi, adulti pilosi, vetusti calvi, folio ipso longiores. *Folium* circumscriptione ovatum, pallidè viride, glabrum, bipinnatum; *pinnis* folio conformibus, sed minoribus; *pinnulis* oblongis, basi latioribus, obtusis, crenatis, pinnatifidis pinnatisque, laciniis rotundatis. *Venæ* pinnatæ, simplices aut furcatæ, in sporangio desinentes. *Indusia* e margine oriunda, semicircularia, inflexa. *Sporangia* cuique indusio 1—2, incurva, subglobosa, pedicello elongato, et annulo verticali elastico.

Cheilanthes suaveolens.

APPENDICES.

APPENDIX PRIMA;

SISTENS

NOMINA AUCTORUM COMPENDIARIA IN HOC OPERE CITATORUM

FUSIUS EXPOSITA.

Ach. Lichenogr.—Erik Acharii, Eq. Aur. &c., Lichenographia Universalis. *Gottingæ.* 4to. 1810. Cum tab. 14 coloratis.

—— *Meth.*—Ejusdem Methodus Lichenum. *Stockholmiæ.* 8vo. vol. 2. 1803. Cum tab. 8 coloratis, et Supplemento.

—— *Syn.*—Ejusdem Synopsis methodica Lichenum. *Lundæ.* 8vo. 1814.

Act. Holm.—Kongl. Vetenskaps Academiens nya Handlingar. *Stockholm.* 8vo. 1780—1815.

—— *Linn. Soc.*—Transactions of the Linnæan Society. *London.* 4to. vol. 1—11. 1791—1815.

—— *Nov. Helvet.*—Nova Acta Helvetica. *Basileæ.* 4to. 1787.

—— *Petrop.*—Acta Academiæ Scientiarum Imperialis Petropolitanæ. *Petrop.* 4to. 1777—1790.

—— *Soc. Hist. Nat. Paris.*—Actes de la Société d' Histoire Naturelle de Paris. *Paris.* fol. vol. 1. 1792.

—— *Taurin.*—Mémoires de l' Académie Royale des Sciences. vol. 5. *Turin.* 4to. 1793.

Ait. Hort. Kew.—Hortus Kewensis, by William Aiton. Ed. 1. *London.* 8vo. vol. 3. 1789. Ed. 2. by William Townsend Aiton. *London.* 8vo. vol. 5. 1810—1813.

Allgemeine Literatur-Zeitung, von Jahre 1807. Junius. Num. 130—135. *Leipzig.*

Allion. Auct.—Caroli Allionii Auctarium ad Floram Pedemontanam. *Augustæ Taurinorum.* 4to. 1789.

—— *Pedem.*—Ejusd. Flora Pedemontana. *Ibid.* fol. vol. 3. 1785.

—— *Specim.*—Ejusd. Rariorum Pedemontii Stirpium Specimen primum. *Ibid.* 4to. 1755.

Alpin. Ægypt.—Prosperi Alpini de Plantis Ægypti Liber. *Patavi.* 4to. 1640.

—— *Exot.*—Ejusd. De Plantis Exoticis libri duo. *Venetiis.* 4to. 1656.

Ambros. Phyt.—Hyacinthi Ambrosini Phytologia. *Bononiæ.* folio. 1666.

Amm. Ruth.—Stirpium Rariorum in Imperio Rutheno spontè provenientium Icones et Descriptiones, collectæ ab Joanne Ammano, M.D. *Petrop.* 4to. 1739.

Andr. Repos.—The Botanist's Repository, by Henry Andrews. *London.* 4to. 10 vol. 1797, &c.

Ann. of Bot.—Annals of Botany. Editors, Charles Konig, F.L.S., and John Sims, M.D., F.L.S. *London.* 8vo. 2 vol. 1805, 1806.

Annal. du Mus. d' Hist. Nat.—Annales du Muséum National d' Histoire Naturelle. *Paris.* 4to. vol. 20. 1803, &c.

Arduin. Spec.—Petri Arduini Animadversionum Botanicarum Specimen. *Patavii.* 4to. 1759. Ejusdem operis Specimen alterum. *Venetiis.* 1763.

Barrel. Ic.—Plantæ per Galliam, Hispaniam et Italiam observatæ, iconibus æneis exhibitæ, a R. P. Jacobo Barreliero. *Paris.* folio. vol. 3. 1714.

Batsch.—A. J. G. C. Batsch Elenchus Fungorum. *Halæ Magdeb.* 4to. 1783, 1784.

Bauh. Hist.—J. Bauhini Historia universalis Plantarum. *Ebroduni.* fol. vol. 3. 1650.

—— *Pin.*—Caspari Bauhini Pinax Theatri Botanici. *Basileæ.* 4to. 1671.

—— *Prodr.*—Ejusd. Prodromus. Cum priore.

—— *Theatr.*—Ejusd. Theatri Botanici liber primus. *Basileæ.* fol. 1658.

Besl. Eyst.—Hortus Eystettensis Basilii Besleri. folio maj. 1613.

Bess. Hort. Crem. Cat.—Wilib. Besseri Catalogus Horti Botanici Wolhyniensis Cremenici. *Cremen.* 8vo. 1811—1816.

Bieberst. Fl. Taurico-cauc.—Flora Taurico-caucasica, exhibens stirpes phænogamas in Chersoneso Taurica et regionibus Caucasicis spontè crescentes, Auctore L. B. Friderico Marschall a Bieberstein. Equ. aur. *Charkoviæ.* 8vo. vol. 1, 2. 1808. vol. 3. 1819.

Bieb. Fl. Taur.—Idem opus.

Billard. Syr.—Icones Plantarum Syriæ Rariorum, auctore Jacobo Juliano La Billardière, M.D. *Paris.* 4to. decad. 5. 1791, &c.

Bivona Cent.—Sicularum Plantarum Centuria Prima et Secunda, Antonii Bivona Bernardi. *Panorm.* 4to. 1806.

—— *Tolpis.*—Ejusd. Monografia delle Tolpidi. *Palermo.* fol. 1809.

Blackwell Herb.—A curious Herbal, by Elizabeth Blackwell. *London.* fol. 2 vol. 1737.

Bocc. Mus.—Museo di Piante Rare, di Don Paulo Boccone. *Venet.* 4to. 1697.

Bocc. Sic.—Ejusd. Icones et Descriptiones Rariorum Plantarum Siciliæ, &c. *Oxon.* 4to. 1674.

Boerh. Lugd.-Bat.—Index alter Plantarum quæ in Horto Academico Lugduno-Batavo aluntur, conscriptus ab Hermanno Boerhaave. *Lugd-Bat.* 4to. 1727.

Bolt. Fung.—History of Funguses, by James Bolton. *Halifax.* 4to. 4 vol. 1788.

Bové Plant. exsicc.—Plantarum exemplaria exsiccata in oriente collecta et divulgata a Nicolao Bové ; sub anno 1834.

Brot. Lusit.—Felicis Avellar Broteri Flora Lusitanica. *Olissip.* 4to. vol. 2. 1804.

Brown Prodr.—Prodromus Floræ Novæ Hollandiæ et insulæ van Diemen, exhibens characteres plantarum quas annis 1802—1805 per oras utriusque insulæ collegit et descripsit Robertus Brown. *Londini.* 8vo. 1810.

Bulliard.—Herbier de la France, par M. Bulliard. *Paris.* fol. vol. 5. 1776—1780.

Burm. Geran.—Specimen Inaug. Botanicum de Geraniis, auctore Nicolao Laurentio Burmanno. *Lugd.-Bat.* 4to. 1759.

Buxb. Cent.—Plantarum minùs cognitarum Centuriæ quinque, per J. C. Buxbaum. *Petrop.* 4to. 1728.

Camer. Epit.—De Plantis Epitome, a Joachimo Camerario.—*Francofurti ad Mœnum.* 4to. 1586.

—— *Hort.*—Ejusd. Hortus medicus et philosophicus. *Ibid.* 4to. 1588.

Cass. Dict. Sc. Nat.—Cassini Henricus, in opere dicto Dictionnaire des Sciences Naturelles. *Paris et Strasb.* 8vo. 1816 *et seq.*

Cavan. Diss.—Monadelphiæ Classis Dissertationes Decem, auctore Antonio Josepho Cavanilles. *Matriti.* 4to. 1790.

—— *Ic.*—Ejusd. Icones et Descriptiones Plantarum. *Ibid.* fol. vol. 6. 1791—1801.

Clus. Hist.—Caroli Clusii Rariorum Plantarum Historia. *Antverpiæ.* fol. 1601.

Clus. Pannon.—Ejusd. Rariorum aliquot Stirpium per Pannoniam, Austriam, &c. observatarum Historia. *Antv.* 8vo. 1683.

Column. Ecphr.—Fabii Columnæ Ecphrasis. *Romæ.* 4to. 1616.

—— *Phytob.*—Ejusd. Phytobasanos. *Neapoli.* 4to. 1592.

Comm. Goett.—Novi Commentarii Societatis Regiæ Scientiarum Gottingensis. *Gotting.* 4to. 1771, &c.

Commel. Hort.—Hortus Medicus Amstelodamensis, auctore Joanne Commelino. *Amstel.* fol. vol. 2. 1697.

—— *Rar.*—Caspari Commelin, M.D. Plantæ rariores et exoticæ. *Lugd.-Bat.* 4to. 1706.

Compend. Fl. Brit.—Compendium Floræ Britannicæ, auctore Jacobo Edvardo Smith, Eq. Aur. ed. 2. *Lond.* 8vo. 1816.

Crantz Austr.—H. I. N. Crantz Stirpium Austriacarum Fasciculi 1—3. *Viennæ Austr. et Lips.* 8vo. 1762—1767.

Cupani Panph. ed. 1.—Panphyton Siculum R. P. Francisci Cupani. *Panorm.* 4to. 1713.

—————— *ed.* 2.—Ejusdem operis ed. alt. tab. 168, curâ Antonini Bonanni Gervasii. *Ibid.* 1719.

Curt. Lond.—Flora Londinensis, by William Curtis. *London.* fol. fasc. 1—6. 1777, &c.

—— *Mag.*—Ejusd. Botanical Magazine. *Ibid.* 8vo. 1787, &c. vol. 1—14. Continued by John Sims, M.D. vol. 15—42.

Cyrill. Pl. Rar.—Domenici Cyrilli Plantarum rariorum Neapolitanarum fasciculus.

Dalech. Hist.—Historia Generalis Plantarum. *Lugd.* fol. vol. 2. 1587.

Decandolle Pl. Grasses.—A. P. De Candolle, Histoire des Plantes Grasses. *Paris.* 4to. 1799.

—— *Syst.*—Ejusd. Regni vegetabilis systema naturale. *Paris.* 8vo. 2 vol. 1818 et 1821.

—— *Prodr.*—Ejusd. Prodromus systematis naturalis regni vegetabilis. *Paris.* 8vo. 1824 *et seqq.*

—— *Fl. Fr.*—Ejusd. Flore Française, 3me édition. *Paris.* 8vo. 1805.

Desfont in Ann. du Mus.—Renatus Desfontaines—vide Annal. du Mus.

— *Atlant.*—Ejusd. Flora Atlantica. *Paris.* 4to. vol. 2. 1798.

Desv. Journ. Bot.—N. A. Desvaux, Journal de Botanique. *Paris.* 8vo. 1808 *et seqq.*

Dicks. Crypt.—Jacobi Dickson, Fasciculi Plantarum Cryptogamicarum Britanniæ . —4. *Londini.* 4to. 1785—1801.

—— *Dr. Pl.*—Ejusd. Collection of Dried Plants. *Ibid.* fol. fasc. 1—4. 1789—1791.

Dill. Elth.—Hortus Elthamensis, auctore Johanne Jacobo Dillenio, M.D. *Londini.* fol. vol. 2. 1732.
—— *Musc.*—Ejusd. Historia Muscorum. *Oxon.* 4to. 1741.
Dillw. Conf.—British Confervæ, by Lewis Weston Dillwyn. *Lond.* 4to. 1809.
Diosc.—Pedacii Dioscoridis Opera, ex interpretatione Jani-Antonii Saraceni. fol. 1598.
Dod. Pempt.—Remberti Dodonæi Pemptades Sex. *Antverp.* fol. 1616.
Don. Fl. Nep.—D. Don Prodromus Floræ Nepalensis. *Lond.* 12mo. 1825.
Duby et De Cand. Bot. Gall.—J. E. Duby et A. P. De Candolle Botanicon Gallicum. *Paris.* 8vo. 1828.
Duby Bot. Gall.—Idem opus.
D'Urv. Enum.—Enumeratio plantarum quas in insulis Archipelagi aut littoribus Ponti Euxini, annis 1819 et 1820, collegit atque detexit J. Dumont D'Urville; in libro dicto Mémoires de la Société Linnéenne de Paris, vol. 1, p. 255 *et seq.* *Paris.* 1822, 8vo.
Duhamel Arb.—Traité des Arbres et Arbustes, par M. Duhamel du Monceau. *Paris.* 4to. vol. 2. 1755.

Ehrh. Beitr.—Frederici Ehrhart, Beiträge. *Hannov.* et *Osnabrück.* 8vo. fasc. 7. 1787—1792.
—— *Crypt.*—Ejusd. Plantæ Cryptogamicæ exsiccatæ. fol. Dec. 1–24.
—— *Herb.*—Ejusd. Herbæ exsiccatæ. fol. Dec. 1–12.
—— *Phytoph.*—Ejusd. Phytophylacium. fol. Dec. 1–8.
—— *Pl. Select.*—Ejusd. Plantæ Selectæ exsiccatæ. fol. Dec. 1.— .....
Engl. Bot.—English Botany, by James Edward Smith; the figures by James Sowerby. *London.* 8vo. 36 vol. 1790—1814.
Endlich. Gen. Pl.—Stephani Endlicher Genera Plantarum. *Viennæ.* 4to. 1836 *et seq.*
Esper Ic. Fucor.—Eugenii Joh. Christoph. Esper Icones Fucorum. *Nuremberg.* 4to. 1797, &c.
Exot. Bot.—Exotic Botany, by James Edward Smith; the figures by James Sowerby. *London.* 8vo. or 4to. 2 vol. 1804, 1805.

Fl. Brit.—Flora Britannica, auctore Jacobo Edvardo Smith. *Londini.* 8vo. vol. 3. 1800, 1804.
—— *Dan.*—Flora Danica. *Hafniæ.* fol. vol. 7. 1761—1794.
—— *Suec.*—Caroli Linnæi Flora Suecica. ed. 2. *Stockholmiæ.* 8vo. 1755.
—— *Oxon.*—Flora Oxoniensis, auctore Joanne Sibthorp, M.D. *Oxon.* 8vo. 1794.
—— *Zeyl.*—Caroli Linnæi Flora Zeylanica. *Holmiæ.* 8vo. 1747.
Forsk. Ægypt.-Arab.—Petri Forskall, Flora Ægyptiaco-arabica. *Hafniæ.* 4to. 1775.
—— *Desc.* ibid.
Fresen. Mus. Senk.—Georgii Fresenii Museum Senkenbergianum. *Francofurti ad Mœnum.* 4to. 1833 *et seq.*
Fuchs. Hist.—Leonhardi Fuchsii Historia Stirpium. *Basileæ.* fol. 1542.

G. Pl.—Caroli v. Linné Genera Plantarum. ed. 6. *Holmiæ.* 8vo. 1764.
Gærtn.—Josephus Gærtner, M.D. De Fructibus et Seminibus Plantarum. *Stutgardiæ.* 4to. vol. 2. 1788, 1791.
Garidel Aix.—Histoire des Plantes qui naissent aux environs d'Aix, par M. Garidel. *Aix.* fol. 1715.
Gerard. Gallopr.—Ludovici Gerardi, M.D. Flora Galloprovincialis. *Paris.* 8vo. 1761.
Ginann. Adriat.—Opere Postume del Conte Giuseppe Ginanni. *Venezia.* fol. vol. 2. 1755, 1757.
Gmel. Fuc.—Samuel Gottlieb Gmelin, Historia Fucorum. *Petropoli.* 4to. 1768.
—— *It.*—Joannis Georgii Gmelin, Reise durch Sibirien. *Gotting.* 8vo. vol. 4. 1751, 1752.
—— *Sib.*—Ejusd. Flora Sibirica. *Petropoli.* 4to. vol. 4. 1747—1769.
Gooden. et Woodw.—Observations on the British Fuci, by the Rev. S. Goodenough, LL.D., and T. J. Woodward, Esq.—Tr. of Linn. Soc. v. 3. 84.
Gouan Illustr.—Antonii Gouan Illustrationes et Observationes Botanicæ. *Tiguri.* fol. 1773.
—— *Obs.* idem opus.
Guettard Obs.—Observations sur les Plantes, par M. Guettard. *Paris.* 12mo. vol. 2. 1747.
Gussone Plant. Rar.—Plantæ rariores quas in itinere per oras Ionii ac Adriatici maris et per regiones Samnii ac Aprutii collegit Joannes Gussone, M.D., præfectus H. R. Botanici in Boccadifalco. *Neapoli.* 4to. 1826.

Hall. Helvet.—Alberti Haller Enumeratio Methodica Stirpium Helvetiæ. *Gotting.* fol. vol. 2. 1742.
—— *Hist.*—Ejusd. Historia Stirpium Indigenarum Helvetiæ. *Bernæ.* fol. vol. 3. 1768.
—— *Nomencl.*—Ejusd. Nomenclator ex Historiâ Plantarum Indigenarum Helvetiæ. *Ibid.* 8vo. 1769.

Haworth Tr. of L. Soc.—A new Arrangement of the Genus Aloe, by A. H. Haworth.—Tr. of Linn. Soc. v. 7. 1.

Hedw. Crypt.—Descriptio et Adumbratio Muscorum Frondosorum, auctore Joanne Hedwig, M.D. *Lipsiæ*. fol. vol. 4. 1787—1797.

—— *Fund.*—Ejusd. Fundamentum Historiæ naturalis Muscorum Frondosorum. *Ibid.* 4to. 1782.

—— *Sp. Musc.*—Ejusd. Species Muscorum Frondosorum, opus posthumum. *Ibid.* 4to. 1801.

—— *Theor.*—Ejusd. Theoria Generationis et Fructificationis Plantarum Cryptogamicarum Linnæi. *Petrop.* 4to. 1784.

Herm. Hort. Lugd.-Bat.—Horti Academici Lugduno-Batavi Catalogus, auctore Paulo Hermanno. *Lugd.-Bat.* 8vo. 1687.

—— *Parad.*—Ejusd. Paradisus Batavus. *Ibid.* 4to. 1698.

Hoffm. Germ.—Geo. Franc. Hoffmann, Deutschlands Flora. *Erlang.* 8vo. 1800.

—— *Pl. Lich.*—Ejusd. Descriptio et Adumbratio Plantarum quæ Lichenes dicuntur. *Lipsiæ.* fol. vol. 3. 1790—1801.

—— *Sal.*—Ejusd. Historia Salicum. *Ibid.* fol. fasc. 1—5. 1785—1791.

Hooker Jung. Brit.—A Monograph of the British Jungermanniæ, by W. J. Hooker. *London.* 4to. fasc. 1—17. 1812—1814.

Hort. Cliff.—Hortus Cliffortianus, auctore Carolo Linnæo. *Amstelædami.* fol. 1737.

—— *Upsal.*—Ejusd. Hortus Upsaliensis. *Stockholmiæ.* 8vo. 1748.

Host Gram. Austr.—Nicolai Thomæ Host, M.D. Icones et Descriptiones Graminum Austriacorum. *Vindobonæ.* fol. vol. 4. 1801—1809.

Huds.—Gulielmi Hudsoni Flora Anglica; ed. 2. *Londini.* 8vo. vol. 2. 1778.

Jacq. Austr.—Nicolai Josephi Jacquin Flora Austriaca. *Viennæ Austriæ.* fol. vol. 5. 1773—1778.

—— *Coll.*—Ejusd. Collectanea ad Botanicam, Chemiam et Historiam Naturalem spectantia. *Ibid.* 4to. vol. 5. 1786, &c.

—— *Enum. Vind.*—Ejusd. Enumeratio Stirpium Agri Vindob. *Ibid.* 8vo. 1762.

—— *Hort. Schoenbr.*—Ejusd. Plantarum rariorum Horti Cæsarei Schoenbrunnensis Descriptiones et Icones. *Ibid.* fol. vol. 4. 1797, &c.

—— *Hort. Vind.*—Ejusd. Hortus Botanicus Vindobonensis. *Ibid.* fol. vol. 3. 1770, &c.

—— *Ic. Rar.*—Ejusd. Icones Plantarum Rariorum. *Ibid.* fol. vol. 3. 1781—1793.

—— *Misc. Austr.*—Ejusd. Miscellanea Austriaca. *Ibid.* 4to. vol. 2. 1778, 1781.

—— *Obs.*—Ejusd. Observationes Botanicæ. *Ibid.* fol. fasc. 4. 1764—1771.

Juss.—Antonii Laurentii de Jussieu Genera Plantarum. *Paris.* 8vo. 1789.

Kaulf. Filic.—Georg. Frid. Kaulfuss Enumeratio Filicum. *Lipsiæ.* 8vo. 1824.

Knapp. Gram. Brit.—Gramina Britannica, by J. L. Knapp, Esq. *London.* 4to. 1804.

Koch Fl. Germ.—Guil. Dan. Jos. Koch. Synopsis Floræ Germanicæ et Helveticæ. *Francofurti ad Mœnum.* 8vo. 1837.

Labillard. Dec. Pl. Syr.—Jac. Jul. Labillardière Icones plantarum Syriæ rariorum; Decades V. *Paris.* 4to. 1791 *et seqq.*

Lachenal in Act. Nov. Helvet.—Emendationum et Auctariorum ad Hall. Hist. Stirp. Helvet. Specimen primum. Vide *Act.*

Lamarck. Dict.—Lamarck Dictionnaire Encyclopédique de Botanique. *Paris.* 4to. vol. 8. 1789—1808.

—— *Encycl.* idem opus.

—— *Ic.* Ejusd. Illustration des Genres. *Paris.* 4to. tab. 1—900. 1791—1800.

—— *Fl. Fr.*—Ejusd. Flore Française. *Paris.* 8vo. 3 vol. 1778.

Lambert Pin.—Description of the genus Pinus, by A. B. Lambert, Esq. *London.* fol. maj. 1803.

Lamouroux in Ann. du Mus. Vide *Ann.*

Leers.—J. D. Leers Flora Herbonensis. *Herb. Nassov.* 8vo. 1775.

Lessing. Synops.—Chr. Fr. Lessing, Synopsis generum Compositarum earumque dispositionis novæ Tentamen. *Berolini.* 8vo. 1832.

L'Herit. Geraniol.—Caroli Ludovici L'Heritier Geraniologia. *Paris.* fol. 1787, 1788.

—— *Stirp. Nov.*—Ejusd. Stirpes novæ aut minùs cognitæ. *Ibid.* fol. fasc. 1—6. 1784, 1785.

Lightf.—Flora Scotica, by the Rev. John Lightfoot. *London.* 8vo. 2 vol. 1777.

Link. Enum.—Henr. Frid. Link Enumeratio Plantarum Horti regii botanici Berolinensis. *Berol.* 8vo. 2 vol. 1823.

Linn.—Vide Fl. Suec. et Zeyl. G. Pl. Hort. Cliff. et Upsal. Mant. Sp. Pl. Syst. Nat. et Syst. Veg.

—— *fil. Dec.*—Caroli Linnæi filii Decas prima, et secunda, Plantarum. *Stockh.* fol. 1762, 1763.

—— *Suppl.*—Ejusdem Supplementum Plantarum. *Brunsv.* 8vo. 1781.

Lob. Ic.—Icones Stirpium, seu Plantarum, tam exoticarum quam indigenarum. *Antverp.* 4to oblong. 1591.

Loefl. Hisp.—Petri Loefling Iter Hispanicum. *Stockholm.* 8vo. 1758.

Magn. Hort.—Hortus Regius Monspeliensis, a Petro Magnol. *Monspelii.* 8vo. 1697.
—— *Monsp.*—Ejusd. Botanicum Monspeliense. *Ibid.* 8vo. 1688.
Mant.—Caroli a Linné Mantissæ Plantarum. *Holmiæ.* 8vo. 1767, 1771.
Mart. Rust.—Flora Rustica, by Thomas Martyn, B.D. *London.* 8vo. 1791, &c.
Matth. Valgr.—P. A. Matthioli Commentarii, apud Valgrisium. *Venetiis.* fol. vol. 2. 1583.
Meerb. Ic.—Afbeeldingen van Zeldzaame Gewassen, door Nicolaas Meerburgh. *Leyden.* fol. 1775.
Mérat Fl. Paris.—F. V. Mérat, Nouvelle Flore des environs de Paris. *Paris.* 8vo. 1812.
Meyer. Enum. Plant. Casp.—Carl Anton Meyer Verzeichniss der pflanzen welche in Caucasus und in den Provinzen am Westlichen Ufer des Caspischen Meeres gefunden und eingesammelt worden sind. *Petrop.* 4to. 1831.
Mentz. Pug.—Christiani Mentzelii Pugillus Rariorum Plantarum. Cum *Indice* ejus editus. *Berol.* fol. 1682.
Mich. Gen.—P. A. Michelii Nova Plantarum Genera. *Florent.* fol. 1729.
Mill. Dict.—The Gardener's Dictionary, by Philip Miller, edition 8th. *London.* fol. 1768.
—— *Ic.*—Ejusd. Figures of Plants adapted to the Gardener's Dictionary. *Ibid.* fol. 2 vol.
—— *Illustr.*—Illustratio Systematis Sexualis Linnæi, per Johannem Miller. *Ibid.* fol. 1777.
Mœnch. Meth.—Conrad Mœnch Methodus plantas horti et agri Marburgensis describendi. *Marburg.* 8vo. 1794.
Moris.—Plantarum Historia Universalis, auctore Roberto Morison. *Oxon.* fol. vol. 2 et 3. 1680, 1699.
Murray in Comm. Goett.—Vide *Comm. Goett.*

Nees ab Esenb. Gen. Pl.—Theod. Frid. Lud. Nees ab Esenbeck Genera Plantarum Floræ Germanicæ iconibus et descriptionibus illustrata. *Bonnæ.* 8vo. 1835 *et seqq.*
Nees et Eberm. Pl. Med.—T. F. L. Nees v. Esenbeck aliorumque Plantæ Medicinales. *Dusseldorf.* fol. 1828 *et seqq.*
Nees et Ebermaier, Handb. der Off. Pfl.—Ejusdem, cum Car. H. Ebermaier, Handbuch der medicinisch-pharmaceutischen Botanik. *Dusseldorf.* 8vo. 3 vol. 1830—1832.

Olivier It.—Travels in the Ottoman Empire, &c. by G. A. Olivier, translated from the French. *London.* 4to. 1801.
Osbeck It.—Ostindisk Resa af Pehr Osbeck. *Stockholm.* 8vo. 1757.

Pall. It.—Petr. Sim. Pallas Reise. *Petersburg.* 4to. vol. 3. 1776.
—— *Ross.*—Ejusd. Flora Rossica. *Ibid.* fol. 1784.
Persoon in Ust. Annal.—C. H. Persoon, apud Usteri Annalen der Botanik. *Zurich.* 8vo. fasc. 1—21. 1791—1797.
—— *Syn.*—Ejusd. Synopsis Methodica Fungorum. *Gotting.* 8vo. 1801.
—— *Synops.*—Ejusd. Synopsis plantarum, seu Enchiridion Botanicum. *Paris.* 12mo. 2 vol. 1805—1807.
Picot. Lapeyr. Pyren.—Figures de la Flore des Pyrénées, par Philippe Picot Lapeyrouse. *Paris.* fol. 1795.
Pluk. Phyt.—Leonardi Plukenetii Phytographia. *Lond.* 4to. 1691.
Pococke It.—A Description of the East, by Richard Pococke. *Ibid.* fol. vol. 2. 1743, 1745.
Poir. Suppl.—Th. M. Poiret Encyclopédie Méthodique, Dictionnaire de Botanique, Supplément. *Paris.* 4to. 1810 *et seqq.*
Pollich Palat.—Johannis Adami Pollich Historia Plantarum in Palatinatu Electorali spontè nascentium. *Mannhemit.* 8vo. vol. 3. 1776.
Pon. Bald.—Monte Baldo descritto da Giovanni Pona. *Venetia.* 4to. 1617.
Ponted. Compend.—Julii Pontederæ Compendium Tabularum Botanicarum. *Patavii.* 4to. 1718.
Presl. Fl. Sicul.—C. B. Presl., Flora Sicula. 8vo. *Pragæ.* 1826.
—— *Pteridogr.*—Ejusd. Tentamen Pteridographiæ, seu genera Filicacearum præsertìm juxta venarum decursum et distributionem exposita. *Pragæ.* 8vo. 1836.

Raii Syn.—Johannis Raii Synopsis methodica Stirpium Britannicarum ; ed. 3. *Lond.* 8vo. 1724.
—— *Syll. Exter.*—Ejusd. Stirpium Europæarum extra Britannias nascentium Sylloge. *Lond.* 8vo. 1694.
Rauwolf. It.—Leonharti Rauwolff Reiss inn die Morgenländer. *Laugingen.* 4to. 1583.
Redout. Liliac.—Les Liliacées par P. J. Redouté. *Paris.* fol. vol. 1—7. 1802, &c.
Rees Cyclop.—Vide *Sm.*
Reichenb. Fl. Excurs.—Ludovici Reichenbach, M.D., Flora Germanica excursoria. *Lipsiæ.* 12mo. 1830—1832.
Renealm. Spec.—Pauli Renealmi, M.D. Specimen Historiæ Plantarum. *Paris.* 4to. 1611.

Retz. Obs.—Andr. Joh. Retzii Observationes Botanicæ. *Lipsiæ.* fol. fasc. 6. 1789—1791.

—— *Prodr.*—Ejusd. Floræ Scandinaviæ Prodromus. ed. altera. *Ibid.* 8vo. 1795.

Riv. Monop. Irr.—Augusti Quirini Rivini Ordo Plant. fl. irreg. monopetalo. *Ibid.* fol. 1690.

—— *Pentap. Irr.*—Ejusd. Ord. pl. fl. irreg. pentapetalo. *Ibid.* fol. 1699.

—— *Suppl.*—Ejusd. Supplementum ineditum, (vide præf. p. 1,) apud Bibliothecam Banksianam.

—— *Tetrapp. Irr.*—Ejusd. Ord. Pl. fl. irreg. tetrapetalo. *Lipsiæ.* fol. 1691.

Roth Catal.—Catalecta Botanica ab Alberto Gulielmo Roth, M.D. *Ibid.* 8vo. fasc. 1. et 2. 1797, &c.

—— *Germ.*—Ejusd. Tentamen Floræ Germanicæ. *Ibid.* 8vo. vol. 3. 1788, &c.

—— *Fl. Germ.*—Idem opus.

Rottb. Gram.—Descriptionum et Iconum Rariores et Novas Plantas illustrantium Liber primus, a C. F. Rottböll, M.D. *Hafniæ.* fol. 1783.

Russell.—Vide *Soland.*

Salisb. Ann. of Bot.—Description of Nymphææ, by R. A. Salisbury, apud Ann. of Bot. v. 2. 69.

—— *Ic.*—Ejusd. Icones Stirpium Rariorum. *Lond.* fol. maj. 1791.

—— *Prodr.*—Ejusd. Prodromus Stirpium in Horto ad Chapel Allerton vigentium. *Ibid.* 8vo. 1796.

—— *Tr. of L. Soc. v.* 6.—Ejusd. Species of Erica.

Savi Fl. Pisan.—Gaetano Savi Flora Pisana. *Pisis.* 8vo. 1798.

Schæff. Fung.—Jacobi Christiani Schæffer Fungorum Icones. *Ratisbonæ.* 4to. vol. 4. 1762.

Scheuchz. Agr.—Agrostographia, authore Johanne Scheuchzero. *Tiguri.* 4to. 1719.

—— *Prodr.*—Ejusd. Agrostographiæ Helveticæ Prodromus. fol. 1708.

Schk. Car.—Christian Schkuhr Beschreibung und Abbildung von Riedgräsern. *Wittenberg.* 8vo. 1801.

Schkuhr. Crypt.—Ejusd. Deutschlands Kryptogamische gewächse. *Wittenb.* 4to. 1804.

Schmidel Ic.—Casimiri Christophori Schmidel Icones Plantarum et Analyses Partium. fol. 1762, &c.

Schott et Endlich. Meletem. Botan.—Meletemata Botanica. Auctoribus Henrico Schott et Stephano Endlicher. *Vindobonæ.* fol. 1832.

Schrad. Germ.—Flora Germanica, auctore Henrico Adolpho Schrader. vol. 1. *Gottingæ.* 8vo. 1806.

Schreb. Dec.—Joh. Christ. Dan. Schreberi Icones et Descriptiones Plantarum. Decas 1. *Halæ.* fol. 1766.

—— *Ic.*—Idem opus.

—— *Gen.*—Ejusd. Caroli a Linné Genera Plantarum, ed. 8. *Francof. ad Mœnum.* 8vo. vol. 2. 1789, 1791.

—— *Gram.*—Ejusd. Beschreibung der Gräser. *Leipzig.* fol. 1769.

—— *Lips.*—Ejusd. Spicilegium Floræ Lipsicæ. *Ibid.* 8vo. 1771.

—— *Vertic. Unilab.*—Ejusd. Plantarum Verticillatarum Unilabiatarum Genera et Species. *Ibid.* 4to. 1774.

Scop. Carn.—Johannis Antonii Scopoli Flora Carniolica. ed. 2. *Vindob.* 8vo. vol. 2. 1772.

Sebast. et Maur. Prodr. Fl. Roman.—Ant. Sebastiani et Ern. Mauri Floræ Romanæ Prodromus. *Romæ.* 8vo. 1818.

Segu. Veron.—Johannis Francisci Seguierii Plantæ Veronenses. *Veronæ.* 8vo. vol. 3. 1745.

Shaw. Afric.—Catalogus Plantarum quas in variis Africæ et Asiæ partibus collegit Thomas Shavius. *Oxon.* fol. 1738.

—— *Cat.* Idem opus.

Sibth. Oxon.—Vide *Fl. Oxon.*

Sm. Compend.—Jacobi Edvardi Smith, Eq. Aur. Compendium Floræ Britannicæ. Vide *Compend.*

—— *Engl. Bot.*—Ejusd. English Botany.
—— *Exot. Bot.*—Ejusd. Exotic Botany. } Vide in locis propriis.
—— *Fl. Brit.*—Ejusd. Flora Britannica.

Sm. Ic. Pict.—Ejusd. Icones Pictæ Plantarum Rariorum. *Lond.* fol. fasc. 3. 1790, &c.

—— *Plant. Ic.*—Ejusd. Plantarum Icones hactenus Ineditæ. *Ibid.* fol. fasc. 3. 1789—1791.

—— *Rees Cyclop.*—Ejusd. scripta varia botanica, apud Abrahami Rees Cyclopædiam. *Lond.* 4to. vol. 7. *et seq.*

—— *Spicil. Bot.*—Ejusd. Spicilegium Botanicum. Vide in loco proprio.

—— *Tour.*—Ejusd. Sketch of a Tour on the Continent. *Lond.* 8vo. 3 vol. 1793. ed. 2. *Ibid.* 1807.

Soland. in Russ. Alepp.—Natural History of Aleppo, by Alex. Russel, M.D. 2d edition. *Lond.* 4to. vol. 2. 1794.

Sowerb. Fung.—Coloured Figures of English Fungi, by James Sowerby. *Lond.* fol. vol. 3 et Suppl. 1797, &c.

Sp. Pl.—Caroli Linnæi Species Plantarum; ed. 2. *Holmiæ.* 8vo. vol. 2. 1762.

—— *ed.* 1.—Ejusdem operis ed. 1. *Ibid.* vol. 2. 1753.

Spicil. Bot.—Jacobi Edvardi Smith Spicilegium Botanicum. *Lond.* fol. fasc. 2. 1791, 1792.

Spreng. Pugill.—Curtii Sprengel Plantarum minus cognitarum pugillus primus. *Halæ.* 8vo. 1813.
—— *Syst.*—Ejusd. Systema vegetabilium. *Gotting.* 4 vol. 8vo. 1825 *et seqq.*
Sprengel in Act Holm.—Vide *Act. Holm.*
Stackh. Ner.—Nereis Britannica, by John Stackhouse, Esq. *Bathoniæ.* fol. 1795.
Swartz Fil.—Olai Swartz Synopsis Filicum. *Kiliæ.* 8vo. 1806.
—— *Synops. Filic.*—Idem opus.
—— *Musc. Suec.*—Ejusd. Dispositio Systematica Muscorum Frondosorum Sueciæ. *Erlangæ.* 8vo. 1799.
—— *Obs.*—Ejusd. Observationes Botanicæ. *Ibid.* 8vo. 1791.
—— *Prodr.*—Ejusd. Prodromus Descriptionum Vegetabilium Indiæ Occidentalis. *Holmiæ.* 8vo. 1788.
Syst. Nat. ed. 10.—Caroli Linnæi Systema Naturæ ; ed. 10. *Ibid.* 8vo. 2 vol. 1758.
—— *ed.* 12.—Ejusdem operis ed. 12. *Ibid.* 8vo. 3 vol. 1766.
Syst. Veg. ed. 13.—Ejusd. auctoris Systema Vegetabilium, ed. 13, curâ J. A. Murray. *Gotting.* 8vo. 1774.
—— *ed.* 14.—Ejusd. operis ed. 14. *Ibid.* 8vo. 1784.

Tabern. Ic.—Jacobi Theodori Tabernæmontani Eicones Plantarum. *Francof. ad Mænum.* 4to. oblong. 1590.
—— *Kreuterbuch.*—Ejusd. Kreuterbuch. *Gedan.* fol. 1664.
Tenor. Prodr.—Mich. Tenore Prodromus Floræ Neapolitanæ. *Neap.* 8vo. 1811.
—— *Syllog. Plant. Neap.*—Ejusd. Sylloge Plantarum vascularium Floræ Neapolitanæ hucusque detectarum. *Neap.* 8vo. 1831.
—— *Fl. Neap.*—Ejusd. Flora Neapolitana. *Neap.* fol. 1811 *et seqq.*
—— *Fl. Med. Neap.*—Ejusd. Saggio sulle qualità medicinali delle piante della flora Napolitana. *Napoli* 8vo. 1820.
—— *Cat. Hort. Neap.*—Ejusd. Catalogo delle piante del giardino botanico del S. Ec. Bisignano. *Neap.* 4to. 1809.
Till. Hort. Pis.—Catalogus Plantarum Horti Pisani, auctore Michaele Angelo Tilli. *Florentiæ.* fol. 1723.
Tourn. Cor.—Josephi Pitton Tournefort Corollarium Institutionum Rei Herbariæ, cum sequente editum.
—— *Inst.*—Ejusd. Institutiones Rei Herbariæ. *Paris.* 4to. vol. 2. 1719.
—— *It.*—Ejusd. Rélation d'un Voyage du Levant. *Amsterdam.* 4to. vol. 2. 1718.
—— *Voy.*—Idem opus.
Tr. of Linn. Soc.—Vide *Act. Linn. Soc.*
Trew Ehret.—Plantæ Selectæ quarum Imagines pinxit G. D. Ehret, nominibus notisque illustravit C. J. Trew. *Norimb.* fol. 1750.
Turn. Hist. Fucor.—Fuci, by Dawson Turner. *Lond.* 4to. vol. 1—3, &c. 1808, &c.
—— *Musc. Hib.*—Ejusd. Muscologiæ Hibernicæ Spicilegium. *Yermuth.* 8vo. 1804.
Turr. Farset.—Farsetia Novum Genus ; auctore Antonio Turra, M.D. *Venet.* 4to. 1765.

Vahl. Enum.—Martini Vahlii Enumeratio Plantarum. *Havniæ.* 8vo. vol. 2. 1804, 1805.
—— *Symb.*—Ejusd. Symbolæ Botanicæ. *Ibid.* fol. fasc. 3. 1790, &c.
Vaill. Paris.—Botanicon Parisiense, par feu M. Sebastien Vaillant. *Leide et Amst.* fol. 1727.
Vent. Jard. de Cels.—Déscription des Plantes cultivées dans le Jardin de J. M. Cels, par E. P. Ventenat. *Paris.* fol. 1800.
Villars Dauph.—Histoire des Plantes de Dauphiné, par M. Villars. *Grenoble.* 8vo. vol. 3. 1786.
—— *Delph.*—Idem opus.
Vivian. Fragment.—Dom. Viviani Floræ Italicæ fragmenta. *Genuæ.* 4to. 1808.
—— *Fl. Lib.*—Ejusd. Floræ Libycæ specimen. *Genuæ.* fol. 1824.

Wahlenb. Lapp.—Georgii Wahlenberg, M.D. Flora Lapponica. *Berolini.* 8vo. 1812.
Waldst. et Kitaib. Hungar.—Francisci Comitis Waldstein et Pauli Kitaibel, M.D. Descriptiones et Icones Plantarum Rariorum Hungariæ. *Viennæ.* fol. vol. 3. 1802—1812.
Wallr. Sched. Crit.—Fr. W. Wallroth Schedæ criticæ.
Wheler It—Sir George Wheler, Bart. Journey into Greece. *Lond.* fol. 1682.
Wiggers. Holsat.—Primitiæ Floræ Holsaticæ, auctore Frid. Henric. Wiggers. *Kiliæ.* 8vo. 1780.
Willden. Amaranth.—Caroli Ludovici Willdenow Historia Amaranthorum. *Turici.* fol. 1790.
—— *Sp. Pl.*—Ejusd. Caroli a Linné Species Plantarum. *Berol.* 8vo. 5 vol. 1797, &c.
—— *Enum.*—Ejusd. Enumeratio Plantarum Horti regii Berolinensis. *Berol.* 8vo. 1809.
With.—Arrangement of British Plants, by William Withering, M.D. ed. 3. *Birmingham.* 8vo. vol. 4. 1796.

Woodv. Med. Bot.—Medical Botany, by William Woodville, M.D. *Lond.* 4to. vol. 3, cum Suppl. 1790, &c.

Wulf. Crypt. Aquat.—Xaverii Wulfen Cryptogama Aquatica, apud Römer Archiv für die Botanik. Dritter Band. *Leipzig.* 1805.

—— *in Jacq. Coll.*—opera varia.

Zannoni Istor.—Istoria Botanica di Giacomo Zannoni. *Bologna.* fol. 1675.

APPENDIX SECUNDA;

SEU PLANTARUM OMNIUM QUAS IN GRÆCIA TERRISQUE VICINIS INVENIT SIBTHORPIUS, ENUMERATIO EMENDATA, SECUNDUM CANDOLLII SYSTEMA NATURALE, PAUCIS TANTUM MUTATIS, DIGESTA.

JAM sub FLORÆ GRÆCÆ PRODROMI titulo plantas omnes a Sibthorpio lectas secundum systema sexuale collegit et publici juris fecit beatus Smithius, operis pro ævo suo prædocti et summâ curâ confecti. Tot anni autem ab opere hoc incepto præterlapsi sunt, et tantus fuit Botanicæ systematicæ progressus, ut plantarum genera plurima certiores inter limites circumscribuntur, unde mutationes et emendationes multas effecerunt auctores recentiores. Operis magni Sibthorpiani omninò indignum videtur talia tantique momenti sub silentio præterire, ideòque Floram totam recensere, et secundum systema naturale, hodiè inter Botanicos undique receptum, ordinare, editoris esse muneris visum est. Plantæ igitur omnes quæ in Prodromo occurrunt cum auctorum recentiorum scriptis sedulo sunt comparatæ, emendationes certæ acceptæ, dubiæ prætermissæ, quædam nunc primùm indicatæ, omnes denique secundum Candollii systema, quod inter Botanicos maximè in usu est, omni diligentiâ redactæ. *Obs.* Numeri in Prodromo usurpati undique citantur.

CLASSIS I. EXOGENÆ.

SUB-CLASSIS I. THALAMIFLORÆ.

Ordo I. RANUNCULACEÆ.

ADONIS æstivalis, *L.* 1262.
autumnalis, *L.* 1263.
RANUNCULUS Flammula, *L.* 1264.
Ficaria, *L.* 1265.
Thora, *L.* 1266.
trilobus, *Desf.* 1267.
auricomus, *L.* 1268.
sceleratus, *L.* 1269.
illyricus, *L.* 1270.
asiaticus, *L.* 1271.
montanus, *W.* 1272.
bulbosus, *L.* 1273.
hirsutus, *Sm.* 1274.
repens, *L.* 1275.
lanuginosus, *L.* 1276.
flabellatus, *Desf.* 1277.
millefoliatus, *Vahl.* 1278.
arvensis, *L.* 1279.
muricatus, *L.* 1280.
parviflorus, *L.* 1281.
grandiflorus, *L.* 1282.
falcatus, *L.* 1283.
aquatilis, *L.* 1284.
ISOPYRUM thalictroides, *L.* 1285.
HELLEBORUS niger, *L.* 1286.
officinalis, *Salisb.* 1287.
CALTHA palustris, *L.* 1288.
PÆONIA officinalis, *L.* 1231.
corallina, *Retz.* 1232.
DELPHINIUM Consolida, *L.* 1233.
tenuissimum, 1234.
peregrinum, *L.* 1235.
halteratum, 1236.
Staphisagria, *L.* 1237.
ACONITUM Napellus, *L.* 1238.
AQUILEGIA vulgaris, *L.* 1239.
NIGELLA damascena, *L.* 1240.
aristata, 1241.
sativa, *L.* 1242.
arvensis, *L.* 1243.
ANEMONE Hepatica, *L.* 1244.
Pulsatilla, *L.* 1245.
pratensis, *L.* 1246.
coronaria, *L.* 1247.
hortensis, *L.* 1248.
nemorosa, *L.* 1249.
Apennina, *L.* 1250.
CLEMATIS Viticella, *L.* 1251.
cirrhosa, *L.* 1252.
Vitalba, *L.* 1253.
Flammula, *L.* 1254.
recta, *L.* 1255.
CLEMATIS integrifolia, *L.* 1256.
THALICTRUM minus, *L.* 1257.
majus, *Jacq.* 1258.
angustifolium, *L.* 1259.
flavum, *L.* 1260.
MYOSURUS minimus, *L.* 755.
GARIDELLA nigellastrum, *L.* 1039.
ACTÆA spicata, *L.* 1191.

Ordo II. BERBERACEÆ.

LEONTICE Chrysogonum, *L.* 806.
Leontopetalum, *L.* 807.
BERBERIS vulgaris, *L.* 832.
cretica, *L.* 833.
EPIMEDIUM alpinum, *L.* 364.

Ordo III. NYMPHÆACEÆ.

NYMPHÆA alba, *L.* 1203.
NUPHAR lutea, *Sm.* 1204.

Ordo IV. PAPAVERACEÆ.

PAPAVER hybridum, *L.* 1197.
Argemone, *L.* 1198.
dubium, *L.* 1199.
Rhœas, *L.* 1200.
somniferum, *L.* 1201.
pilosum, 1202.

CHELIDONIUM majus, *L.* 1192.
GLAUCIUM luteum, *Scop.* 1193.
rubrum, 1194.
phœniceum, *Sm.* 1195.
ROMERIA hybrida, *DeCand.* (Glaucium violaceum, 1196.)
HYPECOUM procumbens, *L.* 377.
imberbe, 378.

Ordo V. FUMARIACEÆ.

CORYDALIS bulbosa, *DeCand.* (Fumaria solida, 1633.)
rutifolia, *DeCand.* (Fumaria, 1634.)
claviculata, *DeCand.* (Fumaria, 1638.)
FUMARIA officinalis, *L.* 1635.
capreolata, *L.* 1636.
densiflora, *DeCand.* (parviflora, 1637.)

Ordo VI. CRUCIFERÆ, vel BRASSICACEÆ.

* *Siliculosæ.*

MYAGRUM perfoliatum, *L.* 1473.
NESLIA paniculata, *Desv.* (Rapistrum, 1474.)
BUNIAS Erucago, *L.* 1475.
RAPISTRUM orientale, *DeCand.* (Bunias raphanifolia, 1477.)
perenne, *DeCand.* (Bunias, 1478.)
OCHTHODIUM ægyptiacum, *DeCand.* (Bunias, 1476.)
DIDESMIUS ægyptius, *DeCand.* (Bunias virgata, 1479.)
tenuifolius, *DeCand.* (Bunias, 1480.)
CAKILE maritima, *Scop.* (Bunias Cakile, 1481.)
ISATIS lusitanica, *L.* 1482.
CARRICHTERA Vellæ, *DeCand.* (Vella annua, 1483.)
DRABA aizoides, *L.* 1484.
hirta, *L.* 1486.
muralis, *L.* 1487.
EROPHILA vulgaris, *DeCand.* (Draba verna, 1485.)
HUTCHINSIA petræa, *R. Br.* (Lepidium petræum, 1488.)
LEPIDIUM spinosum, *L.* 1489, (et cornutum, 1491.)
sativum, *L.* 1490.
latifolium, *L.* 1492.
graminifolium, *L.* 1493.
Draba, *L.* (Cochlearia, 1501.)
ruderale, *L.* 1494.
campestre, *R. Br.* (Thlaspi, 1497.)
THLASPI arvense, *L.* 1495.
perfoliatum, *L.* 1498.
ÆTHIONEMA saxatilis, *R. Br.* (Thlaspi, 1496.)
CAPSELLA Bursa Pastoris, *DeCand.* (Thlaspi, 1499.)
CALEPINA Corvini, *Desv.* (Cochlearia lyrata, 1500.)
CORONOPUS Ruellii, *Gærtn.* 1502.
IBERIS sempervirens, *L.* 1503.
EUNOMIA chloræfolia, *DeCand.* (Iberis, 1504.)
TEESDALIA nudicaulis, *R. Br.* (Iberis, 1505.)
GLYCE maritima, *Lindl.* (Alyssum, 1506.)
ALYSSUM saxatile, *L.* 1507. t. 621.
alpestre, *L.* 1510. t. 623.
atlanticum, *Desf.* 1511.
orientale, *Ard.* 1512. t. 624.
ALYSSUM campestre, *L.* 1514. t. 622.
fulvescens, 1515.
montanum, *L.* 1516.
FIBIGIA lunarioides, *Sm.* t. 625. (Alyssum, 1508.)
clypeata, *Med.* (Alyssum, 1517.)
BERTEROA obliqua, *DeCand.* (Alyssum, 1509. t. 626.)
incana, *DeCand.* (Alyssum, 1513.)
VESICARIA utriculata, *Lam.* (Alyssum, 1518.)
CAMELINA sativa, *Crantz.* (Alyssum, 1519.)
AUBRIETIA deltoidea, *DeCand.* (Alyssum, 1520.)
CLYPEOLA Ion Thlaspi, *L.* 1521.
BISCUTELLA Columnæ, *DeCand.* (apula, 1522.)
lævigata, *L.* 1523.
LUNARIA rediviva, *L.* 1524.
RICOTIA tenuifolia, 1525.

** *Siliquosæ.*

DENTARIA bulbifera, *L.* 1526.
CARDAMINE impatiens, *L.* 1527.
hirsuta, *L.* 1529.
amara, *L.* 1530.
PTERONEURON græcum, *DeCand.* (Cardamine, 1528.)
NASTURTIUM officinale, *R. Br.* (Sisymbrium Nasturtium, 1531.)
sylvestre, *R. Br.* (Sisymbrium, 1532.)
terrestre, *R. Br.* (Sisymbrium, 1533.)
DIPLOTAXIS tenuifolia, *DeCand.* (Sisymbrium, 1534.)
Barrelieri, *DeCand.* (Sisymbrium, 1537.)
SISYMBRIUM polyceratium, *L.* 1535.
torulosum, *Desf.* 1536.
Sophia, *L.* 1538.
Irio, *L.* 1539.
Columnæ, *Jacq.* (orientale, 1540.)
strictissimum, *L.* 1542.
officinale, *Scop.* (Erysimum, 1543.)
LEPTOCARPÆA Löselii, *L.* (Sisymbrium, 1541.)
BARBAREA vulgaris, *R. Br.* (Erysimum Barbarea, 1544.)
ALLIARIA officinalis, *DeCand.* (Erysimum Alliaria, 1545.)
ERYSIMUM repandum, *L.* 1546.
hieracifolium, *L.* 1547.
canescens, *Roth.* (diffusum, 1548.)
rupestre, *DeCand.* (Cheiranthus, 1551.)
CHEIRANTHUS Cheiri, *L.* 1549.
var. fruticulosus, *L.* 1550.
MALCOMIA maritima, *R. Br.* (Cheiranthus, 1552.)
flexuosa, *Sm.* (Cheiranthus, 1553.)
lyrata, *DeCand.* (Cheiranthus, 1554.)
MATHIOLA fenestralis, *R. Br.* (Cheiranthus, 1555.)
incana, *R. Br.* (Cheiranthus, 1556.)
tristis, *R. Br.* (Cheiranthus, 1557.)
varia, *DeCand.* (Cheiranthus, 1558.)
coronopifolia, *DeCand.* (Cheiranthus, 1559.)
lunata, *DeCand.*? (Cheiranthus bicornis, 1560.)
Pumilio, *DeCand.* (Cheiranthus, 1561.)
tricuspidata, *R. Br.* (Cheiranthus, 1562.)
sinuata, *R. Br.* (Cheiranthus, 1563.)
FARSETIA ægyptiaca, *Turr.* (Cheiranthus Farsetia, 1564.)
ARABIS verna, *R. Br.* (Hesperis, 1565.)
alpina, *L.* 1566.
thyrsoidea, 1567.
thaliana, *L.* 1568.
purpurea, 1569. (Aubrietia purpurea, *DeCand.*)
laxa, 1570.
TURRITIS glabra, *L.* 1571.
hirsuta, *L.* 1572.
MORICANDIA arvensis, *DeCand.* (Brassica, 1573.)
BRASSICA oleracea, *L.* 1574.
cretica, *Lam.* 1575.
fruticulosa, *Cyr.* (Sinapis radicata, 1581.)
ERUCA sativa, *DeCand.* (Brassica, 1576.)
SINAPIS arvensis, *L.* 1577.
alba, *L.* 1578.
nigra, *L.* 1579.
pubescens, *L.* 1580.
incana, *L.* (Cordylocarpus pubescens, 1584.)
RAPHANUS Raphanistrum, *L.* 1582.
ERUCARIA aleppica, *Gærtn.* (Cordylocarpus lævigatus, 1583.)

Ordo VII. CAPPARIDACEÆ.

CAPPARIS spinosa, *L.* 1189.
rupestris, *L.* 1190.
CLEOME ornithopodioides, *L.* 1585.

Ordo VIII. CISTACEÆ.

CISTUS villosus, *L.* 1206. (and 1209 incanus.)
laurifolius, *L.* 1207.
monspeliensis, *L.* 1208.
albidus, *L.* 1210.
creticus, *L.* 1211.
parviflorus, *Lam.* 1212.
salvifolius, *L.* 1213.
crispus, *L.* 1214.
HELIANTHEMUM lævipes, *W.* (Cistus, 1215.)
Fumana, *Mill.* (Cistus, 1216.)
alpestris, *Dun.* (Cistus, 1217.)
Tuberaria, *Mill.* (Cistus, 1208.)
guttatum, *Mill.* (Cistus, 1219.)
ledifolium, *W.* (Cistus, 1220.)
salicifolium, *L.* (Cistus, 1221.)
glutinosum, *Pers.* (Cistus thymifolius, 1222.)
pilosum, *Pers.* (Cistus, 1223.)
lavandulifolium, *DeCand.* (Cistus, 1224.)
racemosum, *Dun.* (Cistus, 1225.)
vulgare, *Gærtn.* (Cistus Helianthemum, 1226.)
hirtum, *Pers.* (Cistus, 1227.)
apenninum, *DeCand.* (Cistus, 1229.)
var. flavum. (Cistus ellipticus, 1230.)
arabicum, *Pers.* (Cistus, 1231.)

Ordo IX. VIOLACEÆ.

VIOLA hirta, *L.* 507.
odorata, *L.* 508.
canina, *L.* 509.
tricolor, *L.* 510.
calcarata, *L.* 512.
var. gracilis, 511.
cenisia, *L.* 513.

Ordo X. DROSERACEÆ.

PARNASSIA palustris, *L.* 729.

Ordo XI. POLYGALACEÆ.

POLYGALA vulgaris, *L.* 1639.
major, *Jacq.* 1640.
venulosa, 1641.
monspeliaca, *L.* (glumacea, 1642.)

Ordo XII. FRANKENIACEÆ.

FRANKENIA lævis, *L.* 835.
hispida, *DeCand.* (hirsuta, 836.)
pulverulenta, *L.* 837.

Ordo XIII. CARYOPHYLLACEÆ.

SAPONARIA Vaccaria, *L.* (Gypsophila, 940.)
officinalis, *L.* 951.
Smithii, *Ser.* (cæspitosa, 952.)
GYPSOPHILA graminea, 941.
altissima, *L.* 942.
muralis, *L.* 943.
rigida, *L.* 944.
dianthoides, 945.
cretica, 946.
ochroleuca, 947.
ocellata, 949.
thymifolia, 950.
VELEZIA rigida, *L.* 953.
quadridentata, 954.
DIANTHUS carthusianorum, *L.* 955.
pinifolius, 956.
biflorus, 957.
prolifer, *L.* 958.
Armeria, *L.* 959.
corymbosus, 960.
diffusus, 961.
pubescens, 962.
tripunctatus, 963.
Caryophyllus, *L.* 964.
pallens, 965.
cinnamomeus, 966.
crinitus, *Sm.* 967.
serratifolius, 968.
strictus, 969.
gracilis, 970.
leucophæus, 971.
alpinus, *L.* 972.
arboreus, *L.* 973.
fruticosus, *L.* 974.
SILENE lusitanica, *L.* 975.
quinquevulnera, *L.* 976.
nocturna, *L.* 977.
gallica, *L.* 978.
pendula, *L.* 979.
vespertina, *Retz.* 980.
discolor, 981.
thymifolia, 982.
cerastoides, *L.* 983.
dichotoma, *Ehr.* 984.
racemosa, *Otth.* (divaricata, 985.)
inflata, *Sm.* 986.
fabaria, 987.
Behen, *L.* 988.
cæsia, 989.
lævigata, 990.
rupestris, *L.* 991.
longipetala, *Vent.* 992.
inaperta, *L.* 993.

SILENE juncea, 994.
mutabilis, *L.* 995.
cretica, *L.* 996.
conica, *L.* 997.
conoidea, *L.* 998.
noctiflora, *L.* 999.
leucophæa, 1000.
ramosissima, 1001.
rubella, *L.* 1002.
orchidea, *L.* 1003.
Armeria, *L.* 1004.
paradoxa, *L.* 1005.
italica, 1006.
mollissima, 1007.
fruticosa, *L.* 1008.
rigidula, 1009.
spinescens, 1010.
gigantea, *L.* 1011.
congesta, 1012.
nutans, *L.* 1013.
Otites, *Sm.* 1014.
linoides, *Otth.* (linifolia, 1015.)
staticifolia, 1016.
auriculata, 1017.
falcata, 1018.
LYCHNIS Githago, *Lam.* (Agrostemma, 1062.)
coronaria, *Lam.* (Agrostemma, 1063.)
Flos Jovis, *L.* (Agrostemma, 1064.)
Cœli Rosa, *Lam.* (Agrostemma, 1065.)
Flos Cuculi, *L.* 1066.
viscaria, *L.* 1067.
dioica, *L.* 1068.
CERASTIUM vulgatum, *L.* 1069.
viscosum, *L.* 1070.
semidecandrum, *L.* 1071.
pentandrum, *L.* 1072.
illyricum, *Ard.* (pilosum, 1073.)
arvense, *L.* 1074.
repens, *L.* 1075.
aquaticum, *L.* 1076.
grandiflorum, *W. & K.* (tomentosum, 1077.)
SPERGULA arvensis, *L.* 1078.
pentandra, *L.* 1079.
STELLARIA media, *Sm.* 1019.
holostea, *L.* 1020.
cerastoides, *L.* 1021.
ALSINE mucronata, *L.* 726.
segetalis, *L.* 727.
SAGINA procumbens, *L.* 388.
MŒHRINGIA stricta, 899.
DRYPIS spinosa, *L.* 728.
HOLOSTEUM umbellatum, *L.* 267.
ARENARIA trinervis, *L.* 1022.
oxypetala, 1023.
ciliata, *L.* 1024.
umbellata, *Soland.* 1025.
serpyllifolia, *L.* 1026.
rubra, *L.* 1027.
marina, *Sm.* 1028.
picta, 1029.
verna, *L.* 1030.
tenuifolia, *L.* 1031.
thymifolia, 1032.
recurva, *All.* 1033.
lanceolata, *All.* 1034.
striata, *L.* 1035.
fastigiata, *Sm.* 1036.
fasciculata, *L.* 1037.
CHERLERIA sedoides, *L.* 1038.

Ordo XIV. LINACEÆ.

LINUM usitatissimum, *L.* 742.
viscosum, *L.* 743.
hirsutum, *L.* 744.
angustifolium, *Sm.* 745.
alpinum, *L.* 746.
gallicum, *L.* 747.
strictum, *L.* 748.
glandulosum, α *DeCand.* (arboreum, 749.)
cæspitosum, 750.
nodiflorum, *L.* 751.
catharticum, *L.* 752.
RADIOLA millegrana, *Sm.* 389.

Ordo XV. MALVACEÆ.

ALTHÆA officinalis, *L.* 1613.
cannabina, *L.* 1614.
hirsuta, *L.* 1615.
rosea, *Cav.* (Alcea, 1616.)
ficifolia, *Cav.* (Alcea, 1617.)
acaulis, *Cav.* (Alcea, 1618.)
MALVA althæoides, *Cav.* 1619.
parviflora, *L.* 1620.
rotundifolia, *L.* 1621.
Sherardiana, *L.* 1622.
sylvestris, *L.* 1623.
crispa, *L.* 1624.
Tournefortiana, *L.* 1625.
LAVATERA arborea, *L.* 1626.
olbia, *L.* 1627.
thuringiaca, *L.* 1628.
cretica, *L.* 1629.
punctata, *All.* 1630.
MALOPE malacoides, *L.* 1631.
HIBISCUS Trionum, *L.* 1632.

Ordo XVI. TILIACEÆ.

TILIA europæa, *L.* 1205.

Ordo XVII. HYPERICACEÆ.

HYPERICUM calycinum, *L.* 1848.
Androsæmum, *L.* 1849.
olympicum, *L.* 1850.
hircinum, *L.* 1851.
empetrifolium, *W.* 1852.
repens, *L.* 1853.
quadrangulum, *L.* 1854.
perforatum, *L.* 1855.
crispum, *L.* 1856.
perfoliatum, *L.* 1857.
barbatum, *Jacq.* 1858.
montanum, *L.* 1859.
hirsutum, *L.* 1860.
lanuginosum, *Lam.* 1861.
origanifolium, *W.* 1862.
orientale, *L.* 1863.
pulchrum, *L.* 1864.
Coris, *L.* 1865.

Ordo XVIII. ACERACEÆ.

ACER campestre, *L.* 895.
monspessulanum, *L.* 896.
creticum, *L.* 897.
obtusifolium, 898.

Ordo XIX. ÆSCULACEÆ.

ÆSCULUS Hippocastanum, *L.* 863.

Ordo XX. Vitaceæ.

Vitis vinifera, *L.* 561.

Ordo XXI. Geraniaceæ.

Erodium supracanum, *L'Her.* (petræum, 1586.)
chrysanthum, *L'Her.* (absinthoides, 1587.)
crassifolium, β *L'Her.* (alpinum, 1588.)
ciconium, *W.* 1589.
cicutarium, *Sm.* 1590.
romanum, *W.* 1591.
moschatum, *Sm.* 1592.
laciniatum, *Sm.* 1593.
gruinum, *W.* 1594.
chium, *W.* 1595.
malacoides, *W.* 1596.
maritimum, *Sm.* 1597.
Geranium sanguineum, *L.* 1598.
tuberosum, *L.* 1599.
macrorhizum, *L.* 1600.
nodosum, *L.* 1601.
striatum, *L.* 1602.
sylvaticum, *L.* 1603.
pratense, *L.* 1604.
subcaulescens, *L'Her.* (asphodeloides, 1605.)
pyrenaicum, *L.* 1606.
lucidum, *L.* 1607.
molle, *L.* 1608.
rotundifolium, *L.* 1609.
dissectum, *L.* 1610.
columbinum, *L.* 1611.
robertianum, *L.* 1612.

Ordo XXII. Oxalidaceæ.

Oxalis Acetosella, *L.* 1060.
corniculata, *L.* 1061.

Ordo XXIII. Zygophyllaceæ.

Zygophyllum album, *L.* 923.
Tribulus terrestris, *L.* 924.

Ordo XXIV. Rutaceæ.

Dictamnus albus, *L.* 917.
Ruta graveolens, L. 918.
montana, *Ait.* 919.
chalepensis, *L.* 920.
Aplophyllum patavinum, *A. de J.* (Ruta patavina, 921.)
spathulatum, *Lindl.* (Ruta, *Fl. Gr.* t. 370. linifolia, 922.)
Peganum Harmala, *L.* 1082.

Sub-Classis II. CALYCIFLORÆ.

Ordo XXV. Staphyleaceæ.

Staphylea pinnata, *L.* 723.

Ordo XXVI. Celastraceæ.

Euonymus latifolius, *W.* 557.

Ordo XXVII. Aquifoliaceæ.

Ilex Aquifolium, *L.* 379.

Ordo XXVIII. Rhamnaceæ.

Rhamnus catharticus, *L.* 546.
infectorius, *L.* 547.
oleoides, *L.* 548.
prunifolius, 549.
saxatilis, *L.* 550.
alpinus, *L.* 551.
Sibthorpianus, *R. et S.* (pubescens, 552.)
Frangula, *L.* 553.
Alaternus, *L.* 554.
Paliurus aculeatus, *Lam.* (Ziziphus Paliurus, 555.)
Zizyphus vulgaris, *Lam.* 556.

Ordo XXIX. Terebinthaceæ.

Pistacia Terebinthus, *L.* 2307.
Lentiscus, *L.* 2308.
Rhus Coriaria, *L.* 716.
Cotinus, *L.* 717.

Ordo XXX. Leguminosæ seu Fabaceæ.

Spartium junceum, *L.* 1643.
Genista Scorpius, *DeCand.* (Spartium, 1644.)
parviflora, *DeCand.* (Spartium angulatum, 1645.
acanthoclada, *DeCand.* (Spartium horridum, 1647.)
candicans, *L.* 1648.
tinctoria, *L.* 1649.
humifusa, *L.* 1650.
pilosa, *L.* 1651.
Ononis arvensis, *L.* (antiquorum, 1652.)
var. spinosa, *L.* 1653.
Columnæ, *All.* 1654.
mitissima, *L.* 1655.
alopecuroides, *L.* 1656.
Cherleri, *W.* 1657.
Natrix, *L.* 1658.
breviflora, *DeCand.* (viscosa, 1659.)
ornithopodioides, *L.* 1660.
crispa, *L.* 1661.
Anthyllis tetraphylla, *L.* 1662.
vulneraria, *L.* 1663.
montana, *L.* 1664.
Barba Jovis, *L.* 1665.
Hermanniæ, *L.* 1666.
Lupinus hirsutus, *L.* 1667.
pilosus, *L.* 1668.
angustifolius, *L.* 1669.
luteus, *L.* 1670.
Pisum sativum, *L.* 1671.
arvense, *L.* 1672.
fulvum, 1673.
Orobus lathyroides, *L.* 1675.
hirsutus, *L.* 1676.
luteus, *L.* 1677.
vernus, *L.* 1678.
tuberosus, *L.* 1679.
sessilifolius, 1680.
niger, *L.* 1681.
Lathyrus Ochrus, *DeCand.* (Pisum, 1674.)
Aphaca, *L.* 1682.
Nissolia, *L.* 1683.
amphicarpos, *L.* 1684.
Lathyrus Cicera, *L.* 1685.
sativus, *L.* 1686.
setifolius, *L.* 1687.
angulatus, *L.* 1688.
purpureus, *Desf.* (alatus, 1689.)
grandiflorus, 1691.
annuus, *L.* 1692.
hirsutus, *L.* 1693.
Clymenum, *L.* 1694.
pratensis, *L.* 1695.
sylvestris, *L.* 1696.
latifolius, *L.* 1697.
Vicia pisiformis, *L.* 1698.
dumetorum, *L.* 1699.
variegata, *W.* 1700.
tenuifolia, *Roth.* (polyphylla, 1701.)
Cracca, *L.* 1702.
onobrychoides, *L.* 1703.
benghalensis, *L.* 1704.
canescens, *Lab.* 1705.
ciliaris, 1706.
sativa, *L.* 1707.
lathyroides, *L.* 1708.
lutea, *L.* 1709.
hybrida, *L.* 1710.
tricolor, *Sebast.* (melanops, 1711.)
peregrina, *L.* 1712.
sepium, *L.* 1713.
bithynica, *L.* 1714.
narbonensis, *L.* 1715.
Ervum monanthos, *L.* (Lathyrus, 1690.)
tetraspermum, *L.* 1716.
vicioides, *Desf.* 1717.
hirsutum, *L.* 1718.
Ervilia, *L.* 1719.
Lens, *L.* (Cicer, 1721.)
Cicer arietinum, *L.* 1720.
Adenocarpus intermedius, *DeCand.* (Cytisus divaricatus, 1722.)
Cytisus lanigerus, *DeCand.* (Spartium villosum, 1646.)
ponticus, *W.* 1723.
sessilifolius, *L.* 1724.
hirsutus, *Sm.* nec *L.* 1725.
triflorus, *L'Her.* 1726.
Colutea arborescens, *L.* 1727.
Glycyrrhiza echinata, *L.* 1728.
glabra, *L.* 1729.
Coronilla Emerus, *L.* 1730.
glauca, *L.* 1731.
minima, *L.* 1732.
varia, *L.* 1734.
cretica, *L.* 1735. (et parviflora, 1736.)
Securigera Coronilla, *DeCand.* (Coronilla securidaca, 1733.)
Ornithopus compressus, *L.* 1737.
Astrolobium scorpioides, *DeCand.* (Ornithopus, 1738.)
Hippocrepis unisiliquosa, *L.* 1739.
multisiliquosa, *L.* 1740.
comosa, *L.* 1741.
Scorpiurus vermiculata, *L.* 1742.
lævigata, 1743.
acutifolia, *Viv.* (sulcata, 1744.)
Alhagi maurorum, *Tourn.* (Hedysarum Alhagi, 1745.)
Hedysarum spinosissimum, *L.* 1746.
flexuosum, *L.* 1747.
Onobrychis venosa, *DeCand.* (Hedysarum, 1748.)
saxatilis, *All.* (Hedysarum, 1749.)

ONOBRYCHIS Caput Galli, *DeCand.* (Hedysarum, 1750.)
Crista Galli, *DeCand.* (Hedysarum, 1751.)
æquidentata, *DeCand.* (Hedysarum, 1752.)
GALEGA officinalis, *L.* 1753.
PHACA bœtica, *L.* 1754.
ASTRAGALUS Christianus, *L.* 1755.
tenuifolius, *L.* 1757.
Cicer, *L.* 1758.
glycyphyllos, *L.* 1759.
hamosus, *L.* 1760.
contortuplicatus, *L.* 1761.
bœticus, *L.* 1762.
Stella, *L.* 1763.
sesameus, *L.* 1764.
epiglottis, *L.* 1765.
Glaux, *L.* 1766.
barbatus, *Lam.* 1767.
monspessulanus, *L.* 1769.
incanus, *L.* 1770.
depressus, *L.* 1771.
caprinus, *L.* 1772.
lanigerus, *Desf.* 1773.
massiliensis, *Lam.* (angustifolius, 1774.)
aristatus, *W.* 1775.
creticus, *Lam.* 1776.
OXYTROPIS pilosa, *DeCand.* (Astragalus, 1756.)
montana, *DeCand.* (Astragalus, 1768.)
BISERRULA Pelecinus, *L.* 1777.
PSORALEA bituminosa, *L.* 1778.
EBENUS cretica, *L.* 1779.
Sibthorpii, *DeCand.* (pinnata, 1780.)
MELILOTUS messanensis, *Desf.* (Trifolium, 1781.)
sulcata, *Desf.* (Trifolium mauritanicum, 1782.)
spicata, *Lindl.* (Trifolium, 1783.)
officinalis, *W.* (Trifolium, 1784.)
italica, *Lam.* (Trifolium, 1785.)
cretica, *Lindl.* (Trifolium, 1786.)
TRIFOLIUM Lupinaster, *L.* 1787.
hybridum, *L.* 1788.
Vaillantii, *Lam.* 1789.
repens, *L.* 1790.
subterraneum, *L.* 1791.
globosum, *L.* 1792.
Cherleri, *L.* 1793.
lappaceum, *L.* 1794.
rotundifolium, 1795.
rubens, *L.* 1796.
pratense, *L.* 1797.
alpestre, *L.* 1798.
pannonicum, *L.* 1799.
ochroleucum, *L.* 1800.
incarnatum, *L.* 1801.
angustifolium, *L.* 1802.
arvense, *L.* 1803.
stellatum, *L.* 1804.
clypeatum, *L.* 1805.
scabrum, *L.* 1806.
uniflorum, *L.* 1807.
spumosum, *L.* 1808.
resupinatum, *L.* 1809.
tomentosum, *L.* 1810.
fragiferum, *L.* 1811.
montanum, *L.* 1812.
speciosum, *W.* 1813.
TRIFOLIUM agrarium, *L.* 1814.
procumbens, *L.* 1815.
TETRAGONOLOBUS purpureus, *DeCand.* (Lotus tetragonolobus, 1816.)
LOTUS edulis, *L.* 1817.
angustissimus, *L.* 1818.
ornithopodioides, *L.* 1821. (et 1819, diffusus.)
arabicus, *L.* 1820.
creticus, *L.* 1822.
corniculatus, *L.* 1825.
major, *Scop.* 1826.
DORYCNIUM hirsutum, *DeCand.* (Lotus, 1823.)
rectum, *DeCand.* (Lotus 1824.)
suffruticosum, *Vill.* (Lotus Dorycnium, 1827.)
latifolium, *W.* (Lotus 1828.)
TRIGONELLA corniculata, *L.* 1829.
elatior, 1830.
spicata, 1831.
hamosa, *L.* 1832.
monspeliaca, *L.* 1833.
Fœnum-Græcum, *L.* 1834.
MEDICAGO arborea, *L.* 1836.
radiata, *L.* 1836.
circinata, *L.* 1837.
sativa, *L.* 1838.
falcata, *L.* 1839.
lupulina, *L.* 1840.
orbicularis, *W.* 1841.
scutellata, *W.* 1842.
maculata, *W.* 1843.
coronata, *W.* 1844.
muricata, *W.* 1845.
marina, *L.* 1846.
minima, *W.* 1847.
CERATONIA Siliqua, *L.* 562.
SOPHORA alopecuroides, *L.* 914.
ANAGYRIS fœtida, *L.* 915.
CERCIS Siliquastrum, *L.* 916.

Ordo XXXI. ROSACEÆ.

PRUNUS Laurocerasus, *L.* 1138.
Mahaleb, *L.* 1139.
Cerasus, *L.* 1140.
domestica, *L.* 1141.
insititia, *L.* 1142.
spinosa, *L.* 1143.
prostrata, *Lab.* 1144.
AMYGDALUS communis, *L.* 1135.
græca, *Lindl.* (incana 1136, nec Pallasii. Hujus diagnosis erit *A. græca* ramis spinosis tomentosis, foliis obovatis retusis serratis subtùs et margine tomentoso-niveis, calycibus tubulosis.)
nana, *L.* 1137.
RUBUS idæus, *L.* 1170.
tomentosus, *W.* 1171.
cæsius, *L.* 1172.
fruticosus, *L.* 1173.
FRAGARIA vesca, *L.* 1174.
sterilis, *L.* 1175.
POTENTILLA supina, *L.* 1176.
recta, *L.* 1177.
argentea, *L.* 1178.
hirta, *L.* 1179.
astracanica, *W.* 1180.
aurea, *L.* 1181.
opaca, *L.* 1182.
POTENTILLA Tormentilla, *Nestl.* 1185.
reptans, *L.* 1183.
speciosa, *W.* 1184.
GEUM urbanum, *L.* 1186.
rivale, *L.* 1187.
coccineum, 1188.
AGRIMONIA Eupatoria, *L.* 1088.
Agrimonoides, *L.* 1089.
ALCHEMILLA vulgaris, *L.* 374.
alpina, *L.* 375.
arvensis, *L.* 376.
SANGUISORBA officinalis, *L.* 363.
POTERIUM Sanguisorba, *L.* 2256.
villosum, 2257.
spinosum, *L.* 2258.
ROSA spinosissima, *L.* 1164.
villosa, *L.* 1165.
pulverulenta, *M.B.* (glutinosa, 1166.)
rubiginosa, *L.* 1167.
sempervirens, *L.* 1168.
canina, *L.* 1169.
MESPILUS germanica, *L.* 1145.
CRATÆGUS Pyracantha, *Pers.* (Mespilus, 1146.)
torminalis, *L.* (Pyrus, 1155.)
Oxyacantha, *L.* (Mespilus, 1147.)
var. monogyna, *Jacq.* (Mespilus, 1148.)
Azarolus, *L.* (Mespilus, 1149.)
tanacetifolia, *Pers.* (Mespilus, 1150.)
orientalis, *Bosc.* (Mespilus tanacetifolia β. 1150.)
PYRUS communis, *L.* 1151.
Malus, *L.* 1152.
salicifolia, *L.* 1154.
Chamæmespilus, *L.* 1158.
Aria, *Sm.* 1159.
aucuparia, *Gærtn.*, 1160.
domestica, *Sm.* 1161.
CYDONIA vulgaris, *Pers.* (Pyrus Cydonia, 1153.)
AMELANCHIER vulgaris, *Mœnch.* (Pyrus Amelanchier, 1156.)
cretica, *DeCand.* (Pyrus, 1157.)

Ordo XXXII. ONAGRACEÆ.

EPILOBIUM angustifolium, *L.* 864.
angustissimum, *W.* 865.
hirsutum, *L.* 866.
parviflorum, *Sm.* 867.
montanum, *L.* 868.
tetragonum, *L.* 869.
palustre, *L.* 870.
alpinum, *L.* 871.
CIRCÆA lutetiana, *L.* 13.
ISNARDIA palustris, *L.* 367.
TRAPA natans, *L.* 368.

Ordo XXXIII. HALORAGEÆ.

MYRIOPHYLLUM spicatum, *L.* 2254.

Ordo XXXIV. CALLITRICHACEÆ.

CALLITRICHE aquatica, *Sm.* 6.

Ordo XXXV. LYTHRACEÆ.

LYTHRUM Salicaria, *L.* 1084.
virgatum, *L.* 1085.
hyssopifolium, *L.* 1086.

LYTHRUM thymifolium, *L.* 1087.
PEPLIS Portula, *L.* 838.

Ordo XXXVI. TAMARICACEÆ.

TAMARIX gallica, *L.* 724.

Ordo XXXVII. MYRTACEÆ.

MYRTUS communis, *L.* 1133.
PUNICA Granatum, *L.* 1134.

Ordo XXXVIII. CUCURBITACEÆ.

MOMORDICA Elaterium, *L.* 2251.
BRYONIA dioica, *L.* 2252.
cretica, *L.* 2253.

Ordo XXXIX. PORTULACACEÆ.

PORTULACA oleracea, *L.* 1083.
MONTIA fontana, *L.* 266.

Ordo XL. ILLECEBRACEÆ.

HERNIARIA glabra, *L.* 577.
hirsuta, *L.* 578.
macrocarpa, 579.
CORRIGIOLA littoralis, *L.* 725.
PARONYCHIA Smithii, *DeCand.* (Illecebrum cymosum, 565.; I. echinatum, t. 245.)
argentea, *Lam.* (Illecebrum, 566.)
capitata, *Lam.* (Illecebrum, 567.)
POLYCARPON tetraphyllum, *L.* 268.
SCLERANTHUS annuus, *L.* 938.
polycarpus, *L.* 939.

Ordo XLI. CRASSULACEÆ.

UMBILICUS serratus, *DeCand.* (Cotyledon, 1040.)
pendulinus, *DeCand.* (Cotyledon Umbilicus, 1041.)
erectus, *DeCand.* (Cotyledon lutea, 1042.)
parviflorus, *DeCand.* (Cotyledon, 1043.)
SEDUM Telephium, *L.* 1044.
Aizoon, *L.* 1045.
stellatum, *L.* 1046.
amplexicaule, *DeCand.* (Sempervivum tenuifolium, 1132.)
Cepæa, *L.* 1047.
var. tetraphylla, 1048.
eriocarpum, 1049.
dasyphyllum, *L.* 1050.
acre, *L.* 1051.
sexangulare, *L.* 1052.
atratum, *L.* 1053.
saxatile, *Wiggers.* 1054.
hispanicum, *L.* 1055.
album, *L.* 1056.
reflexum, *L.* 1057.
ochroleucum, 1058.
rupestre, *L.* 1059.
SEDUM rubens, *DeCand.* (Crassula, 753.)
CRASSULA ? microcarpa, 754.
SEMPERVIVUM arboreum, *L.* 1127.
tectorum, *L.* 1128.
globiferum, *L.* 1129.
hirtum, *L.* 1130.
montanum, *L.* 1131.

Ordo XLII. MESEMBRYACEÆ.

MESEMBRYANTHEMUM nodiflorum, *L.* 1162.
crystallinum, *L.* 1163.
GLINUS lotoides, *L.* 1126.

Ordo XLIII. GROSSULACEÆ.

RIBES Grossularia, *L.* 538.
var. *Uva crispa*, *L.* 559.

Ordo XLIV. SAXIFRAGACEÆ.

SAXIFRAGA media, *Gouan.* 929.
androsacea, *L.* 930.
Geum, *L.* 931.
rotundifolia, *L.* 932.
granulata, *L.* 933.
tridactylites, *L.* 934.
cæspitosa, *L.* 935.
cymbalaria, *L.* 936.
hederacea, *L.* 937.

Ordo XLV. APIACEÆ *s.* UMBELLIFERÆ.

LAGOECIA cuminoides, *L.* 563.
ERYNGIUM maritimum, *L.* 607.
tricuspidatum, *L.* 608.
campestre, *L.* 609.
creticum, *Lam.* (cyaneum, 610.)
multifidum, 611.
glomeratum, *Lam.* (parviflorum, 612.)
HYDROCOTYLE vulgaris, *L.* 613.
SANICULA europæa, *L.* 614.
BUPLEURUM rotundifolium, *L.* 615.
Odontites, *L.* 616.
nodiflorum, 617.
glumaceum, 618.
semicompositum, *L.* 619.
ranunculoides, *L.* 620.
tenuissimum, *L.* 621.
junceum, *L.* (Gerardi, 622.)
fruticosum, *L.* 624.
Sibthorpianum, 625.
ECHINOPHORA spinosa, *L.* 626.
tenuifolia, *L.* 627.
HASSELQUISTIA ægyptiaca, *L.* 628.
TORDYLIUM syriacum, *L.* 629.
officinale, *L.* 630.
apulum, *L.* 631.
maximum, *L.* 632.
KRUBERA leptophylla, *Hoffm.* (Tordylium peregrinum, 633.)
CAUCALIS daucoides, *L.* 635.
leptophylla, *L.* 638.
ORLAYA grandiflora, *Hoffm.* (Caucalis, 634.)
platycarpa, *Koch.* (Caucalis latifolia, 636.)
maritima, *Koch.* (Caucalis pumila, *W.* 657.)
TORILIS Anthriscus, *Gmel.* (Caucalis, 639.)
nodosa, *Gærtn.* (Caucalis, 640.)
ARTEDIA squamata, *L.* 641.
DAUCUS Carota, *L.* 642.
guttatus, 643.
bicolor, 644.
involucratus, 645.
muricatus, *β. DeCand.* (littoralis, 646.)
aureus, *Desf.*, 647.
AMMI majus, *L.* 648.
glaucifolium, *L.* 649.
Visnaga, *L.* 650.

BUNIUM ferulaceum, 651.
pumilum, 652.
CONIUM maculatum, *L.* 653.
LIBANOTIS vulgaris, *e. DeCand.* (Athamanta verticillata, 654.)
LIGUSTICUM cyprium, *Spr.* (Athamanta multiflora, 655.)
ATHAMANTA annua, *L.* 656.
PEUCEDANUM officinale, *L.* 657.
alsaticum, *L.* 658.
CRITHMUM maritimum, *L.* 660.
CACHRYS cristata, *DeCand.* (sicula, 661.)
FERULA communis, *L.* 662.
var. nodiflora, *L.* 663.
thyrsiflora, 664.
Ferulago, *L.* 665.
LASERPITIUM aquilegifolium, *W.* 666.
Siler, *L.* 667.
ZOSIMIA absinthifolia, *DeCand.* (Heracleum tomentosum, 669.)
HERACLEUM sphondylium, *L.* 668.
aureum, 670.
humile, 671.
PHYSOSPERMUM cornubiense, *DeCand.* (Ligusticum, 672.)
ANGELICA sylvestris, *L.* 673.
SIUM angustifolium, *L.* 674.
HELOSCIADIUM nodiflorum, *Koch.* (Sium, 675.)
FALCARIA Rivini, *Host.* (Sium Falcaria, 676.)
SISON Amomum, *L.* 677.
ŒNANTHE fistulosa, *L.* 678.
prolifera, *L.* 679.
pimpinelloides, *L.* 680.
peucedanifolia, *Poll.* 681.
CORIANDRUM sativum, *L.* 682.
BIFORA testiculata, *Spr.* (Coriandrum, 653.)
MYRRHIS odorata, *Scop.* (Scandix, 684.)
LECOKIA cretica, *DeCand.* (Scandix latifolia, 685.)
SCANDIX Pecten Veneris, *L.* 686.
australis, *L.* 687.
ANTHRISCUS vulgaris, *Pers.* (Scandix Anthriscus, 688, nec non Chærophyllum sylvestre, 689.)
CHÆROPHYLLUM hirsutum, *L.* 690.
aromaticum, *L.* 691.
IMPERATORIA Ostruthium, *L.* 692.
CARUM rigidulum, *Koch.* (Seseli pimpinelloides, 693.)
SESELI montanum, *β. DeCand.* (glaucum, 694.)
coloratum, *Ehr.* (annuum, 695.)
tortuosum, *L.* 697.
junceum, 698.
cæspitosum, 699.
PTYCHOTIS verticillata, *DeCand.* (Seseli ammoides, 696.)
THAPSIA villosa, *L.* 700.
fœtida, *L.* 701.
Asclepium, *L.* 702.
Garganica, *L.* 703.
PASTINACA sativa, *L.* 704.
obtusifolia, *DeCand.* (Peucedanum, 659.)
OPOPANAX chironium, *Koch.* (Pastinaca Opopanax, 705.)
SMYRNIUM perfoliatum, *L.* 706.
Olusatrum, *L.* 707.
ANETHUM graveolens, *L.* 708.
segetum, *L.* 709.

FŒNICULUM vulgare, *Gærtn.* (Anethum Fœniculum, 710.)
PIMPINELLA Anisum, *L.* 711.
TRINIA vulgaris, *DeCand.* (Pimpinella dioica, 712.
APIUM graveolens, *L.* 714.
PETROSELINUM sativum, *Hoffm.* (Apium Petroselinum, 713.)
ÆGOPODIUM Podagraria, *L.* 715.

Ordo XLVI. ARALIACEÆ.

HEDERA Helix, *L.* 560.

Ordo XLVII. CORNACEÆ.

CORNUS mascula, *L.* 365.
sanguinea, *L.* 366.

Ordo XLVIII. LORANTHACEÆ.

LORANTHUS europæus, *L.* 834.
VISCUM album, *L.* 2306.

Ordo XLIX. CAPRIFOLIACEÆ.

CAPRIFOLIUM perfoliatum. (Lonicera Caprifolium, 515.)
Periclymenum, *R. et S.* (Lonicera, 516.)
LONICERA nigra, *L.* 517.
Xylosteum, *L.* 518.
alpigena, *L.* 519.
VIBURNUM Lantana, *L.* 718.
Opulus, *L.* 719.
SAMBUCUS Ebulus, *L.* 720.
nigra, *L.* 721.
racemosa, *L.* 722.

Ordo L. GALIACEÆ.

SHERARDIA arvensis, *L.* 299.
ASPERULA odorata, *L.* 302.
Aparine, *M. B.* (rivalis, 303.)
galioides, *M. B.* (longifolia, 304, nec non Galium glaucum, 326.)
arvensis, *L.* 305.
incana, 306.
tinctoria, *L.* 307.
lutea, 308.
cynanchica, *L.* 309.
rigida, 310.
littoralis, 311.
suberosa, 312.
nitida, 313.
GALIUM murale, *DeCand.* (Sherardia, 300.)
verticillatum, *Danth.* (Sherardia erecta, 301.)
cruciatum, *Sm.* 314.
coronatum, 315.
apricum, 316.
junceum, 317; G. boreali affine.
palustre, *L.* 318.
suberosum, 319.
apiculatum, 320.
incanum, 321.
pumilum, *Lam.* (pyrenaicum, 322.)
verum, *α. DeCand.* (incurvum, 323.)
Mollugo, *L.* 325.
purpureum, *L.* 327.
tricorne, *Sm.* 328.
saccharatum, *All.* (verrucosum, 329.)
GALIUM Aparine, *L.* 330.
setaceum, *Lam.* (floribundum, 331.)
Sibthorpii, *R. et S.* (capillare, 332.)
brevifolium, 333.
græcum, *L.* 334.
VALANTIA muralis, *L.* 335.
hispida, *L.* 336.
CRUCIANELLA angustifolia, *L.* 337.
latifolia, *L.* 338.
monspeliaca, *L.* 339. (a Cr. latifolia floribus pentameris nec tetrameris planè diversa.)
RUBIA tinctorum, *L.* 340.
peregrina, *L.* 341.
lucida, *L.* 342.
PUTORIA calabrica, *Pers.* (Ernodea montana, 343.)

Ordo LI. VALERIANACEÆ.

VALERIANELLA echinata, *DeCand.* (Valeriana, 76.)
olitoria, *Mönch.* (Valeriana Locusta, *L.* 77.)
vesicaria, *Mönch.* (Valeriana, 78.)
coronata, *DeCand.* (Valeriana, 79.)
discoidea, *Dufr.* (Valeriana, 80.)
CENTRANTHUS ruber, *DeCand.* (Valeriana, 69.)
angustifolius, *DeCand.* (Valeriana, 70.)
Calcitrapa, *Dufr.* (Valeriana, 71.)
orbiculatus, *Dufr.* (Valeriana, 72; rotundifolia, t. 31.)
FEDIA Cornucopiæ, *DeCand.* (Valeriana, 73.)
VALERIANA Dioscoridis, 74.
tuberosa, *L.* 75.

Ordo LII. DIPSACEÆ.

DIPSACUS sylvestris, *L.* 271.
laciniatus, *L.* 271.
CEPHALARIA alpina, *Schrad.* (Scabiosa, 272.)
græca, *R. et S.* (Scabiosa decurrens, 274; flava, v. 2, 356.)
transylvanica, *Schrad.* (Scabiosa, 275.)
ambrosioides, *R. et S.* (Scabiosa, 276. A *C. transylvanica* cui cel. Candollio adjungitur certè diversa.)
syriaca, *Schrad.* (Scabiosa, 278.)
leucantha, *Schrad.* (Scabiosa, 279.)
KNAUTIA bidens, *Lindl.* (Scabiosa, 277. A *K. hybridâ* foliorum lobis ovatis acutis dentatis nec obovatis rotundatis diversa.)
arvensis, *Coult.* (Scabiosa, 282.)
var. integrifolia. (Scabiosa, 280.)
amplexicaulis, *Lindl.* (Scabiosa, 281.)
orientalis, *L.* 298.
SCABIOSA columbaria, *L.* 283.
ucranica, *L.* (sicula, 284, et argentea, 288.)
var. eburnea, 286.
maritima, *L.* 285.
prolifera, *L.* 287.
africana, *L.* 289.
ochroleuca, *L.* 290.
crenata, *Cyr.* (coronopifolia, 297.)
PTEROCEPHALUS palæstinus, *Coult.* (Scabiosa brachiata, 291.)
var. Sibthorpianus. (Scabiosa, 292.)
plumosus, *Coult.* (Scabiosa, 293.)
papposus, *Coult.* (Scabiosa, 294.)
PTEROCEPHALUS perennis, *Vaill.* (Scabiosa pterocephala, 295.)
tomentosus, *Coult.* (Scabiosa, 296.)
MORINA persica, *L.* 67.

Ordo LIII. COMPOSITÆ s. ASTERACEÆ.

* *Eupatoriaceæ.*

EUPATORIUM cannabinum, *L.* 2021.
syriacum, *Jacq.* 2022.
PETASITES vulgaris, *Desf.* (Tussilago Petasites, 2058.)
TUSSILAGO Farfara, *L.* 2027.

** *Asteroideæ.*

BELLIDIASTRUM Michelii, *Cass.* (Doronicum Bellidiastrum, 2085.)
ASTER Amellus, *L.* 2068.
TRIPOLIUM vulgare, *Nees.* (Aster Tripolium, 2067.)
ERIGERON canadense, *L.* 2054.
acre, *L.* 2055.
alpinum, *DeCand.* (uniflorum, 2056.)
ALUNIA graveolens, *Lindl.* (Erigeron, 2053.)
BELLIS perennis, *L.* 2086.
dentata, *DeCand.* (annua, 2087.)
BELLIUM bellidioides, *L.* 2088.
SOLIDAGO virgaurea, *L.* 2069.
LINOSYRIS vulgaris, *Cass.* (Chrysocoma Linosyris, 2023.)
PHAGNALON rupestre, *DeCand.* (Conyza saxatilis, 2048.)
var. pumilum. (Conyza, 2049.)
EVAX pygmæa, *DeCand.* (Filago, 2169.)
exigua, *DeCand.* (Filago, 2170.)
MICROPUS erectus, *L.* 2171.
INULA Conyza, *DeCand.* (Conyza squarrosa, 2047.)
candida, *DeCand.* (Conyza, 2050.)
limoniifolia, *Lindl.* (Conyza, 2057.)
viscosa, *Ait.* (Erigeron, 2052.)
Helenium, *L.* 2072.
Oculus Christi, *L.* 2074.
Britannica, *L.* 2075.
dentata, 2078.
hirta, *L.* 2079.
germanica, *L.* 2080.
spiræifolia, *L.* (squarrosa, 2081.)
crithmoides, *L.* 2082.
PULICARIA odora, *Rchb.* (Inula, 2073.)
dysenterica, *Gærtn.* (Inula, 2076.)
vulgaris, *Gærtn.* (Inula pulicaria, 2077.)
PALLENIS spinosa, *Cass.* (Buphthalmum, 2129.)
ASTERISCUS aquaticus, *Mönch.* (Buphthalmum, 2131.)
maritimus, *Mönch.* (Buphthalmum, 2131.)
XANTHIUM strumarium, *L.* 2246.

*** *Senecionideæ.*

BIDENS tripartita, *L.* 2018.
var. minima, *L.* 2019.
ANTHEMIS Cota, *L.* 2100.
austriaca, *Jacq.* 2108. (et altissima, 2101.)
anglica, *Spr.* (maritima, 2102.)
tomentosa, *L.* 2103.
peregrina, *L.* 2104.
Chia, *L.* 2105.

Anthemis arvensis, *L.* 2106.
montana, *L.* 2109.
pontica, *W.* 2110.
secundiramea, *Bivon.* (australis, 2111.)
rosea, 2112.
ageratifolia, 2113.
tinctoria, *L.* 2116. (nec non coarctata, 2114.)
var. discoidea, 2115.
Lyonnetia pusilla, *Cass.* (Anacyclus creticus, 2099.)
alpina, *Lindl.* (Santolina, 2025.)
montana, *Lindl.* (Santolina, 2026.)
rigida, *DeCand.* (Santolina, 2027.)
abrotanifolia, *Less.* (Santolina anthemoides, 2028.)
Ptarmica oxyloba, *DeCand.* (Anthemis alpina, 2107.)
umbellata, *DeCand.* (Achillea, 2117.)
atrata, *DeCand.* (Achillea, 2119.)
moschata, *DeCand.* (Achillea, 2120.)
Achillea cretica, *DeCand.* (Santolina, 2118.
Tournefortii, *DeCand.* (ægyptiaca, 2121.)
clypeolata, 2122.
holosericea, 2123. (flabelliformis, t. 894.)
pubescens, *L.* 2124.
sylvatica, *Ten.*? (magna, 2125.)
tomentosa, *L.* 2126.
ligustica, *All.* 2127.
odorata, *L.* 2128.
Diotis candidissima, *Desf.* (Santolina maritima, 2024.)
Matricaria Chamomilla, *L.* 2096.
Pyrethrum Parthenium, *L.* 2094.
fuscatum, *W.* 2095.
Leucanthemum vulgare, *Lam.* (Chrysanthemum Leucanthemum, 2089.)
var. montanum. (Chrysanth. 2090.)
pectinatum, *DeCand.* (Chrysanth. 2093.)
Chrysanthemum segetum, *L.* 2091.
coronarium, *L.* 2092.
Artemisia arborescens, *L.* 2030.
spicata, *W.* 2031.
campestris, *L.* 2032.
maritima, *L.* 2033.
vulgaris, *L.* 2034.
Plagius uliginosus, *Lindl.* (Tanacetum, 2029.)
aureus, *Lindl.* (Cotula, 2097.)
var. complanatus. (Cotula, 2098.)
Senecio verbascifolius, *Lindl.* (Cacalia, 2020.)
vulgaris, *L.* 2059.
crassifolius, *W.* 2060.
lividus, *L.* 2061.
vernalis, *W. et K.* (trilobus, 2062.)
viscosus, *L.* 2063.
Jacobæa, *L.* 2064.
aquaticus, *Sm.* 2065.
fruticulosus, 2066.
Cineraria, *DeCand.* (Cineraria maritima, 2070.)
Othonnæ, *M. B.* (Cineraria anomala, 2071.)
Aronicum scorpioides, *DeCand.* (Arnica, 2083.)
Doronicum Pardalianches, *L.* 2084.
Trichogyne cauliflora, *DeCand.* (Gnaphalium supracanum, 2041.)
Filago gallica, *L.* (Gnaphalium, 2043.)
germanica, *L.* (Gnaphalium, 2044.)
Gnaphalium luteo-album, *L.* 2038.
sylvaticum, *L.* (rectum, 2040.)
uliginosum, *L.* 2042.
Helichrysum angustifolium, *DeCand.* (Gnaphalium Stœchas, 2035.)
orientale, *DeCand.* (Gnaphalium, 2036.)
arenarium, *DeCand.* (Gnaphalium, 2037.)
virgineum, *DeCand.* (Gnaphalium, 2039.)

**** *Cynareæ.*

Calendula arvensis, *L.* 2168.
Echinops viscosus, *DeCand.* (sphærocephalus, 2172.)
Ritro, *DeCand.* (spinosus, 2173.)
microcephalus, 2174. (lanuginosus, t. 925.)
græcus, *DeCand.* (lanuginosus, 2175.)
Cardopatum corymbosum, *Pers.* (Carthamus, 2013.)
Xeranthemum annuum, *L.* 2045.
cylindricum, *L.* 2046.
Arctium Lappa, *L.* 1968.
Stæhelina arborescens, *L.* 2014.
fruticosa, *L.* 2015.
uniflosculosa, 2016.
Carlina lanata, *L.* 2004.
corymbosa, *L.* 2005.
vulgaris, *L.* 2006.
gummifera, *Less.* (Acarna, 2007.)
Atractylis cancellata, *L.* 2008.
Onopordon Acanthium, *L.* 1993.
elongatum, *Lam.* (macracanthum, 1994, necnon illyricum, 1995.)
græcum, *Gouan.* 1996.
arabicum, *L.* 1997.
virens, *DeCand.* (elatum, 1998.)
acaulon, *L.* 1999.
Carduus nutans, *L.* 1972.
acanthoides, *L.* 1973.
crispus, *L.* 1974.
tenuiflorus, *W.* 1975.
argentatus, *L.* 1976.
Cynara Scolymus, *L.* 2000.
spinosissima, *Presl.* (horrida, 2001.)
cornigera, *Lindl.* (humilis, 2002.)
Chamæpeuce montana, *DeCand.* (Serratula Chamæpeuce, 2017.)
afra, *DeCand.* (Carduus, 1990.)
stellata, *DeCand.* (Carduus, 1991.)
Cirsium palustre, *Scop.* (Cnicus, 1980.)
lanceolatum, *Scop.* (Cnicus, 1982.)
ferox, *DeCand.* (Cnicus, 1983.)
var. cynaroides, 1985.
eriophorum, *Scop.* (Cnicus, 1984.)
heterophyllum, *DeCand.* (Cnicus, 1986.)
serratuloides, *DeCand.* (Cnicus, 1987.)
tricephalodes, *DeCand.* (Cnicus rivularis, 1988.)
arvense, *Scop.* (Cnicus, 1989.)
Picnomon Acarna, *Cass.* (Cnicus, 1981.)
Notobasis syriaca, *Cass.* (Cnicus, 1992.)
Rhaponticum acaule, *DeCand.* (Cynara acaulis, 2003.)
Serratula tinctoria, *L.* 1969.
centauroides, *L.* 1970.
Jurinea mollis, *DeCand.* (Carduus, 1978.)
Jurinea glycacantha, *DeCand.* (Carduus, 1979.)
Centaurea cerinthifolia, 2133.
uniflora, *L.* 2134.
montana, *L.* 2135.
cana, 2136.
Cyanus, *L.* 2137.
cuneifolia, 2138.
paniculata, *L.* 2139.
spinosa, *L.* 2140.
ragusina, *L.* 2141.
Behen, *L.* 2142.
Jacea, *L.* 2143.
alba, *L.* 2144.
sonchifolia, *L.* 2145.
sphærocephala, *L.* 2146.
napifolia, *L.* 2147.
ægyptiaca, *L.* 2149.
Calcitrapa, *L.* 2150.
solstitialis, *L.* 2151.
melitensis, *L.* 2152.
sicula, *L.* 2153.
drabifolia, 2154.
acicularis, 2155.
squarrosa, *W.* 2156.
diffusa, *Lam.* (parviflora, 2157.)
eryngioides, *W.* 2158.
centaurioides, *L.* 2159.
collina, *L.* 2160.
rupestris, *L.* 2161.
coronopifolia, *W.* 2162.
rutifolia, 2163.
raphanina, 2164.
armoracifolia, 2165.
pumila, *L.* 2166.
Cnicus benedictus, *DeCand.* (Centaurea, 2148.)
Galactites tomentosa, *Mönch.* (Centaurea Galactites, 2167.)
Crupina vulgaris, *DeCand.* (Centaurea crupina, 2132.)
Kentrophyllum dentatum, *DeCand.* (Carthamus, 2009.)
lanatum, *DeCand.* (Carthamus, 2010.)
leucocaulon, *DeCand.* (Carthamus, 2011.)
Carduncellus cœruleus, *DeCand.* (Carthamus, 2012.)
Silybum marianum, *Gærtn.* (Carduus, 1977.)
Tyrimnus leucographus, *Cass.* (Carduus, 1971.)

***** *Cichoraceæ.*

Scolymus maculatus, *L.* 1966.
hispanicus, *L.* 1967.
Hypochæris arachnoides, *Bivon.* (minima, 1954.)
radicata, *L.* 1955.
Seriola lævigata, *L.* 1951.
ætnensis, *L.* 1952.
urens, *L.* 1953.
Lapsana communis, *L.* 1956.
Rhagadiolus stellatus, *W.* (Lapsana, 1957.)
var. edulis, *W.* (Lapsana, 1958.)
Kölpinia linearis, *Pall.* (Lapsana, 1959.)
Catananche lutea, *L.* 1961.
Tolpis barbata, *W.* 1942.
quadriaristata, *Bivon.* 1943.
Hyoseris radiata, *L.* 1946.
scabra, *L.* 1947.

HEDYPNOIS polymorpha, *DeCand.* (monspeliensis, 1948.)
var. rhagadioloides, *W.* 1949.
cretica, *W.* 1950.
CICHORIUM Intybus, *L.* 1962.
pumilum, *W.* 1963.
Endivia, *L.* 1964.
spinosum, *L.* 1965.
HYMENONEMA græcum, *DeCand.* (Scorzonera elongata, 1886.)
SCORZONERA tomentosa, *L.* 1876.
humilis, *L.* (austriaca, 1877.)
pygmæa, 1878.
glastifolia, *W.* (graminifolia, 1879.)
araneosa, 1880.
crocifolia, 1881.
purpurea, *L.* 1882.
cretica, *W.* 1883.
TRAGOPOGON pratensis, *L.* 1868.
hirsutus, *Gouan.* (Geropogon, 1867.)
undulatus, *Jacq.* 1869.
major, *Jacq.* 1870.
parvifolius, *L.* 1871.
crocifolius, *L.* 1872.
HELMINTHIA echioides, *Gærtn.* (Picris, 1910.)
asplenioides, *DeCand.* (Picris, 1911.)
LEONTODON hispidum, *L.* (Apargia, 1908.)
THRINCIA tuberosa, *DeCand.* (Apargia, 1906.)
hirta, *DeCand.* (Apargia, 1909.)
PICRIS hieracioides, *L.* 1911.
pauciflora, *W.* 1912.
OPORINIA autumnalis, *Don.* (Apargia, 1907.)
PODOSPERMUM calcitrapifolium, *DeCand.* (Scorzonera, 1884.)
laciniatum, *DeCand.* (Scorzonera, 1885.)
UROSPERMUM Dalechampii, *Desf.* (Arnopogon, 1873.)
picroides, *Desf.* (Arnopogon, 1874.)
asperum, *DeCand.* (Arnopogon, 1875.)
GEROPOGON glaber, *L.* 1866.
LACTUCA Scariola, *L.* 1895.
virosa, *L.* 1896.
saligna, *L.* 1897.
leucophæa, 1898.
muralis, *DeCand.* (Prenanthes, 1902.)
CHONDRILLA juncea, *L.* 1899.
ramosissima, 1900.
PHÆNOPUS vimineus, *DeCand.* (Prenanthes, 1901.)
TARAXACUM Dens Leonis, *Desf.* (Leontodon Taraxacum, 1903.)
serotinum, *Sadl.* (Leontodon, 1904.)
lævigatum, *DeCand.* (Leontodon, 1905.)
radicatum, *Lindl.* (Crepis, 1927.)
CREPIS alpestris, *Taeusch.* (Hieracium, 1914.)
fœtens, *Fröl.* (Hieracium, 1919.)
incana, 1930.
neglecta, *L.* 1934.
muricata, 1936.
fuliginosa, 1937.
pulchra, *L.* 1938.
biennis, *L.* 1940.
hyoseroides, 1941.
ÆTHEORHIZA bulbosa, *Cass.* (Hieracium, 1916.)
BARKHAUSIA bursifolia, *Spr.* (Crepis, 1926.)
vesicaria, *Spr.* (Crepis, 1928.)
rubra, *Mönch.* (Crepis, 1929.)
fœtida, *DeCand.* (Crepis, 1931.)
interrupta, *Lindl.* (Crepis, 1932.)
ENDOPTERA aspera, *Lindl.* (Crepis, 1933.)
multiflora, *Lindl.* (Crepis, 1935.)
Dioscoridis, *DeCand.* (Crepis, 1939.)
PICRIDIUM vulgare, *Desf.* (Sonchus, 1894; necnon Sonchus chondrilloides, 1892.)
tingitanum, *Desf.* (Sonchus, 1893.)
SONCHUS palustris, *L.* 1887.
arvensis, *L.* 1888.
maritimus, *L.* 1889.
oleraceus, *L.* 1890.
tenerrimus, *L.* 1891.
ZACINTHA verrucosa, *Gærtn.* 1960.
HIERACIUM alpinum, *L.* 1915.
Pilosella, *L.* 1917.
Auricula, *L.* 1918.
parvifolium, *L.* 1920.
murorum, *L.* 1921.
crinitum, 1922.
villosum, *L.* 1923.
bracteolatum, 1924.
sabaudum, *L.* 1925.
tomentosum, *All.* (Andryala lanata, 1945.)
ANDRYALA dentata, 1944.

Ordo LIV. CAMPANULACEÆ.

CAMPANULA rotundifolia, *L.* 475.
spathulata, 476.
patula, *L.* 477.
ramosissima, 478.
persicifolia, *L.* 479.
versicolor, *Andr.* 481.
heterophylla, *L.* 483.
saxatilis, *L.* 484.
Cymbalaria, 485.
Trachelium, *L.* 486.
glomerata, *L.* 487.
stricta, *L.* 488.
cichoracea, 489.
Medium, *L.* 490.
betonicifolia, 491.
dichotoma, *L.* 492.
Andrewsii, *A. DeCand.* (laciniata, 493.)
anchusiflora, 494.
rupestris, 495.
Erinus, *L.* 496.
drabifolia, 497.
WAHLENBERGIA graminifolia, *A. DeCand.* (Campanula, 480.)
ADENOPHORA lilifolia, *Led.* (Campanula, 482.)
SPECULARIA Speculum, *A. DeCand.* (Campanula, 498.)
hybrida, *A. DeCand.* (Campanula, 499.)
PHYTEUMA repandum, 500.
campanuloides, *M. B.* (ellipticum, 501.)
limonifolium, 502.
amplexicaule, 503.
PETROMARULA pinnata, *A. DeCand.* (Phyteuma, 504.)
JASIONE montana, *L.* 505.

Ordo LV. LOBELIACEÆ.

LAURENTIA tenella, *A. DeCand.* (Lobelia setacea, 506.)

Ordo LVI. VACCINACEÆ.

VACCINIUM Myrtillus, *L.* 873.

Ordo LVII. ERICACEÆ.

CALLUNA vulgaris, *Salisb.* 874.
BRUCKENTHALIA spiculiflora, *Reichb.* (Erica, 879.)
ERICA arborea, *L.* 875.
multiflora, *L.* 876.
vagans, *L.* (manipuliflora, 877.)
herbacea, *L.* 878.
ARBUTUS Unedo, *L.* 925.
Andrachne, *L.* 926.

Ordo LVIII. PYROLACEÆ.

PYROLA secunda, *L.* 927.

SUB-CLASSIS III. COROLLIFLORÆ.

Ordo LIX. EBENACEÆ.

DIOSPYROS Lotus, *L.* 894.

Ordo LX. STYRACEÆ.

STYRAX officinale, *L.* 928.

Ordo LXI. OLEACEÆ.

LIGUSTRUM vulgare, *L.* 8.
PHILLYREA media, *L.* 9.
latifolia, *L.* 10.
OLEA europæa, *L.* 11.
ORNUS europæa, *Pers.* (Fraxinus Ornus, *L.* 12.)

Ordo LXII. JASMINACEÆ.

JASMINUM fruticans, *L.* 7.

Ordo LXIII. ASCLEPIADACEÆ.

PERIPLOCA græca, *L.* 571.
CYNANCHUM acutum, *L.* 572.
monspeliacum, *L.* 573.
erectum, *L.* 574.
vincetoxicum. (Asclepias, 576.)

Ordo LXIV. APOCYNACEÆ.

VINCA minor, *L.* 569.
APOCYNUM venetum, *L.* 575.
NERIUM Oleander, *L.* 570.

Ordo LXV. GENTIANACEÆ.

GENTIANA asclepiadea, *L.* 604.
verna, *L.* 605.
Amarella, *L.* 606.

ERYTHRÆA Centaurium, *Pers.* (Chironia, 543.)
maritima, *Pers.* 544.
spicata, *Pers.* 545.
CHLORA perfoliata, *L.* 872.
CICENDIA filiformis, *Rchb.* (Exacum, 344.)

Ordo LXVI. CONVOLVULACEÆ.

CALYSTEGIA sepium, *R. Br.* (Convolvulus, 458.)
Soldanella, *R. Br.* (Convolvulus, 474.)
CONVOLVULUS arvensis, *L.* 457.
Scammonia, *L.* 459.
farinosus, *L.* 460.
sagittifolius, 461.
althæoides, *L.* 462.
tenuissimus, 463.
siculus, *L.* 464.
pentapetaloides, *L.* 465.
evolvuloides, *Desf.* 466.
lineatus, *L.* 467.
Cneorum, *L.* 468.
cantabrica, *L.* 469.
suffruticosus, *Desf.* 470.
Dorycnium, *L.* 471.
lanatus, *Vahl.* 472.
persicus, *L.* 473.
CRESSA cretica, *L.* 598.
CUSCUTA epithymum, *L.* 602.
monogyna, *W.* 603.

Ordo LXVII. BORAGINACEÆ.

HELIOTROPIUM europæum, *L.* 390.
supinum, *L.* 391.
MYOSOTIS scorpioides, *L.* 392.
nana, *W.* 393.
ECHINOSPERMUM Lappula, *Lehm.* (Myosotis, 394.)
LITHOSPERMUM apulum, *W.* 395.
tenuiflorum, *L.* 396.
officinale, *L.* 397.
arvense, *L.* 398.
orientale, *W.* 399.
purpuro-cœruleum, *L.* 400.
fruticosum, *L.* 401.
hispidulum, 402.
dispermum, *L.* 403.
ANCHUSA paniculata, *Ait.* 404.
angustifolia, *L.* 405.
undulata, *L.* 406.
amplexicaulis, 407.
tinctoria, 408.
aggregata, *Lehm.* (parviflora, 409.)
cæspitosa, *W.* 411.
variegata, *Lehm.* (Lycopsis, 430.)
ovata, *Lehm.* (Lycopsis orientalis, *L.* 431.)
CYNOGLOSSUM officinale, *L.* 412.
apenninum, *L.* 413.
OMPHALODES lithospermifolia, *Lehm.* 414.
PULMONARIA officinalis, *L.* 415.
SYMPHYTUM officinale, *L.* 416.
tuberosum, *L.* 417.
CERINTHE aspera, *W.* 418.
retorta, 419.
minor, *L.* 420.
ONOSMA orientale, *L.* 421.
stellulatum, *M. B.* (montanum, 422.)
echioides, *L.* 423.
erectum, 424.
ONOSMA fruticosum, 425.
BORAGO officinalis, *L.* 426.
orientalis, *L.* 427.
cretica, *W.* 428.
ASPERUGO procumbens, *L.* 429.
LYCOPSIS Sibthorpiana, *Lehm.* (Anchusa ventricosa, 410.)
ECHIUM plantagineum, *L.* 432.
italicum, *L.* 433.
vulgare, *L.* 434.
pustulatum, 435.
elegans, *Lehm.* (hispidum, 436.)
diffusum, 437.
creticum, 438.

Ordo LXVIII. SOLANACEÆ.

DATURA Stramonium, *L.* 530.
HYOSCYAMUS niger, *L.* 531.
albus, *L.* 532.
aureus, *L.* 533.
MANDRAGORA officinalis, *Mill.* (Atropa Mandragora, 534.)
ATROPA Belladonna, *L.* 535.
PHYSALIS somnifera, *L.* 536.
Alkekengi, *L.* 537.
SOLANUM Dulcamara, *L.* 538.
nigrum, *L.* 539.
sodomeum, *L.* 540.
LYCIUM barbarum, *L.* 541.
europæum, *L.* 542.

Ordo LXIX. SCROPHULARIACEÆ.

VERBASCUM Thapsus, *L.* 521.
phlomoides, *L.* 522.
auriculatum, 523.
plicatum, 524.
sinuatum, *L.* 525.
pinnatifidum, *Vahl.* 526.
spinosum, *L.* 527.
Blattaria, *L.* 528.
triste, 529.
VERONICA spuria, *L.* 14.
spicata, *L.* 15.
pinnata, *L.* 16.
officinalis, *L.* 17.
gentianoides, *Sm.* 18.
thymifolia, 19.
serpyllifolia, *L.* 20.
Beccabunga, *L.* 21.
Anagallis, *L.* 22.
Teucrium, *L.* 23.
prostrata, *L.* 24.
pectinata, *L.* 25.
Chamædrys, *L.* 26.
latifolia, *L.* 27.
austriaca, *L.* 28.
var. multifida, *L.* 29.
glauca, 30.
agrestis, *L.* 31.
Buxbaumii, *Ten.* (V. agrestis Byzantiaca, 31 β.)
arvensis, *L.* 32.
hederifolia, *L.* 33.
Cymbalaria, *Vahl.* 34.
triphyllos, *L.* 35.
acinifolia, *L.* 36.
BARTSIA Trixago, *L.* 1423.
viscosa, *L.* 1424.
latifolia, 1425.
ODONTITES verna, *Reichb.* (Bartsia odontites, 1426.)
EUPHRASIA officinalis, *L.* 1427.
MELAMPYRUM cristatum, *L.* 1428.
arvense, *L.* 1429.
PEDICULARIS flava, *Pall.* 1430.
LINARIA Cymbalaria, *Mill.* (Antirrhinum, 1431.)
spuria, *Mill.* (Antirrhinum 1432.)
Elatine, *Mill.* (Antirrhinum, 1433.)
cirrhosa, *W.* (Antirrhinum, 1434.)
ægyptiaca, *Dum. Cours.* (Antirrhinum, 1435.)
minor, *Desf.* (Antirrhinum, 1436.)
micrantha, *Spr.* (Antirrhinum, 1437.)
albifrons, *Spr.* (Antirrhinum, 1438.)
purpurea, *Mill.* (Antirrhinum, 1439.)
arvensis, *Desf.* (Antirrhinum, 1440.)
pelisseriana, *DeCand.* (Antirrhinum, 1441.)
chalepensis, *Mill.* (Antirrhinum, 1442.)
reflexa, *Desf.* (Antirrhinum, 1443.)
aparinoides, *Chav.* (Antirrhinum strictum, 1444.)
supina, *Desf.* (Antirrhinum, 1445.)
genistifolia, *Mill.* (Antirrhinum, 1446.)
vulgaris, *Mill.* (Antirrhinum Linaria, 1447.)
ANTIRRHINUM majus, *L.* 1448.
Orontium, *L.* 1449.
SCROPHULARIA nodosa, *L.* 1450.
aquatica, *L.* 1451.
peregrina, *L.* 1452.
Scorodonia, *L.* 1453.
canina, *L.* 1454.
lucida, *L.* 1455.
filicifolia, *Mill.* 1456.
livida, 1457.
bicolor, 1458.
frutescens, *L.* 1459.
heterophylla, *W.* 1459 β.
cæsia, 1460.
CELSIA orientalis, *L.* 1461.
Arcturus, *L.* 1462.
DIGITALIS lutea, *L.* 1463.
ferruginea, *L.* 1464.
leucophæa, 1465.
SIBTHORPIA europæa, *L.* 1466.
GRATIOLA officinalis, *L.* 37.

Ordo LXX. OROBANCHACEÆ.

OROBANCHE caryophyllacea, *Sm.* 1467.
cœrulea, *Sm.* 1468.
ramosa, *L.* 1469.

Ordo LXXI. ACANTHACEÆ.

ACANTHUS mollis, *L.* 1471.
spinosus, *L.* 1472.

Ordo LXXII. LENTIBULACEÆ.

PINGUICULA crystallina, 38.
UTRICULARIA vulgaris, *L.* 39.

Ordo LXXIII. LABIATÆ; *s.* LAMIACEÆ.

AJUGA orientalis, *L.* 1289.
pyramidalis, *L.* 1290.
reptans, *L.* 1291.
chamæpitys, *Schreb.* 1292.
chia, *Schreb.* 1293.

Ordo LXXIV. VERBENACEÆ.

Ordo LXXV. PRIMULACEÆ.

Ordo LXXVI. GLOBULARIACEÆ.

Ordo LXXVII. PLANTAGINACEÆ.

PLANTAGO Serraria, *L.* 356.
Coronopus, *L.* 357.
Psyllium, *L.* 358.
afra, *L.* 359.
squarrosa, *W.* 360.
pumila, *L.* 361.
Cynops, *L.* 362.

Ordo LXXVIII. PLUMBAGINACEÆ.

ARMERIA maritima, *W.* (Statice Armeria, 730.)
alliacea, *W.* (Statice, 731.)
STATICE Limonium, *L.* 732.
bellidifolia, 733.
globularifolia, 734.
oleifolia, *W.* 735.
dichotoma, *Cav.* 736.
palmaris, 737.
rorida, *Fl. Græca.* (echioides, 738; et verosimilitèr S. furfuracea *Lag.*)
echioides, *L.* (aristata, 739.)
Echinus, *L.* 740.
sinuata, *L.* 741.
PLUMBAGO europæa, *L.* 456.

SUB-CLASSIS IV. MONOCHLAMYDEÆ.

Ordo LXXIX. AMARANTHACEÆ.

AMARANTHUS oleraceus, *L.* 2247.
Blitum, *L.* 2248.
hybridus, *L.* 2249.
hypochondriacus, *L.* 2250.
ACHYRANTHES argentea, *W.* 564.

Ordo LXXX. PHYTOLACCACEÆ.

PHYTOLACCA decandra, *L.* 1080.

Ordo LXXXI. CHENOPODIACEÆ.

CHENOPODIUM Bonus Henricus, *L.* 580.
urbicum, *L.* 581.
rubrum, *L.* 582.
murale, *L.* 583.
album, *L.* 584.
ficifolium, *Sm.* 585.
Botrys, *L.* 586.
olidum, *L.* 587.
polyspermum, *L.* 588.
KOCHIA scoparia, *Schrad.* (Chenopodium, 589.)
hirsuta, *Nolte.* (Salsola, 594.)
BETA maritima, *L.* 590.
SALSOLA Kali, *L.* 591.
Tragus, *L.* 592.
rosacea, *L.* 593.
SCHOBERIA salsa, *C. A. Meyer.* (Salsola, 595.)
SUÆDA fruticosa, *Forsk.* (Salsola, 596.)
ANABASIS aphylla, *L.* 597.
POLYCNEMUM arvense, *L.* 81.
SALICORNIA herbacea, *L.* 1.
fruticosa, *L.* 2.
CAMPHOROSMA Pteranthus, *L.* 370.
CORISPERMUM hyssopifolium, *L.* 5.
THELYGONUM Cynocrambe, *L.* 2255.
ATRIPLEX Halimus, *L.* 2329.
portulacoides, *L.* 2330.
glauca, *L.* 2331.
græca, *W.* 2332.
hortensis, *L.* 2333.
laciniata, *L.* 2334.

Ordo LXXXII. POLYGONACEÆ.

RUMEX Patientia, *L.* 839.
sanguineus, *L.* 840.
crispus, *L.* 841.
pulcher, *L.* 842.
divaricatus, *L.* 843.
obtusifolius, *L.* 844.
bucephalophorus, *L.* 845.
Hydrolapathum, *Spr.* (aquaticus, 846.)
tingitanus, *L.* 847.
roseus, *L.* 848.
alpinus, *L.* 850.
spinosus, *L.* 851.
tuberosus, *L.* 852.
Acetosa, *L.* 853.
Acetosella, *L.* 854.
multifidus, *L.* 855.
aculeatus, *L.* 856.
OXYRIA reniformis, *Hooker.* (Rumex digynus, 849.)
POLYGONUM amphibium, *L.* 900.
Persicaria, *L.* 901.
lapathifolium, *L.* 902.
Hydropiper, *L.* 903.
Bistorta, *L.* 904.
viviparum, *L.* 905.
maritimum, *L.* 906.
equisetiforme, 907.
aviculare, *L.* 908.
Fagopyrum, *L.* 909.
Convolvulus, *L.* 910.
dumetorum, *L.* 911.

Ordo LXXXIII. THYMELACEÆ.

DAPHNE Mezereum, *L.* 880.
dioica *Gouan,* 881.
Tartonraira, *L.* 882.
argentea, 883.
Laureola, *L.* 884.
pontica, *L.* 885.
Gnidium, *L.* 886.
buxifolia, 887.
oleoides, *L.* 888.
jasminea, 889.
sericea, *Vahl.* 890.
alpina, *L.* 891.
collina, *Sm.* 892.
PASSERINA hirsuta, *L.* 893.

Ordo LXXXIV. LAURACEÆ.

LAURUS nobilis, *L.* 912.

Ordo LXXXV. SANTALACEÆ.

THESIUM linophyllum, *L.* 568.

Ordo LXXXVI. OSYRIDACEÆ.

OSYRIS alba, *L.* 2302.

Ordo LXXXVII. ELÆAGNACEÆ.

ELÆAGNUS angustifolia, *L.* 369.

Ordo LXXXVIII. CYTINACEÆ.

CYTINUS Hypocistis, *L.* 2213.

Ordo LXXXIX. ARISTOLOCHIACEÆ.

ARISTOLOCHIA bætica, *L.* 2205.
sempervirens, *L.* 2206.
parvifolia, 2207.
rotunda, *L.* 2208.
pallida, *W.* 2209.
longa, *L.* 2210.
Clematitis, *L.* 2211.
hirta, *L.* 2212.
ASARUM europæum, *L.* 1081.

Ordo XC. EUPHORBIACEÆ.

CROZOPHORA tinctoria, *A. deJ.* (Croton, 2287.)
villosa, *Lindl.* (Croton, 2288.)
RICINUS communis, *L.* 2289.
ANDRACHNE Telephioides, *L.* 2290.
BUXUS sempervirens, *L.* 2242.
MERCURIALIS perennis, *L.* 2318.
annua, *L.* 2319.
EUPHORBIA pumila, 1097.
Chamæsyce, *L.* 1098.
Peplis, *L.* 1099.
Peplus, *L.* 1100.
falcata, *L.* 1101.
exigua, *L.* 1102.
Lathyris, *L.* 1103.
Apios, *L.* 1104.
aleppica, *L.* 1105.
spinosa, *L.* 1106.
dulcis, *L.* 1107.
portlandica, *L.* 1108.
deflexa, 1109.
paralias, *L.* 1110.
segetalis, *L.* 1111.
helioscopia, *L.* 1112.
arguta, *Soland.* 1113.
verrucosa, *L.* 1114.
pilosa, *L.* 1115.
orientalis, *L.* 1116.
platyphylla, *L.* (stricta, 1117.)
dendroides, *L.* 1118.
Gerardiana, *W.* 1119.
Cyparissias, *L.* 1120.
myrsinites, *L.* 1121.
palustris, *L.* 1122.
amygdaloides, *L.* (sylvatica, 1123.)
Characias, *L.* 1124.
nicæensis, *All.* 1125.

Ordo XCI. DATISCACEÆ.

DATISCA cannabina, *L.* 2320.

Ordo XCII. RESEDACEÆ.

RESEDA Luteola, *L.* 1090.
undata, *L.* 1091.
suffruticulosa, *L.* 1092.
alba, *L.* 1093.
lutea, *L.* 1094.

RESEDA Phyteuma, *L.* 1095.
mediterranea, *L.* 1096.

Ordo XCIII. URTICACEÆ.

URTICA pilulifera, *L.* 2243.
urens, *L.* 2244.
dioica, *L.* 2245.
PARIETARIA officinalis, *L.* 371.
judaica, *L.* 372.
cretica, *L.* 373.
HUMULUS Lupulus, *L.* 2309.
FICUS Carica, *L.* 2335.

Ordo XCIV. ULMACEÆ.

ULMUS campestris, *L.* 599.
PLANERA Abelicea, *R. & S.* (Ulmus, 600.)
CELTIS australis, *L.* 601.

Ordo XCV. CORYLACEÆ.

QUERCUS Ballota, *Desf.* 2259.
Ilex, *L.* 2260.
coccifera, *L.* 2261.
rigida, *W.* 2262.
infectoria, *W.* 2263.
Ægilops, *L.* 2264.
Esculus, *L.* 2265.
pedunculata, *Sm.* (Robur, 2266.)
sessiliflora, *Sm.* 2267.
pubescens, *W.* 2268.
crinita, *Oliv.* 2269.
FAGUS sylvatica, *L.* 2270.
CASTANEA vesca, *W.* (Fagus Castanea, 2271.)
CARPINUS Betulus, *L.* 2272.
OSTRYA vulgaris, *W.* (Carpinus Ostrya, 2273.)
CORYLUS Avellana, *L.* 2274.
Colurna, *L.* 2275.

Ordo XCVI. SALICACEÆ.

POPULUS alba, *L.* 2315.
tremula, *L.* 2316.
nigra, *L.* 2317.
SALIX purpurea, *L.* 2291.
Helix, *L.* 2292.
triandra, *L.* 2293.
fragilis, *L.* 2294.
babylonica, *L.* 2295.
ægyptiaca, *L.* 2296.
retusa, *L.* 2297.
caprea, *L.* 2298.
acuminata, *W.* 2299.
viminalis, *L.* 2300.
alba, *L.* 2301.

Ordo XCVII. PLATANACEÆ.

PLATANUS orientalis, *L.* 2276.

Ordo XCVIII. BETULACEÆ.

ALNUS glutinosa, *W.* 2241.

Ordo XCIX. GNETACEÆ.

EPHEDRA fragilis, *Desf.* (distachya, 2328.)

Ordo C. CONIFERÆ, s. PINACEÆ.

PINUS sylvestris, *L.* 2282.
Pinea, *L.* 2283.
? maritima ? 2284.
Picea, *L.* 2285.
CUPRESSUS sempervirens, *L.* 2286.
JUNIPERUS communis, *L.* 2321.
Oxycedrus, *L.* 2322.
macrocarpa, 2323.
lycia, *L.* 2324.
phœnicea, *L.* 2325.
Sabina, *L.* 2326.

Ordo CI. TAXACEÆ.

TAXUS baccata, *L.* 2327.

CLASSIS II. ENDOGENÆ.

Ordo CII. ALISMACEÆ.

ALISMA Plantago, *L.* 862.

Ordo CIII. BUTOMACEÆ.

BUTOMUS umbellatus, *L.* 913.

Ordo CIV. NAIADACEÆ.

POTAMOGETON natans, *L.* 380.
perfoliatum, *L.* 381.
densum, *L.* 382.
lucens, *L.* 383.
crispum, *L.* 384.
pectinatum, *L.* 385.
gramineum, *L.* 386.
RUPPIA maritima, *L.* 387.
ZANNICHELLIA palustris, *L.* 2214.
ZOSTERA marina, *L.* 4.

Ordo CV. LEMNACEÆ.

LEMNA trisulca, *L.* 40.
minor, *L.* 41.

Ordo CVI. TYPHACEÆ.

TYPHA latifolia, *L.* 2215.
angustifolia, *L.* 2216.
SPARGANIUM ramosum, *Sm.* 2217.

Ordo CVII. ARACEÆ.

ARUM Dracunculus, *L.* 2277.
Colocasia, *L.* 2278.
maculatum, *L.* 2279.
Dioscoridis, 2280.
ARISARUM vulgare, *Schott.* (Arum Arisarum, 2281.

Ordo CVIII. ACORACEÆ.

ACORUS Calamus, *L.* 820.

Ordo CIX. ORCHIDACEÆ.

PLATANTHERA bifolia, *Rich.* (Orchis, 2176.)
ANACAMPTIS pyramidalis, *Rich.* (Orchis, 2177.)
ORCHIS coriophora, *L.* 2178.
Morio, *L.* 2179.
mascula, *L.* 2180.
longicornis, *Desf.* 2181.
variegata, *Jacq.* 2182.
militaris, *L.* 2183.
undulatifolia, *Bivon.* 2184.
rubra, *Jacq.* (papilionacea, 2185.)
latifolia, *L.* 2186.
sambucina, *L.* 2187.
maculata, *L.* 2188.
GYMNADENIA conopsea, *R. Br.* (Orchis, 2189.)
NIGRITELLA angustifolia, *Rich.* (Orchis nigra, 2190.)
ACERAS anthropophora, *R. Br.* 2191.
OPHRYS myodes, *Jacq.* (muscifera, 2192.)
apifera, *Huds.* 2193.
fuciflora, *Hall.* (arachnites, 2194.)
tenthredinifera, *W.* 2195.
Tenoreana, *Lindl.* (fusca, 2196.)
SERAPIAS Lingua, *L.* 2197.
cordigera, *L.* 2198.
SPIRANTHES autumnalis, *Rich.* (Neottia spiralis, 2199.)
LISTERA ovata, *R. Br.* 2200.
EPIPACTIS latifolia, *W.* 2201.
CEPHALANTHERA pallens, *Rich.* (Epipactis grandiflora, 2202.)
ensifolia, *Rich.* (Epipactis, 2203.)
rubra, *Rich.* (Epipactis, 2204.)

Ordo CX. IRIDACEÆ.

CROCUS sativus, *L.* 82.
nudiflorus, *Sm.* 83.
biflorus, *Mill.* }
squamatus, *Herbert.* }
venustus, *Herbert.* } (vernus, 84.)
Sibthorpianus, *Herbert.* }
*var.*angustifolius,*Herbert.* }
Obs. Species 5 præcedentes sub C. verni nomine in Floræ Græcæ Prodromo confusæ, a cel. Herbertio in manuscriptis suis nuperrimè distinctæ sunt. Ipse C. vernus in Græciâ quantum scimus nondùm repertus est.
lagenæflorus, *Salisb.* 6. (aureus, 85.)
TRICHONEMA Bulbocodium. (Ixia, 86.)
GLADIOLUS segetum, *Waldst.* (communis, 87.)
IRIS florentina, *L.* 88.
germanica, *L.* 89.
pumila, *L.* 90.
Pseudacorus, *L.* 91.
fœtidissima, *L.* 92.
graminea, *L.* 93.
tuberosa, *L.* 94.
Sisyrinchium, *L.* 95.

Ordo CXI. AMARYLLIDACEÆ.

GALANTHUS nivalis, *L.* 756.
LEUCOIUM æstivum, *L.* 757.
NARCISSUS poeticus, *L.* 758.
Tazzetta, *L.* 759.
PANCRATIUM maritimum, *L.* 760.
OPORANTHUS luteus, *Herb.* (Amaryllis, 761.)
STERNBERGIA citrina, *Herb.* (Amaryllis, 762.)

Ordo CXII. Liliaceæ.

Lilium candidum, *L.* 785.
chalcedonicum, *L.* 786.
Martagon, *L.* 787.
Fritillaria Pyrenaica, *L.* 788.
Tulipa clusiana, *Red.* 789.
Sibthorpiana, 790.
Allium Ampeloprasum, *L.* 763.
Dioscoridis, *With.* 764. (an Nectaroscordi, sp.?)
rotundum, *L.* 765.
Victorialis, *L.* 766.
subhirsutum, *L.* 767.
roseum, *L.* 768.
Scorodoprasum, *L.* 769.
margaritaceum, *L.* 770.
descendens, *L.* 771.
flavum, *L.* 772.
pallens, *L.* 773.
paniculatum, *L.* 774.
pulchellum, *Don.* (montanum, 775.)
staticiforme, 776.
pilosum, 777.
junceum, 778.
nigrum, *L.* 779.
triquetrum, *L.* 780.
neapolitanum, *Cyr.* (lacteum, 781.)
Cepa, *L.* 782.
carneum, *Ten.* (ambiguum, 783.)
chamæmoly, *L.* 784.
Gagea spathacea, *R. & S.* (Ornithogalum, 791.)
arvensis. *R. & S.* (Ornithogalum, 792.)
Ornithogalum nanum, 793.
umbellatum, *L.* 794.
stachyoides, *Ait.* 795.
pyrenaicum, *Sm.* 796.
Squilla maritima, *Steinb.* (Scilla, 797.)
Scilla amœna, *L.* 798.
bifolia, *L.* 799.
autumnalis, *L.* 800.
Asphodelus luteus, *L.* 801.
creticus, *W.* 802.
ramosus, *L.* 803.
fistulosus, *L.* 804.
Lloydia græca, *Lindl.* (Anthericum, 805.)
Asparagus acutifolius, *L.* 808.
aphyllus, *L.* 809.
horridus, *L.* 810.
verticillatus, *L.* 811.
Convallaria majalis, *L.* 812.
Polygonatum, *L.* 813.
multiflora, *L.* 814.
Hyacinthus romanus, *L.* 815.
spicatus, 816.
Muscari comosum, *W.* (Hyacinthus, 817.)
racemosum, *W.* (Hyacinthus, 818.)
Aloe vulgaris, *Bauh.* 819.
Ruscus aculeatus, *L.* 2303.
Hypophyllum, *L.* 2304.
Hypoglossum, *L.* 2305.

Ordo CXIII. Melanthaceæ.

Veratrum album, *L.* 857.
nigrum, *L.* 858.
Colchicum autumnale, *L.* 859.
montanum, *L.* 860.
latifolium, *Fl. Gr.* (variegatum, 861. Bivonæ, *Guss.*)

Ordo CXIV. Juncaceæ.

Juncus acutus, *L.* 821.
maritimus, *Sm.* 822.
glaucus, *Sibth.* 823.
conglomeratus, *L.* 824.
effusus, *L.* 825.
squarrosus, *L.* 826.
articulatus, *L.* 827.
uliginosus, *Sibth.* 828.
bufonius, *L.* 829.
Luzula pilosa, *W.* (Juncus, 830.)
campestris, *Desv.* (Juncus, 831.)

Ordo CXV. Dioscoreaceæ.

Tamus communis, *L.* 2310.
cretica, *L.* 2311.

Ordo CXVI. Smilaceæ.

Smilax aspera, *L.* 2312.
nigra, *W.* 2313.
excelsa, *L.* 2314.

Ordo CXVII. Cyperaceæ.

Carex elongata, *L.* 2218.
ovalis, *W.* 2219.
remota, *L.* 2220.
incurva, *W.* 2221.
intermedia, *W.* 2222.
divulsa, *W.* 2223.
vulpina, *L.* 2224.
digitata, *L.* 2225.
pendula, *W.* 2226.
sylvatica, *Sm.* 2227.
depauperata, *W.* 2228.
pallescens, *L.* 2229.
distans, *L.* 2230.
præcox, *W.* 2231.
pilulifera, *L.* 2232.
rigida, *W.* 2233.
recurva, *W.* 2234.
stricta, *W.* 2235.
acuta, *W.* 2236.
paludosa, *W.* 2237.
riparia, *W.* 2238.
ampullacea, *W.* 2239.
hirta, *L.* 2240.
Isolepis Holoschœnus, *R. & S.* (Scirpus 112.)
var. romana. (Scirpus, 113.)
setacea, *R. Br.* (Scirpus, 114.)
Micheliana, *R. & S.* (Scirpus, 119.)
Fimbristylis dichotoma, *Vahl.* (Scirpus, 116.)
Cladium Mariscus, *R. Br.* (Schœnus, 96.)
Chætospora nigricans, *Kth.* (Schœnus, 98.)
Cyperus ægyptiacus, *Glox.* (Schœnus mucronatus. *L.* 97.)
longus, *L.* 99.
rotundus, *L.* 100.
var. comosus, 101.
var. radicosus, 103.
tenuiflorus, *Rottb.* 102.
difformis, *L.* 104.
flavescens, *L.* 105.
glaber, *L.* 106.
fuscus, *L.* 107.
pannonicus, *L.* 108.
mucronatus, *W.* 109.
Scirpus lacustris, *L.* 111.
mucronatus, *L.* 115.
maritimus, *L.* 117.
sylvaticus, *L.* 118.
Eleocharis palustris, *R. Br.* (Scirpus, 110.)

Ordo CXVIII. Graminaceæ.

Anthoxanthum odoratum, *L.* 68.
Nardus aristata, *L.* 120.
Cornucopiæ cucullata, *L.* 121.
Erianthus Ravennæ, *Beauv.* (Saccharum, 122.)
Imperata arundinacea, *Cyr.* (Saccharum cylindricum, *W.* 124.)
Phalaris canariensis, *L.* 125.
nodosa, *L.* 126.
aquatica, *L.* 127.
paradoxa, *L.* 132.
arundinacea, *L.* (Arundo colorata, 243.)
Phleum arenarium, *L.* (Phalaris, 128.)
Böhmeri, *W.* (Phalaris, 129.)
nodosum, *L.* 142.
alpinum, *L.* 143.
echinatum, *Host.* (felinum, 144.)
Alopecurus pratensis, *L.* 146.
utriculatus, 147.
vaginatus, *Pall.* (angustifolius, 148.)
lanatus, 149.
Crypsis alopecuroides, *Schrad.* (Phalaris geniculata, 130.)
schœnoides, *Lam.* (Phalaris vaginiflora, 131.)
Panicum Teneriffæ, *R. Br.* (Saccharum, 123.)
eruciforme, 137.
sanguinale, *L.* 138.
repens, *L.* 140.
miliaceum, *L.* 141.
Setaria verticillata, *Beauv.* (Panicum, 133.)
glauca, *Beauv.* (Panicum, 134.)
viridis, *Beauv.* (Panicum, 135.)
Echinochloa Crus-galli, *Beauv.* (Panicum, 136.)
Cynodon Dactylon, *Pers.* (Panicum, 139.)
Polypogon monspeliensis, *Desf.* (Phleum crinitum, 145.)
Milium effusum, *L.* 150.
Gastridium australe, *Beauv.* (Milium lendigerum, 151.)
Piptatherum multiflorum, *Beauv.* (Milium arundinaceum, 152.)
cœrulescens, *Beauv.* (Milium, 153.)
Agrostis stolonifera, *L.* 154.
alba, *L.* 155.
Sporobolus pungens, *Kunth.* (Agrostis, 156.)
Andropogon Gryllus, *L.* 157.
halepensis, *L.* 158.
Ischæmum, *L.* (angustifolius, 159.)
distachyos, *L.* 160.
hirtus, *L.* 161.
Holcus lanatus, *L.* 162.
Aira caryophyllea, *L.* 168.
Köleria phleoides, *Pers.* (Cynosurus, 203.)
cristata, *Pers.* (Aira, 163.)
Catabrosa minuta, *Trin.* (Aira, 164.)
aquatica, *Beauv.* (Aira, 165.)
Deschampsia cæspitosa, *Beauv.* (Aira, 166.)
Corynephorus canescens, *Beauv.* (Aira, 167.)

MELICA ciliata, *L.* 169.
minuta, *L.* 170.
saxatilis, 171.
uniflora, *W.* 172.
nutans, *L.* 173.
major, 174.
MOLINIA cœrulea, *Mönch.* (Melica, 175.)
SESLERIA cœrulea, *Scop.* 176.
alba, 177.
POA Eragrostis, *L.* 184.
capillaris, *L.* 185.
palustris, *L.* 186.
trivialis, *L.* 187.
littoralis, *Gouan.* (Festuca, 213.)
pratensis, *L.* 188.
angustifolia, *L.* 189.
compressa, *L.* 190.
alpina, *L.* 191.
annua, *L.* 192.
nemoralis, *L.* 193.
GLYCERIA aquatica, *Sm.* (Poa, 178.)
fluitans, *R. Br.* (Poa, 179.)
SCLEROCHLOA dura, *Beauv.* (Poa, 181.)
DANTHONIA decumbens, *DeCand.* (Poa, 194.)
BRIZA minor, *L.* 195.
media, *L.* 196.
elatior, 197.
maxima, *L.* 198.
spicata, 199.
DACTYLIS glomerata, *L.* 200.
CYNOSURUS cristatus, *L.* 201.
echinatus, *L.* 202.
DACTYLOCTÆNIUM ægyptiacum, *W.* (Cynosurus ægyptius, 204.)
CHRYSURUS aureus, *Beauv.* (Cynosurus, 205.)
FESTUCA thalassica, *Kunth.* (Poa maritima, 180.)
rigida, *Kunth.* (Poa, 182.)
divaricata, *Desf.* (Poa, 183.)
ovina, *L.* 206.
vivipara, *Sm.* 207.
reptatrix, *L.* 208.
duriuscula, *L.* 209.
punctoria, 210.
Myurus, *L.* 211.
uniglumis, *Sm.* 212.
dactyloides, 214.
elatior, *L.* 215.
maritima, *DeCand.* (Triticum, 261.)
unilateralis, *Schr.* (Triticum, 262.)
BROMUS mollis, *L.* 216.
asper, *L.* 217.
sterilis, *L.* 218.
tectorum, *L.* 219.
rubens, *L.* 220.
scoparius, *L.* 221.
**Agropyrum*, Beauv.
cristatus, *L.* 225.
***Brachypodium*, Beauv.
sylvaticus, *Sm.* 222.
pinnatus, *L.* 223.
ramosus, *L.* 224.
distachyos, *L.* 226.
STIPA pennata, *L.* 227.
capillata, *L.* 228.
juncea, *L.* 229.
tortilis, *Desf.* (paleacea, 231.)
aristella, *L.* 232.
MACROCHLOA tenacissima, *Kth.* (Stipa, 230.)
AVENA fatua, *L.* 233.
AVENA sterilis, *L.* 234.
fragilis, *L.* 236.
pratensis, *L.* 237.
var. caryophyllea, 238.
TRISETUM flavescens, *Beauv.* (Avena, 235.)
LAGURUS ovatus, *L.* 239.
ARUNDO Donax, *L.* 240.
PHRAGMITES communis, *Trin.* (Arundo Phragmites, 241.)
CALAMAGROSTIS lanceolata, *Roth.* (Arundo Calamagrostis, 242.)
AMMOPHILA arenaria, *Host.* (Arundo, 244.)
LOLIUM perenne, *L.* 245.
temulentum, *L.* 246.
arvense, *L.* 247.
LEPTURUS incurvatus, *Trin.* (Rotbollia, 248.)
PHOLIURUS græcus, *Trin.* (Rotbollia digitata, 249.)
ÆGILOPS ovata, *L.* 250.
comosa, 251.
caudata, *L.* (cylindrica, 252.)
ELYMUS arenarius, *L.* 253.
crinitus, *Schreb.* 254.
HORDEUM bulbosum, *L.* 256.
murinum, *L.* 257.
maritimum, *Sm.* 258.
TRITICUM junceum, *L.* 259.
repens, *L.* 260.
villosum, *Beauv.* (Secale, 255.)
ECHINARIA capitata, *Desf.* (Cenchrus, 263.)
CENCHRUS frutescens, *L.* 264.
LAPPAGO racemosa, *Schreb.* 265.

CLASSIS III. ACROGENÆ.

Ordo CXIX. EQUISETACEÆ.

EQUISETUM sylvaticum, *L.* 2336.
arvense, *L.* 2337.
palustre, *L.* 2338.
fluviatile, *L.* 2339.
hyemale, *L.* 2340.

Ordo CXX. LYCOPODIACEÆ.

LYCOPODIUM helveticum, *L.* 2342.
denticulatum, *L.* 2343.

Ordo CXXI. FILICES.

OSMUNDA regalis, *L.* 2341.
NOTHOCHLÆNA Marantæ, *R. Br.* (Acrostichum, 2344.)
lanuginosa, *Desv.* (Acrostichum velleum, 2345.)
POLYPODIUM vulgare, *L.* 2346.
Phegopteris, *L.* 2347.
GYMNOGRAMMA leptophyllum. (Polypodium, 2348.)
Ceterach, *Spr.* (Scolopendrium, 2362.)
ASPIDIUM Lonchitis, *W.* 2349.
Oreopteris, *W.* 2350.
Filix mas, *W.* 2351.
aculeatum, *W.* 2352.
cristatum, *W.* 2353.
ATHYRIUM Filix fœmina, *Roth.* (Aspidium, 2354.)
ATHYRIUM fontanum, *Roth.* (Aspidium, 2355.)
ASPLENIUM Trichomanes, *L.* 2356.
septentrionale, *Sm.* 2357.
Ruta muraria, *L.* 2358.
Adiantum nigrum, *L.* 2359.
lanceolatum, *Sm.* 2360.
fragile, *Kaulf.* (Cyathea, 2368.)
SCOLOPENDRIUM vulgare, *Sm.* 2361.
PTERIS vittata, *L.* 2363.
aquilina, *L.* 2364.
ALLOSORUS crispus, *Bernh.* (Pteris, 2365.)
ADIANTUM Capillus Veneris, *L.* 2366.
CHEILANTHES odora, *Swz.* (suaveolens, 2367.)

Ordo CXXII. MUSCI, s. BRYACEÆ.

GRIMMIA pulvinata, *Sm.* 2369.
apocarpa, *Hedw.* 2370.
DICRANUM scoparium, *Hedw.* 2371.
virens, *Swz.* 2372.
taxifolium, *Swz.* 2373.
DIDYMODON capillaceus, *Schr.* (Trichostomum, 2374.)
TRICHOSTOMUM canescens, *Hedw.* 2375.
microcarpus, *Hedw.* 2376.
TORTULA rigida, *Swz.* 2377.
ruralis, *Ehr.* 2378.
subulata, *Hedw.* 2379.
muralis, *Hedw.* 2380.
ORTHOTRICHUM striatum, *Hedw.* 2381.
PTEROGONIUM sciuroides, *Turn.* 2382.
filiforme, *Hedw.* 2383.
NECKERA pumila, *Hedw.* 2384.
crispa, *Hedw.* 2385.
ANOMODON viticulosum, *Hook.* (Neckera, 2386.)
HYPNUM sericeum, *L.* 2387.
myosuroides, *L.* 2388.
denticulatum, *L.* 2389.
riparium, *L.* 2390.
velutinum, *L.* 2391.
serpens, *L.* 2392.
cuspidatum, *L.* 2393.
Rutabulum, *L.* 2394.
triquetrum, *L.* 2395.
cupressiforme, *L.* 2396.
filicinum, *L.* 2397.
molluscum, *Hedw.* 2398.
FONTINALIS antipyretica, *L.* 2399.
FUNARIA hygrometrica, *Sibth.* 2400.
BARTRAMIA pomiformis, *Hedw.* 2401.
fontana, *Sm.* 2402.
ARRHENOPTERUM heterostichum, *Hedw.* (Mnium arrhenopterum, 2403.)
BRYUM cæspititium, *L.* 2404.
ventricosum, *Dicks.* 2405.
punctatum, *Sm.* 2406.
POLYTRICHUM commune, *L.* 2407.

Ordo CXXIII. JUNGERMANNIACEÆ.

JUNGERMANNIA pinguis, *L.* 2408.
complanata, *L.* 2409.
polyantha, *L.* 2410.
dilatata, *L.* 2411.

Ordo CXXIV. MARCHANTIACEÆ.

TARGIONIA hypophylla, *L.* 2412.
MARCHANTIA polymorpha, *L.* 2413.
RICCIA natans, *L.* 2414.

Ordo CXXV. LICHENACEÆ.

LECIDEA atro-alba, *Ach.* 2415.
confluens, *Ach.* 2416.
parasæma, *Ach.* 2417.
atrovirens, *Ach.* 2418.
Œderi, *Ach.* 2419.
alba, *Ach.* 2420.
fuscata, *Ach.* 2421.
incana, *Ach.* 2422.
vernalis, *Ach.* 2423.
sulphurea, *Ach.* 2424.
PSORA decipiens, *Hoffm.* (Lecidea, 2425.)
UMBILICARIA pustulata, *Schrad.* (Gyrophora, 2426.)
GYROPHORA hirsuta, *Ach.* 2427.
OPEGRAPHA macularis, *Ach.* 2428.
scripta, *Ach.* 2429.
ENDOCARPON miniatum, *Ach.* 2430.
PERTUSARIA communis, *DeCand.* (Endocarpon pertusum, 2431.)
VARIOLARIA globulifera, *Turn.* 2432.
faginea, *Ach.* 2433.
URCEOLARIA scruposa, *Ach.* 2434.
LECANORA atra, *Ach.* 2435.
periclea, *Ach.* 2436.
subfusca, *Ach.* 2437.
ventosa, *Ach.* 2438.
Villarsii, *Ach.* 2439.
angulosa, *Ach.* 2440.
parella, *Ach.* 2441.
tartarea, *Ach.* 2442.
vitellina, *Ach.* 2443.
SQUAMARIA murorum, *Borrer.* (Lecanora, 2444.)
circinata, *Borrer.* (Lecanora, 2445.)
muscorum, *Borrer.* (Lecanora, 2446.)
PARMELIA glomulifera, *Ach.* 2447.
caperata, *Ach.* 2448.
perlata, *Ach.* 2449.
olivacea, *Ach.* 2450.
parietina, *Ach.* 2451.
saxatilis, *Ach.* 2452.
aquila, *Ach.* 2453.
encausta, *Ach.* 2454.
conspersa, *Ach.* 2455.
pulverulenta, *Ach.* 2456.
stellaris, *Ach.* 2457.
physodes, *Ach.* 2458.
BORRERA ciliaris, *Ach.* 2459.
tenella, *Ach.* 2460.
leucomela, *Ach.* 2461.
furfuracea, *Ach.* 2462.
chrysophthalma, *Ach.* 2464.
flavicans, *Ach.* 2465.
EVERNIA prunastri, *Ach.* 2463.
CETRARIA glauca, *Ach.* (fallax, 2466.)
STICTA pulmonacea, *Ach.* 2467.
scrobiculata, *Ach.* 2468.
PELTIDEA scutata, *Ach.* 2469.
aphthosa, *Ach.* 2470.
canina, *Ach.* 2471.
resupinata, *Ach.* 2472.
ROCCELLA tinctoria, *Ach.* 2473.
SCYPHOPHORUS alcicornis, *Borrer.* (Cenomyce, 2474.)
endiviæfolius, *Borrer.* (Cenomyce, 2475.)
pyxidatus, *Borrer.* (Cenomyce, 2476.)
cornutus, *Borrer.* (Cenomyce, 2477.)
racemosus, *Borrer.* (Cenomyce, 2478.)
CLADONIA uncialis, *Borrer.* (Cenomyce, 2479.)
CLADONIA rangiferina, *Hoffm.* (Cenomyce, 2480.)
STEREOCAULON paschale, *Ach.* 2481.
USNEA florida, *Ach.* 2482.
plicata, *Ach.* (hirta, 2483.)
barbata, *Ach.* 2484.
ALECTORIA jubata, *Ach.* 2485.
RAMALINA fastigiata, *Ach.* 2486.
farinacea, *Ach.* 2487.
COLLEMA crispum, *Ach.* 2488.
nigrescens, *Ach.* 2489.
lacerum, *Ach.* 2490.
LEPRARIA flava, *Ach.* 2491.
botryoides, *Ach.* 2492.
æruginosa, *Ach.* 2493.

Ordo CXXVI. CHARACEÆ.

CHARA vulgaris, *L.* 3.

Ordo CXXVII. ALGACEÆ.

LAWRENCIA tenuissima, *Grev.* (Fucus, 2494.)
obtusa, *Lamour.* (Fucus, 2495.)
CHONDRIA papillosa, *Ag.* (Fucus thyrsoides, 2496.)
CAULERPA clavifera, *Ag.* (Fucus, 2497.)
SARGASSUM vulgare, *Ag.* (Fucus natans, 2498.)
bacciferum, *Ag.* (Fucus, 2499.)
CYSTOSEIRA fœniculacea, *Ag.* (Fucus discors, 2500.)
barbata, *Ag.* (Fucus, 2501.)
ericoides, *Ag.* (Fucus, 2502.)
fibrosa, *Ag.* (Fucus, 2503.)
FUCUS vesiculosus, *L.* (volubilis, 2504.)
NITOPHYLLUM laceratum, *Grev.* (Fucus, 2505.)
RHODOMENIA reniformis, *Hook.* (Fucus, 2506.)
DELESSERIA sinuosa, *Lamour.* (Fucus rubens, 2507.)
GELIDIUM corneum, *Lamour.* (Fucus, 2508.)
PLOCAMIUM coccineum, *Lyngb.* (Fucus, 2509.)
SPHÆROCOCCUS purpureus, *Ag.* (Fucus, 2510.)
RHODOMELA lycopodioides, *Ag.* (Fucus, 2511.)
var.? Lycopodium. (Fucus, 2512.)
CHYLOCLADIA articulata, *Hooker.* (Fucus, 2513.)
CODIUM Bursa, *Ag.* (Fucus, 2514.)
membranaceum, *Ag.* (Ulva flabelliformis, 2516.)
PADINA pavonia, *Lamour.* (Ulva, 2515.)
ENTEROMORPHA intestinalis, *Lind.* (Ulva, 2517.)
compressa, *Grev.* (Ulva, 2518.)
ASPEROCOCCUS echinatus, *Grev.* (Ulva fistulosa, 2519.)
ULVA Lactuca, *L.* 2520.
Linza, *L.* 2521.
ANADYOMENE stellata, *Ag.* (Ulva, 2522.)
CONFERVA rivularis, *L.* 2523.
velutina, *Sm.* 2524.
bulbosa, *L.* 2525.
rupestris, *L.* 2527.
BATRACHOSPERMUM moniliforme, *Ag.* (Conferva gelatinosa, 2526.)
GRIFFITHSIA corallina, *Ag.* (Conferva, 2528.)
CERAMIUM diaphanum, *Roth.* (Conferva, 2529.)
POLYSIPHONIA fastigiata, *Grev.* (Conferva polymorpha, 2530.)
TREMELLA mesenterica, *Retz.* 2531.
NOSTOC communis, *Vauch.* (Tremella Nostoc, 2532.)
BOTRYDIUM granulatum, *Grev.* (Tremella, 2533.)
BYSSUS antiquitatis, *L.* 2534.

Ordo CXXVIII. FUNGACEÆ.

AGARICUS procerus, *Scop.* 2535.
campestris, *L.* 2536.
aureus, *Sibth.* 2537.
emeticus, *Schæff.* 2538.
personatus, *Fr.* (cyanipes, 2539.)
multiformis, *Schæff.* (terreus, 2540.)
castaneus, *With.* 2541.
titubans, *Bull.* 2542.
semiglobatus, *Batsch.* 2543.
anomalus, *Fr.* (araneosus, 2544.)
candidus, *Huds.* 2545.
clavus, *L.* 2546.
pratensis, *Huds.* 2547.
galericulatus, *Schæff.* (clypeatus, 2548.)
Campanella, *Batsch.* (fragilis, 2549.)
Rotula, *Scop.* 2550.
androsaceus, *Pers.* 2551.
fimbriatus, *Bolt.* 2552.
semiovatus, *With.* 2553.
plicatilis, *Curt.* 2554.
cinereus, *Schæff.* 2555.
comatus, *Müll.* (fimetarius, 2556.)
atramentarius, *Bull.* (ovatus, 2557.)
stypticus, *Bull.* 2558.
BOLETUS bovinus, *L.* 2559.
cinnabarinus, *Jacq.* 2565.
cyanescens, *Bull.* 2560.
luteus, *L.* 2561.
Laricis, *Jacq.* 2566.
POLYPORUS perennis, *Fr.* (Boletus, 2562.)
lucidus, *Fr.* (Boletus, 2563.)
versicolor, *Fr.* (Boletus, 2564.)
igniarius, *Fr.* (Boletus, 2567.)
FISTULINA hepatica, *Sibth.* (Boletus, 2568.)
PHALLUS impudicus, *L.* (fœtidus, 2569.)
PHLEBIA mesenterica, *Fr.* (Auricularia tremelloides, 2570.)
THELEPHORA hirsuta, *W.* (Auricularia reflexa, 2571.)
quercina, *Pers.* (Auricularia corticalis, 2572.)
BULGARIA inquinans, *Fr.* (Peziza, 2573.)
PEZIZA virginea, *Batsch.* (nivea, 2574.)
cochleata, *L.* 2575.
scutellata, *L.* 2576.
granulata, *Bull.* (fulva, 2578.)
lenticularis, *Bull.* (aurea, 2579.)
ASCOBOLUS furfuraceus, *Pers.* (Peziza stercoraria, 2577.)
NIDULARIA campanulata, *With.* 2580.
TUBER cibarium, *Bull.* 2581.
RHIZOPOGON albus, *Bull.* (Tuber, 2582.)
GEASTER limbatus, *Fr.* (coronatus, 2583.)
hygrometricus, *Pers.* 2584.
LYCOPERDON Bovista, *L.* 2585.
LYCOGALA Epidendrum, *Fr.* (Lycoperdon, 2586.)
SPHÆRIA sanguinea, *With.* 2587.
MUCOR Mucedo, *L.* 2588.

APPENDIX TERTIA,

CATALOGUM SISTENS PLANTARUM GRÆCARUM DIOSCORIDI NOTARUM, CUM SYNONYMIS BOTANICIS, AD SCRIPTORUM OPTIMORUM SENTENTIAS ELABORATUM.

DIOSCORIDIS plantæ plurimæ tantis vexantur dubiis, descriptionibusque adeò mancis, imò ut videtur erroneis, sæpiùs nituntur, ut nemo est qui nomina hodierna omnibus ascribere auderet, non obstante commentatorum labore per tot sæcula indefesso. Sibthorpius ipse, cum specierum patriam adierat, et nomina per Græciam hodiè vulgata sedulò collegerat, de rebus tam obscuris suum judicium afferre dubitavit. Quæ cum ita sint, tales tenebras dispergere nulla spes est, satiusque duxi merum nominum Græcorum catalogum, synonymis botanicorum quæ meo judicio magis verisimilia videntur adjectis parare. Sprengelium, in Dioscoridem commentatorem omnium sagacissimum, præcipuè, haud tamen clausis oculis, secutus sum; Sibthorpii testimonio semper magni pretii habito quamvis aliquandò repudiato. Hoc tantum adderem; lectore cavendum esse, ne Smithii errores, in Prodromo hujus operis nimis frequentes, pro Sibthorpii opinionibus intelligentur.

αβροτονον . . .	Santolina squarrosa.
αγαρικον . . .	Boletus Laricis ?
αγηρατον . . .	Achillea Ageratum ?
αγχουσα . . .	Anchusa tinctoria.
αγχουσα ἑτερα . .	Echium creticum, aut E. diffusum.
αγνος	Vitex Agnus castus.
αγριομηλα . . .	Pyrus Malus.
αγριοριγανος . .	Origanum vulgare.
αγρωστις . . .	Cynodon Dactylon.
αδιαντον . . .	Adiantum Capillus Veneris.
αειζωον μεγα . .	Sempervivum arboreum.
αειζωον μικρον . .	Sedi species quædam.
αειζωον ἑτερον . .	Sedum stellatum.
αιγιλωψ . . .	Ægilops ovata.
αιγειρος	Populus nigra.
αιθιοπις	Salvia Æthiopis.
αιρα	Lolium temulentum.
ακαλυφη αγρια .	Urtica pilulifera, vel U. dioica.
ακαλυφη ἑτερα .	Urtica urens.
ακανθα	Acanthus spinosus.
ακανθα αγρια . .	Notobasis syriaca, vel potiùs Cirsium stellatum.
ακανθα Αραβικη .	Onopordon arabicum ?
ακανθα λευκη . .	Picnomon Acarna; vel Echinops græcus.
ακανθιον . . .	Onopordon Acanthium, v. fortè O. elongatum.
ακινος	Melissa Acinos; v. Ocymi species quædam secundum Sprengelium.
ακονιτον	Doronicum Pardalianches.
ακονιτον ἑτερον . .	Aconitum Napellus.
ακορον	Acorus Calamus; vel potiùs Iris Pseudacorus, ut vult Sprengelius.
ακτη	Sambucus nigra.
αλθαια	Althæa officinalis.
ἁλιμος	Atriplex Halimus.
αλισμα . . .	Alisma Plantago.
αλκεα	Hibiscus Trionum.
αλοη	Aloë vulgaris.
αλυπον	Globularia Alypum.
αλυσσον . . .	Fibigia clypeata ?
αμπελοπρασον . .	Allium Ampeloprasum.
αμπελος αγρια . .	Tamus communis.
αμπελος λευκη . .	Bryonia cretica, et fortè B. dioica.
αμπελος μελαινα .	Bryonia alba.
αμπελος οινοφορος .	Vitis vinifera.
αμυγδαλη . . .	Amygdalus communis.
αναγαλλις . . .	Anagallis arvensis.
αναγυρις . . .	Anagyris fœtida.
ανδραχνη . . .	Portulaca oleracea.
ανδροσαιμον. . .	Hypericum perfoliatum.
ανεμωνη ἡμερα . .	Anemone coronaria.
ανεμωνη αγρια . .	Anemone hortensis.
ανεμωνη μελαινα .	Anemone nemorosa ?
ανηθον	Anethum graveolens.
ανθεμις	Anthemis chia.
ανθεμις πορφυρανθης.	Anthemis rosea.
ανθεμις μηλινανθης .	Anthemis tinctoria ?
ανισον	Pimpinella Anisum.
αντιρρινον . . .	Antirrhinum Orontium.

ανωνις . . . . Ononis arvensis.
απαρινη . . . . Galium saccharatum.
απιος . . . . Euphorbia Apios.
αποκυνον . . . Marsdenia erecta.
αργεμωνη . . . Papaver Argemone ad Sprengelii mentem; Adonis autumnalis Sibthorpii.
αρισαρον . . . Arisarum vulgare.
αριστολοχια κληματιτις. Aristolochia bætica.
αριστολοχια μακρα. Aristolochia parvifolia.
αριστολοχια στρογγυλη. Aristolochia pallida.
αρκειον . . . . Arctium Lappa.
αρκευθος μικρα . . Juniperus Oxycedrus.
αρκευθος μεγαλη . Juniperus phœnicea? secundum Sibthorpium; sed potiùs, ob fructum magnum, J. macrocarpa.
αρκτιον . . . . Inula candida?, vel fortè Verbasci species quædam.
αρνογλωσσον . . Plantago major, aut P. altissima.
αρνογλωσσον μικρον. Plantaginis species quædam; fortè P. Lagopus, vel maritima, aut lanceolata.
αρον . . . . . Arum Dioscoridis.
αρτεμισια . . . Artemisia arborescens.
αρτεμισια λεπτοφυλλος. Artemisia campestris?
ασαρον . . . . Asarum europæum.
ασκληπιας . . . Cynanchum vincetoxicum.
ασκυρον . . . . Hypericum perforatum?
ασπαλαθος . . . Cytisus lanigerus; fortè etiam Genista acanthoclada (s. Spartium horridum).
ασπαραγος . . . Asparagus acutifolius.
ασπληνιον . . . Gymnogramma Ceterach.
ασφοδελος . . . Ornithogalum stachyoides, nec Asphodelus ramosus.
αστηρ αττικος . . Aster Amellus.
αστραγαλος . . Orobus tuberosus.
ατρακτυλις . . . Centrophyllum leucocaulos? secundum Sibthorpium; sed meliùs, Atriplex hortensis, uti monuit Sprengelius.
ατραφαξις . . . Chenopodium Bonus Henricus.
αφακη . . . . Lathyrus Aphaca? aut Vicia quædam, fortè V. angustifolia.
αχιλλειος . . . Achilleæ species.
αχρας . . . . Pyrus communis sylvestris.
αψινθιον θαλασσιον. Artemisia maritima.
αψινθιον Σαντονιον. Achillea pubescens? Artemisia palmata?

βαλαυστιον . . . Punicæ Granati sylvestris flores.
βαλλωτη . . . Lamium striatum? quæsit Sibthorpius; aliis Ballota nigra videtur.
βατος . . . . Rubus fruticosus.
βατος Ιδαια . . Rubus idæus.
βατραχιον . . . Ranunculus asiaticus.
βατραχιον ἑτερον . Ranunculus lanuginosus.
βατραχιον τριτον . Ranunculus muricatus.
βατραχιον τεταρτον. Ranunculus aquatilis.
βηχιον . . . . Tussilago Farfara.
βλητον . . . . Amaranthus Blitum.
βολβος εδωδιμος . Muscari comosum, secundum Sibthorpium.
βολβος εμετικος . Ornithogalum stachyoides? meliùs Narcissi species, et fortè N. Jonquilla, ob virtutes emeticas.
βοτρυς . . . . Chenopodium Botrys.
βουνιον . . . . Umbellifera quædam.
βουγλωσσον . . . Anchusa paniculata.
βουνιας . . . . Bunias Erucago? potiùs Brassica Napobrassica, ut Sprengelius indicavit.
βουφθαλμον . . . Chrysanthemum segetum.
βραθυς . . . . Juniperus Sabina.
βραθυς ἑτερον . . Juniperus phœnicea.
βρεταννικη . . . Rumex aquaticus, aut saltem hujus generis species quædam.
βρωμος . . . . Avena fatua.

γαλιοψις . . . Scrophularia peregrina.
γαλιον . . . . Galium verum.
γεντιανη . . . . Gentiana lutea.
γερανιον . . . . Geranium tuberosum.
γερανιον ἑτερον . . Erodium malacoides.
γιγγιδιον . . . Ammi Visnaga, v. Daucus Gingidium.
γλαυξ . . . . Astragalus Glaux.
γληχων . . . . Mentha Pulegium.
γλυκυρριζα . . . Glycyrrhiza echinata, v. meliùs G. glanduligera.
γναφαλιον . . . Diotis candidissima.
γογγυλη αγρια . . Erucaria aleppica, ad mentem Sibthorpii; cui non assentit Sprengelius, cum dubio tamen indicans Cordylocarpum muricatum, plantam Numidicam.

δαυκος . . . . Athamanta cretensis.
δαυκος ἑτερος . . Athamanta Cervaria.
δαυκος τριτος . . Seseli ammoides.
δαφνη . . . . Laurus nobilis.
δαφνη Αλεξανδρεια . Ruscus hypoglossum.
δαφνοειδες . . . Daphne alpina.
δελφινιον . . . Delphinium peregrinum.
δελφινιον ἑτερον . . Delphinium Consolida.
δικταμνος . . . Amaracus Dictamnus.
δικταμνος απο Κρητης . . . . Ballota acetabulosa, secundum Sibthorpium; Thymum mastichinum, s. Micromeriam nervosam, vult Sprengelius.
διψακος . . . . Dipsacus sylvestris, vel D. fullonum.
δοναξ . . . . Arundo Donax.
δορυκνιον . . . Convolvulus Cneorum aut C. Dorycnium.
δραβη . . . . Lepidium Draba.
δρακοντια μεγαλη . Arum Dracunculus.
δρακοντια μικρα . Arum italicum.
δρυοπτερις . . . Asplenium Adiantum nigrum.
δρυς . . . . . Quercus Ægilops.

ελαια . . . . . Olea europæa.
ελαια Αιθιοπικη . Elæagnus angustifolia.
ελατη . . . . Abies Picea?
ελατινη . . . . Linaria spuria.
ελαφοβοσκον . . Pastinaca sativa.
ελαφοσκοροδον . . Allium subhirsutum.
ἑλειοσελινον . . . Apium graveolens.
ελελισφακον . . Salvia officinalis.
ἑλενιον . . . . Inula Helenium.
ἑλιχρυσον . . . Helichrysum angustifolium quorundam; sed folia, Abrotano similia, repugnant. Potiùs videtur Tanacetum annuum.
ἑλλεβορος λευκος . Veratrum album.
ἑλλεβορος μελας . Helleborus officinalis.

ἑλξινη . . . . Parietaria officinalis.
ἑλξινη (κισσαμπελος) Convolvulus arvensis plurium; Linariæ tamen ægyptiacæ refert Sibthorpius.
ελυμος . . . . Panicum miliaceum.
επιθυμον . . . Cuscuta epithymum.
επιμηδιον . . . Botrychium Lunaria?
επιπακτις . . . Herniariam glabram sagacissimè conjicit Sprengelius.
ερεβινθος . . . . Cicer arietinum.
ερεικη . . . . Erica herbacea, v. potiùs E. arborea, propter similitudinem cum Tamarice.
ερινος . . . . Campanula Erinus.
ἑρπυλλος . . . Thymus Serpyllum.
ἑρπυλλος ζυγις . . Thymus striatus?
ερυθροδανον . . . Rubia tinctorum.
ερυσιμον . . . . Sisymbrium polyceratium.
ευζωμον . . . . Eruca sativa.
ευπατωριον . . . Proculdubiò, Agrimonia Eupatorium; nec Eupatorium cannabinum.
εφημερον . . . Convallaria verticillata.
εχιον . . . . Echium vulgare.

ζεια . . . . . Triticum Spelta.

ἡδυοσμον αγριον . Mentha gentilis.
ἡδυσαρον . . . Securigera Coronilla.
ἡλιοτροπιον μεγα . Heliotropium europæum.
ἡλιοτροπιον μικρον . Crozophora villosa.
ἡμεροκαλλις . . Lilium chalcedonicum.
ἡμιονιτις . . . Nothochlæna Marantæ?
ηριγερων . . . . Senecio vulgaris.
ηρυγγιον . . . Eryngium campestre.

θαλικτρον . . . Thalictrum minus.
θαψια . . . . Thapsia Asclepium, vel T. garganica.
θερμος . . . . Lupinus pilosus.
θερμος αγριος . . Lupinus angustifolius.
θηλυπτερις . . . Pteris aquilina.
θλασπι . . . . Capsella bursa pastoris.
θριδαξ αγρια . . Lactuca Scariola? aut L. virosa.
θριδαξ ἡμερος . . Lactuca sativa.
θυμβρα . . . . Micromeria græca.
θυμελαια . . . Daphne Gnidium.
θυμος . . . . Thymus capitatus.

ιβηρις . . . . Lepidium graminifolium vel L. Iberis.
ἰδαια ῥιζα . . . Uvularia amplexifolia.
ἱερα βοτανη . . . Verbena officinalis.
ἱερακιον μεγα . . Urospermum picroides?
ἱερακιον μικρον . . Hymenonema græca?
ἰξος . . . . . Viscum album.
ιον . . . . . Viola odorata.
ἱππολαπαθον . . Rumex Hydro-Lapathum.
ἱπποσελινον . . . Smyrnium olusatrum.
ἱππομαραθρον . . Cachrys Morisonii?
ἱπποφαιστον . . Cirsium stellatum.
ἱπποφαες . . . Euphorbia spinosa.
ἱππουρις . . . Equisetum fluviatile.
ἱππουρις ἑτερα . . Equisetum limosum.
ιρις . . . . . Iris germanica et I. florentina.
ισατις . . . . Isatis tinctoria.
ισατις αγρια . . Isatis lusitanica.
ισοπυρον . . . . Corydalis claviculata.
ιτεα . . . . . Salix alba, et fortè S. viminalis.

κακαλια . . . Inula candida?
καλαμαγρωστις . Dactyloctænium ægyptiacum? ait Sibthorpius; meliùs Calamagrostis epigeios.
καλαμινθη τριτη . Melissa officinalis?
καλαμος συριγγιας . Erianthus Ravennæ.
καννα6ις αγρια . . Althæa cannabina.
καπνος . . . . Fumaria densiflora.
καππαρις . . . Capparis spinosa.
καρδαμον . . . Lepidium sativum.
καρυα Ποντικα . Corylus Avellana.
καστανον . . . Castaneæ vescæ nux.
καταναγκη . . . Ornithopus compressus.
καυκαλις . . . Caucalis maritima; vix Hasselquistia ægyptiaca, ut credidit Sibthorpius.
κεδρος . . . . Juniperus Oxycedrus, vel potiùs J. phœnicea, secundum Sprengelium, cui assentio.
κεδρος μικρα . . Juniperus communis.
κεγχρος . . . . Setaria italica.
κενταυριον μεγα . Centaurea Centaurium.
κενταυριον μικρον . Erythræa Centaurium.
κερασια . . . . Prunus Cerasus.
κερατια . . . . Ceratoniæ Siliquæ legumina.
κεστρον . . . . Stachys Alopecuros.
κηπαια . . . . Sedum Cepæa.
κικι . . . . . Ricinus communis.
κιρκαια . . . . Cynanchum nigrum.
κιρσιον . . . . Cirsium tenuiflorum.
κισσος . . . . Hedera Helix.
κιστος αῤῥην . . Cistus villosus.
κιστος θηλυς . . Cistus salvifolius.
κληματις . . . Vinca minor.
κληματιτις . . . Clematis cirrhosa?
κλινοποδιον . . . Melissa Clinopodium.
κλυμενον . . . Calystegia sepium?
κνικος . . . . Carthamus tinctorius.
κοκκος βαφικη . . Quercus coccifera.
κοκκυμηλεα . . Prunus domestica.
κολοκυνθα . . . Cucumis sativus.
κολοκυνθις . . . Cucumis Colocynthis.
Κολχικον . . . Colchicum autumnale.
κομαρος . . . . Arbutus Andrachne? nec A. Unedo.
κονδριλλη . . . Chondrilla ramosissima? vel meliùs Ch. juncea.
κονδριλλη ἑτερα . . Thrincia tuberosa?
κονυζα μειζων . . Inula viscosa.
κονυζα μικρα . . Alunia graveolens.
κονυζα τριτη . . Inula britannica.
κορις . . . . Hypericum Coris.
κοριον . . . . Coriandrum sativum.
κορωνοπους . . . Lotum ornithopodioideum credidit Sibthorpius; potiùs Plantago Coronopus, aut species quædam affinis, secundum Sprengelium.
κοτυληδων . . . Umbilicus pendulinus.
κοτυληδων ἑτερα . Umbilicus erectus.
κραμβη . . . . Brassica oleracea.
κραμβη αγρια . . Brassica incana, potiùs quàm B. cretica, ob folia λευκότερα καὶ δασύτερα.
κραμβη θαλασσια . Calystegia Soldanella.
κρανια . . . . Cornus mascula.
κραταιογονον . . Polygonum Persicaria.
κριθμον . . . . Crithmum maritimum.

κρινον . . . . Lilium candidum.

κροκοδειλιον . . . Echinops viscosus? vel fortè, Eryngium maritimum.

κροκος . . . . Crocus sativus.

κρομμυον . . . Allium Cepa.

κροτων . . . . Ricinus communis.

κυαμος ἑλληνικος . Vicia Faba.

κυδωνια . . . . Cydonia vulgaris.

κυκλαμινος . . . Cyclamen latifolium.

κυκλαμινος ἑτερα . Caprifolium Periclymenum?

κυμινον . . . . Cuminum Cyminum.

κυμινον αγριον . . Lagoëcia cuminoides.

κυνογλωσσον . . Cynoglossum officinale.

κυνοκραμβη . . . Thelygonum Cynocrambe.

κυνοσβατον . . . Rosa sempervirens, nec R. caninæ, var., ut vult Sprengelius, quæ nullo modo δενδρωδης dicenda.

κυπαρισσος . . . Cupressus sempervirens.

κυπειρος . . . . Cyperus rotundus.

κυτινοι . . . . Punicæ Granati flores culti.

κυτισος . . . . Medicago arborea.

κωνειον . . . . Conium maculatum.

λαγωπους . . . Trifolium arvense.

λαδανον . . . . Cistus creticus.

λαθυρις . . . . Euphorbia Lathyris.

λαμψανη . . . Sinapis arvensis.

λαπαθον κηπαιον . Rumex Patientia.

λαπαθον μικρον . . Rumex bucephalophorus, vel R. scutatus.

λαπαθον οξυλαπαθον Rumex crispus, Acetosa, et Acetosella. Aliis videtur Rumex acutus.

λειχην . . . . Peltidea canina, v. aphthosa, nec Marchantia polymorpha, quæ verosimiliter Lichen Plinii.

λεοντοπεταλον . . Leontice Leontopetalum.

λεοντοποδιον . . Micropus erectus?

λεπιδιον . . . . Lepidium latifolium.

λευκακανθη . . . Cirsium tuberosum.

λειμωνιον . . . Statice Limonium.

λευκας . . . . Lamium maculatum.

λευκη . . . . Populus alba.

λευκοιον (θαλασσιον) Mathiola tricuspidata.

λευκοιον μηλινον . Cheiranthus Cheiri.

λευκοιον πορφυρεον . Mathiola incana.

λιβανωτις καρπιμος. Cachrys Libanotis.

λιβανωτις ἑτερα . . Ferula nodiflora? nequaquam Rosmarinus officinalis.

λιγυστικον . . . Laserpitium Siler?

λινοζωστις . . . Mercurialis annua.

λινον . . . · Linum usitatissimum.

λογχιτις . . . Serapias Lingua.

λογχιτις ἑτερα . . Aspidium Lonchitis?

λυκιον . . . . Berberis vulgaris, ut optimè monuit cel. Roylius; nec Rhamnus infectorius, ut plerique crediderunt.

λυκοψις . . . . Echium italicum.

λυσιμαχιον . . . Lysimachia vulgaris.

λυχνις αγρια . . Lychnis Githago.

λυχνις στεφανωματικη. Lychnis coronaria.

λωτος . . . . Celtis australis.

λωτος αγριος . · Trigonella elatior.

λωτος ἡμερος . . Melilotus messanensis, v. M. officinalis.

μαλαχη κηπευτη . Althæam roseam credidit Sibthorpius; sed potiùs Malva sylvestris.

μαλαχη χερσαια . Malva sylvestris; v. potiùs Malva rotundifolia in Græcia vulgaris.

μανδραγορας θριδακιας. Mandragora autumnalis.

μανδραγορας αῤῥεν . Mandragora vernalis.

μανδραγορας μοριον. Atropa Belladonna?

μαραθρον . . . Fœniculum vulgare.

μαρον . . . . Origanum sipyleum.

μελανθιον . . . Nigella sativa.

μελια . . . . Ornus europæa.

μελιλωτος . . . Melilotus officinalis; seu potiùs M. italica.

μελιμηλα . . . Pyri mali in Cydoniam insiti fructus.

μελισσοφυλλον . . Melissa officinalis.

μεσπιλον . . . Cratægus tanacetifolia, v. meliùs C. Azarolus.

μεσπιλον ἑτερον . . Mespilus germanica.

μηδικη . . . . Medicago sativa.

μηδιον . . . . Campanula Andrewsii?

μηκων αγρια . . Papaveris somniferi varietas, seminibus nigris.

μηκων αφρωδης . . Gratiola officinalis, potiùs quàm Silene inflata, cui virtutes medicæ nullæ.

μηκων ἡμερος . . Papaver somniferum.

μηκων κερατιτις . Glaucium luteum.

μηκων ῥοιας . . . Papaver dubium.

μηλεα . . . . Pyri mali fructus.

μηον . . . . Meum athamanticum.

μυαγρος . . . Camelina sativa.

μυκης . . . . Fungi varii.

μυος ωτα . . . Lithospermum purpureo-cœruleum??

μυρικη . . . . Tamarix gallica.

μυριοφυλλον . . Myriophyllum spicatum.

μυῤῥις . . . . Myrrhis odorata.

μυρσινη . . . . Myrtus communis.

μυρσινη αγρια . . Ruscus aculeatus.

μωλυ . . . . Allium Dioscoridis dicit Sibthorpius; A. magicum alii.

ναρδος ορεινη . . Valeriana tuberosa.

ναρθηξ . . . . Ferula communis.

ναρκισσος . . . Narcissus poëticus et N. Tazzetta.

ναστος . . . . Cenchrus frutescens.

νηριον . . . . Nerium Oleander.

νουφαρ . . . . Nuphar lutea.

νυμφαια . . . . Nymphæa alba.

νυμφαια αλλη . . Nuphar lutea.

ξανθιον . . . . Xanthium strumarium.

ξιφιον . . . . Gladiolus segetum.

ξυρις . . . . Iris fœtidissima.

ὁλοσχοινος . . . Scirpus mucronatus, vel Cladium germanicum.

ολυρα . . . . Tritici Speltæ varietas, Zea dicta.

οναγρα . . . . Epilobium angustifolium.

ονοσμα . . . . Lithospermum purpureo-cœruleum?

οξυακανθα . . . Cratægus Pyracantha.

οξυσχοινος . . . Juncus acutus.

οξυσχοινος ακαρπος. Eleocharis palustris.

ορεοσελινον . . . Athamanta Libanotis.

οριγανος Ἡρακλεωτικη.	Origanum heracleoticum.
οριγανος ονητις . .	Majorana Onites.
ὁρμινον	Salvia Horminum.
ορνιθογαλον . . .	Ornithogalum umbellatum.
οροϐαγχη . . .	Orobanche caryophyllacea.
οροϐος	Ervum Ervilia.
ορυζα	Oryza sativa.
ορχις	Orchis rubra.
οσυρις	Osyris alba.
ουα	Pyrus domestica.
οφιοσκοροδον . .	Allium Scorodoprasum.
παγκρατιον . . .	Squilla Pancratium, nec Pancratium maritimum.
παιονια αῤῥην . .	Pæonia corallina.
παιονια θηλεια . .	Pæonia officinalis.
παλιουρος . . .	Zizyphus vulgaris, cum quo descriptio Dioscoridis omninò quadrat. Hodiè tamen παλιουρι nomen est Paliuri aculeati, s. ῥαμνου τρισσου Dioscoridis.
πανακες ἡρακλειον .	Opopanax Chironum.
πανακες ασκληπιον .	Echinophora tenuifolia.
πανακες χειρωνιον .	Hypericum origanifolium.
παρθενιον . . .	Anthemis nobilis.
παρωνυχια . . .	Paronychia argentea?
πενταφυλλον . .	Potentilla reptans.
πεπλις	Euphorbia Peplis.
πεπλος	Euphorbia falcata.
πεπων	Cucurbita Pepo.
περικλυμενον . .	Convolvulus arvensis?
περιστερεων . . .	Verbena officinalis.
περιστερεων ὑπτιος .	Verbena supina.
πετασιτης . . .	Petasites vulgaris.
πετροσελινον . .	Athamanta macedonica.
πευκεδανος . . .	Peucedanum officinale.
πευκη	Pinus maritima.
πηγανον	Ruta graveolens.
πηγανον αγριον . .	Peganum Harmala.
πηγανον ορεινον . .	Ruta montana.
πιτυς	Pinus Pinea.
πλατανος . . .	Platanus orientalis.
πολεμωνιον . . .	Polemonium cœruleum.
πολιον	Teucrium Polium.
πολυγαλον . . .	Polygala amara.
πολυγονατον . .	Convallaria Polygonatum.
πολυγονον αῤῥην .	Polygonum aviculare.
πολυποδιον . . .	Polypodium vulgare.
ποταμογειτων . .	Potamogeton natans.
ποτηριον	Astragalus creticus.
πρασιον	Marrubium vulgare.
πρινος	Quercus Ilex.
πταρμικη . . .	Xeranthemum annuum, nec Achillea Ptarmica.
πτελεα	Ulmus campestris.
πτερις	Aspidium aculeatum, aut A. Filix mas.
πυρεθρον . . .	Anacyclus Pyrethrum.
ῥαμνος	Lycium europæum.
ῥαμνος τρισσος . .	Paliurus aculeatus, nec Rhamnus oleoides, ut olim credidit Sprengelius.
ῥαφανις	Raphanus sativus.
ῥαφανις αγρια . .	Fortè Brassica campestris. Certè haud Cochlearia Armoracia, ut quibusdam visum est.
ῥοα	Punica Granatum.
ῥοδια ῥιζα . . .	Sedum Rhodiola.
ῥους	Rhus coriaria.
σατυριον . . .	Tulipa Clusiana?
σατυριον ερυθρονιον .	Serapias cordigera Sibthorpii; potiùs Erythronium Dens canis.
σερις ἡμερα . . .	Cichorium Endivia.
σερις αγρια . . .	Cichorium Intybus.
σεσελι Αιθιοπικον .	Bupleurum fruticosum.
σεσελι Μασσαλεωτικον.	Echinophora tenuifolia?
σεσελι Πελοποννησιακον . . .	Angelica sylvestris? potiùs Myrrhis odorata.
σελινον	Petroselinum sativum.
σεσαμοειδες μικρον .	Reseda canescens.
σιδηριτις	Stachys recta.
σιδηριτις ἑτερα . .	Sanguisorba officinalis.
σιδηριτις τριτη . .	Scrophularia lucida?
σιδια	Punicæ Granati fructus putamina.
σικυς ἡμερος . .	Cucumis Melo.
σικυς αγριος . .	Momordica Elaterium.
σινηπι	Sinapis alba, v. S. nigra.
σιον	Heliosciadium nodiflorum.
σιλυβον	Silybum marianum.
σισαρον	Pastinaca sativa, nec Sium Sisaron.
σισυμϐριον . . .	Mentha aquatica?
σισυμϐριον ἑτερον .	Nasturtium officinale.
σισων	Sison Amomum.
σκαμμωνια . . .	Proculdubiò Convolvulus Scammonia, nec farinosus, ut vult Sibthorpius, quem sequitur Sprengelius. Hic enim, Maderæ incola, radicem habet fibrosam nec gummosam. In textu τι παχυτητος pro δασυτητος cum Cod. Ald. legerem.
σκανδυξ	Scandix Pecten Veneris, v. S. australis.
σκιλλα	Squilla maritima.
σκολυμος . . .	Scolymus hispanicus.
σκορδιον	Teucrium Scordium.
σκοροδοπρασον . .	Allium descendens, v. fortè Scorodoprasum, aut Ampeloprasum.
σκορπιοειδες . . .	Scorpiurus sulcatus.
σμιλαξ	Taxus baccata.
σμιλαξ τραχεια .	Smilax aspera.
σμιλαξ λεια . .	Calystegia sepium.
σμυρνιον	Smyrnium perfoliatum, vel S. Dioscoridis.
σογχος τροφερωτερος	Sonchus oleraceus.
σογχος ἑτερος . .	Sonchus arvensis, vel S. palustris.
σογχος ακανθωδεστερος	Helminthia echioides.
σπαργανιον . . .	Sparganium ramosum.
σπαρτιον . . .	Spartium junceum.
σταφις αγρια . .	Delphinium Staphisagria.
σταφυλινος . . .	Daucus Carota.
σταφυλινος αγριος .	Daucus guttatus.
σταχυς	Stachys palæstina.
στιχας	Lavandula Stœchas.
στοιϐη	Poterium spinosum.
στρατιωτης χιλιοφυλλος.	Achillea Millefolium.
στρουθιον . . .	Saponaria officinalis.
στρυχνος ἁλικακαϐος	Physalis Alkekengi.
στρυχνος κηπαιος .	Solanum nigrum.
στρυχνος ὑπνοτικος .	Physalis somnifera.

στρυχνος μανικος . Solanum sodomeum.
στυραξ . . . . Styrax officinale.
συκη αγρια . . . Ficus Carica.
συμφυτον πετραιον . Coris monspeliensis.
συμφυτον αλλο . . Symphytum officinale.
σφονδυλιον . . . Heracleum Sphondylium.
σχινος . . . . Pistacia Lentiscus.
σχοινος λεια . . . Isolepis Holoschœnus.

τερμινθος . . . Pistacia Terebinthus.
τευτλον . . . . Beta vulgaris.
τηλεφιον . . . . Cerinthe minor.
τηλις . . . . Trigonella Fœnum græcum.
τιθυμαλος δενδροειδες Euphorbia dendroides.
τιθυμαλος ἡλιοσκοπιος. Euphorbia helioscopia.
τιθυμαλος κυπαρισσιας. Euphorbia aleppica, seu E. Cyparissias.
τιθυμαλος μυρσινιτες Euphorbia myrsinites.
τιθυμαλος παραλιος Euphorbia Paralias.
τιθυμαλος πλατυφυλλος. Euphorbia pilosa.
τιθυμαλος χαρακιας Euphorbia Characias.
τορδυλιον . . . Tordylium officinale.
τραγακανθα . . Astragalus aristatus.
τραγιον . . . . Hypericum hircinum.
τραγιον αλλο . . Tragium Columnæ.
τραγοπωγων . . Tragopogon parvifolius.
τραγοριγανος . . Thymum Piperellam quæsit Sibthorpius; sed potiùs, Stachys glutinosa.
τραγος . . . . Ephedra distachya.
τραγοριγανος αλλος . Micromeria juliana? secundum Sibthorpium; Thymus Tragoriganum omninò credit Sprengelius. Res valdè dubia.
τριβολος ενυδρος . Trapa natans.
τριβολος χερσαιος . Tribulus terrestris.
τριπολιον . . . Statice sinuata?
τριφυλλον . . . Psoralea bituminosa.
τριχομανες . . . Asplenium Trichomanes.
τυφη . . . . Typha latifolia.

ὑακινθος. . . . Hyacinthus orientalis.
ὑδνον . . . . Tuber cibarium.
ὑδροπεπερι . . . Polygonum Hydropiper.
ὑοσκυαμος λευκος . Hyoscyamus albus.
ὑοσκυαμος μελας . Hyoscyamus reticulatus.
ὑοσκυαμος μηλοειδες Hyoscyamus aureus.
ὑπερικον . . . Hypericum crispum.
ὑπηκοον . . . . Hypecoum procumbens.
ὑπογλωσσον . . . Ruscus Hypoglossum.
ὑποκιστις . . . Cytinus Hypocistis.
ὑσσωπος . . . Thymbræ spicatæ retulit Sibthorpius; sed potiùs Origani species quædam.

φακος . . . . Ervum Lens.
φακος ὁ επι των τελματων. Lemna minor.
φαλαγγιον . . . Anthericum ramosum; et nequaquam Lloydia græca, cui retulit Sibthorpius.
φαλαρις . . . . Phalaris canariensis.
φηγος . . . . Quercus Æsculus.
φιλλυρεα . . . Phillyrea latifolia.
φλομος αγρια . . Phlomis fruticosa.
φλομος λευκη αῤῥην. Verbascum plicatum.
φλομος θηλεια λευκη Verbascum Thapsus.
φλομος μελας . . Verbascum nigrum.
φοινιξ . . . . Lolium perenne.
φου . . . . . Valeriana Dioscoridis, nec V. officinalis.
φραγμιτης . . . Phragmites communis.
φυκος θαλασσιον . Fucoidearum species variæ.
φυλλιτις . . . Scolopendrium vulgare.
φυτευμα . . . Reseda Phyteuma.

χαμαιακτη . . . Sambucus Ebulus.
χαμαιδαφνη . . Ruscus Hypophyllum.
χαμαιδρυς . . . Teucrium Chamædrys.
χαμαικισσος . . Nepeta Glechoma?
χαιμαιλεων λευκος . Carlina gummifera.
χαμαιλεων μελας . Cardopatum corymbosum.
χαμαιπευκη . . Chamæpeuce mutica.
χαμαιπιτυς . . Ajuga Iva; nequaquam Passerina hirsuta, cui οσμη πιτυος nulla.
χαμαιπιτυς τριτη . Ajuga chamæpitys.
χαμαισυκη . . . Euphorbia chamæsyce.
χαμελαια . . . Daphne oleoides.
χελιδονιον . . . Chelidonium majus.
χελιδονιον μικρον . Ranunculus Ficaria.
χρυσανθεμον . . . Chrysanthemum coronarium.
χρυσογονον . . . Leontice Chrysogonum.
χρυσοκομη . . . Linosyris vulgaris.

ψευδοβουνιον . . Trinia vulgaris.
ψευδοδικταμνος . Ballota Pseudodictamnus.
ψυλλιον . . . Plantago Psyllium.

ωκιμοειδες . . . Saponaria ocymoides.

INDICES.

INDEX

NOMINUM QUÆ GRÆCIA HODIE IN USU HABET,

CUM SYNONYMIS BOTANICIS.

αβαυκανδύρι . . . . Poterium Sanguisorba.
αγγαθία . . . . . Eryngium campestre.
άγκάθι . . . . . Onopordon elongatum et arabicum.
αγλανδινιὰ . . . . Phillyrea latifolia.
αγλήγορα . . . . Thapsia Asclepium.
αγνειὰ . . . . . Vitex Agnus Castus.
ἀγουθοῦρα . . . . Hypericum crispum.
αγουλονάρια . . . . Euphorbia Gerardiana.
ἀγριαγκουριὰ . . . Momordica Elaterium.
ἀγριάδα . . . . . Cynodon Dactylon.
ἀγριάμπελος . . . . Vitis vinifera.
ἀγριοάγκαθι . . . . Notobasis syriaca.
ἀγριοάμπέλι . . . . Clematis Vitalba.
ἀγριοαψιθιὰ . . . . Achillea pubescens.
ἀγριοβαβούλι . . . Lathyrus Aphaca.
ἀγριόβρομος . . . . Bromus sterilis, et Avena fatua.
ἀγριόβρουβα . . . Sisymbrium officinale.
ἀγριογένημα . . . . Avena fatua.
ἀγριοδαμασκηνιὰ . . Prunus insititia.
αγριοηδυόσμος . . . Mentha sylvestris, rotundifolia et gentilis.
ἀγριοήρα . . . . . Festuca ciliata.
ἀγριοθερόκαλλο . . Passerina hirsuta.
ἀγριοκάλαμια . . . Agrostis alba.
ἀγριοκάλαμος . . . Phragmites communis.
ἀγριοκαυκαλίδα . . . Orlaya grandiflora.
ἀγριόκλημα . . . . Caprifolium perfoliatum, necnon Bryonia dioica et cretica.
ἀγριοκόκορος . . . Gladiolus segetum.
ἀγριοκολυκυθιὰ . . . Bryonia dioica et cretica, cum Aro Dioscoridis.
ἀγριοκούκι . . . . Lathyrus annuus, cum Viciâ hybridâ et narbonensi Phacâque bœticâ.
ἀγριοκουμαριὰ . . . Arbutus Andrachne.
ἀγριοκρεμμύδι . . . Allium roseum.
ἀγριόκρινος . . . . Iris graminea et I. Sisyrinchium ; necnon Oporanthus luteus.
ἀγριοκύναρα . . . . Cynara Scolymus et cornigera, cum Rhapontio acauli.
ἀγριολαθούρι . . . Lathyrus Aphaca et sativus.
ἀγριόλαλος . . . . Oporanthus luteus.
ἀγριολάπαθων . . . Rumex Hydrolapathum.
ἀγριολινάρι . . . . Linum angustifolium et Delphinium Consolida.
ἀγριολίτζα . . . . Vinca minor.
ἀγριολούπουνο . . . Lupinus hirsutus et angustifolius; necnon Phaca bœtica.
ἀγριόλυκος . . . . Bartsia Trixago.
ἀγριομάλαθον . . . Fœniculum vulgare.
ἀγριομαροῦλιὰ . . . Phœnopsis viminea et Taraxacum Dens Leonis.
ἀγριομηλιὰ . . . . Pyrus Malus.
ἀγριομοσκιὰ . . . . Rosa sempervirens.
ἀγριοπαπαροῦνα . . . Ranunculus montanus.
ἀγριοπήγανος . . . Coronilla Emerus.
ἀγριόπρα . . . . Sisymbrium polyceratium.
ἀγριόπρασον . . . Allium rotundum et subhirsutum.
ἀγριοπρουνελλιὰ . . Prunus domestica.
ἀγριοραδίκον . . . Thrincia tuberosa, et Crepis fuliginosa.
ἀγριορίγανι . . . . Lagoecia cuminoides, et Origanum vulgare.
ἀγριοριζάρι . . . . Rubia peregrina.
ἀγριοσέκαλι . . . . Triticum villosum.
ἀγριοσέλινον . . . . Smyrnium olusatrum, Apium graveolens, etiamque Ranunculus asiaticus.
ἀγριοσεῦκλον . . . Rumex spinosus.
ἀγριοσιφώναρι . . . Avena fatua.
ἀγριοσκύρφη . . . Inula Oculus Christi.
ἀγριοσκίλλα . . . Pancratium maritimum, et Ornithogalum stachyoides.
ἀγριοσπανάκια . . . Chenopodium Bonus Henricus.
ἀγριόστάρι . . . . Festuca uniglumis, necnon Ægilops ovata.
ἀγριοσταφίδα . . . Delphinium Staphisagria, et Phytolacca decandra.
ἀγριοστάχυς . . . . Hordeum murinum.
ἀγριοσυκιά . . . . Ficus Carica.
ἀγριοτζουκνίδα . . . Carpinus Betulus.
ἀγριοτριαντάφυλλὰ . Rosa sempervirens et canina.
ἀγριοφασκιὰ . . . . Crozophora tinctoria.
ἀγριοφασόλι . . . Anagyris fœtida.
ἀγροελιὰ . . . . Olea europæa.
ἄζόγερα . . . . . Anagyris fœtida.
ἄζῶγερας . . . . Anagyris fœtida.
άιρα . . . . . . Triticum repens.
ακόνιτον . . . . . Aconitum Napellus.
άκορος . . . . . Acorus Calamus.

ἀλαφρὰ	Trifolium stellatum.
αληποπούρδι	Lycoperdon Bovista.
αληπουνούρα	Phalaris paradoxa, et Alopecurus utriculatus.
αληφασκιὰ	Salvia triloba.
ἀλογάκι γλυκύγη	Clematis Flammula.
αλοὲ	Aloe vulgaris.
αλουπονόρα	Lagurus ovatus.
ἀμάραντο	Sedum eriocarpum, et ochroleucum, necnon Teucrium Polium.
ἀμπελοκλαδορίζα	Aristolochia longa.
ἀμπελόνα	Vitis vinifera, necnon Opopanax Chironium.
ἀμπελόχα	Malva sylvestris.
ἀμυγδαλιὰ	Amygdalus communis.
ανάγυρι	Anagyris fœtida.
ανάλατος	Centranthus ruber.
ανάρθηκας	Ferula communis.
ἀνδράβανω	Anagyris fœtida.
ἀνδρακλέιδα	Peplis Portula.
ἀνδράχνη	Peplis Portula.
ανδρυάνος	Sambucus racemosa.
ανεμόκλειτι	Parietaria officinalis.
ανεραιδόχορτον	Usnea barbata.
ανόνειδα	Ononis arvensis.
απεῖλιρας	Rhamnus infectorius.
απάγανος	Ruta Chalepensis.
ἀπίδι	Pyrus communis.
ἀρεός	Quercus Ilex.
ἀριὰ	Quercus Ilex.
αρκουδόβατος	Smilax aspera.
ἀρμπέτα	Borago officinalis.
ἀρμυρίκη	Tamarix gallica.
ἀρμυρίθρα τοῦ πέλαγου	Medicago marina.
αρτετήκα, ἶβα	Scabiosa africana.
αρώματος	Eruca sativa.
ἀσάρον	Asarum europæum.
ασκόλυμβρος	Scolymus hispanicus.
ασπάλαθεια	Cytisus lanigerus.
ασπάλαθος	Cytisus lanigerus.
ἂσπρη ἀγκάθα	Picnomon Acarna.
ἂσπροκέφαλος	Ammi majus.
ἂσπρολοῦλουδα	Bellis perennis.
ἂσπροπίκροπάνδι	Ballota pseudo-Dictamnus.
αστοῖβη	Poterium spinosum.
ασφόδελω	Asphodelus ramosus.
ἀτζετόσα	Rumex bucephalophorus.
ἀτρακλύδα	Carlina corymbosa.
ἀτράκτυλι	Kentrophyllum leucocaulos.
ἀτραξύλη	Carlina corymbosa, et Kentrophyllum lanatum.
ἂυκος	Pisum sativum, et Lathyrus Ochrus.
ἀυτία τῆς παπαδιάς	Umbilicus pendulinus.
αφάννα	Genista Scorpius, et Poterium spinosum.
αχλάδα	Pyrus communis, et Cratægus oxyacantha.
αχλαδιὰ	Pyrus communis.
αχράδι	Pyrus communis.
βαλοκμικὸν	Bupleurum glumaceum.
βάλσαμινο	Hypericum Coris.
βάλσαμον	Hypericum perforatum et crispum.
βασίλικος ἄγριος	Salvia verbenaca.
βάτος	Rubus fruticosus.
βάτω	Rubus fruticosus.
βελανιδιὰ	Quercus Ægilops.
βελόνι	Caucalis daucoides.
βετονικὴ	Stachys Alopecurus.
βήκα	Vicia sativa.
βιολέτα	Viola odorata et canina.
βληχώνι	Mentha Pulegium.
βλίτον	Amaranthus Blitum.
βολβό	Muscari comosum.
βόλκικος	Squilla maritima.
βόλχικον	Colchicum autumnale.
βορβοί	Hyacinthus spicatus.
βορβοὺς	Muscari comosum.
βούγλωσσον	Echium plantagineum.
βουδόγλωσσον	Anchusa paniculata, et Echium plantagineum.
βουζιὰ	Sambucus Ebulus.
βοῦκιθο	Cistus monspeliensis.
βουρβὸς	Muscari comosum et racemosum.
βούρλα	Juncus acutus et glaucus.
βούρλω	Juncus acutus.
βουτυρόχορτον	Salvia Verbenaca, Plantago afra, Prunella vulgaris.
βουφιὸς	Muscari comosum.
βρομόχορτον	Heliotropium europæum, Conium maculatum, Scrophularia peregrina.
βρυσὸς	Ulmus campestris.
γαδαροσφάκα	Phlomis fruticosa.
γαιδαράγκαθο	Carduus nutans, et Onopordon elongatum.
γαλαζόχορτον	Euphorbia Characias.
γαλαξίδα	Periploca græca; etiam Euphorbia Peplus, paralias, helioscopia, myrsinites et Characias.
γαλάχορτον	Euphorbia helioscopia.
γαρούφαλλα τοῦ βουνοῦ	Dianthus prolifer.
γατονούρα	Trifolium angustifolium.
γαύρος	Carpinus Betulus.
γένεια τοῦ λαγοῦ	Tragopogon major.
γερούλι	Hyoscyamus albus.
γλυκοκόκκα	Celtis australis.
γλυκόριζα	Glycyrrhiza echinata et glabra.
γλυστριδα	Portulaca oleracea.
γλυφόνι	Mentha Pulegium.
γόγγολι	Lychnis Githago.
γορίτζια	Prunus spinosa.
γουθοῦρα	Hypericum Coris.
γουλιὰ, ἄγρια	Campanula ramosissima, et Specularia Speculum.
γουργουγιᾶννης	Cynoglossum officinale et apenninum.
γρηλαρη	Piptatherum multiflorum, et Andropogon halepensis.
γριζέλλια	Lotus edulis.
δαδάκι	Lithospermum fruticosum.
δάκρυα της παναγίας	Helichrysum angustifolium.
δάφνη	Laurus nobilis.
δαφνοειδες	Prunus Laurocerasus.
δένδρο	Quercus pedunculata et pubescens.
δενδρολίβανον	Rosmarinus officinalis.
δενδρομολώχα	Althæa rosea.
δενδροφθήρι	Polypodium vulgare.

δοδεκάνθη . . . . Ajuga Chamæpitys.
δρακοντιὰ . . . . Arum Dracunculus, et maculatum, cum Arisaro vulgari.

ἒλατη . . . . . Pinus Picea.
ἔλατος . . . . . Pinus Picea.
ερεικὴ . . . . . Erica herbacea.
ἐτιά . . . . . . Salix triandra, fragilis et alba.
ευζώματον . . . . Eruca sativa.

ζίζιφι . . . . . Ziziphus vulgaris.
ζοχάδοχορτον . . . Ranunculus Ficaria.

ἦζωπον . . . . . Micromeria nervosa.
ἡλιοτρόπιον . . . . Heliotropium europæum, et Crozophora villosa.
ἡμερο θερόκαλλο . . Daphne dioica.
ἤρα . . . . . . Lolium temulentum et arvense.

θάλασσωγαμβρος . . Statice Limonium.
θερμόχορτον . . . Erythræa Centaurium.
θρίδαξ . . . . . Lactuca muralis.
θρίμβη . . . . . Satureia Thymbra.
θρίμβος . . . . . Satureia Thymbra.
θρούμπι . . . . . Micromeria græca, et Thymus capitatus.
θυμάρι . . . . . Thymus capitatus.
θύμβρο . . . . . Satureia Thymbra.
θυμιὸ . . . . . . Thymus capitatus.

ἱκνος . . . . . . Tuber cibarium.
ιξιὰ . . . . . . Viscum album.
ισκα . . . . . . Polyporus igniarius.

καβάκι . . . . . Populus nigra.
καλα ἀνθη . . . . Centaurea Calcitrapa.
καλάγγαθο . . . . Cnicus benedictus.
καλαμίθρα . . . . Mentha sylvestris.
καλαμολόγχη . . . Allium Chamæmoly.
κάλαμος . . . . . Arundo Donax.
καλογερικόχορτον . . Lavandula spica.
καλόγερο . . . . Erodium cicutarium.
καλόγερου τὸ χόρτον . Convolvulus tenuissimus.
καλογρίτζα . . . . Phlomis lunarifolia.
καλοκοιμηθήκες . . . Helichrysum angustifolium.
καπισούρα . . . . Lotus edulis.
καπνὸ . . . . . Fumaria densiflora.
καπνόχορτον . . . Fumaria capreolata et densiflora.
καππαριὰ . . . . Capparis spinosa.
καραβιδόχορτον . . Zacintha verrucosa.
καραβούκι . . . . Asphodelus ramosus.
κάρδαμο . . . . . Lepidium sativum.
καρυοφύλλον . . . Dianthus Caryophyllus.
καρφόχορτον . . . Pallenis spinosa.
καστανιὰ . . . . . Castanea vesca.
κατεφίδια ἀγρια . . Bidens tripartita.
κατζα . . . . . Trichonema bulbocodium.
κατζουκοκλάρι . . . Trifolium angustifolium.
καυκαλίδα . . . . Tordylium officinale.
κέδρος . . . . . Juniperus communis et Oxycedrus.
κεκρὶ . . . . . . Echinochloa crus galli.
κένδρος . . . . . Juniperus phœnicea.
κεράδα . . . . . Celtis australis.
κερασιὰ ἀγρια . . . Prunus Cerasus.
κερασούλια . . . . Physalis Alkekengi.

κισσὸν . . . . . Hedera Helix.
κισσὸς . . . . . Hedera Helix.
κιστάρι . . . . . Cistus villosus et salvifolius.
κιτρινόξυλον . . . Rhamnus Alaternus.
κλεμαξίδα . . . . Viburnum Lantana.
κλέθρα . . . . . Alnus glutinosa.
κλήμα . . . . . Vitis vinifera.
κοκκιναγκαθὸ . . . Carlina lanata.
κόκκολη . . . . . Lychnis Githago.
κοκκορέτζα . . . . Pistacia Terebinthus.
κοκκοροβιθιὰ . . . Eadem.
κοκονόχορτον . . . Anthyllis vulneraria.
κόλλα . . . . . Chondrilla juncea.
κολλητζίδα . . . . Galium Aparine, Asperugo procumbens, et Xanthium strumarium.
κολλοκίκι . . . . Ricinus communis.
κολλοπάννα . . . . Petasites vulgaris.
κολλωρίδα . . . . Sedum ochroleucum.
κολλώστουπα . . . Astragalus aristatus.
κολυγίδα . . . . Galium tricorne.
κονύτζα . . . . . Inula viscosa.
κορίανδρον . . . . Coriandrum sativum.
κόρις . . . . . . Ophrys tenthredinifera.
κορτζιδιὰ . . . . Celtis australis.
κόστον . . . . . Melissa grandiflora.
κοτυλήδα . . . . Umbilicus pendulinus.
κουκάκι . . . . . Silene inflata.
κουκουβαγιὰ . . . . Chrysanthemum segetum.
κουκούλη . . . . Phalaris canariensis.
κουκουλοφάνια . . . Euphorbia spinosa.
κουκουμαριὰ . . . . Fragaria vesca.
κουκουροβιθια . . . Cercis Siliquastrum.
κουκουναριὰ . . . . Pinus Pinea.
κουμαριὰ . . . . . Arbutus Unedo.
κουμηλεὰ . . . . . Pyrus domestica.
κουνουκλιὰ . . . . Cistus villosus et salvifolius.
κουρφέστος . . . . Geropogon glaber.
κουσβαρὰς . . . . Coriandrum sativum.
κουφάγκαθο . . . . Silybum marianum, et Notobasis syriaca.
κουφοβρέλος . . . Isolepis Holoschœnus β.
κουφολαχανήδα . . . Knautia? amplexicaulis.
κουφολάχανον . . . Knautia? amplexicaulis.
κουφοξυλιὰ . . . . Sambucus nigra.
κοψόχορτον . . . . Melissa Clinopodium.
κρήταμον . . . . Crithmum maritimum.
κρίθμος . . . . . Salicornia herbacea.
κρίνο . . . . . . Lilium candidum.
κρίνος . . . . . Iris germanica et Convallaria majalis.
κρομμύδι . . . . . Allium Cepa.
κρομμύον . . . . . Sedum Cepæa.
κροτωνεῖα . . . . Ricinus communis.
κυδωνιὰ . . . . . Cydonia vulgaris.
κυκλαμίδα . . . . Cyclamen persicum.
κυπαρισσιὰ . . . . Cupressus sempervirens.
κυπαρισσόχορτον . . Plantago Coronopus.
κύπειρη . . . . . Cyperus rotundus.
κυπειρος . . . . . Cyperus longus.
κύρας το χόρτον . . Teucrium Polium.
κυράτζουκλημα . . . Astragalus bœticus.
κύσσος . . . . . Nepeta Glechoma.
κωραλλοβότανον . . Ruscus Hypophyllum.
κωράχορτον . . . . Digitalis ferruginea.

λαγοκὲρασιὰ . . . . Ribes uva crispa.
λαγομηλια . . . . Arbutus Unedo.
λαγομιλιὰ . . . . Ruscus aculeatus.
λαγουνούρα . . . . Lagurus ovatus.
λαγόψωμὶ . . . . Picridium vulgare.
λαδανεῖα . . . . . Cistus crispus.
λάδανω . . . . . Cistus creticus.
λαδζιχέρι . . . . Rhamnus infectorius.
λαμψάνη . . . . . Sinapis arvensis.
λάπαθο . . . . . Rumex crispus, pulcher et obtusifolius.
λάππα . . . . . Alisma Plantago.
λάχονον . . . . . Brassica oleracea.
λαψάνα . . . . . Sinapis arvensis et pubescens.
λειχηνοχόρτον . . . Hypericum perforatum et perfoliatum.
λεμονόχορτον . . . Bellidiastrum Michelii.
λεõπουρνὰ . . . . Ilex Aquifolium.
λεπίδι . . . . . Lepidium latifolium.
λεπιδόχορτον . . . Plumbago europæa.
λεπτοκαριὰ . . . . Corylus Avellana.
λευκὰγκάθα . . . . Rhamnus catharticus.
λεύκη . . . . . . Populus alba.
λεωντοπόδιον . . . Alchemilla alpina.
ληγουνιὰ . . . . . Pæonia corallina.
λιβανόχορτον . . . Ajuga chamæpitys, et Teucrium Polium.
λιζάρι . . . . . Rubia tinctorum.
λινάρι . . . . . Linum usitatissimum et angustifolium.
λιναρίθρα . . . . Delphinium peregrinum.
λινον . . . . . . Linum gallicum.
λιπα . . . . . . Tilia europæa.
λούπουνι . . . . . Lupinus angustifolius.
λυγαριὰ . . . . . Vitex Agnus castus.
λυγειὰ . . . . . Vitex Agnus castus.
λυκονόρα . . . . Bromus mollis.
λύκορδα . . . . . Allium subhirsutum,
λύκος . . . . . . Orobanche caryophyllacea et cærulea.
λυκοτρίβολα . . . Valerianella olitoria.
λύπουνι . . . . . Lupinus pilosus.
λυχνοεῖδες . . . . Silene Armeria.

μαβροκοκο . . . . Nigella damascena.
μαβροκουκάδεις . . . Nigella sativa.
μαβρομάργο . . . . Ballota Pseudodictamnus.
μάκα . . . . . . Chara vulgaris.
μάκος . . . . . . Pæonia officinalis.
μαμουσιὰ . . . . . Prunus spinosa.
μανδραγοῦρα . . . Mandragora officinalis.
μανιτάρι . . . . . Agaricus campestris.
μανούνι . . . . . Echium italicum.
μάνταλια . . . . . Tetragonolobus purpureus.
μανταλίνα . . . . Chrysanthemum coronarium.
μαργώχορτον . . . Scorpiurus acutifolia.
μαρουλάκι . . . . Lepidium Draba.
μαυροβεργιὰ . . . Cornus sanguinea.
μαυροκεφάλι . . . Lavandula Stœchas.
μεζαίρεον . . . . Daphne Mezereum.
μέλεος . . . . . Ornus europæa.
μελήγονον . . . . Arenaria rubra.
μεληκάρι . . . . . Dorycnium suffruticosum.
μελίλωτον θηλυκὸν . . Dorycnium rectum.
μελισσοβότανον . . . Melissa officinalis.
μελισσόχορτον . . . Melissa officinalis.
μελιτζίνι . . . . . Thymus capitatus.
μελίχορτον . . . . Onosma stellulatum.

μέλλα . . . . . . Viscum album.
μέρσινον . . . . . Myrtus communis.
μεσαδρούλα . . . . Reseda undata.
μετάξι τῆς ἀλεποῦ . . Cuscuta epithymum.
μικροκούκουλι . . . Celtis australis.
μολοῦχα . . . . . Mentha sylvestris.
μολόχα . . . . . Mentha rotundifolia et sylvestris.
μολώχη ἥμερα . . . Althæa rosea.
μορύντζα . . . . . Cratægus Oxyacantha.
μοσκολάχανον . . . Erodium moschatum.
μοσχόφιλο . . . . Oxalis corniculata.
μουντρίνα . . . . Acanthus spinosus.
μουστάκια τοῦ κατζούλιου Phleum echinatum.
μουτρίνα . . . . . Acanthus spinosus.
μουτρούνα . . . . Acanthus spinosus.
μυιλκυνιὰ . . . . Berberis cretica.
μυροδιὰ . . . . . Petroselinum sativum.
μύρσινη . . . . . Myrtus communis.
μυρτιὰ . . . . . Eadem.
μύρτον . . . . . Eadem.
μυστικιὰ . . . . . Tamarix gallica.
μωρόχορτον . . . . Adonis autumnalis.

νεράνιζουρα . . . . Lotus edulis.
νεροάγκαθι . . . . Cirsium tricephalodes et arvense.
νεροκάρδαμον . . . Nasturtium officinale.
νεροκολοκυθιὰ . . . Nymphæa alba.
νερόκρατης . . . . Dipsacus sylvestris.
νερόκρινος . . . . Iris Pseudacorus.
νεροσέλινον . . . . Helosciadium nodiflorum.
νήχακι . . . . . Melilotus officinalis.
νικάκι . . . . . . Trigonella corniculata.
νουνούφαρον . . . . Nuphar lutea.
νύφαρυν . . . . . Eadem.

ξεκούλι . . . . . Symphytum tuberosum.
ξινίτρα . . . . . Rumex tuberosus et Acetosa.
ξινκόχορτον . . . . Thelygonum Cynocrambe.
ξυλόβατος . . . . Smilax aspera.
ξυλοθρόμβος . . . Onosma orientale.
ξυλοκερατιὰ . . . . Ceratonia Siliqua.

οβρυὰ . . . . . Tamus communis.
ὁμοιοπλευρὸν . . . Thapsia villosa.
οξος . . . . . . Loranthus europæus.
οξυὰ . . . . . . Fagus sylvatica.
οξυακάνθα . . . . Berberis vulgaris.
οξυλίδι . . . . . Rumex Acetosa et Acetosella.
ορειvιὰ . . . . . Ficus Carica.
ορινθόκολι . . . . Zacintha verrucosa.
ορνεος . . . . . Ficus Carica.
ορνος . . . . . . Ficus Carica.
οστρυὰ . . . . . Ostrya vulgaris.
οὐρὰ τοῦ ἀλεποῦ . . Orchis undulatifolia.
——— λαγοῦ . . . Orchis Morio.
ὂχητρα . . . . . Reseda alba.
ὂχιστρα . . . . . Reseda Luteola, lutea et Phyteuma.

παλαδρακούλια . . . Cerinthe aspera.
παλακορώκιες . . . Köleria phleoides.
παλαμονίδα . . . . Ononis arvensis.
παλιούρι . . . . . Paliurus aculeatus.
παναγιόχορτον . . . Teucrium Polium.

παπαδίτζα . . . . Eryngium tricuspidatum.
παπαδοῦλα . . . . Cichorium Intybus et Leontodon hispidum.
παπαροῦνα . . . . Papaver Rhœas, cum Anemone coronaria hortensique.
παπούνι . . . . . Anthemis Chia et rosea.
πενταδάκτυλα . . . Potentilla reptans.
πεντάνεβρον . . . . Plantago serraria.
πεντανευρον . . . . Plantago major et lanceolata.
πενταφύλλο . . . . Potentilla reptans.
περδικάκι . . . . Parietaria officinalis.
περδικούλη . . . . Anagallis arvensis.
περιπλοκάδι . . . . Convolvulus arvensis et althæoides.
πετηνὸς . . . . . Papaver Rhœas.
πετροανάρθηκας . . . Cachrys cristata.
πετροκάλαμο . . . Cenchrus frutescens.
πεῦκος . . . . . Pinus maritima.
πήγανι . . . . . Ruta graveolens, montana et spathulata.
πήγανος . . . . . Ruta graveolens.
πικραλίδα . . . . Helminthia asplenioides et Cichorium Intybus.
πικροδάφνη . . . . Nerium Oleander.
πικρολούβι . . . . Securigera Coronilla.
πικροῤίζα . . . . . Aristolochia longa.
πιπούρια ἄγρια . . . Polygonum Persicaria.
πιρνὰρι . . . . . Quercus coccifera.
πισπερίτζα . . . . Ballota nigra.
πλάτανος . . . . Platanus orientalis.
πλατομαντυλίδα . . Arctium Lappa.
πλεμονόχορτον . . . Alisma Plantago.
πλευροτόξυλον . . . Osyris alba.
πλημονόχορτον . . . Salvia verticillata.
πόλεον τοῦ βοῦνου . . Teucrium Polium.
πολυγονάτον . . . Convallaria multiflora.
πολύκαρπος . . . . Thapsia fœtida, et garganica, necnon Opoponax Chironium.
πολυκόμπος . . . . Ephedra distachya.
πολυπόδι . . . . Polypodium vulgare.
πολυτρίχι . . . . Equisetum fluviatile, Asplenium Trichomanes, et Adiantum Capillus Veneris.
πουρδάλα . . . . Leontice Leontopetalum.
πριονήτης . . . . Stachys Betonica.
προβατόχορτον . . . Sherardia arvensis.
πρώφασις . . . . Statice sinuata.
πτέρις . . . . Pteris aquilina.
πυξάρι . . . . Buxus sempervirens.

ῥαδίκι . . . . . Cichorium Intybus et Thrincia tuberosa.
ῥάμνος . . . . . Lycium europæum.
ῥαυγόχορτον. . . . Cerastium grandiflorum.
ῥαφανίδα . . . . Raphanus Raphanistrum.
ῥεβίθι . . . . . Cicer arietinum.
ῥεγολίτζα . . . . Glycyrrhiza glabra.
ρείκη . . . . . Erica herbacea.
ρείτζη . . . . . Erica multiflora.
ρέννα βούτομο . . . Lagurus ovatus.
ρήκη . . . . . Erica multiflora.
ῥίγανι . . . . . Origanum heracleoticum et vulgare, necnon Majorana Onites.
ριζάρι . . . . . Rubia tinctorum et lucida.
ρίκι . . . . . Erica arborea et herbacea.
ῥοα . . . . . Punica Granatum.
ρόβι . . . . . . Ervum Ervilia.
ῥοδοδάφνη . . . Nerium Oleander.
ῥοιδιά . . . . . Punica Granatum.

σαλέπι . . . . . Orchis rubra.
σαμάκι . . . . . Erianthus Ravennæ.
σαμβούνι . . . . . Umbilicus pendulinus.
σανδύκι . . . . . Scandix Pecten Veneris.
σαρίχα . . . . . Anthyllis Hermanniæ.
σαρκάθρόφιον . . . Salvia Verbenaca.
σαρκινοβοτάνι . . . Orchis undulatifolia et rubra, cum Ophrydi apiferâ.
σαρκοθρόφι . . . . Salvia Verbenaca et Horminum.
σαρμάσικι . . . . Cynanchum acutum.
σάρομα . . . . . Marrubium peregrinum.
σάρωμα . . . . . Anthyllis Hermanniæ.
σγαράντζι . . . . Œnanthe pimpinelloides.
σεννα . . . . . . Globularia Alypum.
σιδερόσταρο . . . . Ægilops ovata.
σιτοθόρι . . . . . Scabiosa prolifera.
σκαλιζονάκι . . . . Cerinthe aspera.
σκαρδαβίκα . . . . Anchusa variegata.
σκαρολάχανον . . . Mercurialis annua et Brassica cretica.
σκαρούπα . . . . Pyrus domestica.
σκαρόχορτον . . . Mercurialis annua.
σκάρφη . . . . . Veratrum nigrum et Helleborus officinalis.
σκιλίθρο . . . . . Alnus glutinosa.
σκίλλα . . . . . Squilla maritima.
σκολαρικάκια . . . Briza maxima.
σκολυμβρος . . . . Scolymus hispanicus.
σκολυμος . . . . Scolymus hispanicus.
σκορδεὸ . . . . . Teucrium Scordium.
σκορδόχορτον . . . Idem.
σκορπίδι . . . . . Asplenium Adiantum nigrum, Gymnogramma Ceterach, et Doronicum Pardalianches.
σκορσονέρα . . . . Scorzonera glastifolia et crocifolia.
σκουδρίτζα . . . . Hypericum crispum.
σκοῦλόχορτον . . . Marrubium vulgare.
σκουλτάρα . . . . Dipsacus sylvestris.
σκροπιδόχορτον . . . Scrophularia canina.
σκυλόγλωσσον . . . Lithospermum purpureo-cœruleum.
σμάρι . . . . . . Thymus striatus.
σορμπιὰ . . . . . Pyrus domestica.
σουρμπὰ . . . . . Pyrus domestica.
σόχος . . . . . . Sonchus oleraceus.
σπαθόκορτον . . . . Gladiolus segetum.
σπαράγγι . . . . Asparagus acutifolius.
σπαρτο . . . . . Spartium junceum.
σπασσόχορτον . . . Colchicum latifolium.
σπηρόχορτον . . . Sherardia arvensis.
σπουρδακύλα . . . Asphodelus ramosus.
σπουρδοκοκύλα . . . Ranunculus lanuginosus et muricatus.
σπυρὶ . . . . . . Verbascum Blattaria.
στακτέρι . . . . . Fumaria capreolata et densiflora.
σταρόλυκος . . . . Bartsia Trixago.
σταφίδα . . . . . Vitis vinifera.
σταφυλάκι . . . . Sedum ochroleucum.
σταφυλόνα . . . . Daucus Carota.
σταυράγκαθι . . . Kentrophyllum leucocaulon.
σταυροβοτάνι . . . Verbena officinalis.
σταχυς . . . . . Stachys lanata.
στοματόχορτον . . . Amaracus Dictamnus.

στουράκι . . . . . Styrax officinale.

στουρέκι . . . . . Globularia Alypum.

στρουθόνι . . . . Silene Behen.

στρούθουλα . . . . Silene inflata.

σύμλαγα . . . . . Carlina corymbosa.

συνεφὸ . . . . . Cytisus hirsutus.

σύφα . . . . . . Scirpus lacustris.

σφάκα . . . . . Phlomis fruticosa.

σφαλάγγαθος . . . Eryngium creticum.

σφαλαγγόχορτον . . Rhagadiolus stellatus.

σφαραγγιὰ . . . . Asparagus acutifolius.

σφεντάμι . . . . Tilia europæa.

σφουγγίτα . . . . Lecanora Villarsii.

σφουρδακύλα . . . Ranunculus Ficaria.

σχελόγλωσσον . . . Cynoglossum officinale et apenninum.

σκῖνος . . . . . . Pistacia Lentiscus.

τάτουλα . . . . . Datura Stramonium.

τετράμιθος . . . . Pistacia Terebinthus.

τετράγκαθο . . . . Astragalus aristatus.

τζάκρω . . . . . Leontice Leontopetalum.

τζαπουρνιὰ . . . . Prunus spinosa et Cratægus Oxyacantha.

τζικνίδα . . . . . Urticæ species omnes.

τζινγάκι . . . . . Thelygonum Cynocrambe.

τζίντζιφον . . . . Ziziphus vulgaris.

τζιτζιμβόλα . . . Chrysanthum segetum et coronarium.

τήλι . . . . . . Trigonella Fœnum græcum.

τζόγιες . . . . . Briza minor.

τιθυμαλὼ . . . . Euphorbia Characias.

τραγακάνθα . . . . Astragalus aristatus.

τρήμερα . . . . . Cyclamen europæum.

τριβόλι . . . . . Tribulus terrestris et Onobrychis crista galli.

τρικλαμιὰ . . . . Cyclamen europæum.

τρικοκκιὰ . . . . Cratægus Oxyacantha et tanacetifolia.

τρίφυλλι . . . . Meliloti et Trifolii species variæ.

τριχωστάχυς . . . Hordeum murinum.

τροκκιὰ . . . . . Pyrus Aria.

τρυγονολόχορτον . . Astragalus monspessulanus.

ὕδνος . . . . . . Tuber cibarium.

ὑοσκύαμος . . . . Hyoscyamus albus.

ὑπέρικον . . . . . Hypericum crispum.

ὑσσόπο . . . . . Micromeria juliana et græca.

φακὴ . . . . . . Ervum Lens.

φαλαρίδα . . . . Centaurea solstitialis.

φασκομηλιὰ . . . . Salvia pomifera et triloba, necnon Cistus salvifolius.

φάσκος . . . . . Salvia triloba.

φάσσοχορτον . . . Prasium majus.

φιδάγγαθον . . . . Eryngium campestre.

φιλουριὰ . . . . . Tilia europæa.

φιλόχορτον . . . . Arum Dracunculus.

φλόιμος . . . . . Euphorbia Characias.

φλομάκι . . . . . Euphorbia Apios.

φλόμο . . . . . Euphorbia dendroides et Phlomis fruticosa.

φλόμος . . . . . Verbascum Thapsus, plicatum et sinuatum; necnon Euphorbia dendroides, palustris et Characias.

φονόχορτον . . . . Agrimonia Eupatoria.

φοῦδουρα . . . . Hypericum Coris.

φουσκούδια . . . . Silene inflata.

φράουλι . . . . . Fragaria vesca.

φτελιὰ . . . . . Ulmus campestris.

φύκια . . . . . . Zostera marina.

φύλλικα . . . . . Phillyrea latifolia.

φυλλίκι . . . . . Phillyrea latifolia.

χαίτα . . . . . Phragmites communis.

χαμαιδρυὰ . . . . Teucrium chamædrys et flavum.

χαμαιλεῦκη . . . . Tussilago Farfara.

χαμαιλέων . . . . Cardopatum corymbosum.

χαμόμηλα . . . . Matricaria Chamomilla.

χαριτζιὰ . . . . . Campanula versicolor.

χειροβοτάνι . . . . Helminthia echioides et Picris hieracioides.

χελιδόνιον . . . . Chelidonium majus.

χελιδρόνια . . . . Clematis Flammula.

χελωνόχορτον . . . Ætheorhiza bulbosa.

χιονίστρα . . . . Fumaria officinalis.

χλώμος . . . . . Salvia ringens.

χολαβρόχορτον . . . Armeria maritima.

χρυσόξυλον . . . . Rhus Cotinus.

χρυσοφύλλον . . . Parmelia parietina.

χρυσόχορτον . . . Gymnogramma Ceterach.

ψάθη . . . . . . Typha latifolia.

ψυλλιστρα . . . . Inula viscosa et Alunia graveolens.

ψυλλόχορτον . . . Plantago Psyllium et Inula candida.

ψωμὶ τοῦ λαγοῦ . . . Picridium vulgare.

ψωρόχορτον . . . . Scabiosa Columbaria.

INDEX

NOMINUM TURCICORUM,

CUM SYNONYMIS BOTANICIS.

Alak ingivi . . .	Iris Pseudacorus.
Bambal Otu . . .	Heliotropium europæum.
Becabunga	Veronica Beccabunga.
Ben tochunni . . .	Hyoscyamus albus.
Biberic	Rosmarinus officinalis.
Cara bach	Lavandula Stœchas.
Casch Casch . . .	Papaver somniferum.
Chogia Jemischì . .	Arbutus Unedo.
Cojún otí	Agrimonia Eupatoria.
Demlo Dikièni . .	Tribulus terrestris.
Disu Budak . . .	Ornus europæa.
Domus Togani . .	Cyclamen europæum.
Ergavan	Cercis Siliquastrum.
Filis cun	Mentha Pulegium.
Funda	Calluna vulgaris.
Giuda	Teucrium Polium.
Jaban Sedef . . .	Ruta graveolens.
Jaban Zeitan Agagí .	Olea europæa.
Il Ghin	Tamarix gallica.
Ladan otu	Cistus villosus.
Lilák	Ligustrum vulgare.
Pere oti	Polygonum Persicaria.
Pufer ciceghi . . .	Nuphar lutea.
Sarí Jassemín . . .	Jasminum fruticans.
Sater	Origanum heracleoticum.
Sú Biberi	Polygonum Hydropiper.
Sumach	Rhus coriaria.
Supha	Micromeria græca.
Susen	Iris germanica.
Tauschian Kulaghe .	Primula veris.
Topana	Bunium ferulaceum.
Ya pu can	Parietaria officinalis.
Zopleme	Helleborus officinalis.

INDEX

NOMINUM SYSTEMATICORUM ET SYNONYMORUM.

FINIS.

LONDINI
IN ÆDIBUS RICHARDI ET JOHANNIS E. TAYLOR
M.DCCC.XL.